Java EE 7 徹底入門

標準 Java フレームワークによる高信頼性 Web システムの構築

寺田佳央・猪瀬淳・加藤田益嗣
羽生田恒永・梶浦美咲／著
小田圭二／監修

本書内容に関するお問い合わせについて

このたびは翔泳社の書籍をお買い上げいただき、誠にありがとうございます。弊社では、読者の皆様からのお問い合わせに適切に対応させていただくため、以下のガイドラインへのご協力をお願い致しております。下記項目をお読みいただき、手順に従ってお問い合わせください。

●ご質問される前に

弊社Webサイトの「正誤表」をご参照ください。これまでに判明した正誤や追加情報を掲載しています。

正誤表　http://www.shoeisha.co.jp/book/errata/

●ご質問方法

弊社Webサイトの「刊行物Q&A」をご利用ください。

刊行物Q&A　http://www.shoeisha.co.jp/book/qa/

インターネットをご利用でない場合は、FAXまたは郵便にて、下記"愛読者サービスセンター"までお問い合わせください。

電話でのご質問は、お受けしておりません。

●回答について

回答は、ご質問いただいた手段によってご返事申し上げます。ご質問の内容によっては、回答に数日ないしはそれ以上の期間を要する場合があります。

●ご質問に際してのご注意

本書の対象を越えるもの、記述個所を特定されないもの、また読者固有の環境に起因するご質問等にはお答えできませんので、予めご了承ください。

●郵便物送付先およびFAX番号

送付先住所　〒160-0006　東京都新宿区舟町5

FAX番号　03-5362-3818

宛先　（株）翔泳社 愛読者サービスセンター

はじめに

企業ビジネスにおいて、ITの活用は重要です。そして今、企業システムの有効活用がビジネスの成功に大きく影響しています。その一方で、しっかりとした企業システムを構築することは、とても難しい作業です。企業システムの開発者や運用者はさまざまなことを考えてシステムを構築しなければなりません。たとえば運用／保守の観点では、移植性、堅牢性、スケーラビリティなどを考慮しなければなりません。実装レベルでは、データベース連携にはトランザクション制御が必須です。そしてセキュリティの実装も不可欠です。さらに分散システムのシステム間連携が必要になる場合もあります。こうした内容ははたして毎回、一から検討／実装しなければならないのでしょうか。もちろん、独自に実装しなければならない機能はあります。しかし、セキュリティやトランザクション制御などの基礎的なレベルの実装は再利用することで開発生産性を大幅に改善できます。

Java EEは、企業システム開発を行なううえで共通に利用できる機能をまとめた仕様です。Java EEを利用することで、開発者はよく似た機能を一から作る（車輪の再発明）ことなく、効率的に企業システムの開発ができるようになります。またJava EEの採用は、システム構築の意思決定者にとっても大きなメリットがあります。それは、過去のバージョンと高い「後方互換性」を持ち、「移植性」があるからです。後方互換性によって、一度構築したシステムを長期間にわたって利用できる安心感があります。そして移植性により、ベンダーロックインから逃れ、実行環境を柔軟に選択できます。実際にこうした理由から、筆者のもとに、「Java EEは次期システム構築を検討する際に、重要な選択肢の1つ」という声が届けられています。

本書は、Java EE 7を利用し、実践的な企業システムの開発を行なうために必要な情報をお届けします。サンプルとして、「ナレッジバンク」という、グループ内で知識共有を行なうWebアプリケーションを用意しています。本書の説明内容とともに、サンプルのJava EEアプリケーションを参照しながら学習していきます。本書では、すべての機能を網羅的に説明するのではなく、よく利用される機能を中心に紹介しています。本書を通じて、典型的なWebアプリケーションの作り方を学ぶことができるでしょう。

筆者陣の一人は、過去数年にわたり日本全国でJava EEに関するセミナーを実施してきました。Java EE 7の登場は、以前のバージョンに比べより多くの開発者に興味を持っていただいていることを実感しています。実際、セミナーの参加者数やSNSでの投稿数、ブログのアクセス数などから見て明らかに閲覧数が増えています。

今回、執筆のチャンスをいただき、Java EEの情報をまとめることができ大変うれしく思うとともに、本書がこれからJava EE 7を学びたい開発者にとって有用な一冊になることを願います。

著者一同

謝辞

本書のレビューを引き受けてくださった櫻庭祐一さん、三菱UFJインフォメーションテクノロジー 斉藤賢哉さん、日本オラクル 大橋勝之さん、リポジトリ環境提供などのお手伝いをしてくださった日本オラクル 堤昭雄さん、編集担当の片岡仁さん――本書の執筆にあたりご尽力いただきました皆様に心から御礼申し上げます。

本書を読む前に

■ 対象読者と本書の特徴

本書は、Java EEを使って新たに業務アプリケーションを構築したいと考えている方を対象としています。執筆にあたり、特に次のような方を想定して書き進めました。

- Javaで書かれた業務アプリケーションに関わり始め、部分的な修正や機能追加ならできるようになったので、次へのステップアップとしてシステム全体を構築するスキルを身につけたいと考えているJava EE初学者のプログラマ
- 業務アプリケーションを一から開発するにあたり、フレームワークを選定／構築する立場にあるため、Java EE 7がどのようなものなのかを知りたいと考えているアーキテクト

Java EE（Java Platform, Enterprise Edition）は、その名のとおり、企業（エンタープライズ）向けシステムを構築するためのJavaの仕様です。その範囲は幅広く、機能も多岐に渡っています。本書ではそのすべてを詳細に説明することよりも、特に業務において必要性が高いと思われる部分に焦点を当て、より実践的な内容にすることを狙いとしています。そのため、機能や仕様とあわせて、使い方や使いどころについての理解も深めてもらえるよう、実際に動くサンプルを示すことに注力しています。ぜひ、サンプルプログラムをダウンロードして、コードを読みながら、できれば実際に動かしながら、読み進めていただければ幸いです。

また、現在アーキテクトの立場にあり、かつ長い経験をお持ちの方は、これまでのJavaでの業務システムの構築では多くのオープンソースのライブラリを組み合わせて利用する必要があったことをご存じかもしれません。しかし現在のJava EEは、これまで外部のライブラリに頼っていた多くの機能を取り込み、これからの標準を担う包括的なフレームワークへと進化を遂げました。本書を通して、Java EE 7が業務アプリケーションで必要とされる主要な機能をどのように実現しているのかをつかんでいただき、Java EE 7が新しいフレームワークのベースとして採用されるべき筆頭候補であることを理解いただければと考えています。

もちろん、必ずしも上記に当てはまらない方にとっても、本書には有益な情報が含まれていると信じています。Java EEに関心のある多くの方々の助けになれば幸いです。

■ 本書の構成

第1章は、Java EEの歴史と全体像について解説します。また後半では、開発環境の準備とサンプルアプリケーションについて説明します。第2章～第4章は、ユーザーインターフェースを実装するためのプレゼンテーション層の技術の1つであるJavaServer Faces（JSF）について説明します。第2章でJSFの概要を紹介し、第3章、第4章ではより実践的なJSFの開発方法について理解できます。

第5章、第6章では、ビジネスロジックを実装するための技術であるCDIとEJBについて説明します。

第7章、第8章では、データベース連携用の技術Java Persistence API（JPA）について説明します。

第9章では、RESTfulアーキテクチャに基づいてWebサービスを実装するための技術であるJava API for RESTful Web Services（JAX-RS）について説明します。

第10章では、Java EE 7から新規導入された機能の1つ、Batch Applications for the Java Platform（通称、jBatch）について説明します。

本書をお読みいただく際には、章の順番にはこだわらず、興味のある部分、もしくは理解したい技術に関する章から順に読み進めるとよいでしょう。たとえば、以下のような読み方が考えられます。

- **ユーザーインターフェースの実装から理解したい方**：プレゼンテーション層の技術である第2章～第4章のJSF、もしくは第9章のJAX-RS
- **データベースとの連携に興味のある方**：第7章、第8章のJPA
- **バッチ処理に興味のある方**：第10章のjBatch
- **ビジネスロジックの実装に興味のある方**：第5章、第6章のCDI、EJB

すべての章を読み終えた時点で、Java EEを利用したWebアプリケーション開発の全体像が理解できるようになるでしょう。

■ 本書の表記

紙面の都合によりコードを途中で折り返している箇所があります。1行のコードを折り返す場合は、改行マーク ➲ を行末に付けています。

■ サンプルプログラム

本書で説明しているサンプルプログラムとその設定手順は以下のURLからダウンロードできます。

http://www.shoeisha.co.jp/book/download/9784798140926

目次

6 ビジネスロジック層の開発 —— EJBの利用 235

7 データアクセス層の開発 ―― JPAの基本 273

9 RESTful Webサービスの開発 391

COLUMN

Chapter

1

Java EEの基礎知識

第1章では、Java EEが生まれた歴史的な経緯やアーキテクチャ、特徴を知り、Java EEの全体像を学びます。過去の歴史を振り返ることで、なぜJava EEが現在の形になっているかを理解できるだけでなく、Java EEによるアプリケーション開発でどの機能をメインで利用すべきかを理解しやすくなります。

冒頭ではまず、Java EEが登場した背景から、各バージョンで追加された主要な機能を確認します。そしてその後、Java EEの全体像を紹介します。Java EEの主要な機能を大きく4つのカテゴリに分類して解説しますが、カテゴリに分けることで、各機能がどのような機能なのか、そしてどの機能から学べばよいかが理解しやすくなります。あわせて、Java EEの仕様策定のプロセスやプロファイルの考え方についても紹介します。

また、Java EEのアプリケーションモデルについて説明します。これは保守性／拡張性の高いプログラムを開発するために知っておくべき考え方となります。

本章後半では、開発環境の準備方法と、本書のサンプルアプリケーションであるナレッジバンクについて説明しています。

1.1 Java EEのこれまで

1.1.1 JDKからJ2EEへ

1995年、Sun Microsystems, Inc.（以降、Sun）は、Javaの開発キットであるJDK 1.0のα版を公開しました。最初のバージョンでは機能が決して多くなく、デスクトップのアプリケーション開発、もしくはApplet（アプレット）と呼ぶブラウザ上で動作するアプリケーション開発などの用途に限定されていました。この頃、サーバー側で動作するWebアプリケーションの開発に、Javaはまだ利用されておらず、Common Gateway Interface（CGI）と呼ばれる技術を利用してPerl言語やC言語で実装していました。また、分散コンポーネントの開発には、CORBA（Common Object Request Broker Architecture）という技術が広く利用されていました。

こうした状況の中、1998年Sunは、サーバー側の企業アプリケーション開発にJavaを利用できるように、JPE（Java Professional Edition）と呼ぶプロジェクトを立ち上げました。

翌1999年12月、Sunは企業アプリケーション開発を行なうための機能群をまとめ、運用／開発の枠組み（フレームワーク）を提供しました。この最初のフレームワークをJ2EE 1.2[1]（Java 2 Platform, Enterprise Edition）と呼び、これは10個の機能から構成されていました。J2EE 1.2の代表的な機能として、JavaServer Pages（JSP）、Java Servlet、Enterprise JavaBeans（EJB）があります。CGIに代わるWebアプリケーションを作るための技術としてJSPおよびServletが、CORBAに代わる分散コンポーネントを作るための技術としてEnterprise Java Beans（EJB）が用意されました。特にServletは、クライアントからのリクエストに対してスレッドで処理し、CGIに比べパフォーマンスが優れていたため急速に普及しはじめました。

2001年にJ2EE 1.3、2003年にJ2EE 1.4を立て続けにリリースし、当時の時代ニーズであったXML対応を行ないました。具体的にはこの2つのバージョンで、XMLを編集するための機能や、SOAP WebサービスなどXMLを活用した機能を取り込みました。J2EEが、企業システムを構築するために必要とされる技術を多く取り込んでいく一方で、この頃、世の中では並行して、オープンソースのフレームワークも台頭していました。代表的なものとして、Struts、Spring、Hibernate、JBoss Seamなどが挙げられます。これらのフレームワークは、簡単に開発ができることに主眼を置いていたため、より多くの開発者から支持を受けるようになっていました。J2EEのスペックリード[2]は、こうした状況をふまえ、他のオープンソースフレームワークから長所を学び、簡単に開発ができる新たなフレームワークを作ることを考え始めます。

1.1.2 Java EEの誕生

2006年5月、Sunは「簡単開発（Ease of Development）」をテーマに、名前もJava Platform, Enterprise Edition（Java EE）と改めた、新バージョンをリリースしました。このバージョンは、特にデータベース連携機能と、Webサービス機能に対する改善をはかっています。Java EE 5は、開発者から好意的に受け入れられたものの、残念ながら著しい普及には至りませんでした。一方で、開発者の期待は「簡単に開発ができるフレームワーク」であることを確信した、Java EEのスペックリードは、継続してフレームワークの改善に取り組みました。

そして2009年12月、Java EE 5をさらに大幅に改善したJava EE 6をリリースしました。Java EE 5では、一部の限定的な機能で「簡単化」を行ないましたが、Java EE 6では全面的に見直されました。さらに、プロファイルやプルーニング[3]などの新しい概念や、Contexts and Dependency Injection（CDI）[4]といった新機能を採用することで、

[1] J2SE（Java 2 Platform, Standard Edition）1.2は、1998年12月8日にリリースされました。J2EE 1.2を動作させるために必要なベースのJDKはJ2SE 1.2であったため、これを識別するために、J2EEの最初のバージョンも1.2としました。

[2] Javaの仕様を定めるために中心的な人物。1つの仕様につき必ず1名以上のスペックリードが存在します。

[3] プロファイルとは、Java EEに含まれる全仕様に対するサブセットを提供します。プルーニング（剪定）とは、使われなくなって古くなった仕様を整理（削減）するための仕組みです。

[4] Java EE環境で依存性注入を行なうための技術です。詳細は第5章で説明します。

Java EE 5より、さらに扱いやすいフレームワークへと進化しました。日本でも、勉強会などを通じJava EE 6は徐々に普及し始め、実際にミッションクリティカルな企業システムでも、採用されるようになりました。

1.1.3 Java EE 7へ――3つのテーマ

Java EEのスペックリードは、Java EE 6のリリース後、すぐに次期バージョンの検討を始めました。このとき、最初に目をつけたのは、当時ITトレンドの主流であった「クラウド」です。クラウド環境で、より簡単にJava EEアプリケーションをスケールできるような機能を考え、GlassFishというアプリケーションサーバー上で実際に動作するサンプルも作成しました。しかし、外部からのフィードバックやスペックリードが集まって再検討した結果、時期が早いと判断し見送ることになりました。

COLUMN

Java EE 7におけるクラウド対応の見送り

Java EE 7検討当初は、PaaS関連機能として、プロビジョニング、Elasticity（伸縮性）、マルチテナンシーに関する仕様化を検討していました。そしてJava EEの参照実装であるGlassFish上でPaaS関連機能のサンプルを実装しました。しかし2012年8月12日、Java EEのスペックリードLinda DeMichielはブログ[5]で開発の遅れと、仕様化に対する十分な経験、検討が足りなかったために見送りを決定したことを発表しました。

これに対し、開発者の中で「クラウド対応」に対する期待があったため、失望の声もありました。しかしその一方で、有識者や、アプリケーションサーバーの実装ベンダーの多くは、この決断を支持しました。それは、十分に議論がされていない仕様は使い勝手が悪くなる可能性があり、使い勝手の悪いAPIは結果として開発者に受け入れられなくなるためでした。

【5】
https://blogs.oracle.com/theaquarium/entry/java_ee_7_roadmap

再検討の結果を受けて、新たなテーマを考えました。そして新たに3つのテーマ「HTML5対応」「開発容易／生産性の向上」「エンタープライズニーズへの対応」を発表しました。そして2013年6月、Oracleのもとで初めてとなるJava EE 7をリリースしました。

■ HTML 5対応

2010年代に入り、Webページの記述をHTML 5やJavaScriptで実装し、サーバーとの通信にAjaxを利用して単一ページ内で処理を完結するような開発スタイルに対する要望が増えてきました。また、サーバーとのデータ交換も従来のXML形式のデータに代わり、より軽量なデータフォーマットであるJSON（JavaScript Object Notation）を利用する場面が多くなってきました。こうした時代のトレンドの変化を受け、標準のJava EEでHTML 5アプリケーションをサポートするための新機能の追加や機能改善が施されています。

Java EE 7におけるHTML5対応として、後述するJava API for WebSocketとJava API for JSON Processingが新たに導入されました。また、JSFにおいてもHTML5で追加されたHTMLタグが利用できるようになっています。

■ 開発容易性の向上

Java EE 5からJava EE 6へと継続して改善してきた「開発容易性の向上」はJava EE 7でも継続しています。開発生産性を向上するために、Java EE 7の機能全般で改善がはかられています。

中でも、特に第5章で説明するCDI（Contexts and Dependency Injection for Java）や、本書では扱いませんがJMS（Java Message Service API）2.0 [6] に大きな変更が施されています。CDIは、Java EE 7からデフォルトで有効になっています。そしてEJBが持つ一部の機能を利用できるようになっているほか、さまざまな点で使い勝手が向上しています。Java EEにおいてCDIは今後ますます重要な役割を持つようになるでしょう。また、JMSについても、今まで冗長的に書かなければならなかった実装コードを大幅に簡素化できるようになっています。

【6】
JMSは、メッセージングプロバイダ（OpenMQ、WebSphere MQなどのメッセージ指向ミドルウェア製品）への接続／切断、メッセージ交換を行なうための機能を提供します。

■ エンタープライズニーズへの対応

Java EEは企業システムを構築するために必要な機能の標準化も継続して取り組んでいます。たとえば、企業システムで求められている機能として、「バッチ処理」や「並列処理」があります。バッチ処理は、夜間など、コンピュータシステムの稼働状態が低いときに、あらかじめ用意しておいた処理を一括して行なうような処理に適しています。また、サーバー上に存在する豊富なCPU資源を有効活用するために並列処理ができるようになっています。

Java EE 7では、これらのニーズに応えるために、Batch Application for the Java Platform 1.0とConcurrency Utilities for Java EE 1.0を新たに導入しています。

1.2 Java EEの全体像

本節では、Java EEフレームワークの全体像を説明します。Java EEに含まれる機能は数多くあるため、まずは全体像を把握してください。含まれる機能の大まかな概要を理解し、開発に必要な機能を順に学んでいくと効率的に習得できます。そして、他のどの機能と連携するのかを理解し、関連する周辺技術も徐々に学んでいきましょう。

1.2.1 Java EEフレームワークの構成

Java EEは、企業システムのアプリケーション開発に必要なさまざまな機能を1つにまとめた包括仕様（umbrella specification）の総称です。Java EE 7は、大小さまざまな39個の仕様から構成されています。そして、仕様を分野ごとに分類したのが図1.1です。

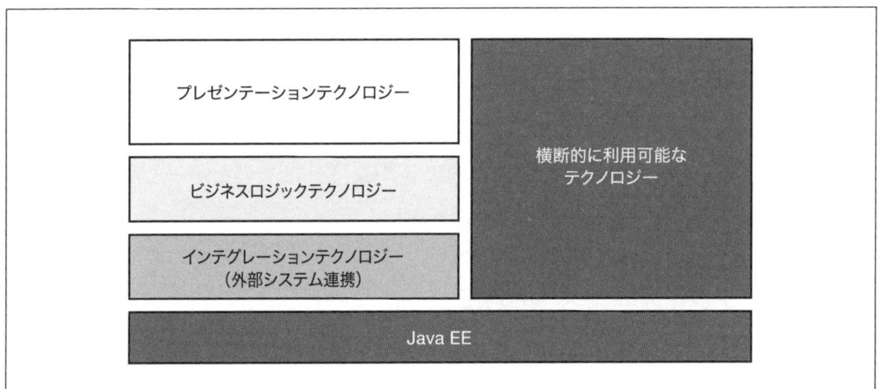

図1.1 Java EE 7に含まれる技術の機能分類

Java EEのアプリケーションは、主に「インテグレーションテクノロジー」「ビジネスロジックテクノロジー」「プレゼンテーションテクノロジー」を組み合わせながらシステムを構築します。

■ インテグレーションテクノロジー

インテグレーションテクノロジーでは外部システムと連携するための機能を提供します。外部システムとして、データベースやメールサーバー、メッセージングプロバイダ（OpenMQ、WebSphere MQなど）、エンタープライズ情報システム（ERP、メインフレーム）などがあります。

Java EEでは、こうした外部システムと連携するための機能を備えています。各機能は実際の外部システムを抽象化し、Javaプログラミングから簡単に外部システムとデータ交換ができるようになっています。

■ ビジネスロジックテクノロジー

ビジネスロジックは、外部システムと連携するプログラムの実装と、ユーザーインターフェースのプログラムの実装の間に入り、企業システムの業務で必要とされる処理を実装します。業務要件を実現するために、必要となる関連データや依存する処理をまとめて1つの機能として実装します。たとえば、トランザクション処理や、業務のフローの実装などがあります。

■ プレゼンテーションテクノロジー

昨今の企業システムはさまざまなデバイスからアクセスされることを考慮する必要があります。たとえば、携帯電話やタブレットのようなモバイルデバイス、パソコン上のブラウザ、もしくは専用のアプリケーションなどです。さらにIoT（Internet of Things）の時代においては小型デバイスから直接アクセスされる場合もあります。

ここでは、人だけではなく物も含め、企業システムに対してアクセスするためのインターフェースを提供します。

1.2.2 Java EEに含まれる機能

Java EEは、大きく分けて3階層に分類した機能を組み合わせて企業システムを構築します。この3種類の分類に含まれるJava EEの機能を図1.2に示します。

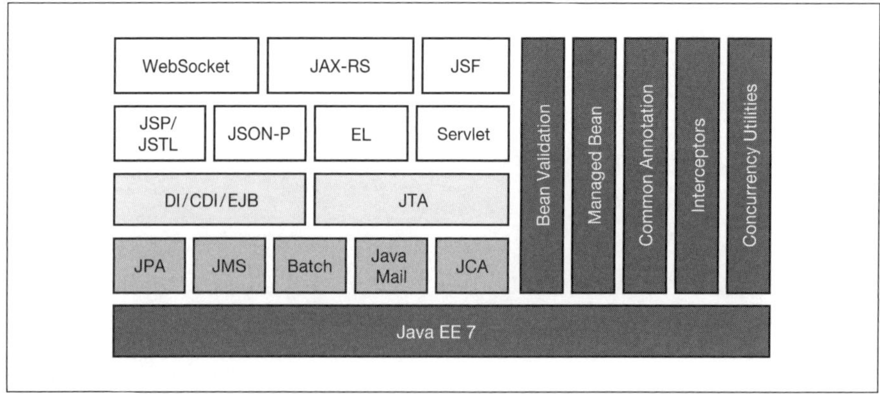

図1.2 Java EEの代表的な機能一覧

■ Java Persistence API（JPA）

JPAは、データベースとの連携を行なうプログラムを記述するために使用します。JPAは、データベースのレコードとJavaのオブジェクトを1対1で結び付けて実装する、オブジェクトリレーショナルマッピング（Object Relational Mapping：O/RM）技術と呼ばれています。JPAは、Java EE環境だけでなく、Java SE環境でも利用できます。JPAの詳細は第7章、第8章で説明します。

■ Java Message Service（JMS）

JMSは、外部のメッセージングプロバイダ（WebSphere MQ、OpenMQなど）を経由して、非同期でテキストメッセージやバイナリメッセージを送受信するために使用します。JMSは、2種類のメッセージ送受信形式をサポートしています。1つは、ポイントツーポイント（1対1）形式と呼び、もう1つは、パブリッシュサブスクライバ（1対多）形式と呼びます。

JMSは、Java EE環境だけでなく、Java SE環境でも利用できます。

■ Batch Applications for the Java Platform

Batchは、データをまとめて一括処理する場合に使用します。データの一括処理（バッチ処理）を行なう際に必要な条件分岐、並列処理などの機能を兼ね備えています。

Batchは、Java EE環境だけでなく、Java SE環境でも利用できます。Batchの詳細は第10章で説明します。

■ Java Mail API

Java Mail APIは、電子メールクライアントを作成するために必要な機能を提供します。SMTP、POP3、IMAP、NNTPなどのプロトコルをサポートし、サーバーとの認証やメールの作成、送受信などを行なうための機能が提供されています。また、MIMEメッセージもサポートしています。

■ Java EE Connector Architecture（JCA）

JCAは、EAI（Enterprise Application Integration）を行なうために必要な機能を提供します。EAIとは、企業の中に存在する、さまざまなコンピュータやEIS（Enterprise Information System）と連携、もしくは統合するための手法です。たとえば、EISの例として ERP（Enterprise Resource Planning） や、CRM（Customer Relationship Management)、メインフレームなどが挙げられます。これを実装することで、アプリケーションサーバーから任意のEISに対して接続できるようになります。

■ DI/CDI

Dependency Injection/Contexts and Dependency Injectionは、Java EEに含まれる技術を疎結合で結び合わせるための技術です。DIを利用すると、Java EE内に含まれる、各機能の実装（インテグレーションテクノロジー、ビジネスロジックテクノロジー、プレゼンテーションテクノロジー）を分割し、お互いが強く依存しあわないように組み合わせて実装することで保守性、再利用性を高めることができます。

DIはJava SE内で定義されています。CDIはコンテキスト情報（セキュリティ、スコープなど）が付加されたオブジェクトを、文脈によりコンテナが判断して生成する技術です（これを依存性の注入といいます)。依存性の注入を行なう際、CDIはJavaの型を使用するため型安全（Type Safe）です。

詳細は第5章で説明します。

■ Enterprise JavaBeans（EJB）

Enterprise JavaBeansは元々、分散コンポーネントを作成するための技術として作られました。しかしJava EE 5（EJB 3.0）以降、EJBはビジネスロジックを簡単に実装するための技術として大きく生まれ変わりました。EJBを利用するためにXMLの設定は不要で、クラスに対して宣言的に定義できるようになっています。

詳細は第6章で説明します。

■ Java Transaction API（JTA）

JTAはトランザクション管理を行なうための技術です。JTAを利用すると、データベースやメッセージングプロバイダなど複数の外部システムや複数の処理にまたがってデータの操作をする際、データの一貫性を保つことができます。たとえば、一連の関連する操作がすべて正常に完了した際にのみデータ更新し、操作に失敗した場合はすべての処理を取り消すことができます。

■ JavaServer Pages（JSP）、JSP Standard Tag Library（JSTL）

JSPはプレゼンテーションテクノロジーの1つで、HTML、DHTML、XHTML、XMLを使用して動的なページを作成できます。JSTLは、ページ内のループ処理やSQLを使用したデータベースアクセスなど、JSPで共通で利用する機能を隠ぺいして利用できるようにした専用のタグです。後述するJavaServer Faces（JSF）が導入されるまでは、JSP、JSTLが標準のプレゼンテーションテクノロジーとして長く使われてきましたが、JSFの導入以降は徐々に置き換えられるようになっています。

■ JSON-P

Java EE 7から新たに導入された、Java EEでJSONを扱うための機能です。JSON-Pは、XMLにおけるJAX-Pと同様で、低レベルのJSONデータ解析、変換、クエリを行なうための機能を提供しています。次期バージョンではJSONデータとJavaオブジェクトをマッピングするJSON Bindingの提供も予定されています。

■ Expression Language（EL）

ELは、簡単な式や変数などを用いて記述内容の評価を行なえる言語として作られました。元々は、JSPやJSFといったプレゼンテーションテクノロジーと組み合わせて使用しすることを目的に作られていましたが、現在ではJava SE環境でも利用可能です。詳細は第2章で説明します。

■ Servlet

Servletのプログラムは、Servletコンテナ（Webコンテナとも呼ばれる）と呼ばれる実行環境上で動作し、HTTP/1.0および1.1のリクエストに応答します。クライアントからリクエストを受け付けると、設定情報から呼び出すServletプログラムを判定し、処理を渡します。処理が完了すると呼び出し元のクライアントに対してレスポンスを返します。ServletはHTTP処理に対する低レベルAPIしか提供しないため、現在ServletのAPIだけでプログラミングを行なう場面は少なくなっています。Servletは、JSFのようなServletコンテナ上で動作する上位フレームワークへ処理を委譲するための仲介役として利用されることが多くなっています。

■ WebSocket

WebSocketはHTTPプロトコルをアップグレードした、双方向／全二重通信が可能なプロトコルです。HTTPと比べてメッセージ送受信の際のオーバーヘッドが少ないため、効果的にリアルタイムメッセージの送受信ができます。

Java EE 7から、WebSocketのクライアント、サーバーの接続先（エンドポイント）のプログラムを行なうための機能が導入されました。これにより、接続処理、メッセージの送受信、エラー処理、切断処理などを実装することができます。

■ Java API for RESTful Web Services（JAX-RS）

JAX-RSは、RESTアーキテクチャに基づいてWebサービスを実装するための機能を提供します。従来、Webサービスの実装にはSOAP Webサービス(JAX-WS)とXMLを用いるのが主流でした。しかし現在は、分散システム間連携を行なうために、RESTful WebサービスとJSONを組み合わせて実装する場合が多くなっています。

JAX-RSの仕様は、HTTPの仕様と密接に関連しており、HTTPのメソッド（GET、POST、PUT、DELETE）に対応するアノテーションを用いて処理を実装します。

詳細は第9章で説明します。

■ JavaServer Faces（JSF）

JSFはコンポーネントベースで開発が可能なWebアプリケーション開発フレームワークです。画面は、フェースレット（Facelets）と呼ばれるXHTML形式のテキストファイルに、HTMLタグや、JSF専用のタグを記入してデザインします。また、バックエンドの処理は、マネージドビーン（Managed Bean）と呼ばれるPOJOのクラス、もしくはCDIのクラスで処理を実装します。JSFは標準でHTML5やAjaxへも対応しており、JavaScriptの知識がなくても簡単にAjaxプログラミングを行なえます。

詳細は第2章～第4章で説明します。

■ ビーンバリデーション

ビーンバリデーションはデータの整合性を検証するための機能です。アノテーションを用いて宣言的に値の検証を行なうことができるほか、正規表現を用いた検証もできます。入出力データの検証は、機能にかかわらず至るところで必要ですが、ビーンバリデーションを利用することで同じスタイルでデータの検証が可能です。ビーンバリデーションはJSFや、JAX-RS、JPAに統合されているため、追加の設定なしで簡単に利用できます。詳細は第3章で説明します。

■ Common Annotation

Java SE 5でMetadata facility for Javaという機能が追加されました。これはフィールドやメソッド、クラスに対してアノテーションを定義するための仕様です。これに関連して、Java SE環境、Java EE環境の両方で共通して利用可能なアノテーションが定義されました。たとえば、インスタンスの生成時、破棄時になんらかの処理を行なうことを規定したものや、処理に対する実行権限を規定したもの、データベース設定を規定したもの、リソース注入を行なうためのアノテーションなどがあります。これらのアノテーションを使用して宣言的にプログラミングを行ないます。

■ Managed Bean

Common Annotationの中に、Managed Beanというアノテーションがあります。このアノテーションが付加されたクラスは、Java EE環境で管理されているBeanであることが明示されています。Managed Beanは、アプリケーションサーバーで管理されているリソースの参照や、インスタンスのライフサイクル管理ができます。たとえば、インスタンス生成後になんらかの処理を追記したい場合や、インスタンス破棄時に処理を追記したい場合、アノテーションを使って簡単に実装できます。

通常、Managed Beanのアノテーションを付加したクラスを実装することは、ほとんどありません。しかし、Managed Beanの機能を持つ上位機能（CDI、EJB）でManaged Beanの機能を利用します。

■ Interceptors

Interceptorsは、複数の機能間で横断的な関心事の実装を行なうための機能です。たとえば、ログ出力や各処理時間の計測、セキュリティの検査などは、特定部分の実装に限らず、システムの全体で必要な実装です。本来実装したいビジネスロジックとは関係のない、処理を分離して実装することでメンテナンス性、可読性の高いプログラムを実装することができます。Interceptorsは、追記処理に対して専用のアノテーションを定義し、その作成したアノテーションを付加することで処理を追加できます。詳細は第5章で説明します。

■ Concurrency Utilities for Java EE

Concurrency Utilities for Java EEは、Java EE環境で新たにスレッドを生成するための機能です。Java EE 6までは、サーバー環境上で新たなスレッドを生成することは非推奨でした。なぜならば、作成されたスレッドがアプリケーションサーバーから管理できないスレッドとして動作するためでした。たとえば、作成したスレッドは、セキュリティ情報や、トランザクション情報、コンテキスト情報などを一切含まないため、アプリケーションサーバー側から制御することは不可能でした。そこで、サーバーで管理ができるスレッドを作るために、Java EE 7からConcurrency Utilities for Java EEが新たに導入されました。これを使うことで安心してサーバー側でスレッドを生成することができます。

1.2.3 Java EEの仕様策定

Javaの仕様は、Java Community Process（JCP）という団体で管理しています。JCPではJava Specification Requests（JSR）と呼ぶ仕様[7]のリクエストに対し、一意の番号を割り当てて管理します。

たとえば、新しく仕様を作成するには、担当分野の技術に精通したエキスパートグループメンバーを構成します。次に、リーダーであるスペックリードを決めてから、スペックリードとエキスパートグループを中心に仕様の素案をまとめます。素案をJCPに対して提出して正式に受理されると、一意の番号が割り当てられます。その後、コミュニティからのフィードバックも参考にしながら仕様書を正式にまとめます。最終的に仕様は、JCPのエグゼクティブコミッティーという特別なメンバーによって、投票が行なわれ、最終承認がなされます。このとき、表1.1の3つの成果物が必要になります。

【7】
仕様には、Java EEに関するもの以外にも数多くあります。

表1.1　仕様（JSR）をJCPに提出するために必要な成果物

成果物	例
仕様書の詳細をまとめたドキュメント	Java EE 7の場合、複数の仕様が1つにまとめられJSR 342として策定されている。Java EE 7の仕様書や投票結果は次のサイトから確認できる https://www.jcp.org/en/jsr/detail?id=342
仕様に記載した機能が動作確認できる参照実装	Java EE 7の場合、参照実装としてGlassFishというオープンソースのアプリケーションサーバーが提供されている。GlassFishは次のサイトから入手できる http://glassfish.org
互換性検証キット（Technology Compatibility Kit：TCK）	互換性検証キットは、一般のWebアプリケーション開発者は利用しない。これは、仕様に準拠した別の独自実装を作りたい場合に、それが正しく仕様に準拠しているかどうかを検証するために使用する。互換性検証キットはJCPによって管理されているため、入手するにはJCPへの問い合わせが必要

1.2.4 Java EEの実行環境とプロファイル

Java EEのアプリケーションを実行するためには、Java EEアプリケーションの実行環境が必要です。この実行環境をアプリケーションサーバーと呼びます。

JCPで管理するJava EE 7の互換性検証キット（TCK）を利用してすべての検証がクリアできた場合、Java EEの仕様に準拠したアプリケーションサーバーと名乗ることができます。Java EEに準拠するアプリケーションサーバーの一覧は、以下のページで参照できます。

- **Java EE Compatibility**
  http://www.oracle.com/technetwork/java/javaee/overview/compatibility-jsp-136984.html

このページを確認すると、「Web Profile」「Full Platform」の2つに分類されていることがわかります。「プロファイル」は、Java EE 6から導入された概念で、全機能のサブセット（一部の機能を切り出したもの）を提供するための仕組みです。「Web Profile」は、Webアプリケーションの開発に特化した機能をまとめたものです。こちらを利用すると、起動時間が高速で、メモリ使用量も削減できます。

Java EE 7に含まれる、すべての仕様を表1.2にまとめます。機能名の最後に※印が付いているものは、Java EE 7で新たに追加されたものです。

Java EEで利用できるAPIは、以下のページで参照できます。

- **Java EE 7 Specification APIs**
  http://docs.oracle.com/javaee/7/api/

表1.2 Java EE 7（JSR 342）に含まれる仕様一覧とWeb Profile対応

Java EE 7に含まれる機能	バージョン	Web Profile対応
Java API for WebSocket※	1.0（JSR 356）	●
Java API for JSON Processing※	1.0（JSR 353）	●
Java Servlet	3.1（JSR 340）	●
JavaServer Faces（JSF）	2.2（JSR 344）	●
Expression Language（EL）	3.0（JSR 341）	●
JavaServer Pages（JSP）	2.3（JSR 245）	●
JavaServer Pages Standard Tag Library（JSTL）	1.2（JSR 52）	●
Batch Applications for the Java Platform※	1.0（JSR 352）	
Concurrency Utilities for Java EE※	1.0（JSR 236）	
Contexts and Dependency Injection for Java（CDI）	1.1（JSR 346）	●
Dependency Injection for Java	1.0（JSR 330）	●
Bean Validation	1.1（JSR 349）	●
Enterprise JavaBeans（EJB）	3.2（JSR 345）	● （EJB Lite）
Interceptors	1.2（JSR 318）	●
Java EE Connector Architecture	1.7（JSR 322）	
Java Persistence API（JPA）	2.1（JSR 338）	●
Common Annotations for the Java Platform	1.2（JSR 250）	●
Java Message Service API（JMS）	2.0（JSR 343）	
Java Transaction API（JTA）	1.2（JSR 907）	●
JavaMail API	1.5（JSR 919）	
Java API for RESTful Web Services（JAX-RS）	2.0（JSR 339）	●
Implementing Enterprise Web Services	1.3（JSR 109）	
Java API for XML-Based Web Services（JAX-WS）	2.2（JSR 224）	
Web Services Metadata for the Java Platform	JSR 181	
Java APIs for XML Messaging	1.3（JSR 67）	
Java Authentication Service Provider Interface for Containers	1.1（JSR 196）	
Java Authorization Service Provider Contract for Containers	1.3（JSR 109）	
J2EE Management	1.1（JSR 77）	
Debugging Support for Other Languages	1.0（JSR 45）	●

1.3 Java EEアプリケーション開発の基本

はじめてJava EE 7でシステム開発する際、開発者は「どこから始めればよいのか？」「なにを覚えればよいのか？」といった疑問を持つ方が多くいます。図1.2のように、

Java EE は非常に多くの機能から構成されています。含まれる機能を一度にすべて把握しようとするのはとても大変ですし、時間もかかります。もちろん、幅広いシステムを構築するために、すべての機能を理解することは重要です。しかし、短時間で身につけるためには、必要な機能から順に理解していくことも重要です。本節では、Java EEのアプリケーション開発の基本的な考え方について説明します。

1.3.1 Java EEアプリケーションモデル

Java EEは、企業システムのアプリケーションを開発するために、3階層アプリケーションの開発モデルを採用しています。ここでは、一般的なWebアプリケーションを作成する場合を考えてみましょう。まず、ユーザーインターフェースや画面遷移だけを実装する場合、外部システムとの連携は意識せずに実装できます。

Webアプリケーションは、通常クライアントのブラウザ、もしくはHTTPクライアントから、サーバーにHTTPリクエストが送信されるところから始めます。このとき、サーバーではクライアントからのリクエストを受信するための窓口が必要になります。Java EEでは、HTTPクライアントからのリクエストを受信するために、Servletを利用します。Servletの実行環境（Servletコンテナ）がリクエストを受信し、リクエストされたURIに基づいて処理を振り分けます。振り分け先としては、図1.3に示すようにServlet、JSF、JAX-RSなどがあります。そして振り分けた先で、必要な処理や画面遷移の実装を行ないます。

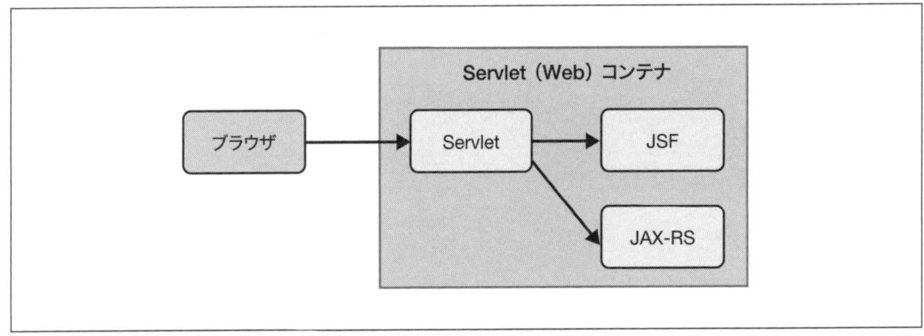

図1.3 Java EEにおけるHTTPリクエストの受信と振り分け先の技術

次に、外部システムと連携するプログラムを考えてみます。ここでは、外部システムの例としてデータベース連携を考えます（図1.4）。

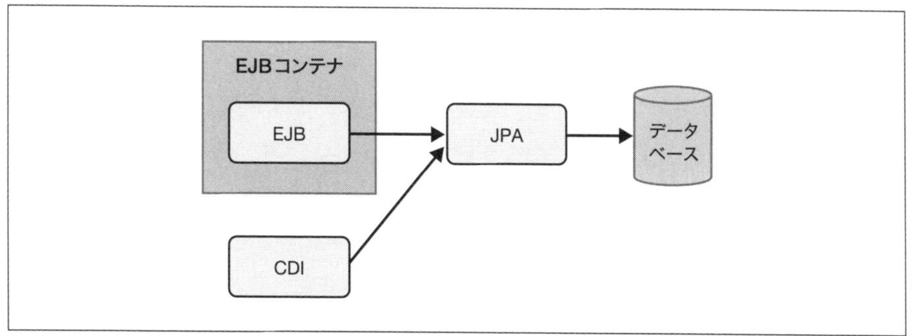

図1.4　Java EEにおけるデータベース連携の技術

古くはJavaでデータベースと連携するためにJDBCを使用しました。しかし、Java EE 5以降、データベースと連携するためにはJava Persistence API（JPA）を利用します。JPAは、O/Rマッピング（Object/Relational Mapping）の技術の1つで、Javaオブジェクトとデータベースのレコードを1対1にマッピングします。マッピングしたJavaのクラスのメソッド呼び出しで、テーブル操作（作成、読み込み、更新、削除）やクエリを行ないます。

JPAでデータベースのレコードに対する操作の機能を実装すると、次に業務に必要な処理（ビジネスロジック）を実装します。その際、データベース連携の実装の中に業務処理を直接記述したいと思う方がいらっしゃるかもしれません。しかし、このような実装は推奨しません。なぜならば、「変更」に弱いシステムになるためです。データベース、もしくはビジネスロジックのいずれかに変更が加わった場合、そのつどプログラム全体をメンテナンスしなければならなくなるでしょう。これは保守性が大幅に低下します。このような問題を防ぐためにも、データベース連携の実装とビジネスロジックは切り離して実装します。

Java EEでは、ビジネスロジックの実装にEJBもしくはCDIを使用します。ビジネスロジックには、トランザクション処理や関連する一連のデータ操作などを実装します。たとえば、銀行の預金口座へ入金する処理を考えてください。入金の業務処理は、内部的には複数の処理を行なわなければなりません。まず、入金元の預金口座から特定の金額を差し引き、入金先に同額を振り込む必要があります。片方の処理が成功し、片方の処理が失敗した場合、全体として失敗として扱わなければなりません（トランザクション）。成功している側も元の状態に戻さなければなりません（ロールバック）。ビジネスロジックの実装ではこのような業務要件で求められる処理を実装します。

EJBは、標準でコンテナ管理のトランザクションをサポートしているため、システム例外が発生した場合、実行環境であるコンテナが自動的にロールバックします。また、

CDIは、Java Transaction APIと併用することで、トランザクション処理を実装できます。

ここまで、ユーザーインターフェース側とビジネスロジック側を分けて実装しました。これらを図1.5に示すように、つなぎ合わせることで1つのWebアプリケーションを作成します。

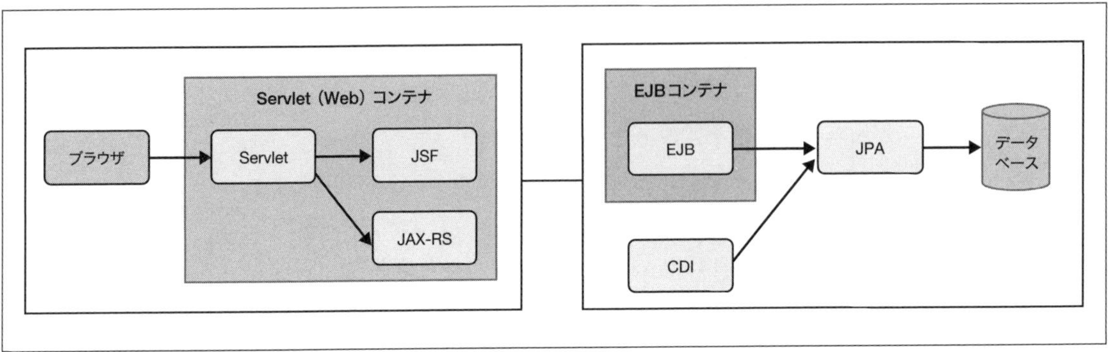

図1.5　一般的なJava EEのWebアプリケーションの構成

このように、設計や実装を分けて構成するのは面倒に思われるかもしれません。しかし、それぞれの実装を分けることで保守性、拡張性の高いシステムを作ることができます。たとえば、今までブラウザだけで提供していたWebのサービスに対して、モバイルデバイスへも対応したいという要望が出た場合を考えてみましょう。ユーザーインターフェースとビジネスロジックをきれいに分けて実装していた場合、ビジネスロジック側は一切変更することなく、追加デザインを作成するだけでよくなります。このように柔軟性の高いシステムを構築していくことがとても重要です。本書では、このアプリケーションの開発モデルに従って実装したサンプルアプリケーションを参照しながら実装を理解していきます。

1.4 開発環境の準備

本書で提供するサンプルアプリケーション（サンプルプログラム）は、Java SE 8とJava EE 7の環境上で動作します。Java SE 8は本書執筆時点の最新バージョン Oracle JDK 1.8.0u65を使用し、Java EE 7の実行としてJava EEの参照実装であるGlassFish v4.1.1を使用します。GlassFish v4.1.1は、単独でインストールする必要はなく、統合開発環境NetBeans 8.1のインストール時にあわせてバンドル版をインストールします。各インストール手順は下記のとおりです。

1.4.1 Oracle JDKのインストール

まず、Oracle JDK 1.8.0を次のURLから入手します。

- **Java SE Downloads**
  http://www.oracle.com/technetwork/java/javase/downloads/index.html

URLにアクセスすると図1.6の画面が表示されます。ここで「JDK」というラベルの下の［DOWNLOAD］ボタンをクリックします。

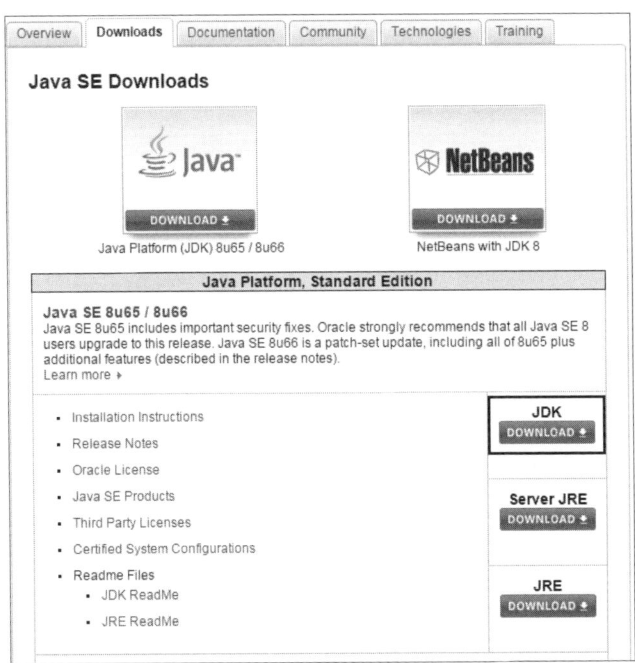

図1.6　JDK（Java SE）ダウンロードサイト

すると画面が遷移するので、次に［Accept License Agreement］のラジオボタンを選択します。図1.7の画面が表示されます。

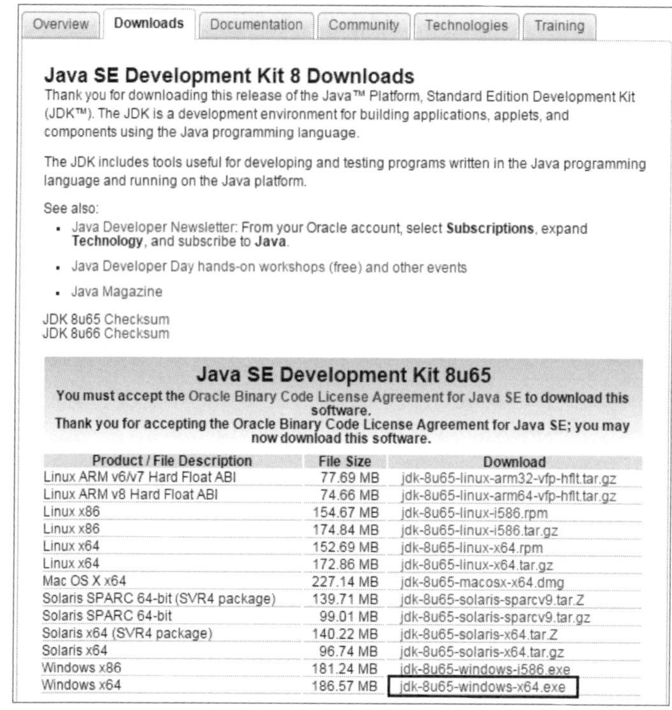

Product / File Description	File Size	Download
Linux ARM v6/v7 Hard Float ABI	77.69 MB	jdk-8u65-linux-arm32-vfp-hflt.tar.gz
Linux ARM v8 Hard Float ABI	74.66 MB	jdk-8u65-linux-arm64-vfp-hflt.tar.gz
Linux x86	154.67 MB	jdk-8u65-linux-i586.rpm
Linux x86	174.84 MB	jdk-8u65-linux-i586.tar.gz
Linux x64	152.69 MB	jdk-8u65-linux-x64.rpm
Linux x64	172.86 MB	jdk-8u65-linux-x64.tar.gz
Mac OS X x64	227.14 MB	jdk-8u65-macosx-x64.dmg
Solaris SPARC 64-bit (SVR4 package)	139.71 MB	jdk-8u65-solaris-sparcv9.tar.Z
Solaris SPARC 64-bit	99.01 MB	jdk-8u65-solaris-sparcv9.tar.gz
Solaris x64 (SVR4 package)	140.22 MB	jdk-8u65-solaris-x64.tar.Z
Solaris x64	96.74 MB	jdk-8u65-solaris-x64.tar.gz
Windows x86	181.24 MB	jdk-8u65-windows-i586.exe
Windows x64	186.57 MB	jdk-8u65-windows-x64.exe

図1.7 JDK（Java SE）インストーラの選択

ここで、自身の環境に応じたOracle JDKを入手してください。本書はWindows環境（64ビット）で開発を進めるため、「Windows x64」のインストーラを入手します。

「jdk-8u65-windows-x64.exe」のリンクをクリックしてファイルを入手してください。ファイルを入手するとダウンロード先に図1.8のファイルが保存されます。

図1.8 64ビット版JDK（Java SE）インストーラ

JDKのインストーラを入手した後、ファイルをダブルクリックしてインストーラを起動します。インストーラファイルをダブルクリックすると、図1.9の画面が表示されます。ここで［はい］ボタンをクリックします。

図1.9 JDKインストーラの起動

［はい］ボタンをクリックすると、図1.10の画面が表示されます。［次>］ボタンをクリックしてください。

図1.10 JDKインストールウィザードの開始

図1.11の画面が表示されます。この画面ではインストールするオプションの機能を選択できるほか、インストール先のフォルダを変更できます。今回はデフォルトの構成でインストールするため、そのまま［次>］ボタンをクリックします。

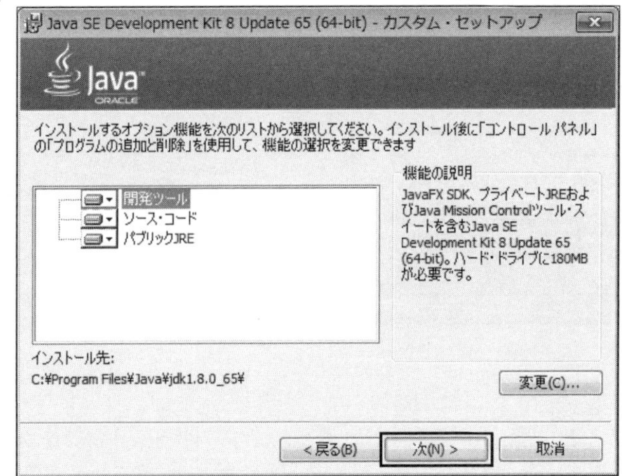

図1.11　JDKインストールオプション

図1.12の画面が表示されたらコピー先のフォルダを確認します。変更が不要な場合は、[次>] ボタンをクリックしてください。

図1.12　JDKコピー先フォルダの変更

これでインストールが開始されます（図1.13）。

図1.13 JDKインストール開始

正常にインストールが完了すると図1.14の画面が表示されます。

図1.14 JDKインストール終了

［閉じる］ボタンをクリックしてインストールを完了します。

1.4.2 NetBeansのインストール

JDKのインストールが完了したら、統合開発環境のNetBeansと、バンドルされているGlassFishをインストールします。NetBeansを以下のURLから入手してください。

- **NetBeans IDEのダウンロードページ**
  https://netbeans.org/downloads/

URLにアクセスすると図1.15の画面が表示されます。ここで、サポートテクノロジーとして「Java EE」版をダウンロードします。「Java EE」版の［ダウンロード］ボタンを押下してNetBeansのインストーラを入手してください。

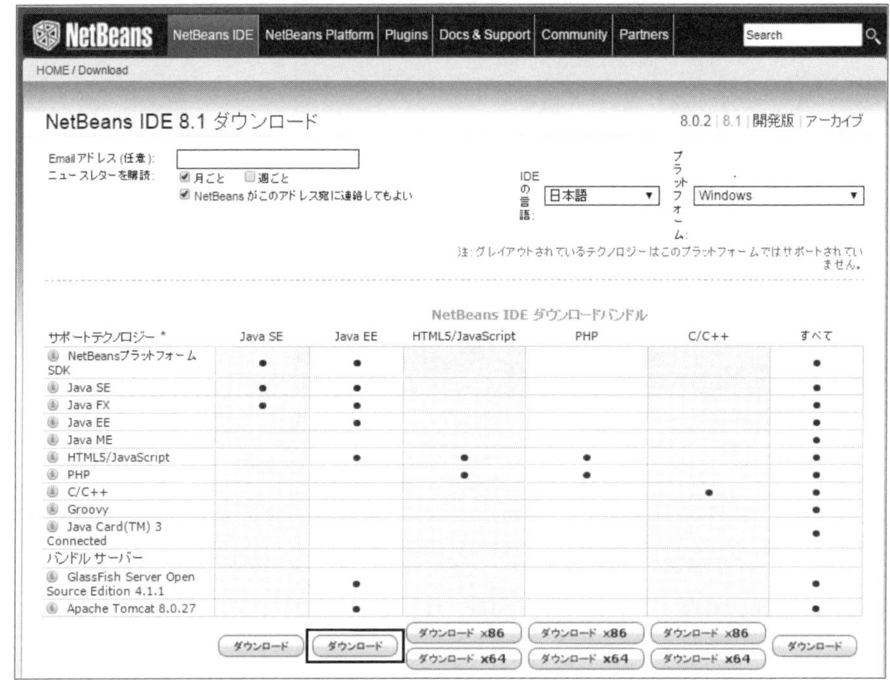

図1.15　NetBeansインストーラのダウンロード

ファイルを入手するとダウンロード先に図1.16のファイルが保存されます。

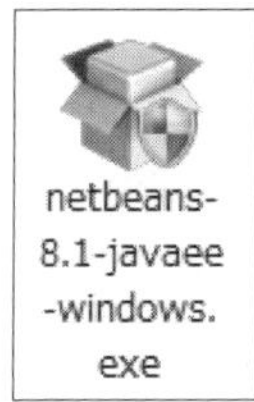

図1.16　NetBeansのインストーラ

NetBeansのインストーラを入手した後、ファイルをダブルクリックしてインストーラを起動してください。インストーラファイルをダブルクリックすると、図1.17の画面が表示されます。ここで［はい］ボタンをクリックしてください。

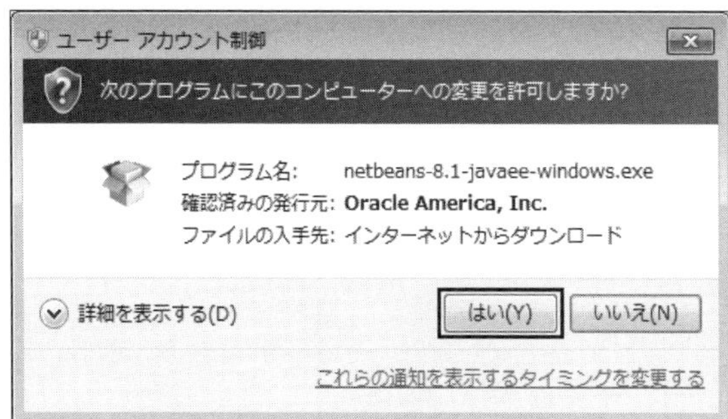

図1.17　NetBeansインストーラの起動

図1.18の画面が表示されるので、インストーラの構成が完了するまでしばらく待ちます。

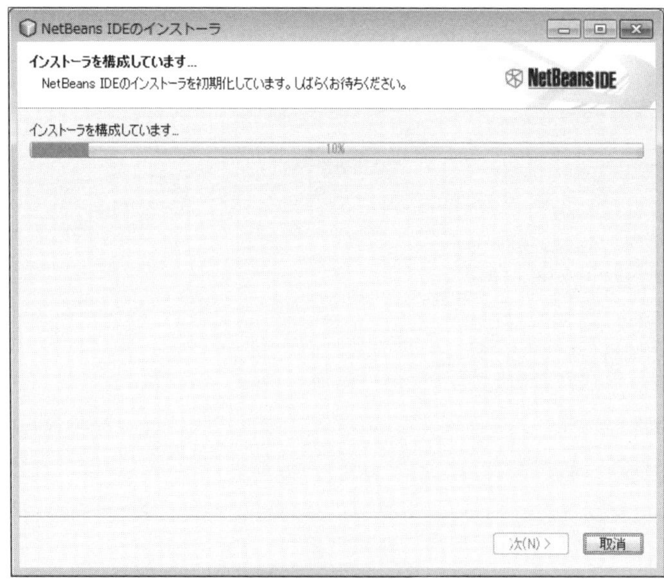

図1.18　NetBeansインストーラの構成

インストーラの構成が完了すると図1.19の画面が表示されます。ここではデフォルトの構成でインストールするため、そのまま［次>］ボタンをクリックしてください。

図1.19　NetBeansインストールウィザードの開始

図1.20の画面が表示されたら［ライセンス契約条件に同意する］にチェックしてから、［次>］ボタンをクリックします。

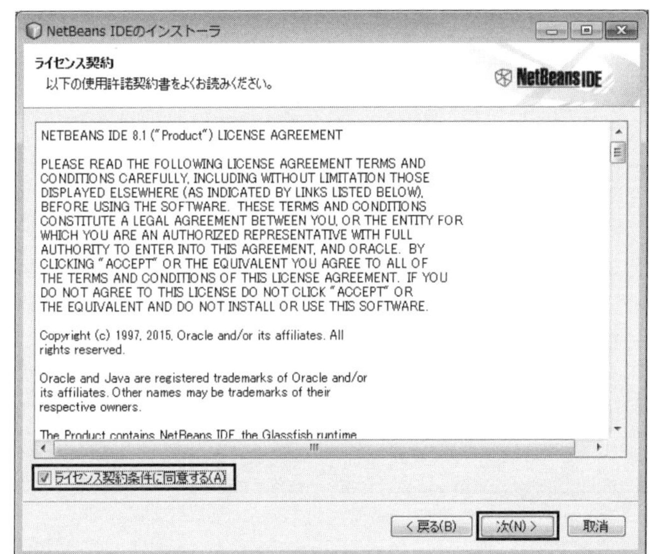

図1.20　NetBeansライセンス契約

図1.21の画面が表示されます。インストール先の変更が不要な場合、［次>］ボタ

ンをクリックします。

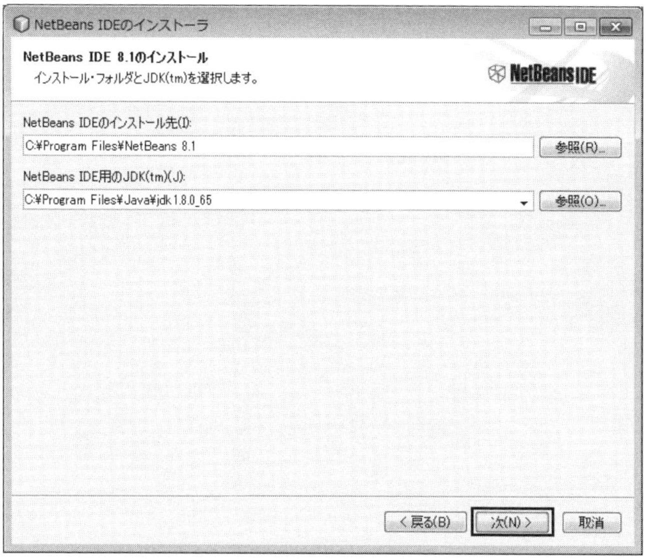

NetBeans IDEのインストーラ
NetBeans IDE 8.1のインストール
インストール・フォルダとJDK(tm)を選択します。
NetBeans IDE
NetBeans IDEのインストール先(I):
C:¥Program Files¥NetBeans 8.1
参照(R)...
NetBeans IDE用のJDK(tm)(J):
C:¥Program Files¥Java¥jdk1.8.0_65
参照(O)...
< 戻る(B)
次(N) >
取消

図 1.21　NetBeansインストール先フォルダの指定

図1.22の画面が表示されます。GlassFishのインストール先の変更が不要な場合、[次>] ボタンをクリックします。

NetBeans IDEのインストーラ
GlassFish 4.1.1のインストール
インストール・フォルダを選択します。
NetBeans IDE
GlassFishのインストール先(I):
C:¥Program Files¥glassfish-4.1.1
参照(R)...
GlassFishアプリケーション・サーバー用のJDK(tm)(J):
C:¥Program Files¥Java¥jdk1.8.0_65
参照(O)...
< 戻る(B)
次(N) >
取消

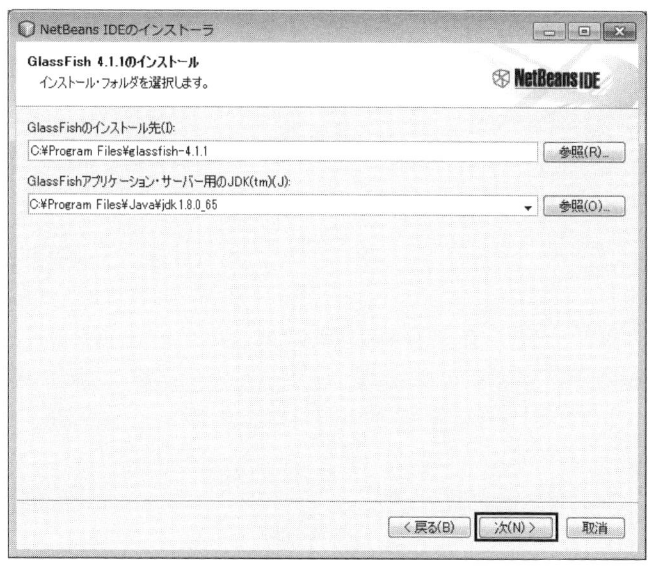

図 1.22　GlassFishインストール先フォルダの指定

NetBeans、GlassFishそれぞれのインストール先を確認した後、［インストール］ボタンをクリックします（図1.23）。

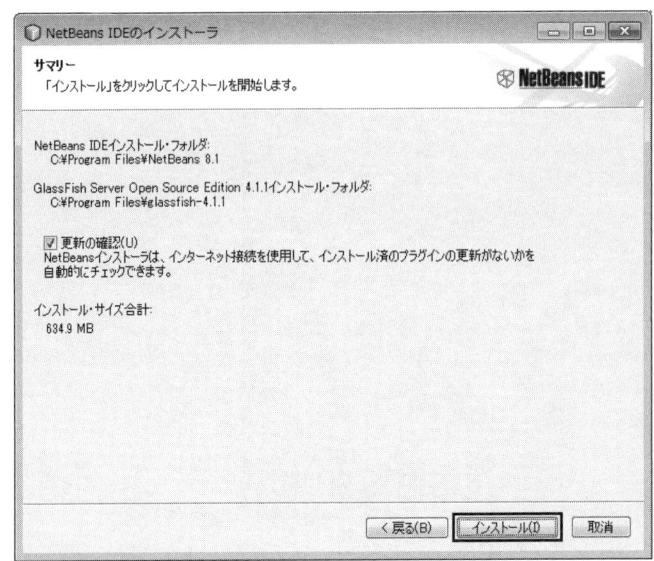

図1.23　インストール内容の確認

インストールが開始するので、しばらく待ちます（図1.24）。

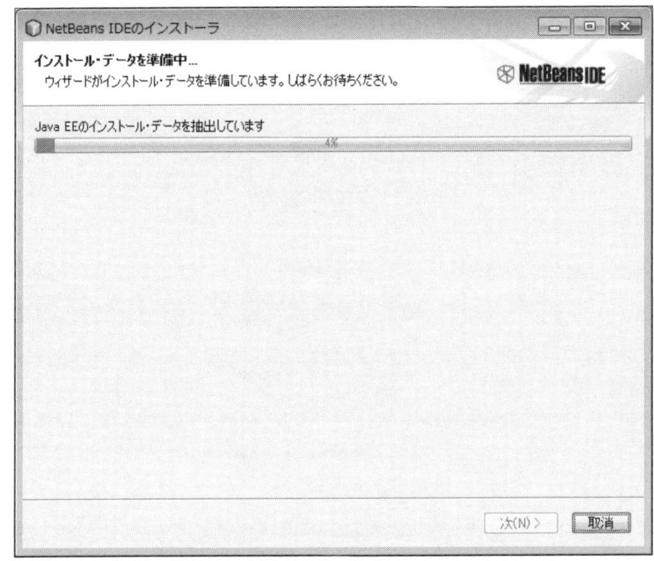

図1.24　インストール開始

NetBeans、GlassFishのインストールが正常に完了すると図1.25の画面が表示されます。[終了] ボタンをクリックしてインストールを完了します。

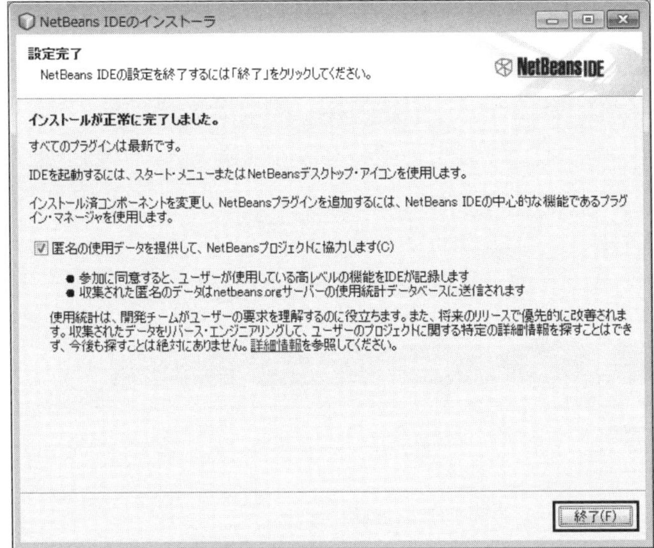

図1.25 インストールの完了

1.4.3 NetBeansの起動

NetBeansのインストールが完了すると、デスクトップ上に図1.26のようなアイコンが表示されます。アイコンをダブルクリックしてNetBeansを起動してください。

図1.26 NetBeans起動アイコン

NetBeansを起動すると図1.27の画面が表示されます。

[プロジェクトを開く]

図1.27　NetBeans起動時の画面

以上でJava EE 7アプリケーションの開発準備は整いました。

1.5 サンプルアプリケーションの概要

次章以降、本書全体を通して「ナレッジバンク」という仮想の業務システム（サンプルアプリケーション）を参照しながら、より実践的なJava EEの実装方法を学習します。どのようなシステム構成なのか、ここで概要を確認しておきましょう。

1.5.1 ナレッジバンク

ナレッジバンクは、個人が保有する知識情報（ナレッジ）を共有するためのWebアプリケーションです。Java EE 7で、一般的なWebアプリケーションを実装するために必要な機能を使用して構築されています。このサンプルアプリケーションを通じて、ユーザーインターフェースの実装からデータベースの操作まで一連の実装を理解することができます。

■ ナレッジバンクのアーキテクチャ

ナレッジバンクのアーキテクチャの構成は図1.28のようになっています。

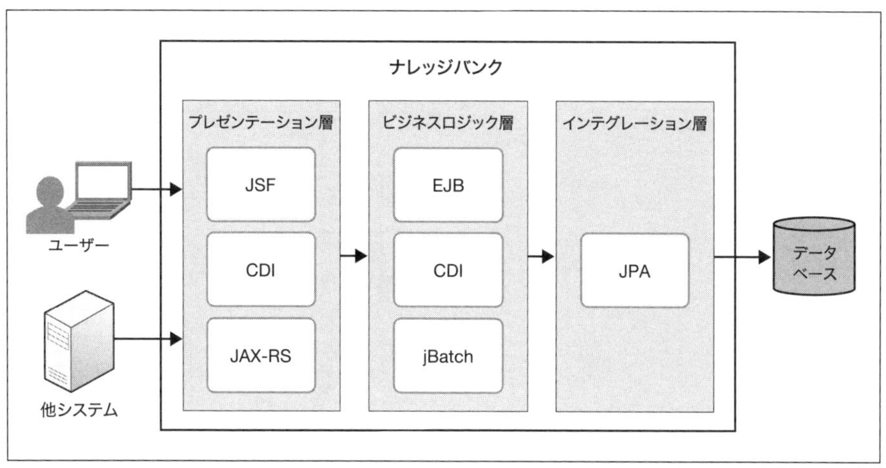

図1.28　ナレッジバンクのアーキテクチャ

プレゼンテーション層として、ユーザーインターフェースをJSFで実装しています。また、他システムと連携するためにRESTful Webサービスを実装しています。

インテグレーション層として、データベースに対する操作を行なうために、JPAを使用します。プレゼンテーション層とインテグレーション層をつなぐためにCDIとEJBを使用し、ビジネスロジックを実装しています。また、データ集計のためにバッチ処理も実装しています。

■ ナレッジバンクの画面遷移

次に、ナレッジバンクが持つ画面と画面遷移を見てみましょう（図1.29）。

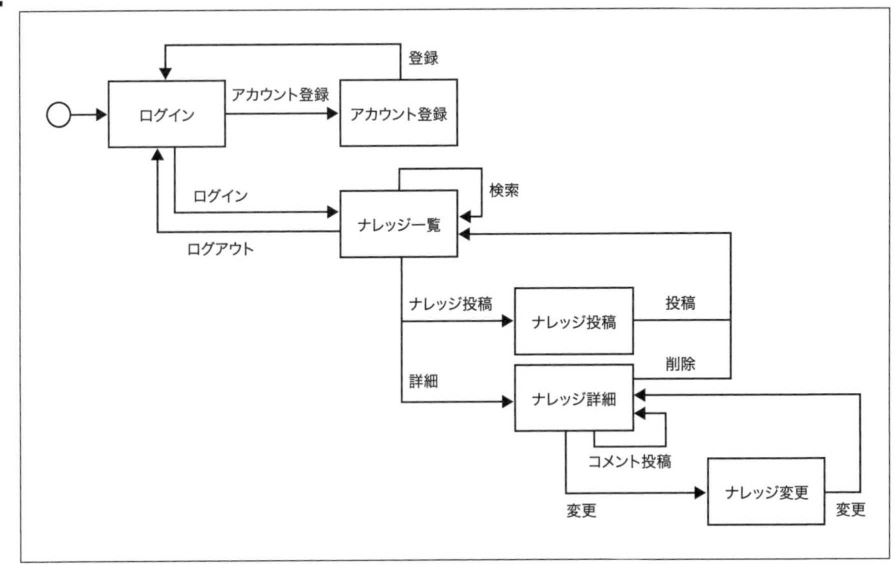

図1.29 ナレッジバンクの画面遷移

ナレッジバンクは6画面から構成されています。

ユーザーがブラウザからナレッジバンクにアクセスすると、ログイン画面を表示します。初回アクセス時にはアカウント登録が必要です。ログイン画面のリンクをクリックしてアカウント登録画面に進み、アカウントを登録すると、ナレッジバンクへログインすることができます。

ログインが成功するとユーザーが登録済みのナレッジ一覧を見ることができます。その後、ナレッジ一覧画面のリンクをたどることでナレッジの投稿、詳細表示、変更、削除、検索、コメント投稿を行ないます。

■ ログイン画面

データベースに、事前登録したアカウント情報（ユーザーID、パスワード）をもとに、ログイン認証を行ないます（図1.30）。

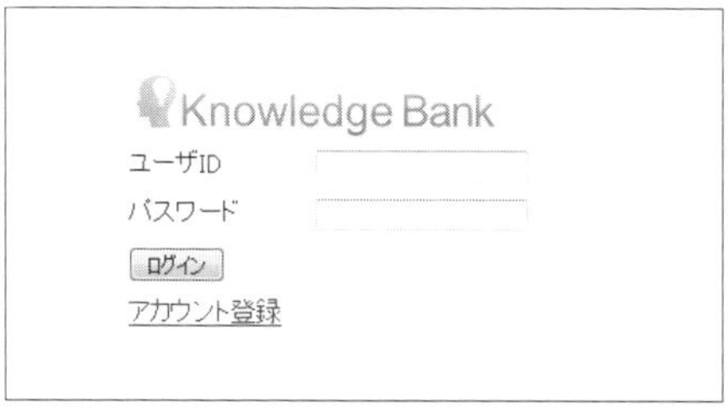

図1.30　ログイン画面

■ アカウント登録画面

アカウントの登録はアカウント登録画面から行ないます（図1.31）。登録に必要な情報はユーザーID、名前、メールアドレス、パスワードの4つです。

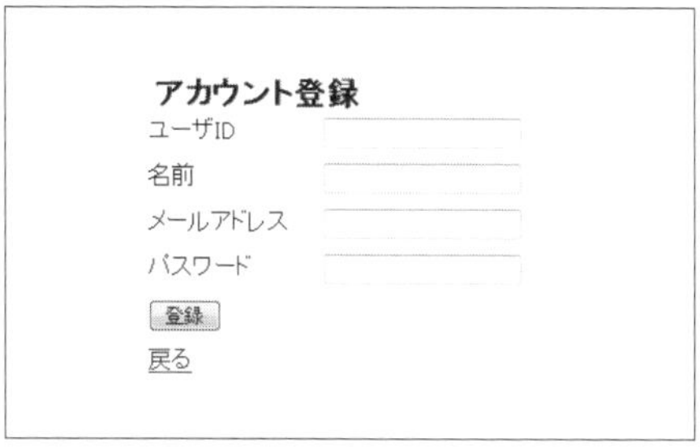

図1.31　アカウント登録画面

■ ナレッジ一覧画面

ログイン画面からログインすると、登録済みのナレッジ一覧画面をテーブルで表示します（図1.32）。カテゴリごと、もしくは検索結果からフィルタリングができます。

図1.32　ナレッジ一覧画面

■ ナレッジ詳細画面

ナレッジ一覧画面から、特定のタイトルのリンクをクリックするとナレッジ詳細画面に遷移します（図1.33）。詳細情報を表示するほか、内容の修正、削除、コメントを追記することができます。

図1.33　ナレッジ詳細画面

■ ナレッジ投稿画面

ナレッジ一覧画面のメニューからナレッジ投稿のリンクをクリックすると、ナレッジ投稿画面が表示されます（図1.34）。タイトル、カテゴリを選択し、詳細内容を記述します。

図1.34　ナレッジ投稿画面

■ ナレッジ変更画面

ナレッジ詳細画面から［変更］ボタンをクリックすると、ナレッジ変更画面が表示されます（図1.35）。登録されている情報が表示され上書きして変更することができます。

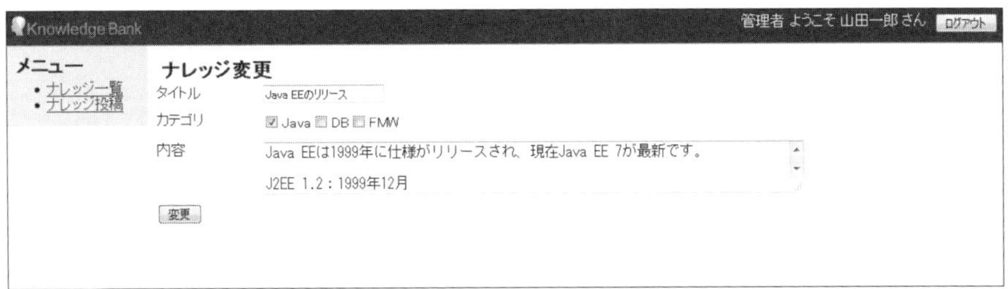

図1.35 ナレッジ変更画面

1.5.2 ナレッジバンクのセットアップ

サンプルアプリケーション「ナレッジバンク」は、以下のサイトからダウンロードすることができます。

- Java EE 7徹底入門サンプルダウンロードページ
  http://www.shoeisha.co.jp/book/download/9784798140926

ダウンロードしたファイルの中には、以下の3つのモジュールが含まれています。

- knowledgebank：ナレッジバンクのサンプルアプリケーション
- knowledgebank_client：RESTful Webサービスのクライアントサンプル
- SimpleBatch：jBatch単独のサンプルアプリケーション

NetBeansの［プロジェクトを開く］（アイコン）でそれぞれのフォルダを指定することで、サンプルアプリケーションを確認することができます（図1.36）。

図1.36　ナレッジバンクのサンプル

サンプルアプリケーションを実際に動作させるには、以下を設定する必要があります。

- データベースの設定（第8章8.7節で説明）
- 認証の設定（第4章4.1節で説明）

これらの設定手順は、ダウンロードしたサンプルファイルの中のReadMeテキストにも含めているので、実際に動作させたい方は参考にして設定してください。

1.6 まとめ

第1章では、Java EEの成り立ちから始め、Java EEとはなにか、さらにはJava EEのアプリケーションの開発方法の基本的な考え方までを紹介しました。

Java EEは、かつての複雑さを大幅に軽減し、エンタープライズレベルのアプリケーション開発をとても簡単に実装できるようになっています。また、Java EE 7からはWebSocketやJSONを導入し、さらにJSFにおいてHTML5タグに対応するなど、近年のWebアプリケーション開発に求められる機能も容易になっています。さらに、エンタープライズのアプリケーション開発で求められるバッチ処理や並列処理などの機能も組み込んでいるため、Java EE 7は企業システム開発を行なう際に、有力な選択候補の1つとなっています。

Java EEを導入するにあたり、開発プロジェクトで開発者一人一人が含まれるすべての機能を理解しなければならないわけではありません。プロジェクトマネージャやアーキテクトは、開発チームのメンバーごとに、プレゼンテーション、ビジネスロジック、インテグレーションの担当者をアサインし、各領域に精通した人を育て開発を進めてください。そうすることで開発者は、必要な機能から順に理解することができます。そして、それぞれを堅牢に作ったプログラムを組み合わせることで、移植性の高いシステムを構築できるようになります。

Java EEによるシステム開発では、機能ごとに実装したプログラムをつなぎ合わせ組み立てていくことを意識してください。すると、LEGOブロックで建物や乗り物を造るのと同じように、システムを組み立てていくことができるようになるでしょう。そして、その考え方が身につくとJava EEを利用したアプリケーション開発は、決して難しいものではなくなります。

では、次章からJava EEの機能の詳細と使い方について詳しく見ていきましょう。

Chapter

2

プレゼンテーション層の開発 ——JSFの基本

第1章で説明したように、Webアプリケーションでは保守性を考慮して「プレゼンテーション層」「ビジネスロジック層」「インテグレーション層」の3階層に分けて設計／開発を行ないます。本書で解説するJSFは、プレゼンテーション層を開発する仕様です。ナレッジバンクではユーザーインターフェースをJSFで開発しています（図2.1）。

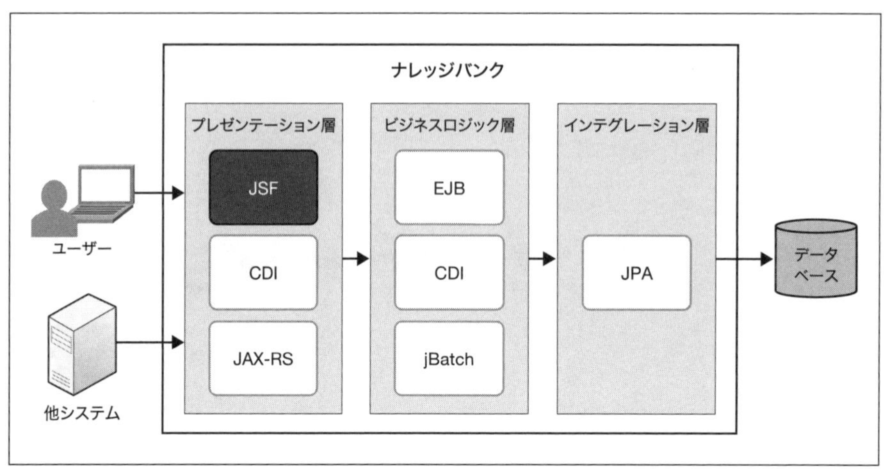

図2.1　ナレッジバンクとJSFの位置づけ

プレゼンテーション層の開発にはHTMLやJavaScript、カスケーディングスタイルシート（CSS）など一般的なWebの技術を使用しますが、それだけではデータを入力したり、編集したりするような動的なWeb画面を作成することはできません。JSFでは開発者が動的なWebアプリケーションを作成するために必要なプレゼンテーション層の機能や仕組みを提供しています。本書では第2章から第4章にかけて、JSFの基本と応用について説明します。本章では、その基本部分であるプレゼンテーション層を作成するために必要なJSFの基礎知識と、JSFを使用してWeb画面を作成する方法について説明します。

2.1 JSF概要

2.1.1 JavaServer Faces（JSF）とは

JavaServer Faces（JSF）とは、Java EE 5から追加されたプレゼンテーション層を作成するための仕様です[1]。JSFを導入する以前のJava EEではプレゼンテーション層を作成する技術として、サーブレットを使用していました。サーブレットとはブラウザとHTTP通信でやりとりを行なう基礎的な仕様で、HTTPでやりとりするための最小限の機能を提供しています。しかしサーブレットの機能だけでは、Webアプリケーションを開発するときに必要になる入力値とJavaオブジェクトのマッピング、入力値のチェック、エラーメッセージのハンドリングなど、多くの機能が不足していました。そのため、Webアプリケーションの開発者は独自に足りない機能を作り込むか、StrutsやSpring MVCなどのオープンソースのフレームワーク[2]を使用して開発していました。JSFの導入により、Java EEの標準機能だけで簡単にWebアプリケーションのプレゼンテーション層を開発することができるようになりました（図2.2）。

【1】
Java EE 7に含まれるJSFのバージョンは2.2（JSR 344）です。JSF 2.2の仕様は、以下のページで確認することができます。
https://www.jcp.org/en/jsr/detail?id=344

【2】
フレームワークとは、アプリケーションを開発するために汎用的な機能をまとめ、枠組みを提供するものです。JSFもフレームワークに該当します。

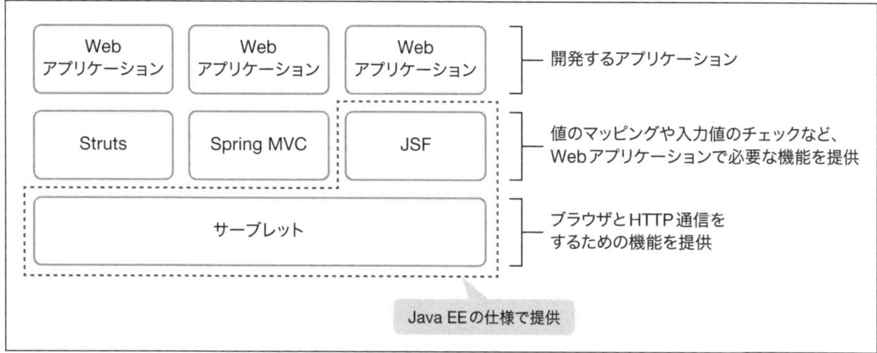

図2.2　Webアプリケーションの構成とJSFの提供範囲

MVC 1.0

Webアプリケーションを開発するフレームワークには、HTTPの通信に紐付けて処理を記述するアクションベースのフレームワークと、入力フィールドやボタンに紐付けて処理を記述するコンポーネントベースのフレームワークがあります。本書で説明するJSFは、コンポーネントベースのフレームワークです。

2017年9月にリリースされたJava EE 8では、JSFに加え「MVC1.0」というプレゼンテーション層を開発するアクションベースの仕様が加わる予定でした。しかし、2度にわたるコミュニティサーベイ（ユーザーに対するアンケート）の結果、最終的にMVC 1.0はJava EE 8に含まれませんでした。そのため、Java EE 8リリース時点においてもJava EEの標準仕様としてプレゼンテーションの開発をする場合はJSFを使用することになります。

2.2 JSFの構成要素

2.2.1 画面と処理（フェースレットとマネージドビーン）

JSFを構成する要素として、Web画面のレイアウトを記述する「フェースレット」とWeb画面からの処理を受け付ける「マネージドビーン」の2つが存在します。それぞれどのようなものかナレッジバンクのアカウント登録画面を使って説明します。

■ フェースレットとは

フェースレット（Facelets）とは、画面レイアウトを記述するXHTMLベースのテンプレートエンジン[3]です。XHTMLとはHTMLをXMLの文法に適合するように定義し直したもので、HTMLよりも書式は厳密ですが、使用できるタグなどはHTMLとほとんど違いはありません。以下は、フェースレットで記述したナレッジバンクのアカウント登録画面です。

【3】
テンプレートエンジンとは、テンプレートと呼ばれるひな型と入力データを合成し結果を出力するライブラリやツールのことです。

▶ アカウント登録画面（account/register.xhtml）

```
<?xml version="1.0" encoding="UTF-8"?>                                 宣言部
<!DOCTYPE html>
<html xmlns="http://www.w3.org/1999/xhtml"
      xmlns:h="http://xmlns.jcp.org/jsf/html">
  <h:head>
    <meta charset="UTF-8" />                                           ヘッダー部
    <h:outputStylesheet library="css" name="style.css" />
    <h:outputScript name="jsf.js" library="javax.faces"/>
    <h:outputScript library="js" name="application.js" />
    <title>Knowledge Bank</title>
  </h:head>
  <h:body>                                                             ボディ部
    <div id="top_content">
      <h:form id="form">
        <h1>アカウント登録</h1>
        <div class="entry">
          <div>                                                        ユーザーの入力
            <label>ユーザーID</label>
            <div>
```

```
          <h:inputText id="userId" value="#{accountBean.account.userId}" />
          <h:message for="userId" errorClass="error"/>
        </div>
      </div>
      <div>
        <label>名前</label>
        <div>
          <h:inputText id="name" value="#{accountBean.account.name}" />
          <h:message for="name" errorClass="error"/>
        </div>
      </div>
      <div>
        <label>メールアドレス</label>
        <div>
          <h:inputText id="mail" value="#{accountBean.account.mail}" />
          <h:message for="mail" errorClass="error"/>
        </div>
      </div>
      <div>
        <label>パスワード</label>
        <div>
          <h:inputSecret id="password" value="#{accountBean.password}" />
          <h:message for="password" errorClass="error"/>
        </div>
      </div>
      <div>
        <h:commandButton action="#{accountBean.register()}" value="登録" />
      </div>
    </div>
    <div>
      <h:link outcome="/login" value="戻る"/>
    </div>
  </h:form>
  </div>
 </h:body>
</html>
```

ボディ部

ユーザーの入力

名前の入力

メールアドレスの入力

パスワードの入力

［登録］ボタン

［戻る］ボタン

実行すると、図2.3のような画面を表示します。

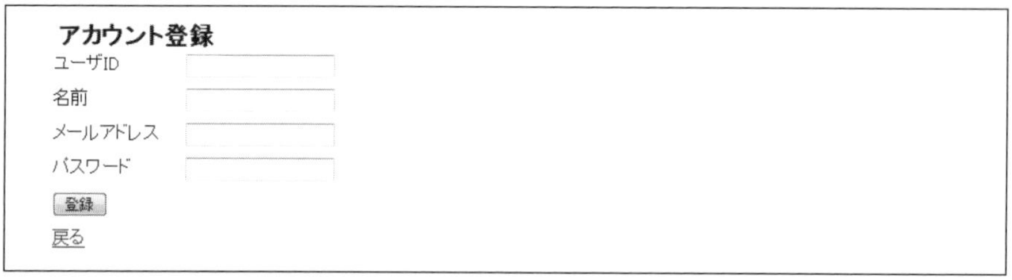

アカウント登録

ユーザID
名前
メールアドレス
パスワード
登録
戻る

図2.3 アカウント登録画面の表示

アカウント登録画面にはアカウント登録に必要な情報であるユーザーID、名前、メールアドレス、パスワードを入力するためのフィールドと［登録］ボタンがあります。［登録］ボタンを押下すると、入力したアカウント情報をデータベースに登録します。

ここでは、この後説明するマネージドビーンとの関連性を確認するために、ユーザーIDの入力部分と［登録］ボタンの部分に注目して説明します。ユーザーIDの入力部分は以下のように記述しています。

▶ ユーザーID入力部分の記述

```
<label>ユーザーID</label>
<div>
  <h:inputText id="userId" value="#{accountBean.account.userId}" />
  <h:message for="userId" errorClass="error"/>
</div>
```

h:inputTextタグの部分がユーザーIDの入力フィールドです。フェースレットではフェースレットが提供するタグライブラリを使用してWeb画面を記述します。h:inputTextタグはそのタグライブラリの1つです。h:inputTextタグのvalue属性の値に記述している#{ }で囲まれた部分は、EL式というデータを参照するための簡易記法です。EL式には#{accountBean.account.userId}と記述していますが、これはマネージドビーンのフィールド（AccountBeanクラスが保持しているAccountクラスのuserIdフィールド）と紐付いています。この紐付けのことを「バインド」と言います。マネージドビーンとバインドすることで、マネージドビーンの値を表示したり、入力した値をマネージドビーンに反映したりすることができます。ユーザーID以外の入力フィールドについても同じようにマネージドビーンと紐付いています。フェースレットが提供しているタグライブラリの種類とEL式の記述方法については本章の後半で詳細に説明します。

次に［登録］ボタンの部分を見てみましょう。以下は［登録］ボタン部分の記述です。

▶ ［登録］ボタン部分の記述

```
<div>
  <h:commandButton action="#{accountBean.register()}" value="登録" />
</div>
```

［登録］ボタンはh:commandButtonタグで記述しています。h:commandButtonタグのaction属性にも先ほどの入力フィールドで使用したEL式を使用しています。EL式には#{accountBean.register()}と記述していますが、これはこのボタンを押したときに指定したマネージドビーンのメソッド（AccountBeanクラスのregisterメソッド）を呼び出しなさいという意味です。

フェースレットではこのようにHTMLが提供する<input>タグや<button>タグの代わりに、フェースレットが提供する専用のタグライブラリを使用してWeb画面を構築します。

■ マネージドビーンとは

JSFのマネージドビーンとは、フェースレットとバインドし、値の設定や処理を行なうJavaのクラスです。サーバー側で処理を行なうにはフェースレットと対になるマネージドビーンが必要です[4]。以下は、アカウント登録画面の処理をするマネージドビーンの記述です。

【4】
マネージドビーンにはCDIやEJBの上位仕様であるマネージドビーンと、それを同様に継承したJSFのマネージドビーンがあります。第2章〜第4章で説明するマネージドビーンは後者のJSFに特化したマネージドビーンのことです。

▶ アカウント登録マネージドビーン（AccountBean.java）

```
package knowledgebank.web.bean;

import javax.enterprise.context.RequestScoped;
import javax.faces.context.FacesContext;
import javax.inject.Inject;
import javax.inject.Named;
import javax.validation.constraints.NotNull;
import javax.validation.constraints.Size;
import knowledgebank.entity.Account;
import knowledgebank.service.AccountFacade;
import knowledgebank.util.PasswordUtil;
import knowledgebank.validator.Password;
```

```
@Named
@RequestScoped
public class AccountBean {

  @Inject
  AccountFacade accountFacade;  // アカウント登録EJBクラス

  private Account account = new Account();  // アカウント情報

  @Size(max = 255)
  @NotNull
  @Password
  private String password;  // パスワード
  public Account getAccount() {
    return account;
  }

  public void setAccount(Account account) {
    this.account = account;
  }

  public String getPassword() {
    return password;
  }

  public void setPassword(String password) {
    this.password = password;
  }

  public String register() {
    // ユーザーにグループを設定
    account.setAccountGroup("userGroup");
    // パスワードをハッシュ化
    account.setPassword(PasswordUtil.hash(password));
    // ユーザーの登録
    accountFacade.create(account);

    // FacesContextを取得
    FacesContext facesContext = FacesContext.getCurrentIns➡
tance();
    // フラッシュスコープにメッセージを設定
```

マネージドビーンの宣言

フィールド定義

フィールドのgetter/setter

アカウント登録処理

```
    facesContext.getExternalContext().getFlash().put("noti➡
ce","ユーザーを追加しました。");
    // ログイン画面にリダイレクト遷移
    return "/login?faces-redirect=true";
  }
}
```

マネージドビーンの宣言では、以下のようにマネージドビーン用のアノテーションを記述しています。

▶ マネージドビーンのアノテーション

```
@Named
@RequestScoped
public class AccountBean {
```

1つ目の@Namedアノテーションは、マネージドビーンの名前を宣言するアノテーションで、フェースレットからEL式を使用してマネージドビーンを参照できるようにするものです[5]。アノテーションの引数に名前の宣言がなければクラス名の先頭を小文字にしたものがEL式の参照名になります。2つ目の@RequestScopedはスコープアノテーションといい、マネージドビーンのオブジェクトをいつまで保持するかを指定するものです[6]。@RequestScopeは1回のHTTPリクエスト間は値を保持するという指定です。

マネージドビーンの宣言方法には上記のように、第5章で説明するCDIのアノテーションを使用するものと、JSFリリース当初からあるJSFのアノテーション[7]を使用するものがあります。どちらの記述方法でも機能に違いはありませんが、本書では、Java EE 6から主流となっているCDIを使用した記述方法を使用します。スコープアノテーションの詳細についてはこの後で説明します。

アカウント登録マネージドビーンではWeb画面に入力した値を受け取るためにアカウントクラスを宣言しています。

▶ アカウント登録マネージドビーンのフィールド定義

```
private Account account = new Account();  // アカウント情報
```

宣言しているAccountクラスは第7章のJPAで説明するアカウントを表わすエンティティというクラスで、入力したユーザーID、名前、メールアドレス、パスワードの情

【5】
@NamedはEL式の名前解決以外にもCDIの名前解決にも使用します。

【6】
@Namedアノテーションと@RequestScopedアノテーションは、@Modelアノテーションで1つに集約して表わすこともできます。このように複数のアノテーションをまとめたアノテーションをステレオタイプと言います。

【7】
javax.faces.bean.ManagedBeanアノテーションを使用します。

報を保持します。フェースレットのh:inputTextタグには#{accountBean.account.userId}というEL式を記述していましたが、そのaccountに該当する部分です。

フェースレットから値を設定したいフィールドにはJavaBeansという仕様にならって、以下のようにフィールドのgetterメソッドとsetterメソッドを作成する必要があります。JSFはこのgetterメソッドとsetterメソッドを経由してフィールドのデータにアクセスします。

▶ アカウント情報のgetter/setter

```
public Account getAccount() {
  return account;
}
public void setAccount(Account account) {
  this.account = account;
}
```

アカウント登録画面の場合、AccountクラスのuserIdフィールドにフェースレットからバインドしているため、AccountBeanクラスにAccountクラスのgetterメソッドとsetterメソッドを作成し、かつAccountクラスにもuserIdのgetterメソッドとsetterメソッドを作成する必要があります。このgetterメソッドとsetterメソッドを「プロパティ」と言います。

フェースレットのボタンと紐付いているのがアカウントを登録するregisterメソッドです。以下のようにアカウント登録画面の［登録］ボタンを押したときの処理を記述しています。

▶ アカウントを登録するregisterメソッド

```
public String register() {
  // ユーザーにグループを設定
  account.setAccountGroup("userGroup");
  // パスワードをハッシュ化
  account.setPassword(PasswordUtil.hash(password));
  // ユーザーの登録
  accountFacade.create(account);
  ...
  // ログイン画面にリダイレクト遷移
  return "/login?faces-redirect=true";
}
```

グループやパスワードの処理を行なった後に、第6章のEJBで説明するアカウント登録EJBにアカウント情報を渡してデータベースに保存し、最後にログイン画面に遷移します。

アカウント登録画面の［登録］ボタンをクリックすると、JSFはWeb画面に入力した名前やメールアドレスの情報をEL式のバインドに合わせてマネージドビーンのAccountクラスに設定します。その後、ボタンに設定しているregisterメソッドを実行します。図2.4のようなイメージになります。

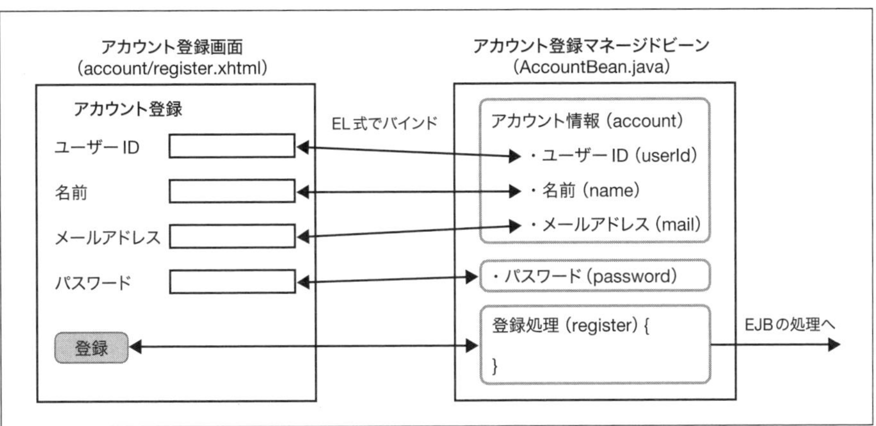

図2.4　アカウント登録画面とアカウント登録マネージドビーンの関係

このようにJSFではフェースレットとマネージドビーンがEL式を通じて相互にやりとりを行ないます[8]。そのため、画面と処理を直感的に作成することができます。

【8】
JSFの内部処理ではもう少し複雑な処理をしています。JSFの内部処理についてはこの後で詳細に説明します。

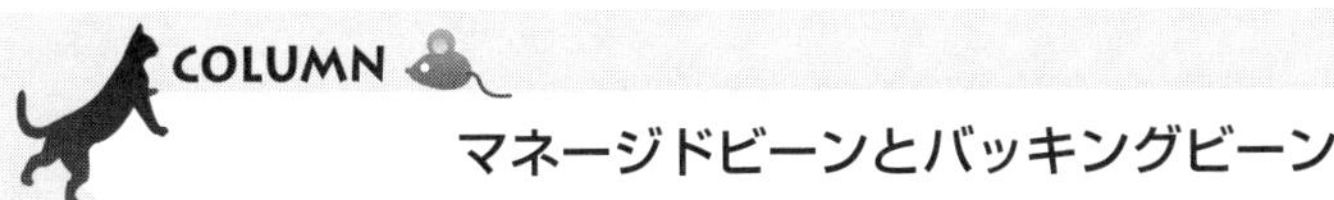

マネージドビーンとバッキングビーン

フェースレットにバインドするJavaのクラスはマネージドビーンと言いますが、フェースレットの裏側で処理を行なうという意味でバッキングビーンと呼ばれることもあります。マネージドビーンもバッキングビーン基本的には同じものです。昔はマネージドビーンと呼ばれていましたが、マネージドビーンがCDIでも代用できるようになった頃からJSFで使用するマネージドビーンをバッキングビーンと呼ぶことが多くなりました。本書ではJSFの仕様に合わせてマネージドビーンと表記しますが、筆者はJSFやCDIでライフサイクルが管理されているオブジェクトをマネージドビーンと呼び、JSFでフェースレットにバインドして使用するマネージドビーンをバッキングビーンと呼ぶようにしています。

2.2.2 マネージドビーンとスコープ

マネージドビーンでは、アカウント情報のようなWeb画面に表示するデータやユーザーが入力したデータをフィールドに保持します。そのマネージドビーンのオブジェクトをいつまで保有するかを指定するのが「スコープ」です。表2.1はJSFのマネージドビーンで指定できるスコープの一覧です。

表2.1 マネージドビーンのスコープ一覧

スコープ	範囲
javax.enterprise.contextパッケージ	
@RequestScoped	アプリケーションサーバーにHTTPの要求が来てから処理が終了するまで
@SessionScoped	ユーザーがログインしてからログアウトするまで
@ApplicationScoped	サーバーが起動してから停止するまで
@ConversationScoped	CDIが提供するConversationクラスのbeginメソッドを呼び出してからendメソッドを呼び出すまで
javax.faces.viewパッケージ[9]	
@ViewScoped	同一画面を表示している間
javax.faces.flowパッケージ	
@FlowScoped	FacesFlowで定義した画面遷移定義内で遷移する間（第4章で説明）

【9】
javax.faces.beanパッケージのものはJSFのマネージドビーン用のアノテーションなので使用しません。

JSFのマネージドビーンに使用するアノテーションで頻度が高いものは、@RequestScopedと@ViewScopedです。ナレッジバンクのマネージドビーンでも以下のように@RequestScopedと@ViewScopedを使用しています。

- **@RequestScopedを使用しているマネージドビーン**
  AccountBeanクラス（アカウント登録）、LoginBeanクラス（ログイン）
- **@ViewScopedを使用しているマネージドビーン**
  KnowledgeBeanクラス（ナレッジ一覧）、KnowledgeEditBeanクラス（ナレッジ変更）、KnowledgeEntryBeanクラス（ナレッジ登録）、KnowledgeShowBeanクラス（ナレッジ詳細）

単純なリクエストの処理で終了するマネージドビーンには@RequestScopedを指定し、ナレッジ情報などの値を同一画面処理中に保持しておきたいマネージドビーンには@ViewScopedを指定しています。その他のアノテーションは主に複数の画面遷移で値を保持したい場合に使用します。たとえば、ナレッジバンクではログイン時のアカウント情報を、ユーザーがログインしている間保持するためにLoginSessionクラスで@SessionScopedを使用しています。マネージドビーンのスコープの保持期限が長ければ、その分アプリケーションサーバーのメモリーを長い時間確保します。そのためマネージドビーンのスコープには、できるだけ保持期限が短いスコープを使用します。

2.3 JSFの画面遷移

2.3.1 画面遷移の方法

Webアプリケーションでは、作成した複数の画面を遷移しながら処理が進んでいきます。ナレッジバンクの場合はログイン画面からナレッジ一覧画面へ、ナレッジ一覧画面からナレッジ詳細画面へ遷移します。JSFで次の画面に遷移する場合、遷移先の名前を文字列で指定します。JSFではこの画面遷移に使用する文字列を「outcome値」と言います。outcome値は特にナビゲーションルールを指定しない限りは、遷移するフェースレットのパスを指定します。画面遷移の方法には静的な遷移と動的な遷移があります。

■ 静的な遷移

静的な遷移は、マネージドビーンの処理を行なわずに直接次の画面に遷移する方法です。ボタンやリンクのactionやoutcome属性に直接遷移するフェースレットのパスを指定します。たとえば「next.xhtml」へ遷移する場合は、以下のようにoutcome値に「next」を指定します。

▶ 静的な遷移の記述例（next.xhtmlへ遷移）

```
<h:commandButton action="next" value="次へ" />
```

「account/register.xhtml」のようにパスに階層がある場合は、その階層をそのまま記述します。

▶ 静的な遷移の記述例（account/register.xhtmlへ遷移）

```
<h:link outcome="account/register" value="アカウント登録"/>
```

■ 動的な遷移

動的な遷移は、マネージドビーンで処理を行ない、その結果を基に任意の画面へ遷移する方法です。ボタンのactionにはEL式を使用してマネージドビーンの処理にバインドし、マネージドビーンの戻り値でoutcome値を指定します。マネージドビーンの処理の戻り値がNULLまたはvoidの場合は、今表示している画面を再表示します。以下はボタンの指定方法とマネージドビーンの記述例です。

▶ 動的な遷移の記述例（フェースレット）

```
<h:commandButton action="#{managedBean.next()}" value="次へ" />
```

▶ 動的な遷移の記述例（マネージドビーン）

```
public String next() {
  if (name != null) {
    return "next"; // 次に遷移したいフェースレットのパス
  } else {
    return "confirm"; // nameがnullの場合はconfirm画面に遷移
  }
}
```

2.3.2 画面のリダイレクト

Webアプリケーションの画面遷移には、処理の後に直接Web画面を生成して結果を返す「フォワード」という方式と、処理が終了した後に一度ブラウザに処理を返したあとにサーバーに再アクセスしてWeb画面を生成する「リダイレクト」という2種類の方式があります。JSFで普通に遷移先を指定すると、フォワードで画面遷移するため、次の画面を表示してもURLが1つ前の画面のURLになります。そのままでも動作に問題はありませんが、Web画面をリロードしたり、表示しているWeb画面をブラウザのブックマークに登録したりする場合に困ります。そのためJSFでは、図2.5のようにリダイレクトを使用して次の画面に遷移する方法を提供しています。

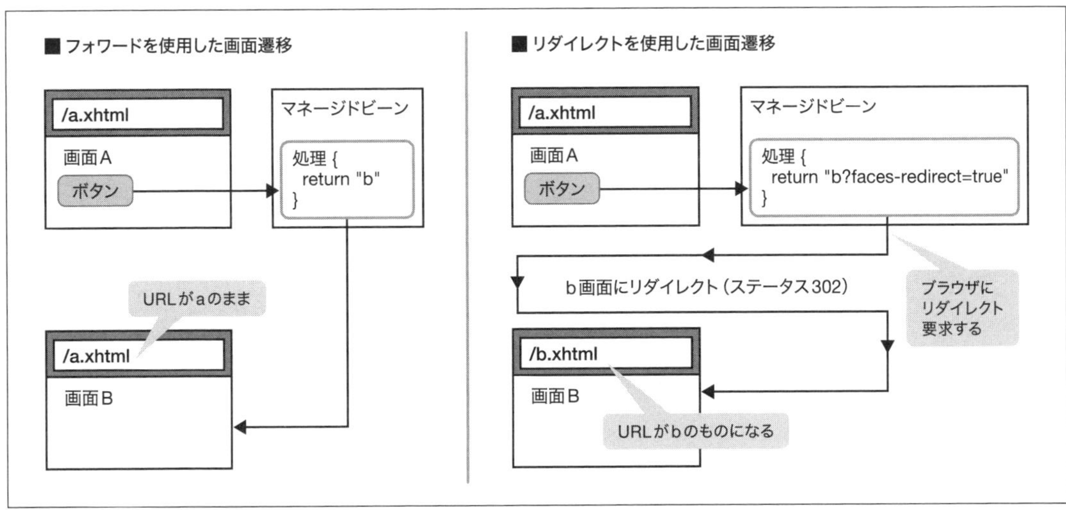

図2.5 リダイレクトを使用した画面遷移

JSFではoutcome値の後に「?faces-redirect=true」という文字列を付加することで、リダイレクトを使用して画面遷移することができます。リダイレクトでブラウザに処理を返す際にはHTTPのステータスコード302を使用します[10]。ステータスコード302はブラウザの内部でサーバーの再アクセスを行なうため、URL以外に画面の見た目上の違いはありません。ナレッジバンクのアカウント登録画面でもログイン画面に遷移する際に、以下のようにリダイレクトを使用しています。

[10] HTTPのステータスコードの詳細は第9章で説明します。

▶ アカウント登録マネージドビーンの画面遷移

```
// ログイン画面にリダイレクト
return "/login?faces-redirect=true";
```

このようにリダイレクトを使用することで前のページのURLをブックマークしてしまうということはなくなります。リダイレクトを使用することでURLの問題は解決しますが、今度は別の問題が発生します。それは一度ブラウザに処理を返すため、前の画面で処理した値をリクエストスコープでは渡すことができない点です。カンバセーションスコープやセッションスコープなどを使用すれば値を渡すことができますが、それだけのために生存期間が長いスコープを使用することは避けたいところです。

JSFではこのような場合を考慮して、1画面遷移の間だけ値を保持するフラッシュスコープという特別なスコープを提供しています。ナレッジバンクのアカウント登録画面では以下のように次の画面に登録結果のメッセージを渡すためにフラッシュスコープを使用しています。

▶ フラッシュスコープの利用例

```
// FacesContextを取得
FacesContext facesContext = FacesContext.getCurrentInstance();
// フラッシュスコープにメッセージを設定
facesContext.getExternalContext().getFlash().put("notice", ➔
"ユーザーを追加しました。");

// ログイン画面にリダイレクト遷移
return "/login?faces-redirect=true";
```

FacesContextクラスから取得したフラッシュスコープに値をputすることでリダイレクト後の画面に値を渡すことができます。ちなみに、FacesContextはフラッシュスコープに限らず、JSFの各種情報にアクセスする場合によく使用するクラスです。

ログイン画面には、以下のようにEL式を使用してフラッシュスコープに設定したメッセージを表示しています。

▶ フラッシュスコープのメッセージを表示

```
<div class="notice">
  #{flash.notice}
</div>
```

アカウント登録マネージドビーンではフラッシュスコープを使用する例として直接フラッシュスコープのオブジェクトを使用していますが、メッセージを表示するだけであれば、JSFのメッセージ機能に設定したメッセージをフラッシュスコープ化することができます。その場合は以下のようなコードを記述します。

▶ JSFのメッセージ機能をフラッシュスコープ化する例

```
FacesContext facesContext = FacesContext.getCurrentInstance();
facesContext.addMessage(null, new FacesMessage("ナレッジを変更しました。"));
facesContext.getExternalContext().getFlash().setKeepMessages(true);
```

次の画面では特にフラッシュスコープを意識せず、フェースレットが提供するh:messagesタグを使用して、以下のようにメッセージを表示します。

▶ フラッシュスコープ化したメッセージを表示する例

```
<h:messages globalOnly="true" />
```

メッセージを渡す場合はこちらのほうがよく用いられるため、アカウント登録マネージドビーン以外のマネージドビーンではこちらの方法を使用しています。

ここまでフラッシュスコープの利用方法を説明しましたが、フラッシュスコープを多用してしまうと処理の流れやスコープの範囲がわかりづらくなります。そのため、できるだけ多用は避け、リダイレクト後のメッセージ表示程度の利用に留めることをおすすめします。

2.4 JSFの内部処理

2.4.1 コンポーネント指向

フェースレットとマネージドビーンの関係性について説明しましたが、内部の処理についてもう少し詳しく説明します。JSFではWebアプリケーションをより直感的に開発するためにコンポーネントという考え方を導入しています。JSFが提供するコンポーネントタグをフェースレットに配置し、そのコンポーネントタグとマネージドビーンを直接バインドします。コンポーネントという仕組みを使用することで以下のようなメリットがあります。

- Web画面と処理の紐付けを直感的に行なえる（HTTPの理解が不要）
- コンポーネントが再利用しやすい
- Web画面のプロトタイプ作成が容易に行なえる

JSFは、フェースレットに配置した入力フィールドやボタンをコンポーネントとして認識し、画面上のタグの構成と同じものをサーバー側にツリー状のオブジェクトとして生成します。Web画面に入力したデータやボタンを押したという情報を一度サーバー側のコンポーネントに設定し、その後、マネージドビーンに渡します。図2.6は、JSFの画面とマネージドビーンのバインドのイメージを詳細化したものです。

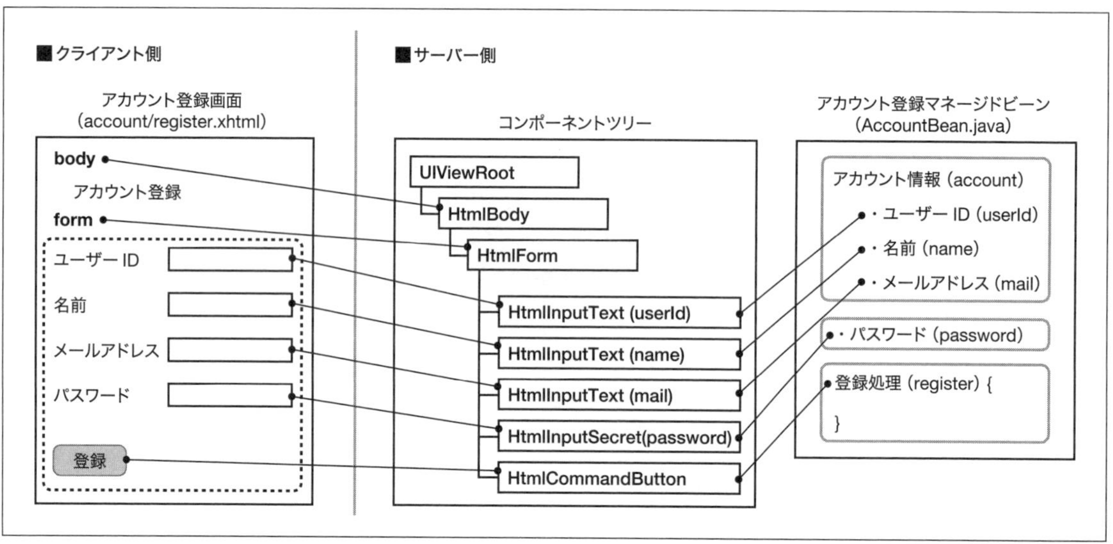

図2.6　JSFの画面と処理の紐付けの詳細イメージ

フェースレットが提供するタグにはそれぞれ対応するJavaのコンポーネントクラスが存在します。コンポーネントツリーは同一のWeb画面を表示している間、サーバー側[11]に保持します。コンポーネントツリーの親はUIViewRootというコンポーネントで子のコンポーネントを保有するとともに、画面の情報へのアクセスを提供します。

【11】
設定でコンポーネントツリーをシリアライズしてクライアント側に保持する方法もありますが、通信量が多くなるためおすすめしません。

2.4.2 ライフサイクル

JSFではブラウザから値を受け取ってから、処理を実施し、画面を表示するまでの流れを規定しています。それをJSFのライフサイクルと言います。JSFのライフサイクルは図2.7のように6つのフェーズから成り立っています。

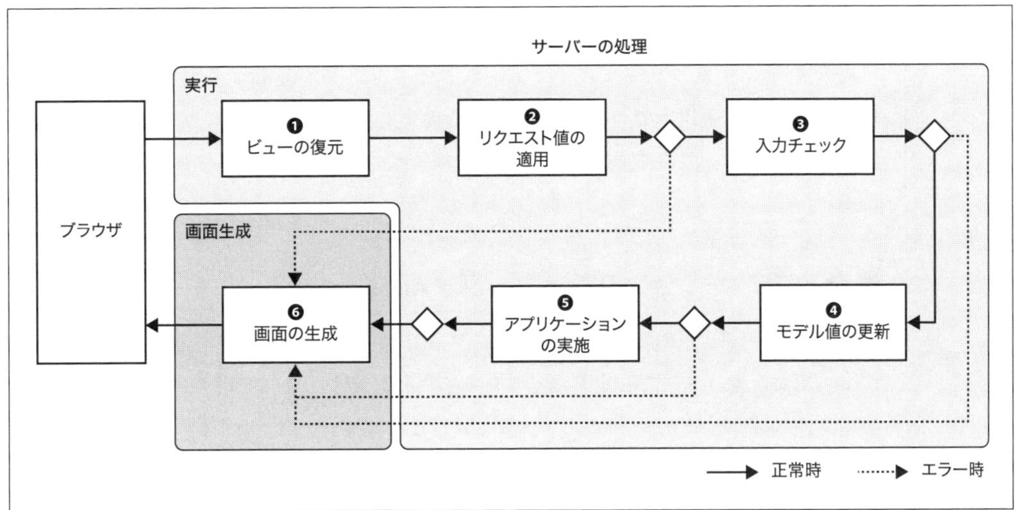

図2.7 JSFのライフサイクル

以下では、それぞれのフェーズについて説明します。

■ ❶ビューの復元（Restore View）

ビューの復元フェーズは、コンポーネントツリーを復元するフェーズです。最初のアクセスでまだその画面のコンポーネントツリーがない場合は、コンポーネントツリーのルートになるUIViewRootを生成します。すでに画面を一度表示してコンポーネントツリーが存在する場合は、そのコンポーネントツリーを復元します。

■ ❷リクエスト値の適用（Apply Request Values）

リクエスト値の適用フェーズは、ブラウザが送信してきた値をコンポーネントに設定するフェーズです。ブラウザが送信した値をinputTextなどの各コンポーネントに設定します。

■ ❸入力チェック（Process Validations）

入力チェックフェーズは、コンポーネントに設定した値が適切かどうかを検証するフェーズです。ユーザーが入力した値が指定した条件にマッチしているか確認します。入力値がすべて適切な場合は次の「❹モデル値の更新」に進み、不備がある場合はエラーメッセージを設定し、「❻画面の生成」フェーズに進みます。入力値の具体的なチェックの方法については第3章で説明します。

■ ❹モデル値の更新（Update Model Values）

モデル値の更新フェーズは、マネージドビーンの値を更新するフェーズです。「❷リクエスト値の適用」でコンポーネントに設定した値をバインドしたマネージドビーンに設定します。ここで画面に入力したユーザーIDなどをバッキングビーンに設定します。

■ ❺アプリケーションの実施（Invoke Application）

アプリケーションの実施フェーズは、アプリケーションの処理を実行するフェーズです。ボタンやリンクに設定したイベントを実行します。ここでボタンのaction属性に設定したマネージドビーンのメソッドを呼び出します。

■ ❻画面の生成（Render Response）

画面の生成フェーズは、ユーザーに表示するWeb画面を生成します。画面の生成では処理結果を元にコンポーネントツリーを作成し、ユーザーに表示するXHTMLを生成します。生成したコンポーネントツリーは次のアクセスで使用するためサーバー上に保持します。

■ 最初のアクセスとポストバック

JSFのライフサイクルでは最初にブラウザからアクセスが来て、コンポーネントツリーが生成されていない場合と、一度コンポーネントツリーを生成し、Web画面のボタンなどを押下して再度その画面の処理を行なう場合でライフサイクルの順序が変わります。再度その画面の処理を行なうことを「ポストバック」と言います。

最初のアクセスの場合（❶→❻）

最初のアクセスの場合、❶のビューの復元フェーズでコンポーネントツリーのルートを作成しますが、まだ値の入力やボタンの処理がありません。そのため、ビューの復元フェーズ終了後に❻の画面の生成フェーズに進み、画面を表示します。

ポストバックの場合（❶→❷→❸→❹→❺→❻）

ポストバックの場合はすでにコンポーネントツリーがあり、値の入力やボタンの操作が実施されているので、❶から❻までのフェーズを順番に実施します。

ライフサイクルは内部的な動作ですが、理解しているとより効率的に開発できるようになり、JSFで問題が発生した場合の問題の切り分けにも役に立ちます。

2.5 JSFの基本設定

前節ではフェースレットとマネージドビーンの関係からJSFの画面を作成するための方法を学習しました。この節ではWebアプリケーションを構築するうえで必要なフォルダの構成や必要な設定ファイル、JSFの基礎的な情報にアクセスするための方法について説明します。

2.5.1 フォルダ構成

JSFを使用したWebアプリケーションを作成するにはWAR形式のプロジェクトを作成します。WAR（Web Application Archive）とはWebアプリケーションのフォルダ構成をアプリケーションサーバーに配置するためにZIP形式にして1つにまとめたものです。このWarファイルの中に作成したフェースレットやマネージドビーンのクラスファイルや設定ファイルなどのWebアプリケーションで必要なファイルをまとめます。WARファイル形式のプロジェクトを作成する方法はいろいろありますが、Maven[12]のWARプロジェクトを使用するとライブラリの依存関係を解決してくれるとともに、フォルダ構成を統一できるためおすすめです。サンプルアプリケーションのナレッジバンクもMavenを使用して開発しています。図2.8は、ナレッジバンクのフォルダ構成です。

【12】
Mavenとは Apache Software Foundationが開発しているプロジェクト管理ツールで、ソースコードのビルドやライブラリの依存関係を解決します。
https://maven.apache.org/

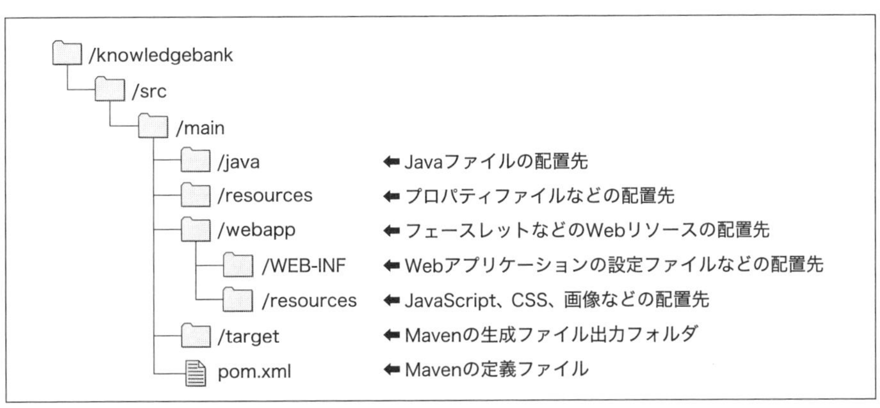

図2.8 ナレッジバンクのフォルダ構成

【13】
Mavenに対応したIDEなどを使用すると、GUIで簡単にプロジェクトの作成やプロジェクトのビルドを実施することができます。

Mavenのビルドを実行すると【13】、Javaファイルなどのコンパイルを実施しtargetフォルダにWARファイルを生成します。

Webアプリケーションには WAR形式以外にEAR形式というものがあります。EAR形式は複数のWARファイルやJARファイルを1つにまとめてZIPにしたものです。ナレッジバンクでは使用していませんが、複数のWARファイルから共通のJARファイルを参照するような構成などで使用します。

2.5.2 設定ファイル

JSFを使用してWebアプリケーション開発する場合、Webアプリケーションの設定や、JSFの設定、アプリケーションサーバー設定など、各設定をXMLで記述し、webapp/WEB-INFフォルダに配置します。JSF 2.2では以前に比べて記述内容は少なくなり、デフォルトの設定でよければ多くの記述は不要です。ここではJSFを使用するうえで必要な以下の3つの設定ファイルについて説明します。

- web.xml
- faces-config.xml
- アプリケーションサーバーの設定ファイル

■ web.xml

web.xmlはデプロイメントディスクリプタというWebアプリケーションの設定を記述するファイルです。Webアプリケーションの初期設定やサーブレットの設定、セキュリティの設定などを行ないます。WebアプリケーションでJSFを使用する場合はweb.xmlにJSFが提供するFacesServletを設定します。ナレッジバンクでは以下のように設定しています。

▶ web.xmlの設定

```
<web-app version="3.1" xmlns="http://xmlns.jcp.org/xml/➡
ns/javaee"
  xmlns:xsi="http://www.w3.org/2001/XMLSchema-instance"
  xsi:schemaLocation="http://xmlns.jcp.org/xml/ns/javae➡
e http://xmlns.jcp.org/xml/ns/javaee/web-app_3_1.xsd">
  ...
```

web.xmlの宣言

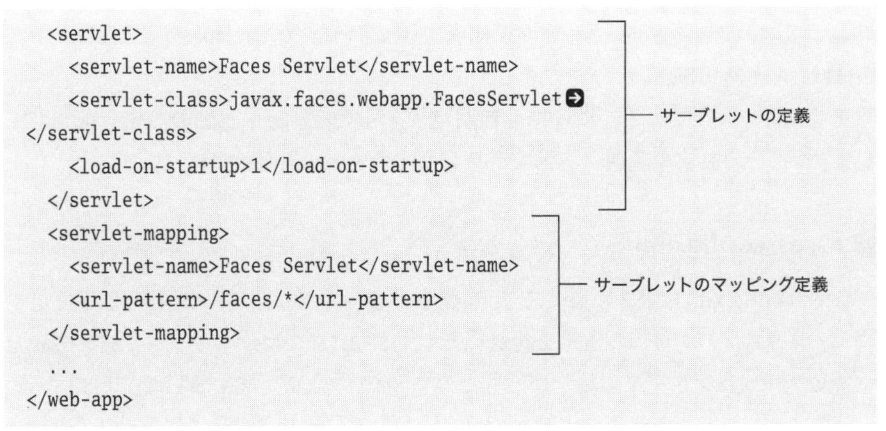

```
  <servlet>
    <servlet-name>Faces Servlet</servlet-name>
    <servlet-class>javax.faces.webapp.FacesServlet➡
</servlet-class>
    <load-on-startup>1</load-on-startup>
  </servlet>
  <servlet-mapping>
    <servlet-name>Faces Servlet</servlet-name>
    <url-pattern>/faces/*</url-pattern>
  </servlet-mapping>
  ...
</web-app>
```


FacesServletの設定では、サーブレットの定義とサーブレットのマッピング定義を記述します。

サーブレットの定義

JSFは内部でサーブレットを使用しています。そのためJSFを使用するにはJSFのサーブレット指定が必要です。サーブレットの定義ではservletタグにサーブレット名（servlet-name）とサーブレットクラス名（servlet-class）を指定します。JSFでは「javax.faces.webapp.FacesServlet」という共通のサーブレットクラスを提供しているため、このクラス名を記述します。ロードオンスタートアップ（load-on-startup）の指定はサーバーの起動時にサーブレットのインスタンス化と初期化を行なうという指定です。指定する値はロードする順番ですが、サーブレットは1つしかないのでナレッジバンクでは1を指定しています。

サーブレットのマッピング定義

サーブレットのマッピング定義にはURLパターン（url-pattern）とサーブレットの定義で指定したサーブレット名（servlet-name）を指定します。URLパターンにはワイルドカード（*）を使用でき「/faces/*」という指定がJSFでは一般的です。URLが「/faces/」で始まっている場合に、JSFのアクセスであるとみなしFacesServletが処理します。たとえばナレッジバンクの場合、「http://サーバー名:ポート名/knowledgebank/faces/index.xhtml」というURLにアクセスするとFacesServletが処理を受けてからindex.xhtml画面を表示します。

このようにJSFではFacesServletがすべての処理を受け付けます。しかし、開発者はフェースレットやマネージドビーンを作成すればよいため、FacesServletを意識することはほとんどありません。

ナレッジバンクではそれ以外にも初期パラメータの設定や認証の設定を記述していますが、その設定の説明は各節で必要になったときに説明します。

■ faces-config.xml

faces-config.xmlはJSFの設定を記述するファイルです。JSFの国際化の設定やフェーズリスナのクラスの指定を行ないます。JSF 1.2まではマネージドビーンの設定やナビゲーションルールの設定などもこのファイルに記述していましたが、JSF 2.0からはアノテーションを使用してJavaのソースコードに直接設定することができるようになったため記述する必要はありません。ナレッジバンクでは、次のように設定しています。

▶ faces-config.xmlの設定

```
<?xml version="1.0" encoding="UTF-8"?>
<faces-config version="2.0"
  xmlns="http://java.sun.com/xml/ns/javaee"
  xmlns:xsi="http://www.w3.org/2001/XMLSchema-instance"
  xsi:schemaLocation="http://java.sun.com/xml/ns/javaee http://java.sun.com/➡
xml/ns/javaee/web-facesconfig_2_0.xsd">
  <application>
    <locale-config>                                          国際化の設定
      <default-locale>ja</default-locale>
      <supported-locale>en</supported-locale>              ── ロケールの設定
    </locale-config>
    <resource-bundle>
      <base-name>knowledgebank.message</base-name>         ── プロパティファイルの設定
      <var>msg</var>
    </resource-bundle>
  </application>
  <lifecycle>
    <phase-listener>knowledgebank.web.listener.➡
KnowledgePhaseListener</phase-listener>                    ── フェーズリスナの設定
  </lifecycle>
</faces-config>
```

ナレッジバンクのfaces-config.xmlでは国際化の設定やフェーズリスナの設定を記述しています。国際化とフェーズリスナについては第4章で説明します。

■ アプリケーションサーバー用の設定ファイル

Java EEでは標準設定ではないアプリケーションサーバー固有の設定ファイルもWEB-INFフォルダに配置します。アプリケーションサーバーの設定ファイルは一般的にアプリケーションサーバー名の付いたxmlファイルを配置します（glassfish-web.xml、weblogic.xmlなど）。ここでは記述内容については触れませんが、ファイル名や設定の方法についてはナレッジバンクのサンプルソースコードや各アプリケーションサーバーのマニュアルなどを参照してください。

2.5.3 リソースフォルダ

Webアプリケーションで利用するJavaScriptやCSS、画像などのリソースファイルはwebapp/resourcesフォルダに配置します。JSFの仕様で決められているresourcesのフォルダ構成ルールは以下です。

▶ リソースフォルダのフォルダ構成ルール

```
resources/[ローカルプレフィックス/][ライブラリ名/][ライブラリバージョン/]リソース名➡
[/リソースバージョン]
```

[ ]で囲まれた部分は任意です。すべて省略せずに使用した場合は、次のようになります。

▶ リソースフォルダのフォルダ構成の例

```
ja/knowledgebank/1_0/logo.png/1_0.png
```

リソースファイルを他のユーザーに提供するような場合は上記のルールに従います。しかし、アプリケーション内部で使用するファイルであればresourcesフォルダ内にimg、js、cssなど各ファイル用のフォルダを作成して配置すればよいでしょう。

リソースファイルは配布しやすいようにjarファイルにまとめることもできます。jarファイルにまとめる場合はMETA-INF/resources/にリソースを配置したjarファイルを作成し、WEB-INF/libなどのクラスパスで参照可能なところに配置します。

2.6 フェースレットタグライブラリ

2.6.1 タグライブラリの種類

タグライブラリとは、画面レイアウトで使用するタグを定義したもので、JSFではその定義したタグとUIコンポーネントが紐付いてHTMLの生成や入力した値の処理、ボタンの呼び出しなどを行ないます。JSFではフェースレットが標準で提供するタグライブラリ（Standard Facelet Tag Libraries）を使用します。フェースレットが提供するタグライブラリには表2.2のものがあります。

表2.2 タグライブラリの種類

タグライブラリ名	説明	代表的なタグ
コアタグライブラリ（JSF Core Tag Library）	他のタグライブラリのサポート的な機能を提供するタグライブラリ	<f:param> <f:convertDateTime> など
HTMLタグライブラリ（Standard HTML RenderKit Tag Library）	HTMLのタグを生成するタグライブラリ	<h:form> <h:inputText> など
フェースレットテンプレーティングタグライブラリ（Facelet Templating Tag Library）	画面のテンプレート機能や繰り返し処理などを提供するタグライブラリ	<ui:composition> <ui:define>　など
コンポジットコンポーネントタグライブラリ（Composite Component Tag Library）	コンポジットコンポーネントの作成に使用するタグライブラリ	<composite:interface> <composite:attribute> など
JSTLコア／ファンクションタグライブラリ（JSTL Core and Function Tag Libraries）	JSPで使用するタグライブラリとファンクション	<c:out> <c:if> など

この中でも特に利用頻度が高いのがHTMLタグライブラリです。そのため、本節ではHTMLタグライブラリについて詳細に説明します。また、最後のJSTLコアファンクションタグライブラリはJSP【14】というJava EEの仕様で使用するタグライブラリでJSFでも利用できますが、他のフェースレットが提供するタグライブラリと実行のタイミングが違うため、不具合が生じる可能性が高く、基本的には利用しません。フェースレットが提供するタグライブラリの一覧は、JSFの仕様の中のvdldoc【15】というJavadocのようなHTMLドキュメントで参照することができます。

タグライブラリを利用する場合は、XHTML内でそのタグを記述できるようにネー

【14】
JSPはWeb画面を生成するJava EEの仕様でサーブレットに変換されてWebの画面を生成します。JSFでもバージョン1.2までは標準の画面テンプレートとしてJSPを使用していましたが2.0からはフェースレットに対応し、現在はフェースレットが標準となっています。

【15】
vdlはView Declaration Languageの略称です。

ムスペースの定義が必要です。以下のようにフェースレットの冒頭に利用するタグライブラリのネームスペースを宣言します。

▶ ネームスペースの宣言

```
<html xmlns="http://www.w3.org/1999/xhtml"
      xmlns:h="http://xmlns.jcp.org/jsf/html">
```

ネームスペース宣言にはfやhなどの接頭辞を指定します。各タグはその接頭辞を使用して記述します。各ライブラリのネームスペースと一般的に利用する接頭辞を表2.3に記述します。

表2.3 フェースレットタグライブラリのネームスペース一覧

ライブラリ名	ネームスペース[16]	接頭辞
コアタグライブラリ	http://xmlns.jcp.org/jsf/core	f
HTMLタグライブラリ	http://xmlns.jcp.org/jsf/html	h
フェースレットテンプレーティングタグライブラリ	http://xmlns.jcp.org/jsf/facelets	ui
コンポジットコンポーネントタグライブラリ	http://xmlns.jcp.org/jsf/composite	composite（またはcc）
JSTLコアタグライブラリ	http://xmlns.jcp.org/jsp/jstl/core	c
JSTLファンクションタグライブラリ	http://xmlns.jcp.org/jsp/jstl/functions	fn

【16】
Java EE 6まではネームスペースのサーバー名部分がjava.sun.comでしたがJava EE 7からはxmlns.jcp.orgに変更になりました。

2.6.2 HTMLタグライブラリ (Standard HTML RenderKit Tag Library)

JSFで最も利用頻度の高いタグがこのHTMLタグライブラリです。HTMLタグライブラリは表2.4のタグを提供します。

表2.4 HTMLタグライブラリ一覧

種類	タグ名
ヘッダーとボディ	h:head
	h:body
リソース	h:outputScript
	h:outputStylesheet
	h:graphicImage
文字の出力	h:outputText
	h:outputLabel
	h:outputFormat
	h:outputLink
リンクとボタン	h:commandLink
	h:commandButton
	h:link
	h:button
入力フォーム	h:form
	h:inputText
	h:inputTextarea
	h:inputFile
	h:inputSecret
	h:inputHidden

種類	タグ名
選択フォーム	h:selectBooleanCheckbox
	h:selectOneRadio
	h:selectOneListbox
	h:selectOneMenu
	h:selectManyCheckbox
	h:selectManyListbox
	h:selectManyMenu
パネル	h:panelGrid
	h:panelGroup
テーブル	h:dataTable
	h:column
メッセージ	h:message
	h:messages

それではそれぞれのタグについて説明します。

2.6.3 ヘッダーとボディ

フェースレットのヘッダーとボディを定義するには、表2.5のタグを使用します。

表2.5 ヘッダーとボディタグ一覧

種類	タグ名	概要
ヘッダーとボディ	h:head	HTMLのヘッダーを表わすタグ
	h:body	HTMLのボディを表わすタグ

■ h:head

h:headタグはフェースレットのヘッダーを定義します。h:headタグは以下のように記述します。

▶ ヘッダータグ（h:head）の記述例

```
<h:head>
  <meta charset="UTF-8" />
  <h:outputStylesheet library="css" name="style.css" />
  <h:outputScript library="js" name="application.js" />
  <title>Knowledge Bank</title>
</h:head>
```

ヘッダーの要素内にはメタ情報、CSSやJavaScriptの読み込み、タイトルの指定などを記述します。

■ h:body

h:bodyタグはフェースレットのボディを定義します。h:bodyタグは以下のように記述します。

▶ ボディタグ（h:body）の記述例

```
<h:body>
  <!-- ここに表示内容を記述 -->
</h:body>
```

ボディの要素内にはWeb画面に表示するコンテンツを記述します。

2.6.4 リソース

リソースフォルダに配置したJavaScriptやCSS、画像ファイルを使用するには、表2.6のタグを使用します。

表2.6　リソースタグ一覧

種類	タグ名	概要
リソース	h:outputScript	スクリプトを出力するタグ
	h:outputStylesheet	スタイルを出力するタグ
	h:graphicImage	画像ファイルを表示するタグ

■ h:outputScript

h:outputScriptタグはリソースフォルダに配置したJavaScriptファイルを読み込みます。h:outputScriptタグは以下のように記述します。

▶ アウトプットスクリプトタグ（h:outputScript）の記述例

```
<h:outputScript library="js" name="application.js" />
```

nameはリソース名でresources/jsフォルダにapplication.jsファイルを配置した場合はapplication.jsと記述します。libraryはそれぞれのライブラリ名を表わす属性でjsフォルダにJavaScriptファイルを配置しているのでjsと指定します。

h:outputScriptタグにはtarget属性を指定できます。target属性の指定によってタグの出力される位置が変わります（表2.7）。

表2.7　target属性の指定パターン

指定パターン	出力先
target指定なし	タグを書いた場所に出力
target=" head" を指定	XHTMLタグのheadに出力
target=" body" を指定	XHTMLタグのbodyの最後に出力

普段はh:headタグ内に記述すればよいためtargetの指定は不要ですが、第3章で説明するコンポジットコンポーネント内でスクリプトファイルを読み込む場合や、XHTMLファイルの最後でJavaScriptを実行する場合に使用します。

■ h:outputStylesheet

h:outputStylesheetタグはリソースフォルダに配置したCSSファイルを読み込みます。resources/cssフォルダにstyle.cssファイルを配置した場合、以下のように記述することでXHTMLにstyle.cssを読み込みます。

▶ アウトプットスタイルシートタグ（h:outputStylesheet）の記述例

```
<h:outputStylesheet library="css" name="style.css" />
```

name属性、library属性の指定はh:outputScriptタグと同様です。h:outputStylesheetにはtarget属性はなく、どこに記述してもXHTMLのヘッダーに出力します。XHTML

には以下のように出力します。

▶ アウトプットスタイルシートタグ（h:outputStylesheet）の出力結果

```
<link type="text/css" rel="stylesheet" href="/knowledgebank/faces/javax.➡
faces.resource/style.css?ln=css" />
```

■ h:graphicImage

h:graphicImageタグはリソースフォルダに配置した画像ファイルを表示します。resources/imgフォルダにlogo.pngファイルを配置した場合、以下のように記述します。

▶ グラフィックイメージタグ（h:graphicImage）の記述例

```
<h:graphicImage library="img" name="logo.png" />
```

h:graphicImageタグもname属性、library属性の指定はh:outputScriptタグと同様です。ナレッジバンクではログイン画面のロゴで使用しています。図2.9は画面に表示した結果です。

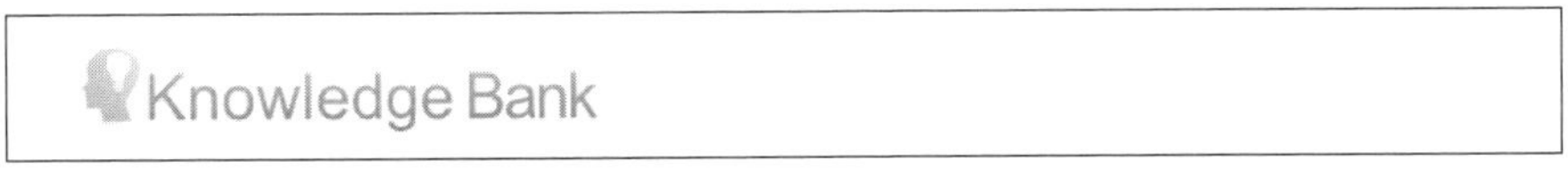

Knowledge Bank

図2.9　グラフィックイメージタグ（h:graphicImage）の表示例

2.6.5 文字の出力

画面にデータや文字列を表示するには、表2.8のタグを使用します。

表2.8　文字の出力タグ一覧

種類	タグ名	概要
文字の出力	h:outputText	文字列を出力するタグ
	h:outputLabel	文字列をラベルとして出力するタグ
	h:outputFormat	文字列を指定したフォーマットで出力するタグ
	h:outputLink	外部リンクを出力するタグ

■ h:outputText

h:outputTextタグは画面に文字列を表示します。画面に文字列を表示するにはタグを使用せずにEL式を直接記述する方法もありますが、フェースレットが提供するテーブル関連のタグで文字列をレイアウトする場合や、JSFのコンバータで値を変換したい場合などに使用します。KnowledgeShowBeanが保有するknowledgeクラスのtitleフィールドに入っている値を出力する場合は、以下のように記述します。

▶ アウトプットテキストタグ（h:outputText）の記述例

```
<h:outputText value="#{knowledgeShowBean.knowledge.title}" />
```

h:outputTextタグを使用せずにEL式でそのまま書いても同様に表示します。

▶ EL式で出力する場合の記述例

```
#{knowledgeShowBean.knowledge.title}
```

h:outputTextタグやEL式は、セキュリティの観点[17]でHTMLの特殊文字をエスケープします。文字列内のHTML特殊文字をWeb画面にそのまま出力する場合はh:outputTextタグのescape属性にfalseを指定します。

【17】
ユーザーが入力するデータをエスケープせずに表示してしまうと、JavaScriptの処理など悪意のあるコードを埋め込むことができてしまいます。この攻撃をクロスサイトスクリプティングと言います。

▶ アウトプットテキストタグ（h:outputText）のescape属性の記述例

```
<h:outputText value="#{knowledgeShowBean.knowledge.title}" escape="false"/>
```

escapeにfalseを指定すると、図2.10および図2.11のようにタグをエスケープせずに出力します。

これは<b>タイトル</b>です。

図2.10　escape="false"を指定しない場合の表示

これは**タイトル**です。

図2.11　escape="false"を指定した場合の表示

また、h:outputTextタグに限った機能ではありませんが、多くのタグではrendered属性を使用することで表示・非表示の制御をすることができます。たとえば先ほどのタイトルの表示／非表示を条件によって切り替える場合は以下のように記述します。

▶ rendered属性を使用した場合の記述例

```
<h:outputText value="#{knowledgeShowBean.knowledge.title}" ➔
rendered="#{knowledgeShowBean.showTitle}"/>
```

上記の場合、KnowledgeShowBeanのshowTitleがtrueの場合はタイトルを表示し、falseの場合は表示しません。

EL式にはマネージドビーンのbooleanフィールドを参照するだけではなく、#{accountUser.role == 'admin'}のように条件文を使用することもできます。

■ h:outputLabel

h:outputLabelタグは画面にラベルを表示します。h:outputLabelタグは以下のように記述します。

▶ アウトプットラベルタグ（h:outputLabel）の記述例

```
<h:outputLabel value="#{knowledgeShowBean.knowledge.title}" />
```

出力する文字列がHTMLのlabelタグで囲まれる以外はh:outputTextタグと同様です。XHTMLには以下のように出力します。

▶ アウトプットラベルタグ（h:outputLabel）の出力結果

```
<label>これはタイトルです。</label>
```

■ h:outputFormat

h:outputFormatタグは指定したフォーマット定義で文字列を出力します。h:outputFormatタグは以下のように記述します。

▶ アウトプットフォーマットタグ（h:outputFormat）の記述例

```
<h:outputFormat value="タイトル : {0}" >
  <f:param value="#{knowledgeShowBean.knowledge.title}" />
</h:outputFormat>
```

h:outputFormatタグのvalue属性にフォーマット定義を指定することで、任意のフォーマット形式で文字列を出力します。フォーマット定義はJavaが提供するjava.text.MessageFormatクラスの仕様と同様です。フォーマット定義に埋め込み文字を指定する場合はf:paramタグを使用します。画面には図2.12のように表示します。

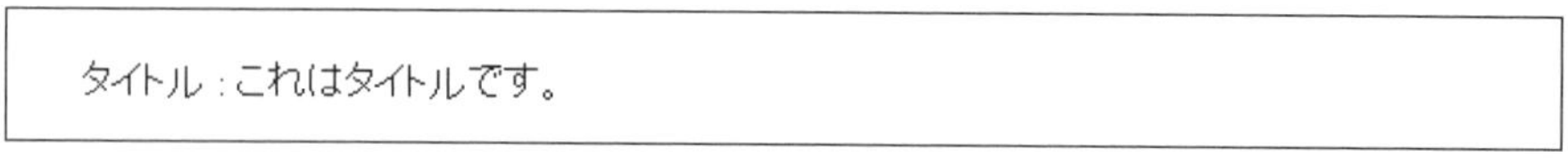

タイトル：これはタイトルです。

図2.12　アウトプットフォーマットタグ（h:outputFormat）の表示例

■ h:outputLink

h:outputLinkタグは画面に外部リンクを出力します。画面にリンクを出力するには直接HTMLのaタグを記述すれば良いのですが、フェースレットが提供するテーブル関連のタグで文字列をレイアウトする場合や、rendered属性で表示非表示を切り替えたい場合に使用します。h:outputLinkタグは以下のように記述します。

▶ アウトプットリンクタグ（h:outputLink）の記述例

```
<h:outputLink value="https://www.java.com/">あなたとJava</h:outputLink>
```

画面には図2.13のように表示します。

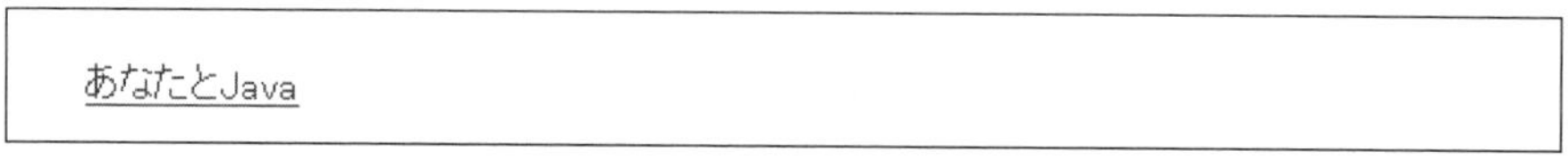

あなたとJava

図2.13　アウトプットリンクタグ（h:outputLink）の表示例

このリンクは外部サイトにアクセスする場合に使用します。マネージドビーンの処理を呼び出したり、アプリケーション内部で画面遷移したりする場合はh:commandLinkタグやh:linkタグを使います。

2.6.6 リンクとボタン

次の画面に移動したり入力したデータを送信したりするためのリンクやボタンの表示には、表2.9のタグを使用します。

表2.9 リンクとボタンタグ一覧

種類	タグ名	概要
リンクとボタン	h:commandLink	リンクを出力するタグ
	h:commandButton	ボタンを出力するタグ
	h:link	静的リンクを出力するタグ
	h:button	静的ボタンを出力するタグ

h:commandLink

h:commandLinkタグは画面にリンクを出力します。h:commandLinkタグは以下のように記述します。

▶ コマンドリンクタグ（h:commandLink）の記述例

```
<h:commandLink action="#{loginBean.login}" value="ログイン"/>
```

h:commandLinkタグはaction属性にEL式でマネージドビーンのメソッドを指定して処理を呼び出すことができます。マネージドビーンのメソッドの戻り値によって画面遷移します。画面には図2.14のように表示します。

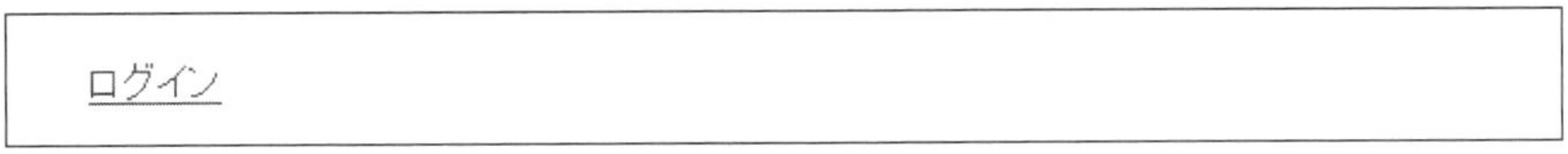

ログイン

図2.14 コマンドリンクタグ（h:commandLink）の表示例

h:commandLinkタグは、後述のh:formタグ内に記述します。

h:commandButton

h:commandButtonタグは画面にボタンを出力します。h:commandButtonタグは以下のように記述します。

▶ コマンドボタンタグ（h:commandButton）の記述例

```
<h:commandButton action="#{loginBean.login}" value="ログイン"/>
```

h:commandLinkタグと同様にaction属性にマネージドビーンのメソッドを指定し処理を呼び出すことができます。表示がボタンになる以外はh:commandLinkタグと大きな違いはありません。画面には図2.15のように表示します。

ログイン

図2.15　コマンドボタンタグ（h:commandButton）の表示例

■ h:link

h:linkタグは画面に内部リンクを出力します。h:commandLinkタグとの大きな違いはマネージドビーンの処理を実施せずにURLで画面遷移する点です。h:linkタグは以下のように記述します。

▶ リンクタグ（h:link）の記述例

```
<h:link outcome="login" value="戻る"/>
```

h:linkタグはoutcome属性にoutcome値を指定します。上記の場合、表示画面と同一フォルダにあるlogin.xhtmlへ遷移します。コンテキストルート[18]からのパスを記述する場合は以下のように先頭に「/」を付けて記述します。

【18】
コンテキストルートとは各Webアプリケーションの最上位のパスです。ナレッジバンクの場合は、knowledgebankがコンテキストルートです。

▶ コンテキストルートからのパスを指定する場合の記述例

```
<h:link outcome="/knowledge/index">ナレッジ一覧</h:link>
```

上記の場合、コンテキストルートがknowledgebankとすると、/knowledgebank/faces/knowledge/index.xhtmlに遷移します。リンク内の表示文字はvalue属性で指定してもh:linkタグ内に記述しても同様に表示します。

画面遷移時にクエリ文字列[19]を使用してパラメータを送信する場合はf:paramタグを使用します。ナレッジバンクではナレッジ一覧からナレッジ詳細画面に遷移する部分でナレッジのIDを渡すために使用しています。以下はf:paramタグを使用した記述例です。

【19】
クエリ文字列とは、URLでパラメータを送信する方法でURLの後に?a=1&b=2のような形式でパラメータを付加する方法のことです。詳細については第9章で説明します。

▶ クエリ文字列を追加する場合の記述例

```
<h:link outcome="/knowledge/show" value="#{row.title}">
  <f:param name="id" value="#{row.id}" />
</h:link>
```

実行時のXHTMLには以下のようにURLにクエリ文字列を付加して出力します。

▶ クエリ文字列を追加した場合の出力結果

```
<a href="/knowledgebank/faces/knowledge/show.xhtml?id=1">タイトル</a>
```

クエリ文字列に付加した値は第4章で説明するブックマーカビリティの機能を使用して次の画面で取得します。

■ h:button

h:buttonタグは画面に静的ボタンを出力します。h:buttonは以下のように記述します。

▶ ボタンタグ（h:button）の記述例

```
<h:button outcome="login" value="戻る"/>
```

h:linkと同様にoutcome属性に遷移先のxhtmlを指定することで画面遷移します。表示がボタンになる以外はh:linkタグと大きな違いはありません。

2.6.7 入力フォーム

画面に入力フォームを表示するには、表2.10のタグを使用します。

表2.10　入力フォームタグ一覧

種類	タグ名	概要
入力フォーム	h:form	入力フォームを表わすタグ
	h:inputText	テキストボックスを出力するタグ
	h:inputTextarea	テキストエリアを出力するタグ
	h:inputSecret	パスワード入力を出力するタグ
	h:inputHidden	hiddenタグを出力するタグ
	h:inputFile	ファイル参照を出力するタグ

■ h:form

h:formタグはユーザーがデータを入力するためのフォームを作成します。データをサーバーに送信するh:inputTextなどのタグはこのタグで囲む必要があります。h:formタグは以下のように記述します。

▶ フォームタグ（h:form）の記述例

```
<h:form>
  <!--ここに入力フィールドやボタンを配置-->
</h:form>
```

HTMLではformタグのaction属性に遷移先のURLを記述しますが、JSFではボタンに直接マネージドビーンを紐付けるためh:formタグに遷移先を記述する必要はありません。

フェースレットではコンポーネントにidやnameを指定しない場合、「j_idt8」のような自動で生成したidを付与します。formタグのidはその中で使用するコンポーネントのidにも「j_idt8:userId」のように付与されるためJavaScriptやCSSでidを指定する場合に困ります。その場合はformタグにidを明示的に指定するか、formタグのprependId属性にfalseを指定することで子のコンポーネントにformのIDが付与されないようにします。

▶ idを指定した場合

```
<h:form id="form">
  <h:inputText id="userId"/>
</h:form>
```

▶ idを指定した場合のinputタグの出力結果

```
<input id="form:userId" type="text" name="form:userId" />
```

▶ prependIdを指定した場合

```
<h:form prependId="false">
  <h:inputText id="userId"/>
</h:form>
```

▶ prependIdを指定した場合のinputタグの出力結果

```
<input id="userId" type="text" name="userId" />
```

prependIdを使用する場合は、他のHTML部分とIdが重複しないように注意してください。

■ h:inputText

h:inputTextタグは画面にテキストボックスを表示します。h:inputTextタグは以下のように記述します。

▶ インプットテキストタグ（h:inputText）の記述例

```
<h:inputText id="userId" value="#{loginBean.userId}"/>
```

h:inputTextタグはHTMLの<input type="text">タグを出力します。上記の例では、画面表示時にvalue属性で指定したマネージドビーンのプロパティをテキストボックスに表示し、ボタンが押されるとユーザーが入力した値をマネージドビーンのプロパティに設定します。画面には図2.16のように表示します。

図2.16 インプットテキストタグ（h:inputText）の表示例

■ h:inputTextarea

h:inputTextareaタグは画面にテキストエリアを表示します。h:inputTextareaタグは以下のように記述します。

▶ インプットテキストエリア（h:inputTextarea）の記述例

```
<h:inputTextarea id="description" value="#{knowledgeEditBean.knowledge.
description}" />
```

h:inputTextareaタグはHTMLの<textarea>タグを生成します。h:inputTextと同様にh:inputTextareaもvalue属性でマネージドビーンにバインドします。画面には図2.17のように表示します。

図2.17 インプットテキストエリア（h:inputTextarea）の表示例

■ h:inputSecret

h:inputSecretタグは画面にパスワード入力ボックスを表示します。h:inputSecretタグは以下のように記述します。

▶ インプットシークレットタグ（h:inputSecret）の記述例

```
<h:inputSecret id="password" value="#{loginBean.password}"/>
```

h:inputSecretタグはHTMLの<input type="password">タグを生成します。入力値が見えなくなる以外はh:inputTextと違いはありません。画面には図2.18のように表示します。

図2.18　インプットシークレットタグ（h:inputSecret）の表示例

■ h:inputHidden

h:inputHiddenタグは画面に表示しない隠し項目を出力します。h:inputHiddenタグは以下のように記述します。

▶ インプットHiddenタグ（h:inputHidden）の記述例

```
<h:inputHidden id="secretData" value="#{loginBean.secretData}"/>
```

h:inputHiddenタグはHTMLの<input type="hidden">タグを生成します。h:inputHiddenタグは画面上に表示されないため、JavaScriptで処理した結果をサーバーに送信するような場合や前の画面のデータを次の画面でも使うような場合に使用します。

■ h:inputFile

h:inputFileタグは画面にファイルの参照フィールドを表示します。h:inputFileタグは以下のように記述します。

▶ インプットファイル（h:inputFile）の記述例

```
<h:form enctype="multipart/form-data">
  <h:inputFile id="attachFile" value="#{attachFileBean.attachFile}" />
  ...
```

h:inputFileタグはHTMLの<input type="file">タグを生成します。h:inputFileタグはマルチパートフォームデータ形式でファイルをサーバーに送信するため、使用する際はh:formタグのenctype属性に"multipart/form-data"を指定します。h:inputFileタグも他のinput系のタグと同様にvalue属性でマネージドビーンにバインドします。ファイルを受信する場合、マネージドビーンのフィールドにjavax.servlet.http.Partクラスを使用します。以下はファイルを受け取るマネージドビーンの実装例です。

▶ ファイルを受け取るマネージドビーンの実装例

```
@Named
@RequestScoped
public class AttachFileBean {
  private Part attachFile;

  public Part getAttachFile() {
    return attachFile;
  }

  public void setAttachFile(Part attachFile) {
    this.attachFile = attachFile;
  }

  //ボタン押下時の処理
  public void exec() {
    if (attachFile != null) {
      // Partクラスからアップロードしたファイルの情報を取得する。
      System.out.println("ファイル名 : " + attachFile.getSubmittedFileName());
      System.out.println("ファイルサイズ: " + attachFile.getSize());
    }
  }
}
```

画面には図2.19のように表示します[20]。

参照... ファイルが選択されていません。

図2.19 インプットファイルタグ(h:inputFile)の表示例

[20] ブラウザによって表示が変わります。本書に掲載している画像はFirefoxのものです。

JSFのファイルアップロード機能

Java EE 6までのJSFではファイルをアップロードするために、サーブレットAPIを使用してファイルをアップロードするか、サードパーティ製のJSFコンポーネントを使用してファイルをアップロードしていました。Java EE 7からh:inputFileタグが提供されたことにより、今まで煩雑だったファイルアップロードの処理をJSFの機能だけで簡潔に記述できるようになりました。

2.6.8 選択フォーム

画面に選択フォームを表示するには、表2.11のタグを使用します。

表2.11 選択フォームタグ一覧

種類	タグ名	概要
選択フォーム	h:selectBooleanCheckbox	単一のチェックボックスを出力するタグ
	h:selectOneRadio	複数のラジオボタンを出力するタグ
	h:selectOneListbox	単一選択のリストボックスを出力するタグ
	h:selectOneMenu	単一選択のセレクトメニューを出力するタグ
	h:selectManyCheckbox	複数のチェックボックスを出力するタグ
	h:selectManyListbox	複数選択可能なリストボックスを出力するタグ
	h:selectManyMenu	複数選択可能なセレクトメニューを出力するタグ

■ h:selectBooleanCheckbox

h:selectBooleanCheckboxタグは、画面にチェックボックスを表示します。h:selectBooleanCheckboxタグは以下のように記述します。

▶ セレクトBooleanチェックボックスタグ（h:selectBooleanCheckbox）の記述例

```
<h:selectBooleanCheckbox id="flag" value="#{selectBean.flag}" /> フラグ
```

h:selectBooleanCheckboxタグはマネージドビーンのboolean（Boolean）プロパティと画面のチェックボックスをバインドするシンプルなタグです。以下に、マネージドビーンの実装を示します。

▶ バインドするマネージドビーンの実装例

```
@Named
@RequestScoped
public class SelectBean {
  private boolean flag = true;

  public boolean isFlag() {
    return flag;
  }
  public void setFlag(boolean flag) {
    this.flag = flag;
  }
}
```

実行すると画面には図2.20のように表示します。

☐ フラグ

図2.20 セレクトBooleanチェックボックスタグ(h:selectBooleanCheckbox)の表示例

■ h:selectOneRadio、h:selectOneListbox、h:selectOneMenu

h:selectOneRadio、h:selectOneListbox、h:selectOneMenuタグは画面に単一の選択条件を表示します。h:selectOneRadioタグは以下のように記述します。

▶ セレクトOneラジオタグ(h:selectOneRadio)の記述例

```
<h:selectOneRadio id="category" value="#{selectBean.category}">
  <f:selectItem itemLabel="Java" itemValue="java" />
  <f:selectItem itemLabel="DB" itemValue="db" />
</h:selectOneRadio>
```

h:selectOneRadioタグのvalue属性にバインドするマネージドビーンのプロパティを指定します。h:selectOneRadio、h:selectOneListbox、h:selectOneMenuタグは画面上の見た目はそれぞれ違いますがマネージドビーンの単一のプロパティとマッピングするという点では同じです。マネージドビーンのソースコードは以下のようになります。

▶ セレクトOneラジオタグにバインドするマネージドビーンの記述例

```
@Named
@RequestScoped
public class SelectBean {
  private String category;

  public String getCategory() {
    return category;
  }
  public void setCategory(String category) {
    this.category = category;
  }
}
```

マネージドビーンのプロパティの型にはStringを指定していますが、変換可能であればIntegerやBooleanなど、String以外も指定することができます。変換の方式については第3章の「3.2　コンバータ」で説明します。h:selectOneRadio、h:selectOneListbox、h:selectOneMenuタグを使用した場合、画面には図2.21～23のように表示します。

◎ Java ◎ DB

図2.21　セレクトOneラジオタグ（h:selectOneRadio）の表示例

Java
DB

図2.22　セレクトOneリストボックスタグ（h:selectOneListbox）の表示例

図2.23　セレクトOneメニュータグ（h:selectOneMenu）の表示例

選択項目の指定にはf:selectItemタグやf:selectItemsタグを使用します。f:selectItemタグは選択項目を指定するタグでitemLabel属性にWeb画面に表示する名前と、itemValue属性に選択時にマネージのビーンのプロパティに設定する値を指定します。f:selectItemタグは選択項目を1つずつ指定することができますが、複数の項目を一度に指定する場合はf:selectItemsを使用します。以下はf:selectItemsを使用した場合の記述例です。

▶ セレクトアイテムタグ（f:selectItems）の記述例

```
<h:selectOneMenu id="category" value="#{selectBean.category}">
  <f:selectItems value="#{selectBean.categoryItems}" />
</h:selectOneMenu>
```

f:selectItemsタグのvalue属性にマネージドビーンのcategoryItemsプロパティを指定しています。マネージドビーンの記述例は以下のようになります。

▶ セレクトアイテムタグとバインドするマネージドビーンの記述例

```
@RequestScoped
public class SelectBean {

  private static List<SelectItem> categoryItems;
  static {
    categoryItems = new ArrayList<>();
    categoryItems.add(new SelectItem("java", "Java"));
    categoryItems.add(new SelectItem("db", "DB"));
  };

  public List<SelectItem> getCategoryItems() {
    return categoryItems;
  }

  public void setCategoryItems(List<SelectItem> categoryItems) {
    SelectBean.categoryItems = categoryItems;
  }
  ...
```

選択項目のリストを作成する方法はいくつかありますが、上の例では一番単純なものとして、JSFが提供しているjavax.faces.model.SelectItemクラスを使用しています。

■ h:selectManyCheckbox、h:selectManyListbox、h:selectManyMenu

h:selectManyCheckbox、h:selectManyListbox、h:selectManyMenuタグは画面に複数選択可能な選択条件を表示します。h:selectManyCheckboxタグは以下のように記

述します。

▶ セレクトManyチェックボックスタグ（h:selectManyCheckbox）の記述例

```
<h:selectManyCheckbox id="categoryList" value="#{selectBean.categoryList}">
  <f:selectItem itemLabel="Java" itemValue="java" />
  <f:selectItem itemLabel="DB" itemValue="db" />
</h:selectManyCheckbox>
```

見てわかるとおり、単一の選択条件を表示するタグと大きな違いはありません。違いはvalue属性でバインドするマネージドビーンのプロパティがリスト（または配列）になるということです。マネージドビーンの実装は次のようになります。

▶ セレクトManyチェックボックスタグとバインドするマネージドビーンの記述例

```
@Named
@RequestScoped
public class SelectBean {
  private List<String> categoryList;

  public List<String> getCategoryList() {
    return categoryList;
  }
  public void setCategoryList(List<String> categoryList) {
    this.categoryList = categoryList;
  }
}
```

h:selectManyCheckbox、h:selectManyListbox、h:selectManyMenuタグの画面での表示は図2.24〜26のようになります。

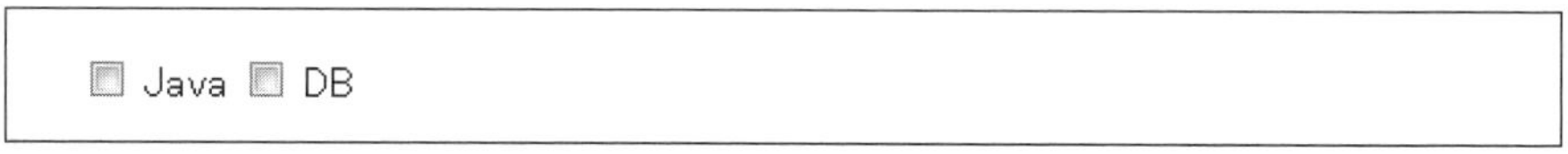

図2.24　セレクトManyチェックボックスタグ（h:selectManyCheckbox）の表示例

図2.25　セレクトManyリストボックスタグ（h:selectManyListbox）の表示例

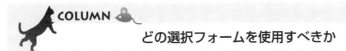

図2.26　セレクトManyメニュータグ（h:selectManyMenu）の表示例

COLUMN

どの選択フォームを使用すべきか

JSFでは、選択フォームに複数のタグを提供しています。それぞれどのような場合に使用すればよいでしょうか。まずON、OFF操作を行なう場合はh:selectBooleanCheckboxを使用すればよいでしょう。単一の選択をする場合は項目が３つ程度であればh:selectOneRadio、４つ以上になる場合はh:selectOneMenuを使用します。複数の選択をする場合は３つ程度であればh:selectManyCheckbox、４つ以上になる場合はh:selectManyListboxを使用します。ただし、h:selectManyListboxを使用した複数選択はややユーザービリティに劣るためJavaScriptを使用したよりリッチな選択方式の導入を検討したほうがよいでしょう。

2.6.9　パネル

パネルは、画面にJSFのコンポーネントをレイアウトするためのタグです。パネルには表2.12のタグを使用します。

表2.12　パネルタグ一覧

種類	タグ名	概要
パネル	h:panelGrid	コンポーネントをテーブルでレイアウトするクラス
	h:panelGroup	コンポーネントを１つのセルにまとめるためのタグ

■ h:panelGrid

h:panelGridタグはJSFのコンポーネントを画面にレイアウトします。h:panelGridタグは以下のように記述します。

▶ パネルグリッドタグ（h:panelGrid）の記述例

```
<h:panelGrid columns="2" border="1">
  <h:outputText value="a-1" />
```

```
  <h:outputText value="a-2" />
  <h:outputText value="b-1" />
  <h:outputText value="b-2" />
</h:panelGrid>
```

h:panelGridタグのcolumns属性にはレイアウトしたい列数を指定します。border属性はテーブルのborder属性と同様で今回表示が見やすいように1（px）の線を指定しています。実行すると画面には図2.27のように表示します。

a-1	a-2
b-1	b-2

図2.27　パネルグリッドタグ（h:panelGrid）の表示例

columns属性で2を指定したためh:panelGridタグ内のコンポーネント要素が2列になってレイアウトされているのがわかります。このようにh:panelGridタグはJSFのコンポーネントを簡単にレイアウトすることができます。

h:panelGridタグは、HTMLのtableタグを使用してコンポーネントをレイアウトします。これはJSF 1.2の時代にGUIで画面にコンポーネントを簡単に配置するためにh:panelGridタグが提供されていたためです。しかし、近年ではHTMLのdivタグを使用して画面レイアウトをすることが一般的となっています。そのため、筆者はh:panelGridタグの使用はおすすめしません。画面にコンポーネントをレイアウトする場合は、次のように直接HTMLのdivタグを使用します。

▶ divタグを使用した記述例

```
<style>
  .row {
    display: table;
  }
  .col {
    border: 1px solid black;
    float: left;
    width: 100px;
  }
</style>
<div>
  <div class="row">
```

```
    <div class="col"><h:outputText value="a-1" /></div>
    <div class="col"><h:outputText value="a-2" /></div>
  </div>
  <div class="row">
    <div class="col"><h:outputText value="b-1" /></div>
    <div class="col"><h:outputText value="b-2" /></div>
  </div>
</div>
```

a-1	a-2
b-1	b-2

図2.28 divタグを使用した表示例

面倒に見えますが実際はh:outputTextタグはEL式で記述できますし、CSSによるレイアウトの修正が可能です。また、Bootstrap[21]などのCSSフレームワークを使用することでよりリッチなレイアウトが実現できます。

[21] Bootstrapとは HTMLの画面デザインやレイアウトを簡単に実現できるCSSフレームワークです。http://getbootstrap.com/

■ h:panelGroup

h:panelGroupタグはh:panelGridタグの中で1つのカラムに複数のコンポーネントを配置する際に使用します。h:panelGroupタグは以下のように記述します。

▶ パネルグループタグ（h:panelGroup）の記述例

```
<h:panelGrid columns="2" border="1">
  <h:panelGroup>
    <h:outputText value="a-1-1" />
    <h:outputText value="a-1-2" />
  </h:panelGroup>
  <h:outputText value="a-2" />
  <h:outputText value="b-1" />
  <h:outputText value="b-2" />
</h:panelGrid>
```

画面には図2.29のように表示します。

a-1-1a-1-2	a-2
b-1	b-2

図2.29　パネルグループタグ（h:panelGroup）の表示例

「a-1-1」と「a-1-2」を表示するh:outputTextタグをh:panelGroupタグで囲むことで同一のカラムに配置されていることが確認できます。

2.6.10 テーブル

テーブルは画面にテーブルを表示するタグです。テーブルを表示するには、表2.13のタグを使用します。

表2.13　テーブルタグ一覧

種類	タグ名	概要
パネル	h:dataTable	データを表形式で出力するためのタグ
	h:column	テーブルの列を表現するタグ

■ h:dataTable、h:column

h:dataTableタグは画面に表形式のテーブルを表示します。表形式のテーブルの表示にはh:column タグもセットで使用します。h:dataTableタグは以下のように記述します。

▶ データテーブルタグ（h:dataTable）の記述例

```
<h:dataTable var="row" value="#{knowledgeBean.knowledgeList}"
styleClass="table">
  <h:column>
    <f:facet name="header">タイトル</f:facet>
    <h:link outcome="/knowledge/show" value="#{row.title}">
      <f:param name="id" value="#{row.id}" />
    </h:link>
  </h:column>
  <h:column>
    <f:facet name="header">カテゴリ</f:facet>
```

```
      <ui:repeat var="category" value="#{row.categoryList}">
        #{category.name}<br />
      </ui:repeat>
    </h:column>
    <h:column>
      <f:facet name="header">投稿者</f:facet>
      <h:outputText value="#{row.account.name}" />
    </h:column>
    <h:column>
      <f:facet name="header">登録日時</f:facet>
      <h:outputText value="#{row.createAt}">
        <f:convertDateTime pattern="yyyy/MM/dd HH:mm:ss" />
      </h:outputText>
    </h:column>
    <h:column>
      <f:facet name="header">更新日時</f:facet>
      <h:outputText value="#{row.updateAt}">
        <f:convertDateTime pattern="yyyy/MM/dd HH:mm:ss" />
      </h:outputText>
    </h:column>
  </h:dataTable>
```

h:dataTableタグのvalue属性にはDBなどから取得したテーブルに表示したいデータのリスト[22]を指定します。var属性はvalue属性で指定したデータが繰り返される際に、現在処理しているデータが設定される名前（通例ではrowを使用します）でh:dataTableタグの中で使用してデータを1件ずつ参照します。styleClass属性はテーブルの見栄えを変更するために使用するCSSのclass属性の名前を指定しています。

h:columnタグの中では各カラムで表示する内容を定義します。f:facetタグはテーブルの見出しを定義するタグでname属性にheaderを指定することで各列の見出しを定義します。画面には図2.30のように表示します。

【22】 knowledgeBean.knowledgeList の型は List<Knowledge> です。

タイトル	カテゴリ	投稿者	登録日時	更新日時
Java EEのリリース	Java	山田一郎	2015/05/24 22:54:24	2015/05/24 22:55:24
JPAの設定とチューニング	Java DB	山田一郎	2015/05/24 22:44:24	2015/05/24 22:44:24
Javaのlambda式について	Java	山田一郎	2015/05/24 22:42:24	2015/05/24 22:43:24
GCログの出力方法	Java	鈴木花子	2015/05/24 22:41:24	2015/05/24 22:41:24
データベースおすすめリンク集	DB	田中二郎	2015/05/24 22:28:24	2015/05/24 22:28:24

図2.30 データテーブルタグ（h:dataTable）の表示例

h:dataTableタグを使用することで表形式のテーブルを表示できますが、ナレッジバンクのナレッジ一覧ではh:dataTableタグを使用していません。h:dataTableタグもh:panelGridタグと同様にJSF1.2の時代の機能を色濃く反映しています。また、簡単なテーブル表示では問題ありませんが、複雑なテーブル表示に対応する場合に融通が利かない場合があります。ナレッジバンクではh:dataTableタグの代わりに繰り返し処理をするui:repeatタグを使用しています。下記はその記述ですが、画面にはh:dataTableタグを使用した場合と同じテーブルを表示します。

▶ リピートタグ（ui:repeat）を使用した記述例

```
<table class="table">
  <tr>
    <th>タイトル</th>
    <th>カテゴリ</th>
    <th>投稿者</th>
    <th>登録日時</th>
    <th>更新日時</th>
  </tr>
  <ui:repeat var="row" value="#{knowledgeBean.knowledgeList}">
    <tr>
      <td>
        <h:link outcome="/knowledge/show" value="#{row.title}">
          <f:param name="id" value="#{row.id}" />
        </h:link>
      </td>
      <td>
        <ui:repeat var="category" value="#{row.categoryList}">
          #{category.name}<br />
        </ui:repeat>
      </td>
      <td>#{row.account.name}</td>
      <td>
        <h:outputText value="#{row.createAt}">
          <f:convertDateTime pattern="yyyy/MM/dd HH:mm:ss" />
        </h:outputText>
      </td>
      <td>
        <h:outputText value="#{row.updateAt}">
          <f:convertDateTime pattern="yyyy/MM/dd HH:mm:ss" />
        </h:outputText>
      </td>
```

```
    </tr>
  </ui:repeat>
</table>
```

2.6.11 メッセージ

メッセージは画面に入力チェックのエラーや処理結果を表示するためのタグです。メッセージには表2.14のタグを使用します。

表2.14 メッセージタグ一覧

種類	タグ名	概要
メッセージ	h:message	メッセージを表示するタグ
	h:messages	すべてのメッセージを表示するタグ

■ h:message

h:messageタグは画面にメッセージを表示します。h:messageは以下のように記述します。

▶ メッセージタグ (h:message) の記述例

```
<h:inputText id="userId" value="#{loginBean.userId}"/>
<h:message for="userId"/>
```

h:messageタグは入力フィールドとセットで使用します。h:messageタグのfor属性には紐付けたい入力フィールドのidを指定します。そうすることで、入力フィールドで発生した入力チェックなどのエラーをh:messageタグの部分に表示することができます。入力チェックの詳細については第3章で説明しますが、loginBeanのuserIdフィールドにNULLチェックを指定し、テキストボックスになにも入力せずにデータを送信するとh:messageタグの部分に図2.31のようにエラーメッセージを表示します。

値が入力されていません。

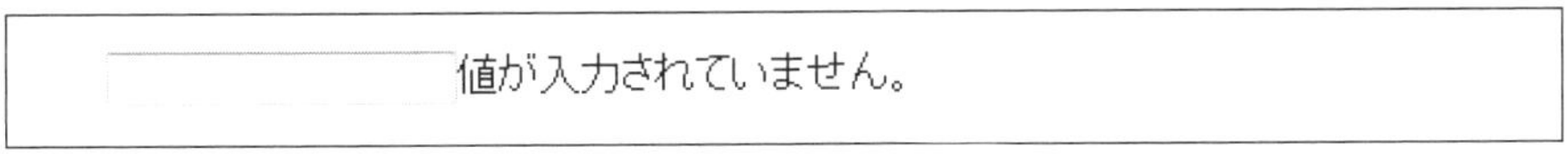

図2.31 メッセージタグ (h:message) の表示例

エラーメッセージにHTMLのclass属性やstyle属性を指定したい場合はerrorStyle属性やerrorClass属性を使用します。ナレッジバンクでもerrorClass属性を使用してエラーの文字の色や太さを装飾しています。エラーメッセージを装飾するには、以下のようにh:messageタグのerrorClassタグにerrorを指定します。

▶ メッセージタグのerrorClass属性の記述例

```
<h:message for="userId" errorClass="error" />
```

CSSでは以下のように文字の色や太字設定を行なってます。

▶ メッセージタグのerrorClass属性へのCSS記述例

```
span.error {
  color: red;
  font-weight: bold;
}
```

上記のような指定を行なうと、画面のエラーメッセージを図2.32のように変更することができます。

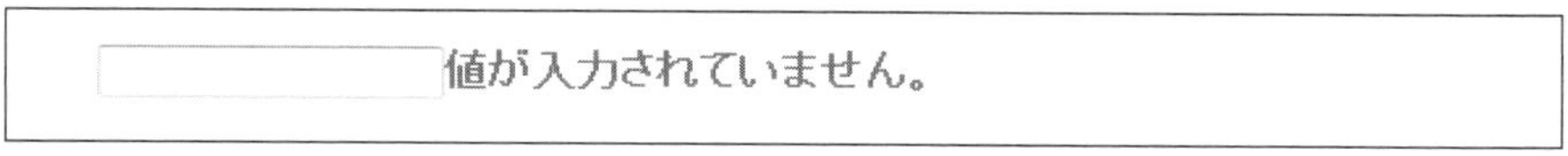

値が入力されていません。

図2.32　メッセージタグのerrorClass属性を指定した場合の表示例（赤文字＋太字）

■ h:messages

h:messagesタグは設定したすべてのメッセージを画面に表示します。h:messagesタグは以下のように記述します。

▶ メッセージタグ（h:messages）の記述例

```
<h:messages />
```

h:messagesタグは設定したメッセージがすべてリスト形式で表示されるため、たとえば2つの入力フィールドでエラーが発生した場合は図2.33のように表示します。

図2.33　メッセージタグ（h:messages）の表示例

すべてのメッセージではなく画面全体に対するメッセージ（メッセージを設定するキーがNULLのもの）のみ表示するにはglobalOnly属性に以下のようにtrueを指定します。

▶ メッセージタグ（h:messages）のglobalOnly属性の記述例

```
<h:messages globalOnly="true"/>
```

サンプルのナレッジバンクでは処理の結果を表示する部分でglobalOnlyにtrueを指定して使用しています。

2.7 EL (Expression Language)

ここではJSFの構成要素であるEL式のより詳細な記述方法について説明します。

2.7.1 ELとは

EL（Expression Language）とは、演算の結果や値の参照結果を返却するための簡易記法です。JSFではフェースレットからマネージドビーンを参照したり表示条件の判断をしたりする場合に使用します。以前はJSPやJSFに依存した機能でしたが、現在では独立した仕様として定義されています。EL式は#（または$）で始まり、波かっこ{}で囲んだ中に式を記述します。

▶ EL式の記述例

```
#{loginBean.userId}
```

この場合、LoginBeanのgetUserIdメソッドを呼び出して結果を返却します。EL式の$と#の処理には、$を使用した場合はページがレンダリングされた時点で即時評価され、#を使用した場合はコンポーネントに式として渡され、ライフサイクルのタイミングで遅延評価されるという違いがあります。JSFでは基本的に$は使用せず、#を使用します。

2.7.2 オブジェクトの参照

EL式ではアプリケーションサーバーが管理するオブジェクトを参照することができます。JSFで最も使用頻度が高いのはマネージドビーンの参照です。CDIの@Namedアノテーションを付加したマネージドビーンのオブジェクトはフェースレットのEL式から参照できます。以下はナレッジバンクのログイン画面で使用しているログインマネージドビーンの実装例です。

▶ ログインマネージドビーンの実装例

```
@Named
@RequestScoped
public class LoginBean implements Serializable {
  ...
  @NotNull
  private String userId;

  public String getUserId() {
    return userId;
  }

  public void setUserId(String userId) {
    this.userId = userId;
  }
  ...
```

@Namedアノテーションに名前の指定がない場合はクラス名の先頭を小文字にしたものを参照の名前として使用します[23]。明示的に名前を指定する場合は@Namedアノテーションの引数に以下のように指定をします。

[23]
@Namedのルールとして先頭を小文字に変換しますが、先頭の大文字が複数続く場合は大文字のままになります。
例：
LoginBean→loginBean、
LBean→LBean、
L→l

▶ @Namedで明示的に名前を指定する場合の記述例

```
@Named("loginBean")
@RequestScoped
public class LoginBean implements Serializable {
```

2.7.3 暗黙オブジェクト

フェースレットのEL式ではマネージドビーン以外にも暗黙的に定義されたオブジェクトを参照することができます。たとえば以下のように記述するとWeb画面にブラウザの情報が表示できます。

▶ ブラウザの情報を取得するEL式の記述例

```
#{header['user-agent']}
```

headerはHTTPのヘッダー情報を取得可能な暗黙オブジェクトです。headerはマップの形式でヘッダー情報を保有しています。EL式では角かっこ[ ]にキーを指定することでマップの値を取得することができます。

header以外にもEL式で参照可能な暗黙オブジェクトには、表2.15のようなものがあります。

表2.15 EL式で参照可能な暗黙オブジェクト一覧

種類	名前	概要
スコープ	requestScope	リクエストスコープ
	viewScope	ビュースコープ
	flowScope	フロースコープ
	sessionScope	セッションスコープ
	applicationScope	アプリケーションスコープ
HTTP情報	param	クエリ文字列の情報
	paramValues	クエリ文字列の情報（値を複数取得する場合）
	header	ヘッダー情報
	headerValues	ヘッダー情報（値を複数取得する場合）
	cookie	クッキー情報
コンテキスト	request	リクエスト情報
	session	セッション情報
	application	アプリケーションコンテキスト
	flash	フラッシュスコープ
	facesContext	FacesContextのオブジェクト
コンポーネント	view	UIViewRootのオブジェクト
	component	カレントのコンポーネント
	cc	コンポジットコンポーネントの情報（コンポジットコンポーネント内で利用）
設定／リソース	initParam	web.xmlの初期パラメータの情報
	resource	リソースの情報

2.7.4 演算子

EL式では値の参照以外にもさまざまな演算子が使えます。

■ 算術演算子

EL式では算術演算子を使用することができます。算術演算子には表2.16のものがあります。

表2.16 EL式の算術演算子一覧

演算子		意味	記述例	
+		足し算	#{a + b}	
-		引き算	#{a - b}	
*		掛け算	#{a * b}	
/	div	割り算	#{a / b}	#{a div b}
%	mod	余り	#{a % b}	#{a mod b}

■ 関係演算子

EL式では関係演算子を使用することができます。JSFではコンポーネントの表示／非表示など条件分岐で利用します。関係演算子には表2.17のものがあります。

表2.17 EL式の関係演算子一覧

演算子		意味	記述例	
==	eq	同じ	#{a == b}	#{a eq b}
!=	ne	同じでない	#{a != b}	#{a ne b}
<	lt	より小さい	#{a < b}	#{a lt b}
>	gt	より大きい	#{a > b}	#{a gt b}
<=	le	より小さいか等しい	#{a <= b}	#{a le b}
>=	ge	より大きいか等しい	#{a >= b}	#{a ge b}

■ 論理演算子

EL式では論理演算子が利用できます。論理演算子には表2.18のものがあります。

表2.18 EL式の論理演算子一覧

演算子		意味	記述例	
&&	and	かつ	#{a < b && a < c}	#{a lt b and a lt c}
||	or	または	#{a < b || a < c}	#{a lt b or a lt c}
!	not	否定	#{!a }	#{not a}

■ 三項演算子

EL式では三項演算子が利用できます。三項演算子は、?と:を使用し以下のように記述します。

▶ EL式の三項演算子記述例

```
a ? b : c
```

上記の例の場合、aがtrueの場合はb、そうでなければcを返却します。

■ 空演算子

EL式には空を表現するemptyという演算子があります。空演算子は以下のように記述します。

▶ EL式の空演算子記述例

```
empty a
```

aがNULLまたは空文字の場合にtrueを返します。

2.7.5 メソッドの呼び出し

Java EE 6からEL式ではプロパティの参照だけではなくオブジェクトのメソッドも呼び出すことができるようになりました。オブジェクトのメソッドを呼び出す場合は以下のようにメソッド名の後に丸かっこ()を記述します。

▶ EL式のメソッド呼び出しの例

```
#{loginBean.userId.toUpperCase()}
```

上記の例はloginBean.userIdで取得したユーザーIDの文字列のtoUpperCaseメソッドを呼び出してすべて大文字に変換した値を返します。引数が必要なメソッドを呼び出す場合は丸かっこの中に引数で渡す値を記述します。

Chapter

3

プレゼンテーション層の開発 ——JSFの応用 その1

第2章ではJSFの仕組みや画面遷移、タグライブラリの使用方法など、JSFの基礎的な知識を学習しました。第3章、第4章は応用編としてJSFのより実践的な機能について説明します。本章ではJSFの入力チェック、コンバータ、コンポーネントのカスタマイズ、テンプレート機能、近年求められているHTML5やAjaxへの対応について説明します。

3.1 入力チェック

3.1.1 入力チェック（バリデーション）とは

Webアプリケーションでは画面からユーザーが入力した値が適切な文字数か、入力可能な文字かなどをチェックする必要があります。JSFのライフサイクルの説明で少し触れましたが、JSFでは入力した値をチェックする機能を提供しています[1]。JSFではバリデーションの方法として以下の2つを提供しています。

【1】
ライフサイクルの❸入力チェックのフェーズに該当します。57ページの図2.7参照。

- JSFの初期から提供されているJSFのバリデーション
- Java EE 6で導入されたビーンバリデーション

JSF 1.2まではJSFの初期からあるJSFのバリデーションを利用していました。しかし、JSF 2.0以降ではビジネスロジック層やデータベースアクセス層でも値の検証に利用できるビーンバリデーションを使用することが多く、サンプルのナレッジバンクのバリデーションでもビーンバリデーションを使用しています。本節ではJSFのバリデーションについて簡単に説明した後にビーンバリデーションの機能について説明します。

3.1.2 JSFのバリデーション

JSFのバリデーションはJSFの初期から提供している機能で、プレゼンテーション層で値の入力チェックを行ないます。JSFのバリデーションで使用するタグを表3.1に示します。

表3.1　バリデーションタグ一覧

種類	タグ名	概要	記述例
バリデーション	f:validateLength	文字列が指定された長さであるかをチェックする。minimumに最小文字数、maximumに最大文字数を指定する	<f:validateLength minimum="0" maximum="255" />
	f:validateLongRange	値が指定した範囲の整数であるかをチェックする	<f:validateLongRange minimum="0" maximum="150" />
	f:validateDoubleRange	値が指定した範囲の実数であるかをチェックする	<f:validateDoubleRange minimum="14.5" maximum="32.5" />
	f:validateRegex	値が指定した正規表現にマッチするかをチェックする	<f:validateRegex pattern="[A-Z]¥d{5}" />
	f:validateRequired	値が入力されているかをチェックする	<f:validateRequired /> [2]

バリデーションのタグはh:inputTextタグなどの入力フィールドとセットで利用します。たとえば、ナレッジのタイトルの入力でf:validateLengthタグを使用して文字数を0文字から255文字に制限する場合は、以下のように記述します。

【2】
f:validateRequiredタグは入力が必須かをチェックするタグですが、inputTextタグなどのrequired属性にtrueを指定することで同様の動きとなるため、ほとんど使用することはありません。

▶ f:validateLengthの利用例

```
<h:inputText id="title" value="#{jsfValidationBean.title}" label="タイトル">
  <f:validateLength minimum="0" maximum="255"/>
</h:inputText>
<h:message for="title" />
```

ブラウザから値を入力して［登録］ボタンをクリックし、バリデーションエラーが発生すると、同じ画面に戻りエラーメッセージを表示します。バリデーションのエラー表示にはmessageタグを使用します。上記の例ではタイトルの入力フィールドに255文字以上入力してデータを送信すると、図3.1のようなメッセージを表示します。

aaaaaaaaaaaaaaaaaaaaaa タイトル: 確認の間違い: 長さは正当な最大より大きい '255'

図3.1　f:validateLengthの実行結果

エラーメッセージの先頭に表示されている「タイトル」はinputTextタグのlabel属性で指定したものです。label属性の指定がない場合はコンポーネントのIDを表示します。JSFのバリデーションのデフォルトメッセージは冗長で日本語も不自然です。

メッセージを変更する場合は以下のようにh:inputTextタグにvalidatorMessage属性を指定します。

▶ f:validateLengthのvalidatorMessage属性を指定した場合

```
<h:inputText id="title" value="#{jsfValidationBean.title}" label="タイトル"
             validatorMessage="タイトルは255文字以下にしてください。">
  <f:validateLength minimum="1" maximum="255"/>
</h:inputText>
```

実行すると図3.2のように表示します。

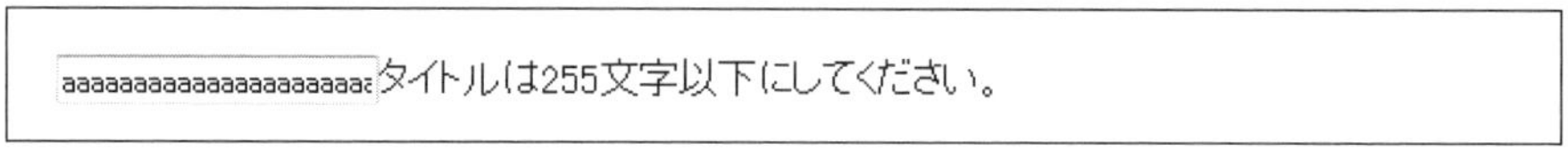

aaaaaaaaaaaaaaaaaaaaaa タイトルは255文字以下にしてください。

図3.2　f:validateLengthのvalidatorMessage属性を指定した場合の実行結果

すべての入力フィールドでvalidatorMessageを定義するのが面倒な場合は、デフォルトのメッセージを変更する方法もあります。デフォルトのメッセージを変更したい場合はプロパティファイルを作成し、faces-config.xmlにメッセージバンドルの定義を追加します。たとえばf:validateLengthのデフォルトメッセージを変更する場合は、knowledgebankパッケージに以下のMessages_ja.propertiesファイルを作成します。

▶ プロパティファイル（knowledgebank/Messages_ja.properties）の記述例

```
javax.faces.validator.LengthValidator.MAXIMUM={1}は{0}文字以下にしてください。
javax.faces.validator.LengthValidator.MINIMUM={1}は{0}文字以上にしてください。
```

メッセージの記述では、波かっこ{}に番号を指定してタグに記述した値を参照することができます。どの番号でどの値が参照できるかはバリデーションによって違います。f:validateLengthでは、{0}で最大／最小文字数、{1}でラベル名が参照できます。

プロパティファイルの作成が終了したら、faces-config.xmlのapplicationタグ内にmessage-bundleの定義を追加します。

▶ faces-config.xmlへのmessage-bundle記述例

```
<application>
  <message-bundle>knowledgebank.Messages</message-bundle>
</application>
```

設定後に再実行すると、f:validateLengthタグの入力チェックエラー時にプロパティファイルに記述したエラーメッセージを表示します。

上記ではf:validateLengthタグのメッセージ指定方法を説明しましたが、f:validateLengthタグ以外のメッセージを変更したい場合もあります。その場合は、アプリケーションサーバーのフォルダにjavax.faces-x.x.x.jar（x.x.xは任意のバージョン番号）が存在すれば、その中にあるjavax.faces.Messages.propertiesを参照して該当するバリデーションタグのキー名を知ることができます。

3.1.3 JSFのカスタムバリデータ

JSFが提供するバリデータで対応できない場合、カスタムバリデータを作成します。カスタムバリデータを作成する方法は2つあります。

- カスタムバリデータメソッドを作成する方法
- カスタムバリデータクラスを作成する方法

■ カスタムバリデータメソッドを作成する方法

カスタムバリデータを作成する1つ目の方法はカスタムバリデータメソッドを作成する方法です。例としてパスワードのルールをチェックする方法を説明します。パスワードのルールをチェックする場合、以下のようにマネージドビーンにカスタムバリデータメソッドを作成します。

▶ カスタムバリデータメソッドの実装例

```
import javax.faces.application.FacesMessage;
import javax.faces.component.UIComponent;
import javax.faces.context.FacesContext;
import javax.faces.validator.ValidatorException;
...

@Named
@ViewScoped
public class JsfValidationBean implements Serializable {
  private String password;
  // passwordのgetter/setter
```

```
  // カスタムバリデータメソッド
  public void validatePassword(FacesContext context, UIComponent component,
      Object value) throws ValidatorException {
    if (value == null) return;
    String text = value.toString();
    // 正規表現でパスワードに英数記号をすべて含むかを確認
    if (!text.matches("^(?=.*[0-9]+.*)(?=.*[a-zA-Z]+.*).*"
        + "[!¥"#$%&'()*+,-./:;<=>?@¥¥[¥¥]^_`{|}~]+.*$")) {
      throw new ValidatorException(new FacesMessage("英数記号をすべて含んで➡
ください。"));
    }
  }
}
```

カスタムバリデータメソッドはFacesContext、UIComponent、Objectを引数に取るようにします。利用するフェースレットでは、以下のようにinputTextのvalidator属性に作成したメソッドを指定します。

▶ カスタムバリデータメソッドの利用例

```
<h:inputText id="password" value="#{jsfValidationBean.password}" ➡
label="パスワード" validator="#{jsfValidationBean.validatePassword}" />
```

これで入力した値がvalidatePasswordメソッドの引数に渡され、入力チェックを行なうことができます。

■ カスタムバリデータクラスを作成する方法

もう1つはカスタムバリデータクラスを作成する方法です。カスタムバリデータクラスを作成するには、以下のようにjavax.faces.validator.Validatorインターフェースを実装したクラスを作成します。

▶ カスタムバリデータクラスの実装例

```
@FacesValidator
public class JsfCustomValidator implements Validator {

  @Override
  public void validate(FacesContext context, UIComponent component, ➡
Object value) throws ValidatorException {
```

```
    if (value == null) return;
    String text = value.toString();
    // 正規表現でパスワードに英数記号をすべて含むかを確認
    if (!text.matches("^(?=.*[0-9]+.*)(?=.*[a-zA-Z]+.*).*"
        + "[!¥"#$%&'()*+,-./:;<=>?@¥¥[¥¥]^_`{|}~]+.*$")) {
      throw new ValidatorException(new FacesMessage("英数記号をすべて含んで➡
ください。"));
    }
  }
}
```

@FacesValidatorアノテーションはJSFにカスタムバリデータクラスを登録するためのタグです。名前の指定を省略した場合は、クラス名の先頭が小文字のものをカスタムバリデータの名前に使用します。フェースレットでは以下のように使用します。

▶ カスタムバリデータクラスの利用例

```
<h:inputText id="password" value="#{jsfValidationBean.password}" label=➡
"パスワード">
  <f:validator validatorId="jsfCustomValidator"/>
</h:inputText>
<h:message for="password" />
```

また、以下のようにh:inputTextタグのvalidator属性にvalidatorIdを指定しても同様です。

▶ カスタムバリデータクラスの利用例 その2

```
<h:inputText id="password" value="#{jsfValidationBean.password}" label=➡
"パスワード" validator="jsfCustomValidator" />
```

3.1.4 ビーンバリデーションとは

ビーンバリデーションとは、Java EE 6で導入された入力値をチェックする仕様です。ビーンバリデーションが導入されたタイミングで、JSFの入力チェックにおいてもビーンバリデーションと連携することができるようになりました。ビーンバリデーションでは、以下のようにJavaのフィールドやメソッドにアノテーションを使用して条件を指定します。

▶ビーンバリデーションの記述例

```
@NotNull
@Size(max = 255)
private String userId;
```

上記の例は、ユーザーIDのフィールドは入力が必須で文字数が255文字以下という設定です。このように、フィールドにアノテーションを付加するだけでバリデーションを実施することができます。

ビーンバリデーションの仕様はJSFに限らずJava EE全般の機能として利用することができますが、JSFでビーンバリデーションを利用するには以下のようにアノテーションを指定しているフィールドに入力フィールドをバインドするだけです。

▶ビーンバリデーションの利用例

```
<h:inputText id="userId" value="#{accountBean.account.userId}" />
<h:message for="userId"/>
```

データを入力し送信するとJSFは設定しているビーンバリデーションのアノテーションをもとに自動的にバリデーションを実施します。

3.1.5 ビーンバリデーションのバリデータ

ビーンバリデーションではjavax.validation.constraintパッケージで標準のバリデータを提供しています。表3.2はビーンバリデーションのアノテーション一覧です。

表3.2 ビーンバリデーションのアノテーション一覧

アノテーション名	概要	使用例
@NotNull	値がNULLでないかをチェックする	@NotNull String userId;
@Null	値がNULLかをチェックする	@Null String unusedData;
@Max	値が指定した値以下の整数であるかをチェックする	@Max(100) int number;
@Min	値が指定した値以上の整数であるかをチェックする	@Min(5) int count;
@DecimalMax	値が指定した値以下の実数であるかをチェックする	@DecimalMax("15.5") BigDecimal tax;
@DecimalMin	値が指定した値以上の実数であるかをチェックする	@DecimalMin("0.5") BigDecimal percent;
@Digits	整数部の桁数と小数部の桁数が指定桁数以下であるかをチェックする。Integerに整数部の桁数、fractionに小数部の桁数を指定する	@Digits(integer=5, fraction=2) BigDecimal price;
@Size	文字列が指定された長さであるかをチェックする。minに最小文字数、maxに最大文字数を指定する	@Size(min=2, max=60) String message;
@Pattern	値が指定した正規表現にマッチするかをチェックする	@Pattern(regexp="[A-Z]\\d{5}") String employeeNumber;
@Past	値が過去の日付かどうかをチェックする	@Past Date startDate;
@Future	値が未来の日付かどうかをチェックする	@Future Date dueDate;
@AssertFalse	値がfalseであるかをチェックする	@AssertFalse boolean used;
@AssertTrue	値がtrueであるかをチェックする	@AssertTrue boolean active;

一般的なバリデーションは標準のアノテーションを使用することで実現できます。サンプルのナレッジバンクでもビーンバリデーションを使用しています。以下では、その具体的な利用例を見ていくことにします。次のコードは、ナレッジバンクのAccountエンティティクラスからビーンバリデーションを使用している部分を抜粋したものです。

▶ Accountエンティティクラスのビーンバリデーション部分の抜粋

```
@Entity
public class Account implements Serializable {
  @NotNull
  private long id;

  @Size(max = 255)
```

```
    @NotNull
    private String accountGroup;

    @Size(max = 255)
    private String mail;

    @Size(max = 255)
    @NotNull
    private String name;

    @Size(max = 255)
    @NotNull
    private String password;

    @Size(max = 255)
    @Pattern(regexp = "^[0-9a-zA-Z_¥¥.¥¥-]*$")
    @NotNull
    private String userId;

    // getter/setter
}
```

ユーザーIDや名前など、値が必須の項目については@NotNullアノテーションを付加しています。また、各入力値にはデータベース上の文字数制限があるため@Sizeアノテーションに最大文字数の255を設定し、さらにユーザーIDには数字、文字、記号（_ . -）以外の入力ができないように@Patternアノテーションで正規表現による条件を指定しています[3]。

【3】
Javaでどのような正規表現が使用可能か確認したい場合は、java.util.regex.PatternクラスのJavaDocを参照してください。

作成したAccountエンティティクラスにフェースレットからEL式で値をバインドしてデータを送信することでバリデーションを実行します。ナレッジバンクのアカウント登録画面では、アカウント登録時に入力エラーがあると図3.3のようにエラーメッセージを表示します。

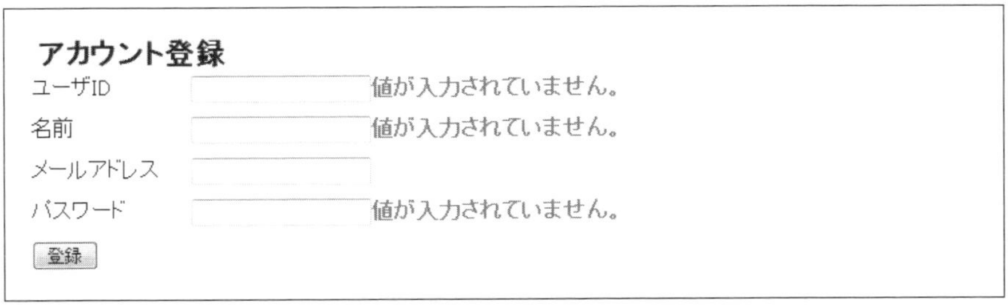

アカウント登録
ユーザID 値が入力されていません。
名前 値が入力されていません。
メールアドレス
パスワード 値が入力されていません。
登録

図3.3 アカウント登録画面のエラーメッセージ表示

このようにJSFとビーンバリデーションは簡単に連携することができますが1つだけ注意点があります。JSFのデフォルトでは画面の入力フィールドになにも入力せずにボタンをクリックした場合、入力値のデータを空文字としてコンポーネントに渡します。そのため、ビーンバリデーションの@NotNullアノテーションなどのNULLをチェックする処理がうまく動作しません。それを解決する方法としてweb.xmlに下記のJSFの設定を追加します。

▶ web.xmlに追加する入力値が空文字の場合にNULL値とするJSFの設定

```
<context-param>
  <param-name>javax.faces.INTERPRET_EMPTY_STRING_SUBMITTED_VALUES_AS_NULL➔
</param-name>
  <param-value>true</param-value>
</context-param>
```

「javax.faces.INTERPRET_EMPTY_STRING_SUBMITTED_VALUES_AS_NULL」はその名のとおり、入力値が空文字の場合にNULLとして処理するかどうかという設定です。この設定をtrueにすることで、入力値の必須チェックに@NotNullアノテーションを使用できるようになります。

3.1.6 ビーンバリデーションのエラーメッセージ変更

ビーンバリデーションのエラーメッセージを変更する方法は2つあります。1つ目は設定するアノテーションにmessage属性を指定する方法です。以下のようにすると、message属性に任意のメッセージを記述することでエラーメッセージを置き換えることができます。

▶ アノテーションのmessage引数でエラーメッセージを指定する場合の実装例

```
@NotNull(message ="ユーザーIDは必須です。")
private String userId;
```

この方法の場合、簡単に設定することはできますが、共通の設定を行なったり多言語対応したりする場合に不便です。2つ目の方法はプロパティファイルを使用した方法です。プロパティファイルを使用する場合は「ValidationMessages.properties」というファイル名のプロパティファイルをクラスパスのデフォルトパッケージに配置し、その中にメッセージを設定します。サンプルのナレッジバンクでは、プロパティファイルに以下のような値を設定しています。

▶ ValidationMessages.properties

```
javax.validation.constraints.AssertFalse.message=不正な値が入力されました。
javax.validation.constraints.AssertTrue.message=不正な値が入力されました。
javax.validation.constraints.DecimalMax.message={value}以下の値を入力してください。
javax.validation.constraints.DecimalMin.message={value}以上の値を入力してください。
javax.validation.constraints.Digits.message=整数{integer}桁以内、小数{fraction}➡
桁以内で入力してください。
javax.validation.constraints.Future.message=未来の日付を入力してください。
javax.validation.constraints.Max.message={value}以下の値を入力してください。
javax.validation.constraints.Min.message={value}以上の値を入力してください。
javax.validation.constraints.NotNull.message=値が入力されていません。
javax.validation.constraints.Null.message=値が入力されています。
javax.validation.constraints.Past.message=過去の日付を入力してください。
javax.validation.constraints.Pattern.message=不正な値が入力されました。
javax.validation.constraints.Size.message={min}文字から{max}文字で入力してください。
```

標準のバリデータのキー名は「アノテーションの完全修飾クラス名.message」となっており、イコール（=）をはさんでエラーメッセージを記述します。エラーメッセージ内では{}を使用してアノテーションの引数で指定する値を参照することができます。

3.1.7 ビーンバリデーションのバリデータ統合

入力チェックに複数の条件がある場合にはフィールドに標準のアノテーションを複数指定しますが、同じような条件を何度も設定するのは面倒です。そのためビーンバリデーションでは複数のバリデータを統合する機能を提供しています。サンプルのナレッジバンクで指定しているユーザーIDの入力チェックを統合してみます。アノテーションを統合するには、まず以下のように統合用のアノテーションを作成します。

▶ ユーザーIDの統合アノテーション[4]

```
import java.lang.annotation.Documented;
import java.lang.annotation.Retention;
import java.lang.annotation.Target;
import javax.validation.Constraint;
import javax.validation.Payload;
import javax.validation.constraints.Pattern;
import javax.validation.constraints.Size;

import static java.lang.annotation.ElementType.*;
import static java.lang.annotation.RetentionPolicy.*;

@Documented
@Target({ METHOD, FIELD, ANNOTATION_TYPE, CONSTRUCTOR, PARAMETER })
@Retention(RUNTIME)
@Constraint(validatedBy = {})
@Size(max = 255)
@Pattern(regexp = "^[0-9a-zA-Z_¥¥.¥¥-]*$")
public @interface UserId {

  String message() default "{knowledgebank.validator.UserId.message}";

  Class<?>[] groups() default {};

  Class<? extends Payload>[] payload() default {};

  @Target({ METHOD, FIELD, ANNOTATION_TYPE, CONSTRUCTOR, PARAMETER })
  @Retention(RUNTIME)
  @Documented
  @interface List {
    UserId[] value();
  }
}
```

【4】
@Documentedはアノテーションを JavaDoc に反映するという指定、@Targetはアノテーションをどの要素に定義可能か、@Retentionはアノテーションで付加された情報がどの段階まで保持されるかということを表わしています。

ビーンバリデーションでは、message、groups、payload、Listなど決められたフォーマットでアノテーションを作成します。ここでは@Sizeアノテーションと@Patternアノテーションに注目してください。このアノテーションは先ほどユーザーIDのチェックに付加していたアノテーションですが、統合アノテーションの方に移動します。実際に条件を指定するユーザーIDのフィールドには下記のように@UserIdアノテーションだけを指定します。

▶ ユーザーIDに付加するアノテーション

```
@UserId
@NotNull
private String userId;
```

@UserIdアノテーションを付加することで@Sizeアノテーションと@Patternアノテーションの2つのアノテーションを設定していることと同じ意味になります。何度も同じような条件を複数指定する場合、このようにアノテーションを統合することでより効率的に記述することができます。

3.1.8 ビーンバリデーションのカスタマイズバリデータ

ビーンバリデーションでは、ユーザーが作成した独自の処理をバリデータとして使用できます。ここではナレッジバンクのパスワードチェックで使用しているカスタムバリデータを見てみましょう。まずはチェックする値に付加するPasswordアノテーションです。

▶ Passwordアノテーション

```
@Documented
@Target({ METHOD, FIELD, ANNOTATION_TYPE, CONSTRUCTOR, PARAMETER })
@Retention(RUNTIME)
@Constraint(validatedBy = {PasswordValidator.class})
public @interface Password {

  String message() default "{knowledgebank.validator.Password.message}";

  Class<?>[] groups() default {};

  Class<? extends Payload>[] payload() default {};
```

```
  @Target({ METHOD, FIELD, ANNOTATION_TYPE, CONSTRUCTOR, PARAMETER })
  @Retention(RUNTIME)
  @Documented
  @interface List {
    Password[] value();
  }
  int min() default 6; // 最小文字数
}
```

カスタムバリデータのアノテーションは、バリデータの統合で作成したアノテーションとほぼ同じです。違う点は@ConstraintアノテーションのvalidatedBy属性で検証用のクラス「PasswordValidator.class」を指定している点です。また、アノテーションでパスワードの最小値を設定できるようにminというインターフェースを追加しています。指定がない場合はdefaultで指定している「6」がminの値となります。

次に、実際に検証を行なうPasswordValidatorクラスを見ていきます。以下がPasswordValidatorクラスの記述です。

▶ PasswordValidatorクラス

```
import javax.validation.ConstraintValidator;
import javax.validation.ConstraintValidatorContext;

public class PasswordValidator implements ConstraintValidator<Password, ➡
String> {

  private int min;
  @Override
  public void initialize(Password constraintAnnotation) {
    this.min = constraintAnnotation.min();
  }

  @Override
  public boolean isValid(String value, ConstraintValidatorContext context) {
    // NULLの場合はチェックしない
    if (value == null) return true;

    // 指定文字数以下はNG
    if (value.length() < min) return false;
```

```
        // 英数記号をすべて含まなければNG
        if (!value.matches("^(?=.*[0-9]+.*)(?=.*[a-zA-Z]+.*).*"
            + "[!¥"#$%&'()*+,-./:;<=>?@¥¥[¥¥]^_`{|}~]+.*$")) return false;
        return true;
    }

}
```

検証用のクラスには、javax.validation.ConstraintValidatorインターフェースのinitializeメソッドとisValidメソッドを実装します。initializeメソッドではフィールドに指定されたアノテーションの値が取得できるのでminの値を取得してフィールドに保持します。次にisValidで実際の値の検証を行ないます。引数のvalueにフィールドの値が渡されるのでチェックを行なった後、問題がなければtrue、問題があればfalseを返します。

次に、エラーが発生した際のデフォルトメッセージを確認します。エラーメッセージは、ビーンバリデーションのエラーメッセージ変更で説明したValidationMessages.propertiesファイルに記述しています。

▶ ValidationMessages.propertiesに記述しているパスワードチェックエラーメッセージ

```
knowledgebank.validator.Password.message=パスワードは{min}文字以上で、英数記号を➡
すべて含んでください。
```

キー名は作成したPasswordアノテーションのmessageのdefaultで設定している値です。

これでカスタムアノテーションは完了です。最後に、チェックするAccountBeanクラスのパスワードのフィールドを見てみましょう。

▶ パスワードをチェックするフィールド（AccountBeanクラス）

```
@Size(max = 255)
@NotNull
@Password
private String password;
```

チェックしたいフィールドに@Passwordアノテーションを付加することで、図3.4のようにバリデーションが動作します。

パスワードは6文字以上で、英数記号をすべて含んでください。

図3.4 パスワードチェックの実行結果

3.2 コンバータ

3.2.1 コンバータの役割

コンバータとは、Web画面に表示する文字列とマネージドビーンのプロパティで保持するJavaのオブジェクトを変換するための仕組みです。マネージドビーンにはStringの文字列以外にもjava.util.Dateのような日付やIntegerやDoubleといった数値型など、さまざまな種類のオブジェクトを持ちます。それらのオブジェクトを文字列として画面に表示したり、画面から入力した文字列をオブジェクトに変換したりするためにコンバータの機能が必要です。

JSFでは以下のオブジェクトの型であれば、特に指定しなくても自動的にコンバータが使用され、文字列とオブジェクトを変換します。

JSFにより自動的に変換されるオブジェクト型の一覧

- java.lang.Short(short)
- java.lang.Integer(int)
- java.lang.Long(long)
- java.lang.Float(float)
- java.lang.Double(double)
- java.lang.Boolean(boolean)
- java.lang.Byte(byte)
- java.lang.Character(char)
- java.math.BigInteger
- java.math.BigDecimal

また、JSFでは任意のフォーマットで画面表示を行なうための標準のコンバータを提供しています。

3.2.2 標準のコンバータ

JSFが標準で提供するコンバータは、日付や数値と文字列を相互に変換するコンバータです（表3.3）。

表3.3 コンバータタグ一覧

種類	タグ名	概要
コンバータ	f:convertDateTime	日付型（java.util.Date）を変換するコンバータ
	f:convertNumber	数値型を変換するコンバータ

■ f:convertDateTime

f:convertDateTimeタグは、日付型（java.util.Date）を文字列に相互変換するためのコンバータです。ナレッジバンクでもナレッジ一覧画面やナレッジ詳細画面でナレッジを登録したデータの登録日時や更新日時を画面に表示するために使用しています。表示しているKnowledgeエンティティクラスには投稿したナレッジのタイトルや内容と同時に登録日時や更新日時をjava.util.Dateで保有しています。以下はKnowledgeエンティティクラスの抜粋です。

▶ Knowledgeエンティティクラスから抜粋したソースコード（Knowledge.java）

```
@Entity
public class Knowledge implements Serializable {
  private String title; // タイトル
  private String description; // 内容
  private Date createAt; // 登録日時
  private Date updateAt; // 更新日時

    // getter/setterなど
}
```

ナレッジ詳細画面では、一覧画面でクリックしたナレッジ情報の詳細を画面に表示します。ナレッジ情報の登録日時を表示する部分は以下のように記述しています。

▶ ナレッジ詳細画面（knowledge/show.xhtml）の登録日時表示部分の記述

```
<h:outputText value="#{knowledgeShowBean.knowledge.createAt}">
  <f:convertDateTime pattern="yyyy/MM/dd HH:mm:ss" />
</h:outputText>
```

画面に日付型のデータを文字列として表示するには、h:outputTextタグの要素内にf:convertDateTimeタグを記述し、表示したいフォーマットのパターンを指定します。フォーマットのパターンはJavaが標準で提供しているjava.text.SimpleDateFormatで定義するものと同様です。実行すると画面には図3.5のように表示します。

2015/01/27 12:36:27

図3.5　ナレッジ詳細画面の登録日時部分の表示例

表示フォーマットの指定にはpatternで指定する方法以外に、type属性とdateStyle属性を使用してjava.text.DateFormatで定義されているスタイルで指定することもできます。

▶ type属性とdateStyle属性を使用した場合の記述例

```
<h:outputText value="#{knowledgeShowBean.knowledge.createAt}">
  <f:convertDateTime type="both" dateStyle="long" />
</h:outputText>
```

type属性とdateStyle属性では、表3.4の値が使用できます。

表3.4　type属性とdateStyle属性に指定可能な値

属性	概要	指定可能な値	デフォルト値
type	日付のタイプを指定	date、time、both	date
dateStyle	表示スタイルを指定	default、long、medium、short	default

このようにf:convertDateTimeタグを使用することで、日付型のフィールドを文字列として表示することができます。ここで1つ注意点があります。それはf:convertDateTimeタグは特に指定がない場合にグリニッジ標準時を使用するという点です。そのため、そのままf:convertDateTimeタグを使用すると、日本の場合は9時間ずれた日時を表示します。それに対応するには2つの方法があります。

1つ目はtimeZone属性で表示するタイムゾーンを指定する方法です。f:convertDateTimeタグで以下のようにタイムゾーンを指定します。

▶ h:outputTextでタイムゾーンを指定する場合の記述例

```
<h:outputText value="#{knowledgeShowBean.knowledge.createAt}">
  <f:convertDateTime pattern="yyyy/MM/dd HH:mm:ss" timeZone="Asia/Tokyo" />
</h:outputText>
```

これで日本時間を正しく表示します。

2つ目の方法はweb.xmlにコンバータのデフォルトタイムゾーンを、システムのタイムゾーンに変更するパラメータを設定する方法です。すべてのf:convertDateTimeタグでtimeZoneを指定するのは手間がかかるので、ナレッジバンクではこちらの方法を使用しています。web.xmlに以下の設定を記述することで、グリニッジ標準時ではなく、システムのタイムゾーンを使用するようになります。

▶ web.xmlでデフォルトタイムゾーンをシステムのタイムゾーンに変更する場合の指定

```
<context-param>
  <param-name>javax.faces.DATETIMECONVERTER_DEFAULT_TIMEZONE_IS_SYSTEM_ ➔
TIMEZONE</param-name>
  <param-value>true</param-value>
</context-param>
```

マネージドビーンが保持する日付の表示について説明しましたが、コンバータは入力フィールドに入力した値を変換してマネージドビーンに設定する場合も利用します。h:inputTextタグなどの入力フィールドでf:convertDateTimeタグを使用する場合は、文字列を日付型に変換するためユーザーの入力した内容によっては変換できない場合が発生します。コンバータが入力した値を変換できない場合は、JSFのバリデーションと同じように以下のようにmessageタグを使用しエラーメッセージを表示するようにします。

▶ h:inputTextタグでf:convertDateTimeタグを使用する場合の記述例

```
<h:inputText id="date" value="#{managedBean.date}">
  <f:convertDateTime pattern="yyyy/MM/dd HH:mm:ss" />
</h:inputText>
<h:message for="date" />
```

変換できない場合は図3.6のようにエラーメッセージを表示します。

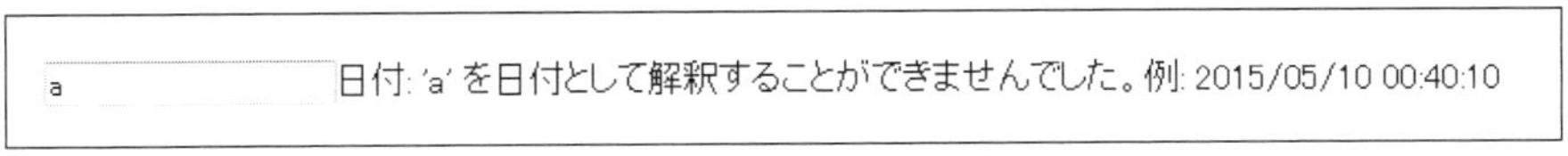

a 日付: 'a' を日付として解釈することができませんでした。例: 2015/05/10 00:40:10

図3.6 f:convertDateTimeタグの変換でエラーが発生した場合の表示例

f:convertDateTimeタグのエラーメッセージもJSFのバリデーションのエラーと同じくやや冗長です。そのためエラーメッセージを変更したい場合は、JSFのバリデーションと同じようにh:inputTextのconverterMessage属性にエラーメッセージを記述するか、faces-config.xmlのmessage-bundleでデフォルトメッセージを上書きします。

■ f:convertNumber

f:convertNumberタグは数値型のデータを任意のフォーマットで表示するためのタグです。ナレッジバンクでは使用していませんが、金融系のシステムなどで数値をカンマ区切りで表示するような場合に利用します。f:convertNumberタグでは3つのタイプによる指定と独自のパターンを指定する4つの方式を提供しています。タイプを指定する場合は以下のように記述します。

▶ f:convertNumberタグでタイプを指定する場合の記述例

```
<h:outputText value="#{12345}">
  <f:convertNumber type="number" />
</h:outputText><br />
<h:outputText value="#{12345}">
  <f:convertNumber type="currency" />
</h:outputText><br />
<h:outputText value="#{0.95}">
  <f:convertNumber type="percent" />
</h:outputText><br />
```

type属性にはnumber、currency、percentが指定できます。java.text.NumberFormatで提供しているフォーマットのタイプと同様です。画面には図3.7のように出力します。

12,345
￥12,345
95%

図3.7 f:convertNumberタグでタイプを指定した場合の表示例

pattern属性を指定すれば、以下のように任意のフォーマットで数値を出力できます。

▶ f:convertNumberでパターンを使用する場合の記述例

```
<h:outputText value="#{12345.6}">
  <f:convertNumber pattern="###,##0.00" />
</h:outputText><br />
```

フォーマットのパターンはjava.text.DecimalFormatで定義されているものと同様です。実行すると画面には図3.8のように表示します。

図3.8 f:convertNumberでパターンを使用した場合の表示例

COLUMN

JSFで指定可能なコンテキストパラメータ

本書では、web.xmlに指定可能なJSFのコンテキストパラメータとして、入力値が空文字の場合にNULL値とする「javax.faces.INTERPRET_EMPTY_STRING_SUBMITTED_VALUES_AS_NULL」や、デフォルトタイムゾーンをシステムのタイムゾーンに変更する「javax.faces.DATETIMECONVERTER_DEFAULT_TIMEZONE_IS_SYSTEM_TIMEZONE」を紹介しました。

JSFでは、上記以外にも使用可能なコンテキストパラメータを提供しています。たとえば、「javax.faces.FACELETS_SKIP_COMMENTS」はコメントをスキップするコンテキストパラメータです。trueを設定するとフェースレットに記述したコメントを、生成するHTMLには出力しなくなります。これらは、JSFが標準で提供するコンテキストパラメータですが、さらにそれ以外にもJSFの実装ライブラリ[5]が提供するコンテキストパラメータもあります。JSFが標準で提供するコンテキストパラメータはJSF 2.2の仕様であるJSR 344の「11.1.3 Application Configuration Parameters」に記述されています。興味があればどのようなパラメータがあるか確認してみるとよいでしょう。

【5】
JSFの実装を提供するライブラリには、Mojarra（モハラ）やMyFacesなどがあります。

3.2.3 カスタムコンバータ

一般的な型についてはJSFが提供する標準のコンバータで十分対応できます。しかし、独自で作成したクラスなどの標準のコンバータでは対応できないクラスでは、独自にコンバータを作成します。独自のコンバータを作成するにはJSFが提供するjavax.faces.convert.Converterインターフェースを実装したクラスを作成します。

ナレッジバンクでは登録したナレッジを分類するためのカテゴリという情報があります。たとえば、登録するナレッジがJavaの情報であればJavaカテゴリにチェックを付けてナレッジを登録します。ナレッジは複数のカテゴリに所属できるため、多対多の関係になります（図3.9）。

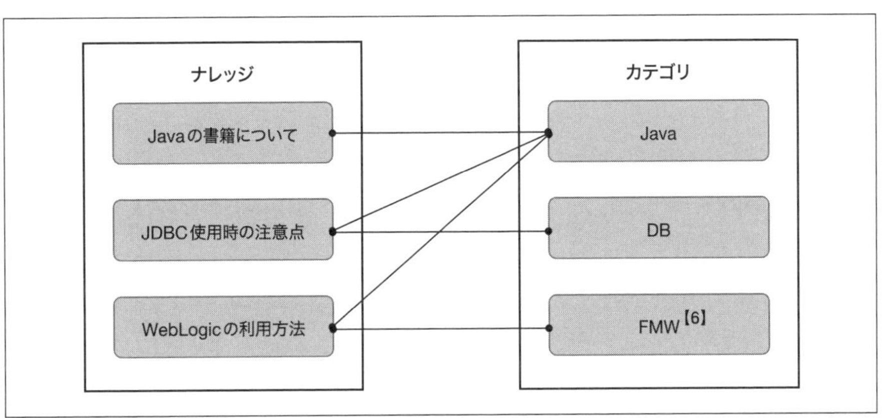

図3.9　ナレッジとカテゴリの関係

[6] FMWは、Fusion Middlewareの略称です。

ナレッジエンティティクラスが紐付くカテゴリエンティティクラスは文字列ではなく独自に作成したクラスなので、画面に表示したり選択したカテゴリをマネージドビーンにセットしたりするには表示文字列とカテゴリエンティティクラスを相互に変換する必要があります。そのため、ナレッジバンクではカテゴリエンティティクラスを変換するCategoryIdConverterクラスを作成しています。以下はそのコンバータクラスのソースコードです。

▶ CategoryIdConverterクラスの記述

```
@FacesConverter("categoryId")
public class CategoryIdConverter implements Converter {
```

```
  @EJB
  private CategoryFacade categoryFacade;

  @Override
  public Object getAsObject(FacesContext context, UIComponent component, ➔
String value) {
    return categoryFacade.find(new Long(value));
  }

  @Override
  public String getAsString(FacesContext context, UIComponent component, ➔
Object value) {
    Category category = (Category) value;
    return String.valueOf(category.getId());
  }

}
```

CategoryIdConverterクラスはjavax.faces.convert.ConverterインターフェースのgetAsObjectメソッドとgetAsStringを実装しています。getAsObjectは引数で渡された文字列を該当するオブジェクトに変換するメソッドで、getAsStringは逆に引数で渡されたオブジェクトを文字列に変換するメソッドです。この2つのメソッドを実装することで文字列とオブジェクトを相互変換することができるようになります（図3.10）。

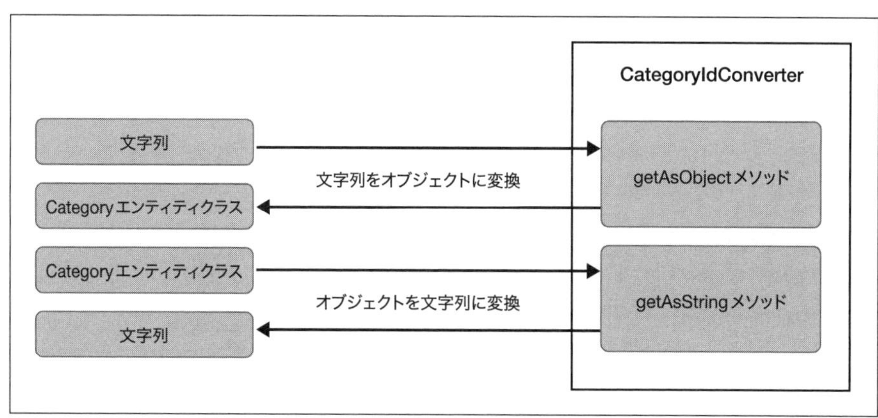

図3.10　getAsObjectメソッドとgetAsStringメソッドの処理イメージ

実際の処理ではgetAsObjectの引数で渡されたカテゴリのIDをもとに、ビジネスロジックのCategoryFacadeからCategoryを取得して返却し、getAsStringでは引数で渡されたCategoryからIDを取得して文字列として返却しています。

また、CategoryIdConverterに付加している@FacesConverterアノテーションは、このクラスが「categoryId」という名前のコンバータであることを宣言しています。

コンバータの処理は確認できたので、今度は実際に利用するフェースレットの記述を見てみましょう。以下の記述では、ナレッジ投稿画面でカテゴリを選択する部分を示しています。

▶ ナレッジ投稿画面（knowledge/entry.xhtml）のカテゴリ選択部分の記述

```
<h:selectManyCheckbox id="category"
                      value="#{knowledgeEntryBean.knowledge.categoryList}"
                      converter="categoryId">
  <f:selectItems value="#{categorySession.categoryList}" var="c" itemLabel=➔
"#{c.name}" itemValue="#{c}" />
</h:selectManyCheckbox>
```

ナレッジは複数のカテゴリに所属することができるため、h:selectManyCheckboxタグを使用して複数のチェックボックスを表示しています。converter属性に設定しているcategoryIdが、先ほど確認したCategoryIdConverterです。converter属性には@FacesConverterアノテーションで定義した名前（categoryId）を指定します。h:selectManyCheckboxタグのvalue属性に指定している#{knowledgeEntryBean.knowledge.categoryList}はknowledgeの部分が実際にデータベースに登録するナレッジエンティティクラスで、categoryListの部分がナレッジエンティティクラスの所属するカテゴリの一覧です。Web画面でナレッジが所属するカテゴリをチェックすると、ナレッジエンティティクラスのカテゴリの一覧にチェックしたカテゴリエンティティクラスを設定します。

f:selectItemsタグでは選択可能な一覧を指定しています。value属性に指定した#{categorySession.categoryList}はデータベースから取得したカテゴリの一覧です。var属性に定義したcにカテゴリが1つずつセットされ、itemLabel属性やitemValue属性で使用することができます。カテゴリエンティティクラスには名前（name）とID（id）があり、itemLabel属性にはWeb画面に表示するラベル（#{c.name}）、itemValue属性にはチェックした際にサーバーに送信される値（#{c}）を設定します。itemValue属性に#{c.id}ではなく#{c}を指定しているのはコンバータを定義しているためで、itemValue属性で指定した#{c}をCategoryIdConverterのgetAsStringメソッドが変換し、カテゴリエンティティクラスのidを値に設定します。データベースのカテゴリに

「1:Java、2:DB、3:FMW」が登録されている場合、実行すると画面には図3.11のように表示します。

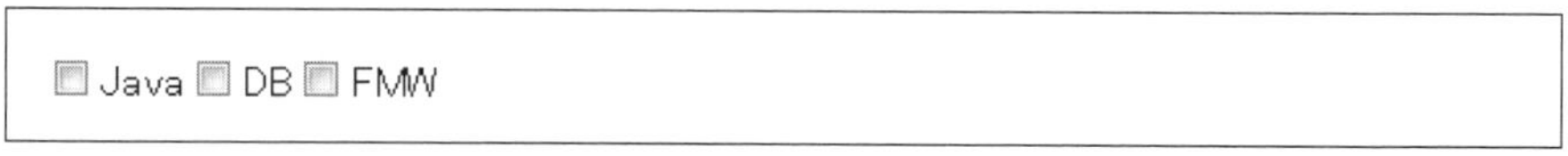

☐ Java ☐ DB ☐ FMW

図3.11　ナレッジ投稿画面のカテゴリ選択部分の表示

出力するHTMLの結果は以下のようになります。

▶ ナレッジ投稿画面のカテゴリ選択部分の出力結果

```
<table id="form:category">
  <tr>
    <td>
      <input name="form:category" id="form:category:0" value="1" ➔
type="checkbox" />
      <label for="form:category:0" class=""> Java</label>
    </td>
    <td>
      <input name="form:category" id="form:category:1" value="2" ➔
type="checkbox" />
      <label for="form:category:1" class=""> DB</label>
    </td>
    <td>
      <input name="form:category" id="form:category:2" value="3" ➔
type="checkbox" />
      <label for="form:category:2" class=""> FMW</label>
    </td>
  </tr>
</table>
```

ナレッジバンクではh:selectManyCheckboxタグのconverter属性を使用してコンバータを指定していますが、f:converterタグを使用しても同様の指定が可能です。f:converterタグを使用する場合は以下のように記述します。

▶ f:converterタグを使用する場合の記述例

```
<h:selectManyCheckbox id="category" value="#{knowledgeEntryBean.knowledge. ➔
categoryList}">
  <f:converter converterId="categoryId" />
```

```
    <f:selectItems value="#{categorySession.categoryList}" var="c" itemLabel➡
="#{c.name}" itemValue="#{c}" />
</h:selectManyCheckbox>
```

3.3 コンポーネントのカスタマイズ

JSFではフェースレットが提供するコンポーネントを使用してWeb画面を作成しますが、独自のコンポーネントを作成することもできます。JSFでは独自のコンポーネントを作成する方法として、次の2つの方法を提供しています。

- コンポーネントクラスを作成するカスタムコンポーネント
- フェースレットでコンポーネントを組み合わせて作成するコンポジットコンポーネント

JSF 1.xの頃はカスタムコンポーネントの機能しかありませんでしたが、作成するクラスも多く、組み合わせも複雑で簡単に作成することができませんでした[7]。JSF 2.0からはコンポジットコンポーネントが導入され、カスタマイズしたコンポーネントを簡単に作成することができるようになりました。この節ではやや複雑なカスタムコンポーネントの作成はおいておき、コンポジットコンポーネントを使用したコンポーネントのカスタマイズ方法について説明します。

【7】
現状はアノテーションによる定義も可能になり、ある程度負荷は軽減しています。

3.3.1 コンポジットコンポーネント

コンポジットコンポーネントとは複合コンポーネントとも呼ばれ、コンポーネントを組み合わせて新しいコンポーネントを作成するための仕組みです。フェースレットの記述にはh:outputTextタグやh:inputTextタグなどのJSFが標準で提供しているコンポーネントタグを使用してきました。コンポジットコンポーネントではそれらのタグをまとめ1つのタグとして提供することができます。コンポジットコンポーネントは、画像やCSSファイルなどと同様にresourcesフォルダに配置して利用します。今回は、例としてresources/samplecompというフォルダにcompositeTag.xhtmlという名前のコンポジットコンポーネントを作成します。以下はvalue属性を持つシンプルなコンポジットコンポーネントの例です。

▶ compositeTag.xhtmlの記述

```
<?xml version="1.0" encoding="UTF-8" ?>
<!DOCTYPE html>
<html xmlns="http://www.w3.org/1999/xhtml"
  xmlns:composite="http://java.sun.com/jsf/composite"
  xmlns:h="http://java.sun.com/jsf/html">

  <!-- コンポーネントに指定可能な属性を指定 -->
  <composite:interface>
    <composite:attribute name="value" required="true"/>
  </composite:interface>                                  ── インターフェース定義

  <!-- コンポーネントで出力する内容を記述 -->
  <composite:implementation>
    <h:outputText value="#{cc.attrs.value}" /><br />
  </composite:implementation>                             ── 出力する内容
</html>
```

コンポジットコンポーネントはフェースレットで作成します。htmlタグの中にはcomposite:interfaceタグとcomposite:implementationタグを記述します。

composite:interfaceタグはコンポーネントのインターフェースを定義する部分で次にcomposite:attributeタグでコンポーネントの属性を定義します。上記の例では、指定が必須（required="true"）のvalue属性を定義しました。

実際に画面に出力する内容をcomposite:implementationタグに記述します。今回は、属性で指定された値をh:outputTextタグで画面に出力します。composite:interfaceタグで定義した属性はEL式を使用してcomposite:implementationタグ内で使用することができます。EL式で「#{cc.attrs.value}」と記述すると、value属性に指定された値を取得できます。ccはコンポジットコンポーネント内で利用可能な暗黙オブジェクトで、属性の値やコンポジットコンポーネント関連の情報を取得できます。

これでコンポジットコンポーネントの作成は終了です。次にこのコンポーネントの使用方法を見てみましょう。以下は作成したcompositeTagタグを使用するフェースレットの利用例です。

▶ compositeTagタグの利用例

```
<?xml version="1.0" encoding="UTF-8" ?>
<!DOCTYPE html PUBLIC "-//W3C//DTD XHTML 1.0 Transitional//EN" ➔
"http://www.w3.org/TR/xhtml1/DTD/xhtml1-transitional.dtd">
<html xmlns="http://www.w3.org/1999/xhtml"
  xmlns:h="http://xmlns.jcp.org/jsf/html"
  xmlns:sample="http://xmlns.jcp.org/jsf/composite/samplecomp">
  <h:head>
    <title>Composite Componentsテスト</title>
  </h:head>
  <h:body>
    <h3>Composite Componentsテスト</h3>
    <sample:compositeTag value="コンポジットコンポーネント！"/>
  </h:body>
</html>
```

作成したコンポジットコンポーネントを使用するには、まずhtmlタグにネームスペースの宣言が必要です。コンポジットコンポーネントのネームスペースは「http://xmlns.jcp.org/jsf/composite/」で始まり、その後にresourcesフォルダに作成したフォルダの名前を指定します。今回はresources/samplecompフォルダに配置したので「http://xmlns.jcp.org/jsf/composite/samplecomp」という名前になります。今回の例では接頭辞に「sample」という名前を使用しています。接頭辞の名前は、他の接頭辞と重複しなければどんな名前でもかまいません。

ネームスペースを宣言したらcompositeTagタグを使用します。コンポーネントのタグ名は「接頭辞:コンポジットコンポーネントのファイル名」となるので「sample:compositeTag」がコンポーネントのタグ名です。タグの属性には先ほどコンポジットコンポーネントを作成した際にcomposite:attributeタグで指定したvalue属性を指定します。実際に実行すると図3.12のような画面を表示します。

Composite Componentsテスト

コンポジットコンポーネント！

図3.12　compositeTagタグの表示

今回は単純な例でしたが、このようにカスタムコンポーネントはフェースレットファイルを作成するだけで簡単に複数の画面で再利用可能なコンポーネントを作成することができます。

3.3.2 より高度なコンポジットコンポーネント

前の項では単純な例でコンポジットコンポーネントの利用方法を確認しました。今回はより高度なコンポジットコンポーネントとして、ナレッジバンクで使用しているログイン画面のカスタムコンポーネントを確認します。ナレッジバンクのログインコンポーネントはresources/knowledgecomp/login.xhtmlに配置しています。以下はナレッジバンクのlogin.xhtmlコンポーネントの記述です。

▶ login.xhtmlコンポーネントの記述

```
<?xml version="1.0" encoding="UTF-8" ?>
<!DOCTYPE html>
<html xmlns="http://www.w3.org/1999/xhtml"
  xmlns:composite="http://xmlns.jcp.org/jsf/composite"
  xmlns:h="http://xmlns.jcp.org/jsf/html">
  <composite:interface>
    <composite:attribute name="userId" required="true" />
    <composite:attribute name="password" required="true" />
    <composite:attribute name="userIdLabel" default="ユーザーID" />
    <composite:attribute name="passwordLabel" default="パスワード" />
    <composite:attribute name="loginButtonValue" default="ログイン" />
    <composite:attribute name="loginButtonAction"
      method-signature="java.lang.String action()" required="true"/>
  </composite:interface>

  <composite:implementation>
    <div class="entry">
      <div>
        <label for="userId">#{cc.attrs.userIdLabel}</label>
        <div>
          <h:inputText id="userId" value="#{cc.attrs.userId}"/>
          <h:message for="userId" errorClass="error"/>
        </div>
      </div>
      <div>
        <label for="password">#{cc.attrs.passwordLabel}</label>
        <div>
          <h:inputSecret id="password" value="#{cc.attrs.password}"/>
          <h:message for="password" errorClass="error"/>
        </div>
```

```
      </div>
      <div>
        <h:commandButton action="#{cc.attrs.loginButtonAction}" ➔
value="#{cc.attrs.loginButtonValue}"/>
      </div>
    </div>
  </composite:implementation>
</html>
```

属性や内容がかなり増えていますが、composite:interfaceタグで属性を定義してcomposite:implementationタグで内容を記述するという構成は変わりません。それではどのような定義をしているのか確認してみます。

composite:interfaceタグには6つの属性を定義しています。最初の2つはuserIdとpasswordで、前項のシンプルな例と同様に必須の属性として定義しています。次の3つの属性であるuserIdLabel、passwordLabel、loginButtonValueは省略可能な属性で、値が省略された場合はdefault属性で設定した値を使用します。最後のloginButtonActionは［ログイン］ボタンをクリックした際に呼び出すアクションとして使用する属性です。アクションとして使用する属性にはmethod-signature="java.lang.String action()"を指定することで、コンポーネント内でアクションの属性値として使用することができます。

composite:implementationタグ内の記述内容は他のフェースレットと同様です。先ほど宣言した属性が必要な部分で#{cc.attrs}を使用して値を参照します。それでは実際にコンポーネントを利用しているログイン画面の記述を見てみましょう。以下がログイン画面でログインコンポーネントを使用している部分の抜粋です。

▶ **ログイン画面でログインコンポーネントを使用している部分の抜粋**

```
<?xml version="1.0" encoding="UTF-8"?>
<!DOCTYPE html>
<html xmlns="http://www.w3.org/1999/xhtml"
  xmlns:h="http://xmlns.jcp.org/jsf/html"
  xmlns:knowledge="http://xmlns.jcp.org/jsf/composite/knowledgecomp">
  ...
  <knowledge:login userId="#{loginBean.userId}"
                   password="#{loginBean.password}"
                   loginButtonAction="#{loginBean.login()}"/>
  ...
</html>
```

利用側では先ほど宣言した属性を指定します。userIdとpasswordには入力値を設定したいマネージドビーンのプロパティをEL式でバインドします。loginButtonActionには実際に［ログイン］ボタンをクリックした際の動作するマネージドビーンのメソッドを指定しています。実行すると図3.13のような画面を表示します。

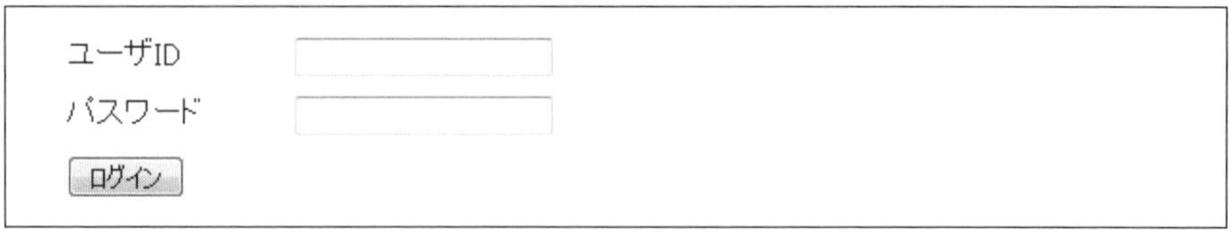

ユーザID
パスワード
ログイン

図3.13　ログインコンポーネントの表示

［ログイン］ボタンをクリックすると、入力したユーザーIDとパスワードをLoginBeanのフィールドに設定し、loginメソッドを実行します。

このようにコンポジットコンポーネントでは単純な文字列だけではなくマネージドビーンのバインドの情報を渡して処理を行なうことができます。

コンポーネントで利用可能な暗黙オブジェクト

カスタムコンポーネント内でよく利用する暗黙オブジェクトとしてccとcomponentがあります。ccはコンポジットコンポーネントの情報が取得できるオブジェクトで、コンポジットコンポーネントの引数の情報をcc.attrから取得できます。componentは現在のコンポーネントを表わすオブジェクトで、現在処理しているコンポーネントの情報や、親や子のコンポーネントの情報にアクセスすることができます。暗黙オブジェクトの情報やJavaScriptの処理を組み合わせると、よりリッチなコンポーネントを作成することができます。

3.4 フェースレットテンプレート

3.4.1 フェースレットテンプレートの利用

Webアプリケーションを作成する場合、ほとんどのページをヘッダーやメニューなど同じレイアウトで作成します。しかし、すべてのWeb画面のフェースレットでヘッダーやメニューを記述するのは大変です。JSFでは定型的なWeb画面を作成するための機能としてテンプレート機能を提供しています。テンプレート機能を使用することで、定型のWeb画面を簡単に作成できます。

ナレッジバンクのソースコードを見ながらテンプレートの機能について説明しましょう。ナレッジバンクではログイン後の画面をヘッダー（top）、メニュー（menu）、コンテンツ（content）の3つの部分に分割しています（図3.14）。

図3.14 ナレッジバンクのレイアウト構成

テンプレート機能を利用するには、まず全体の枠組みを決めるテンプレートファイルが必要です。ナレッジバンクのテンプレートファイルはtemplateフォルダにknowledgeTemplate.xhtmlという名前で配置しています。knowledgeTemplate.xhtmlの記述は以下のようになります。

▶ ナレッジバンクのフェースレットテンプレート（knowledgeTemplate.xhtml）

```
<?xml version="1.0" encoding="UTF-8"?>
<!DOCTYPE html>
<html xmlns="http://www.w3.org/1999/xhtml"
  xmlns:ui="http://xmlns.jcp.org/jsf/facelets"
  xmlns:h="http://xmlns.jcp.org/jsf/html">
  <h:head>
    <meta charset="UTF-8" />
    <h:outputStylesheet library="css" name="style.css" />
    <h:outputScript library="js" name="application.js" />
    <title>Knowledge Bank</title>
  </h:head>
  <h:body>
    <div id="top" class="top">
      <ui:insert name="top">           ── ヘッダー
```

```
            <ui:include src="top.xhtml" />            ── ヘッダー
          </ui:insert>
        </div>
        <div>
          <div id="menu">
            <ui:insert name="menu">
              <ui:include src="menu.xhtml" />         ── メニュー
            </ui:insert>
          </div>
          <div id="content">
            <ui:insert name="content"></ui:insert>    ── コンテンツ
          </div>
        </div>
      </h:body>
    </html>
```

テンプレートファイルには、topとmenuとcontentの3つのdivタグを定義しています。CSSを使用して、この3つのdivタグをそれぞれの画面位置に表示しています。それぞれのdivタグの中にはui:insertタグがあり、このタグの部分が実際の内容に置き換える部分です。ui:insertタグ内の記述はテンプレート利用時に定義しなかった場合に、表示されるデフォルトの内容です。topとmenuについては定義しなかった場合にui:includeタグでそれぞれ指定したフェースレットの内容を出力します。以下は指定しているtop.xhtmlとmenu.xhtmlの内容です。

▶ top.xhtml

```
<?xml version="1.0" encoding="UTF-8"?>
<!DOCTYPE html>
<html xmlns="http://www.w3.org/1999/xhtml"
  xmlns:ui="http://xmlns.jcp.org/jsf/facelets"
  xmlns:h="http://xmlns.jcp.org/jsf/html"
  xmlns:f="http://xmlns.jcp.org/jsf/core">
  <body>
    <ui:composition>
      <div class="top_buttons">
        <h:form>
          <h:commandButton action="#{loginBean.logout()}" value="ログアウト" />
        </h:form>
      </div>
      <div class="top_account">
```

```
            ようこそ #{loginSession.account.name} さん
          </div>
          <div class="top_title">
            <h:link outcome="/knowledge/index"><h:graphicImage library="img" ➡
name="logo.png" /></h:link>
          </div>
      </ui:composition>
   </body>
</html>
```

▶ menu.xhtml

```
<?xml version="1.0" encoding="UTF-8"?>
<!DOCTYPE html>
<html xmlns="http://www.w3.org/1999/xhtml"
  xmlns:ui="http://xmlns.jcp.org/jsf/facelets"
  xmlns:h="http://xmlns.jcp.org/jsf/html">
  <body>
    <ui:composition>
      <h1>メニュー</h1>
      <ul class="menu_list">
        <li><h:link outcome="/knowledge/index">ナレッジ一覧</h:link></li>
        <li><h:link outcome="/knowledge/entry">ナレッジ投稿</h:link></li>
      </ul>
      ...
    </ui:composition>
  </body>
</html>
```

ui:compositionタグで囲んだ内容をui:includeタグの部分に出力します。top.xhtmlではヘッダーのタイトル画像やログアウトボタン、menu.xhtmlではナレッジ一覧やナレッジ投稿へのリンクを表示しています。

テンプレートファイルの確認はこれで終了です。次に実際にテンプレートファイルを利用しているナレッジ一覧画面の記述を見てみましょう。ナレッジ一覧画面のフェースレットはknowledgeフォルダのindex.xhtmlにあります。以下がそのindex.xhtmlの記述です。

▶ナレッジ一覧画面（knowledge/index.xhtml）

```
<?xml version="1.0" encoding="UTF-8"?>
<!DOCTYPE html>
<html xmlns="http://www.w3.org/1999/xhtml"
  xmlns:h="http://xmlns.jcp.org/jsf/html"
  xmlns:ui="http://xmlns.jcp.org/jsf/facelets"
  xmlns:f="http://xmlns.jcp.org/jsf/core">
  <body>
    <ui:composition template="/template/knowledgeTemplate.xhtml">
      <ui:define name="content">
        <f:metadata>
          <f:viewAction action="#{knowledgeBean.list()}" onPostback="true"/>
        </f:metadata>
        <div class="search">
          <h:form>
            <h:inputText value="#{knowledgeBean.searchString}" />
            <h:commandButton value="検索" />
            <h:selectManyCheckbox value="#{knowledgeBean.categoryList}"
                                  converter="categoryId">
              <f:selectItems value="#{categorySession.categoryList}"
                             var="c" itemLabel="#{c.name}"
                             itemValue="#{c}" />
            </h:selectManyCheckbox>
          </h:form>
        </div>
        <h1>ナレッジ一覧</h1>
        <h:messages globalOnly="true" />
        <table class="table">
        ...
        </table>
      </ui:define>
    </ui:composition>
  </body>
</html>
```

テンプレート利用側ではui:compositionタグにtemplate属性で作成したテンプレートファイルを指定します。ui:compositionタグの中にはui:defineタグを記述し、テンプレートファイルで定義したui:insertタグの部分に出力したい内容を記述します。ナレッジ一覧画面ではコンテンツ（content）部分だけを変更したいので<ui:define name="content">と記述し、コンテンツに表示したい検索フォームやナレッジ一覧を記述しています。もし、ヘッダー（top）やメニュー（menu）部分もデフォルト以外のものにしたい場合は、ui:defineタグを複数記述します。また、ui:compositionタグの外側にあるhtmlタグやbodyタグは出力時に無視されます。

このようにJSFのテンプレート機能を使用することで、レイアウトを共通化し効率よく画面を作成することができます。

3.5 HTML5フレンドリマークアップ

Java EE 7（JSF 2.2）からHTML5[8]の進化へ対応するためにフレンドリマークアップという機能が導入されました。以前のJSFでは任意の属性をHTMLとして出力する場合にコンポーネントをカスタマイズして提供していました。

しかし、HTML5の登場により新しい属性の追加やユーザー任意の属性が定義可能になり、すべての属性をUIコンポーネントとして定義することが困難になりました。また、近年では画面デザインをWebデザイナーが行ない、リッチなWeb画面を作ることが一般的になってきています。そこでJSFのフレンドリマークアップでは柔軟にHTML5とUIコンポーネントがやりとりできる機能を提供しています。

【8】
HTML5とは、2014年に公開されたHTMLの仕様で、新しいタグや属性など多くの機能が導入されました。

3.5.1 パススルーアトリビュート

JSFでは、コンポーネントに定義している属性をコンポーネントが解釈してWeb画面を生成します。パススルーアトリビュートはそのコンポーネントによる解釈を実行せずにHTMLに直接出力する属性を指定できる機能です。HTMLに直接出力する属性を指定するにはf:passThroughAttributeタグを使用します。以下のように記述します。

▶ f:passThroughAttributeタグの記述例

```
<h:inputText>
  <f:passThroughAttribute name="placeholder" value="ここに値を入力" />
</h:inputText>
```

上記の例では、HTML5でinputタグに追加されたplaceholder属性をh:inputTextタグに定義しています。inputタグのplaceholder属性では、入力欄に値が入力されていない場合に表示する値を指定できます。実行すると、以下のようなHTMLを出力します。

▶ f:passThroughAttributeタグの実行結果

```
<input type="text" name="j_idt5:j_idt7" placeholder="ここに値を入力" />
```

placeholder属性がHTMLにそのまま出力されているのがわかります。画面には図3.15のように表示します。

ここに値を入力

図3.15　f:passThroughAttributeタグの表示例

複数の属性を指定する場合はf:passThroughAttributeタグを複数記述してもよいのですが、f:passThroughAttributesタグという複数属性を指定するタグも用意されています。f:passThroughAttributesタグを使用する場合は以下のように記述します。

▶ f:passThroughAttributesタグの記述例

```
<h:inputText>
  <f:passThroughAttributes value="#{{'placeholder':'ここに値を入力', ➔
'type':'number'}}" />
</h:inputText>
```

f:passThroughAttributes タグのvalue属性にはMap<String, Object>クラス形式のものを渡すことができ、上記の例ではplaceholder属性とtype属性を指定しています。HTMLには以下のように出力します。

▶ f:passThroughAttributesタグの実行結果

```
<input name="j_idt5:j_idt9" placeholder="ここに値を入力" type="number" />
```

フェースレットではf:passThroughAttributeタグを使用する代わりに、コンポーネントのタグに直接記述する方法も提供しています。コンポーネントのタグに直接パススルーアトリビュート属性を記述するには、ネームスペースを宣言する必要があります。直接定義に使用するパススルーアトリビュートのネームスペースは「http://xmlns.jcp.org/jsf/passthrough」で以下のように定義します。

▶ 直接定義に使用するパススルーアトリビュートのネームスペース記述例

```
<html xmlns="http://www.w3.org/1999/xhtml"
  xmlns:h="http://xmlns.jcp.org/jsf/html"
  xmlns:p="http://xmlns.jcp.org/jsf/passthrough">
```

利用時は接頭辞に「p:」を記述し、属性名を記述するだけです。

▶ 直接属性にパススルーアトリビュートを記述する場合の例

```
<h:inputText p:placeholder="ここに値を入力" />
```

ナレッジバンクではナレッジ一覧の検索フィールドのタイプをtextからHTML5で導入されたsearchに変更するために使用しています。検索フィールドのソースコードは以下です。

▶ ナレッジ一覧（knowledge/index.xhtml）の検索フィールド部分の記述

```
<h:inputText p:type="search" value="#{knowledgeBean.searchString}" />
<h:commandButton value="検索" />
```

ナレッジバンクをブラウザのChromeで表示すると[9]、普通のテキストボックスとは違い、検索項目を入力した際に×ボタンが表示されるようになります（図3.16）。

【9】searchフィールドの画面表示の違いが一番わかりやすいためChromeを使用しています。

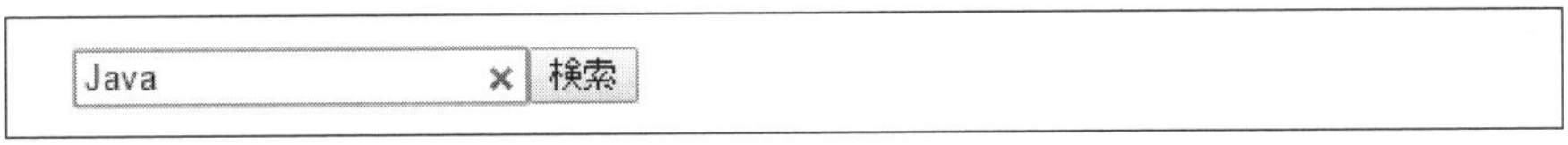

Java ✕ 検索

図3.16 ナレッジ一覧（knowledge/index.xhtml）の検索フィールド部分の表示

3.5.2 パススルーエレメント

前項では、JSFのコンポーネントで任意のHTML属性を出力する方法を説明しました。パススルーエレメントは逆に普通のHTMLタグをJSFのコンポーネントとして使用する機能を提供します。

Web画面をデザイナーと協業して開発する場合、デザイナーにフェースレットのタグを覚えてもらい、Webアプリケーションを動作させながらデザインしてもらうのは現実的ではありません。しかし、フェースレットをそのままブラウザで表示するとタグライブラリが処理されず、表示がおかしくなってしまいます。そのような場合はパススルーエレメントを使用します。以下はh:inputTextタグをパススルーエレメントで記述した場合の例です。

▶ 入力フィールドをパススルーエレメントで記述した例

```
<html xmlns="http://www.w3.org/1999/xhtml"
  xmlns:jsf="http://xmlns.jcp.org/jsf">
  ...
  <input type="text" jsf:id="userId" jsf:value="#{accountBean.account.➡
userId}" />
```

パススルーエレメントを使用する場合は、ネームスペースに「http://xmlns.jcp.org/jsf」を宣言します。inputタグはHTMLのinputタグそのものですが、属性にjsf:id属性やjsf:value属性を記述しています。JSFは指定した属性から自動的にコンポーネントと認識し、h:inputTextタグと同じように処理します[10]。このように、普通のHTMLタグをコンポーネントとして扱えるようにするのがパススルーエレメントの機能です。

【10】
以前はjsfc属性でコンポーネントを明示的に指定していましたがJava EE 7では不要です。

どのHTMLタグをどのコンポーネントのタグにマッピングするかは表3.5のようにHTMLのタグ名と属性で決まります。

表3.5 HTMLタグとコンポーネントタグのマッピング一覧

HTMLタグ名	セレクト属性	コンポーネントタグ名
a	jsf:action	h:commandLink
a	jsf:actionListener	h:commandLink
a	jsf:value	h:outputLink
a	jsf:outcome	h:link
body		h:body
button		h:commandButton
button	jsf:outcome	h:button
form		h:form
head		h:head
img		h:graphicImage
input	type="button"	h:commandButton
input	type="checkbox"	h:selectBooleanCheckbox
input	type="color"	h:inputText
input	type="date"	
input	type="datetime"	
input	type="datetime-local"	
input	type="email"	

HTMLタグ名	セレクト属性	コンポーネントタグ名
input	type="month"	
input	type="number"	
input	type="range"	
input	type="search"	
input	type="time"	
input	type="url"	
input	type="week"	
input	type="file"	h:inputFile
input	type="hidden"	h:inputHidden
input	type="password"	h:inputSecret
input	type="reset"	h:commandButton
input	type="submit"	h:commandButton
input	type="*"	h:inputText
label		h:outputLabel
link		h:outputStylesheet
script		h:outputScript
select	multiple="*"	h:selectManyListbox
select		h:selectOneListbox
textarea		h:inputTextArea

それでは実際にナレッジバンクのアカウント登録画面を、パススルーエレメントを使用して書き直してみましょう。現状のaccount/register.xhtmlをそのままブラウザで表示すると、図3.17のようにフェースレットのタグで記述しているテキストボックスやボタンなどが表示さません。

アカウント登録

ユーザID
名前
メールアドレス
パスワード

図3.17 account/register.xhtmlをそのままブラウザで開いた場合の表示

以下はaccount/register.xhtmlをパススルーエレメントで書き直した例です。

▶ アカウント登録画面をパススルーエレメントで書き直した場合の記述例

```
<?xml version="1.0" encoding="UTF-8"?>
<!DOCTYPE html>
```

```
<html xmlns="http://www.w3.org/1999/xhtml"
  xmlns:h="http://xmlns.jcp.org/jsf/html"
  xmlns:jsf="http://xmlns.jcp.org/jsf">
  <head jsf:id="head">
    <meta charset="UTF-8" />
    <link href="../resources/css/style.css" rel="stylesheet" type="text/css"
          jsf:library="css" jsf:name="style.css" />
    <h:outputScript name="jsf.js" library="javax.faces"/>
    <script type="text/javascript"  src="../resources/js/application.js"
            jsf:library="js" jsf:name="application.js" />
    <title>Knowledge Bank</title>
  </head>
  <body jsf:id="body">
    <div id="top_content">
      <form jsf:id="form">
        <h1>アカウント登録</h1>
        <div class="entry">
          <div>
            <label>ユーザーID</label>
            <div>
              <input type="text" jsf:id="userId" jsf:value="#{accountBean.➡
account.userId}" />
              <h:message for="userId" errorClass="error" />
            </div>
          </div>
          <div>
            <label>名前</label>
            <div>
              <input type="text" jsf:id="name" jsf:value=➡
"#{accountBean.account.name}" />
              <h:message for="name" errorClass="error"/>
            </div>
          </div>
          <div>
            <label>メールアドレス</label>
            <div>
              <input type="text" jsf:id="mail" jsf:value=➡
"#{accountBean.account.mail}" />
              <h:message for="mail" errorClass="error"/>
            </div>
          </div>
          <div>
```

```
            <label>パスワード</label>
            <div>
              <input type="password" jsf:id="password" jsf:value=
"#{accountBean.password}" />
              <h:message for="password" errorClass="error"/>
            </div>
          </div>
          <div>
            <input type="submit" jsf:action="#{accountBean.register()}" 
jsf:value="登録" />
          </div>
        </div>
        <div>
          <a href="../login.xhtml" jsf:outcome="/login">戻る</a>
        </div>
      </form>
    </div>
  </body>
</html>
```

一部コンポーネントのタグが残っていますが、ほとんどのコンポーネントタグをHTMLのタグに変更しました。これで、ブラウザでそのまま開いても、図3.18のようにレイアウトが崩れずに画面に表示することができます。

図3.18 パススルーエレメントで書き直したものをそのままブラウザで開いた場合の表示

もちろん修正前と同様にフェースレットとしても動作します。

COLUMN

パススルーエレメントを使用したid属性の指定

パススルーエレメントを使用した副次的な機能として、HTMLに出力するidとJSFのコンポーネントIDを分離することができるというメリットがあります。第2章の「2.6.7　入力フォーム」のh:formタグのセクションで説明したように、JSFではフェースレットのidに記述したIDをコンポーネントの階層構造に合わせてHTMLのid属性に出力します。Java EE 6までのJSFではそのIDを任意の値にすることはできませんでした。しかし、Java EE 7ではパススルーエレメントを使用してHTMLタグにidとjsf:idの両方の属性を指定することで、HTMLに任意のIDを出力できるようになりました。これで、デザイナーがJavaScriptでHTMLのid属性を参照して処理するような場合でも、JSFのコンポーネントIDのルールを意識することなくid属性を定義することができます。

3.6 Ajax

Ajaxとは、リンクやボタンをクリックして移動するブラウザの画面遷移とは異なり、JavaScriptを使用して非同期にサーバーとデータのやりとりをする仕組みです。JavaScriptで部分的に取得した画面を更新することで、Web画面全体を更新するよりも速く画面の描画を行なえるようになります（図3.19）。

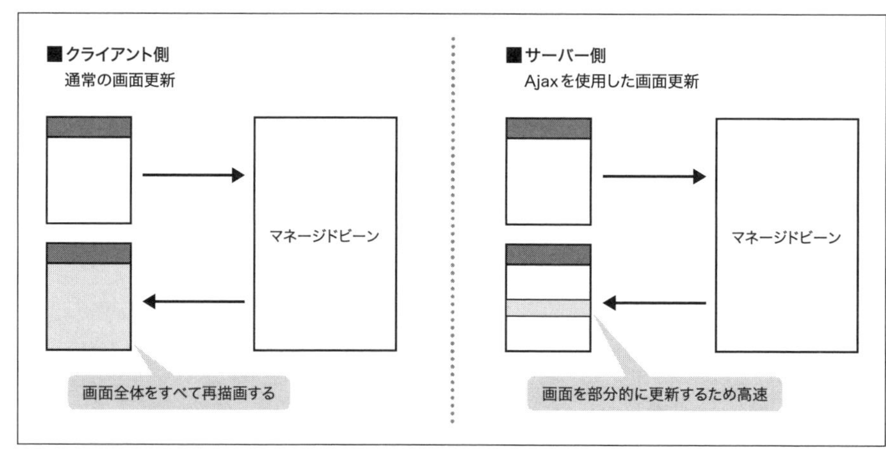

図3.19　通常の画面更新とAjaxを使用した更新の違い

3.6.1 JSFのAjax対応

JSFではAjaxを使用した画面の部分更新機能を提供しています。一般的なAjaxの作りではデータの取得処理や画面の再描画処理をJavaScriptで記述する必要があります。しかし、JSFのAjax機能を使用するとJavaScriptをほとんど記述せずにWeb画面の部分更新を実現できます。

ナレッジバンクではナレッジに対するコメントの投稿とコメント一覧の反映にAjaxを使用しています。ナレッジ詳細画面でコメントを記述して投稿ボタンをクリックすると、記述した内容をサーバーに送信してコメント一覧部分だけを再描画します。コメント一覧部分だけを更新するため、Web画面全体を更新するよりもすばやくコメント一覧を表示できます（図3.20、図3.21）。

図3.20 ナレッジ詳細画面のコメント投稿時の更新部分

図3.21 コメント投稿時の動き

では、実際にナレッジバンクの記述を確認しながらAjaxの使い方を見てみましょう。以下はナレッジ詳細のコメント投稿部分のソースコードです。

▶ ナレッジ詳細画面（knowledge/show.xhtml）のコメント投稿部分の記述

```
<h1>コメント</h1>
<div jsf:id="comments">
  <ui:repeat var="row" value="#{knowledgeShowBean.knowledge.knowledgeCommentList}">
    <div class="comment">
      <div class="datetime">
        <h:outputText value="#{row.createAt}">
          <f:convertDateTime pattern="yyyy/MM/dd HH:mm:ss" />
        </h:outputText>
      </div>
      <div class="user">#{row.account.name}</div>
      <div class="message">#{row.message} </div>
    </div>
  </ui:repeat>
  <div>
    <h:inputTextarea id="message" value="#{knowledgeShowBean.knowledgeComment.message}" />
  </div>
  <div>
    <h:commandButton action="#{knowledgeShowBean.addComment()}" value="コメント投稿">
      <f:ajax execute="message" render="comments" />
    </h:commandButton>
  </div>
</div>
```

重要な部分はh:commandButtonタグの中にあるf:ajaxタグです。JSFのAjax機能はh:commandButtonタグやh:commandLinkタグなどにf:ajaxタグを追加するだけで簡単に実現します。f:ajaxタグにはexecute属性とrender属性があります。execute属性にはデータがサーバーに送信され処理が実行される部分のコンポーネントID、render属性には処理の後にWeb画面を更新する部分のコンポーネントIDを指定します。ナレッジ詳細画面のコメント投稿ボタンではexecute属性の値にh:inputTextareaタグのコンポーネントIDである「message」を指定し、render属性の値にはjsf:id属性を指定してコンポーネント化したdivタグのコンポーネントIDである「comments」を指定しています【11】。

【11】
以前はAjaxの更新範囲を囲うためにh:panelGridを使用するか独自タグを作成する必要がありましたが、パススルーエレメントを使用してdivタグにjsf:id属性を指定することで、簡単に範囲を指定するコンポーネントの定義が可能になりました。

ナレッジ詳細の指定ではコンポーネントIDを相対パスで指定していますが、以下のようにコンポーネントツリーの絶対パスで記述することもできます。

▶ **参照を絶対パスで指定する場合の記述例**

```
<f:ajax execute=":form:message" render=":form:comments" />
```

絶対パスで指定する場合は「:form:message」のように先頭に:（コロン）を記述しその後に指定したいコンポーネントまでのIDを記述します。JSFではformタグなどの一部のタグでコンポーネントIDが画面上で重複しないようにネストする仕組みになっています。ナレッジ詳細画面の場合、h:formタグ内にh: inputTextareaがあるため、それぞれのコンポーネントIDであるformとmessageを区切り文字の:（コロン）でつなぎます。

また、コンポーネントIDを複数指定したい場合は、次のようにスペースで区切ります。

▶ **送信情報としてタイトル（title）とメッセージ（message）を送信する場合の記述例**

```
<f:ajax execute="title message" render="comments" />
```

さらに、execute属性やrender属性はコンポーネントIDで指定する以外にも、表3.6のようなキーワードで指定する方法があります。

表3.6　execute属性とrender属性で使用可能なキーワード一覧

キーワード	説明
@all	すべてのコンポーネントを指定する場合
@form	h:formタグに含まれているコンポーネントを指定する場合
@this	f:ajaxタグを定義しているコンポーネントを指定する場合（execute属性のデフォルト）
@none	指定するコンポーネントがない場合（render属性のデフォルト）

以下のように記述すると、フォームに含まれるすべてのコンポーネントの情報を送信します。

▶ フォームのすべての情報を送信する場合の記述例

```
<f:ajax execute="@form" render="comments" />
```

ここまでAjaxを実装する画面側の説明を行ないましたが、今度はコメント投稿ボタンで呼び出すKnowledgeShowBeanクラスのaddCommentメソッドを見てみます。

▶ KnowledgeShowBeanクラスのaddCommentメソッドの記述

```
@Named
@ViewScoped
public class KnowledgeShowBean implements Serializable {
  @Inject
  LoginSession loginSession;
  @EJB
  KnowledgeFacade knowledgeFacade;
  @EJB
  KnowledgeCommentFacade knowledgeCommentFacade;

  private Long id; // 表示しているナレッジのID
  private Knowledge knowledge; // 表示しているナレッジ
  private KnowledgeComment knowledgeComment; // 投稿コメント

  public void show() {
    knowledge = knowledgeFacade.find(id);
    // コメントの初期化
    knowledgeComment = new KnowledgeComment();
  }

  public void addComment() {
```

```
    // コメント情報を設定
    getKnowledgeComment().setAccount(loginSession.getAccount());
    getKnowledgeComment().setKnowledge(knowledge);
    knowledgeCommentFacade.addComment(getKnowledgeComment());

    // 表示処理を再実施
    show();
  }
  ...
```

マネージドビーンのaddCommentメソッドの処理はAjaxの場合でも普通のボタンの処理と違いはありません。入力したコメント情報をデータベースに追加して画面の表示処理を再実施しています。画面遷移はないのでメソッドの戻り値はvoid型です。もし、実施中の処理がAjaxかどうかを判断したい場合は以下のようにFacesContextクラスを使用して確認することができます。

▶ マネージドビーンでAjaxの処理かを確認する方法

```
FacesContext facesContext = FacesContext.getCurrentInstance();
// リクエストがAjaxの場合
if (facesContext.getPartialViewContext().isAjaxRequest()) {
  // Ajax限定の処理
}
```

3.6.2 Ajaxを使用した入力チェック

前項では、コメント投稿でAjaxを使用する例を説明しました。次にAjaxを使用した別の利用方法として、非同期の入力チェックを見てみましょう。

JSFの入力チェックはサーバー側で処理するため送信ボタンをクリックするまでは入力チェックを実施しません。しかしAjax機能を使用することで、項目を入力するたびに入力チェックを実施することができます。ナレッジバンクのナレッジ投稿画面ではタイトルの入力チェックにAjaxを使用した非同期チェックを使用しています。以下がそのソースコードです。

▶ナレッジ投稿画面（knowledge/entry.xhtml）のタイトル入力部分の記述

```
<h:inputText id="title" value="#{knowledgeEntryBean.knowledge.title}">
  <f:ajax event="blur" render="titleError" />
</h:inputText>
<h:message for="title" id="titleError" errorClass="error"/>
```

入力チェックをAjax化するには入力フィールドにf:ajaxタグを追加します。サーバー側の入力チェックの仕組みはまったく変更する必要はありません。

上記の例ではタイトルの入力フィールドであるh:inputTextタグの中にf:ajaxタグを記述しています。f:ajaxタグのevent属性は、どのイベントでAjaxの処理を実施するかを指定するもので、JavaScriptのイベントを指定します。今回はevent属性に「blur」を指定しているので入力フィールドからカーソルが離れたタイミングで処理を実施します。f:ajaxタグのexecute属性は、指定がない場合は@thisなので、h:inputTextタグに入力した値が処理され、処理した結果をrender属性で指定しているh:messageタグのエラーメッセージに表示します。タイトルに何も入力せずに次のフィールドに移動すると、図3.22のように入力チェックのエラーを表示します。

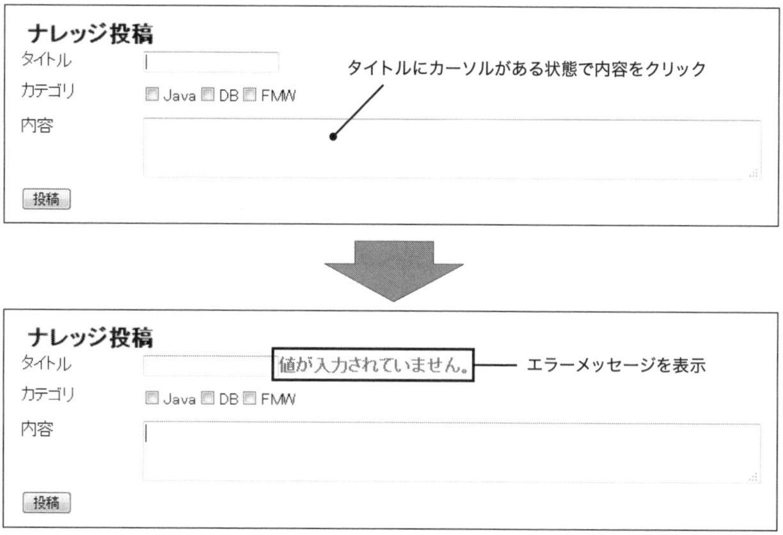

図3.22　タイトル入力チェック時の動き

3.6.3 Ajaxのイベントハンドリング

Ajaxを使用してWeb画面を部分更新する方法について説明しましたが、最後にAjaxのイベントハンドリングについて説明します。

Ajaxの非同期処理ではイベントのハンドリングが必要な場合があります。たとえばAjax通信中に通信中を表わす画像を表示したり、Ajax通信でエラーが発生した際にエラーメッセージを表示したりするような場合です。そのような場合はf:ajaxタグのonevent属性とonerror属性を使用します。onevent属性やonerror属性にJavaScriptの関数名を指定すると、Ajaxのイベントのタイミングで指定したJavaScript関数を呼び出します。以下はonevent属性とonerror属性タグを使用した場合の記述例です。

▶ f:ajaxタグでonevent属性とonerror属性タグを使用した場合の記述例

```
<h:commandButton value="送信">
  <f:ajax onevent="ajaxEvent" onerror="ajaxError" />
</h:commandButton>
```

JavaScriptの関数は以下のように記述します。

▶ f:ajaxタグが呼び出すJavaScriptの関数の記述例

```
<script type="text/javascript">
  function ajaxEvent(e) {
    if (e.status === 'begin') {
      // Ajaxリクエスト開始時の処理
    } else if (e.status === 'complete') {
      // Ajaxリクエスト完了後の処理（javax.faces.response呼び出し前）
    } else if (e.status === 'success') {
      // Ajaxリクエスト完了後の処理（javax.faces.response呼び出し後）
    }
  }
  function ajaxError(e) {
    // Ajaxエラー発生時の処理
  }
</script>
```

1回のAjax処理の中で、onevent属性に指定した関数は3回、onerror属性に指定した関数はエラーが発生した際に1回呼び出されます[12]。関数に渡される引数からは

【12】
javax.faces.responseは、画面に返ってきたレスポンスをJSFが解析する処理です。

イベント情報を取得することができます。表3.7と表3.8はイベント情報から取得できる内容です。

表3.7　oneventで取得可能なイベント情報

項目	説明
type	"event"
status	"begin"、"complete"、"success"のいずれか。"begin"はAjax処理前、"complete"はAjax処理後でjavax.faces.response処理呼び出し前、"success"はjavax.faces.response処理呼び出し後を意味する
source	AjaxリクエストのDOMエレメント
responseCode	結果のステータスコード（begin時は取得できない）
responseXML	XMLレスポンス（begin時は取得できない）
responseText	テキストレスポンス（begin時は取得できない）

表3.8　onerrorで取得可能なイベント情報

項目	説明
type	"error"
status	"httpError"、"serverError"、"malformedXML"、"emptyResponse"のいずれか。"httpError"はHTTPの通信エラー、"serverError"はエラーエレメントが取得できた場合、"malformedXML"はAjax通信のXMLに不備がある場合、"emptyResponse"はレスポンスが空の場合を意味する
description	エラーの詳細
source	AjaxリクエストのDOMエレメント
responseCode	結果のステータスコード
responseXML	XMLレスポンス
responseText	テキストレスポンス
errorName	エラーエレメント名
errorMessage	エラーエレメントメッセージ

このようにJSFのAjax機能では各イベントをJavaScriptでハンドリングし、引数の情報をもとに処理をすることができます。

ここまででf:ajaxタグのonevent属性やonerror属性でAjaxの処理をハンドリングする方法を説明しましたが、たとえばAjaxの処理に対して共通のエラー処理を指定するのにすべてのf:ajaxタグに属性を定義するのは手間がかかります。そのような場合は、JSFが提供しているJavaScriptの関数であるaddOnEventやaddOnErrorを使用します。

ナレッジバンクではjsフォルダにあるapplication.jsで、すべてのAjax処理でエラーが発生した際にエラーメッセージを表示するようにaddOnErrorメソッドを使用してイベントを登録しています。以下はそのソースコードです。

▶ application.jsのAjaxエラーハンドリング部分の記述

```
function ajaxError() {
  alert('サーバーとの通信でエラーが発生しました。');
}
jsf.ajax.addOnError(ajaxError);
```

jsf.ajax.addOnErrorはJSFが提供しているJavaScriptのメソッドです。このメソッドの引数にAjaxでエラーが発生した際に呼び出すJavaScriptメソッドを指定します。これでf:ajaxタグのonerror属性で定義したときと同じように、Ajaxエラー時に指定した関数を呼び出します。

f:ajaxタグを使用する場合、jsf.jsのスクリプトは自動的にロードされるようになっています。しかし、ナレッジバンクの場合は画面全体で使用するJavaScriptで直接JSFの関数を使用するので明示的にjsf.jsファイルをロードする必要があります。jsf.jsをロードするには以下の記述をフェースレットのヘッダー部分に記述します。

▶ jsf.jsを明示的にロードする場合の記述

```
<h:outputScript name="jsf.js" library="javax.faces"/>
```

jsf.jsを明示的にロードすることでf:ajaxタグを使用していない画面でもJSFが提供するJavaScriptの関数を使用できます。

JSFとJavaScript

近年では、見栄えを意識したWeb画面のニーズが高く、JavaScriptを使用して画面を制御する機会が増えています。もちろんJSFでも、普通のHTMLと同じようにJavaScriptを使用することができます。ただし、JSFでJavaScriptを使用して画面を制御する場合には1つ注意があります。JSFは表示しているWeb画面の構成を、コンポーネントツリーとしてサーバーにも保持すると説明しました。そのため、JavaScriptで入力フィールドなどの新しいオブジェクトをWeb画面に追加しても、サーバー側のコンポーネントツリーに、そのオブジェクトに対応するコンポーネントが追加されるわけではないため、入力した値は受け取れません。JSFでそのようなことを実現する場合はJavaScriptは使用せず、本章で説明したJSFのAjax機能を使用して画面を部分更新することで、画面を更新すると同時にサーバー側のコンポーネントツリーを更新できるようになります。

Chapter

4

プレゼンテーション層の開発
——JSFの応用 その2

第3章では、JSFの入力チェック、コンバータ、コンポーネントのカスタマイズ、テンプレート機能、HTML5やAjaxへの対応などプレゼンテーション層開発で必要なJSFの各機能について説明しました。本章では引き続きJSFの応用として認証認可、国際化、ブックマーカビリティ、フェーズリスナ、またJava EE 7で導入された新しい機能について説明します。

4.1 認証／認可

4.1.1 認証／認可の仕組み

Webアプリケーションでは画面を操作しているユーザーがだれなのかを特定するためにユーザーIDとパスワードによるログインを使用します。Java EEではログイン機能を実現するための認証と認可の仕組み[1]を提供しており、JSFでもその機能を利用してログイン機能を作成できます。

【1】
認証とは、ユーザーが本人であることを確認することで、認可とは、そのユーザーに操作の権限があるかを確認することです。

認証については、事前にIDとパスワードを登録しておき、ログイン時に照合することで本人確認を行ないます。ナレッジバンクの場合は、ユーザーIDとパスワードの情報をアカウント登録でデータベースに登録しています。

認可については、「ロール」という単位を使用して権限の範囲を規定します。ナレッジバンクでは、一般ユーザーグループと管理者グループの2種類のロールを定義し、それぞれで表示可能な画面を制御しています。

ログイン機能を利用するには以下の手順で進めていきます。

1. アプリケーションサーバーの認証／認可設定をする。
2. アプリケーションの認証／認可設定をする。
3. プログラムでログイン／ログアウト機能を作成する。

それではナレッジバンクをもとに、順番に手順を確認しましょう。

4.1.2 アプリケーションサーバーの認証設定

Webアプリケーションの認証／認可の機能を利用するには、まずアプリケーションサーバーに認証の設定を行なう必要があります（Java EE 8で導入されたSecurity APIでは認証を行なうデータストアをJavaのプログラムで設定することができるようになりました。そのためアプリケーションサーバに依存しない認証設定が可能です）。認証の設定では、認証データの指定先にファイルやデータベース、LDAPサーバー[2]などを指定します。ナレッジバンクの場合はデータベースを使用しています。認証の設定方法はサーバーによって違うため、ガイドなどを確認して設定する必要がありますが、ここではGlassFishを使用した認証の設定方法を説明します。

【2】
LDAPは階層形式のディレクトリにアクセスするためのプロトコルで、認証用のサーバーの通信方式としてよく用いられます。

GlassFishの認証設定は管理コンソールから行ないます。PCにデフォルトの設定でGlassFishをインストールしてローカルで起動していれば、ブラウザのアドレスバーに「http://localhost:4848/」と入力すると管理コンソール画面が開きます（図4.1）。

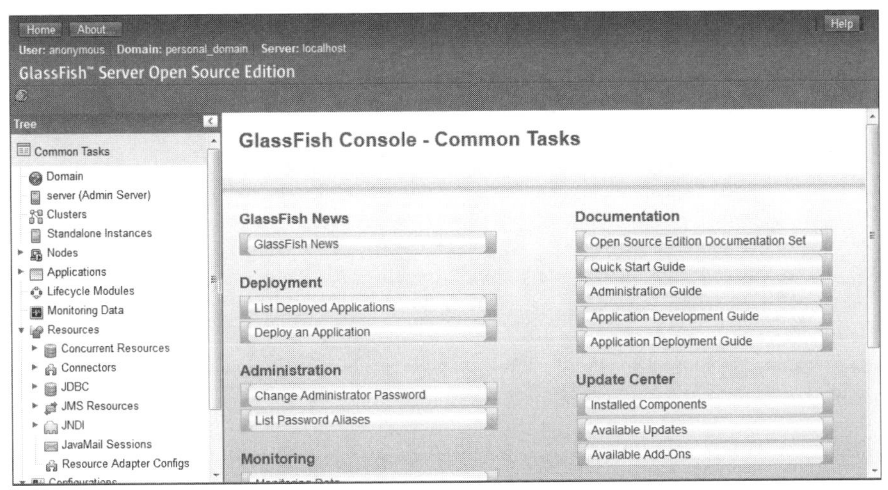

図4.1 GlassFishの管理コンソール画面

認証設定を行なうには、管理コンソール画面の左側のツリーから［Configurations］→［server-config］→［Security］→［Realms］❶を選択し、表示された画面の［New...］ボタン❷をクリックします（図4.2）。

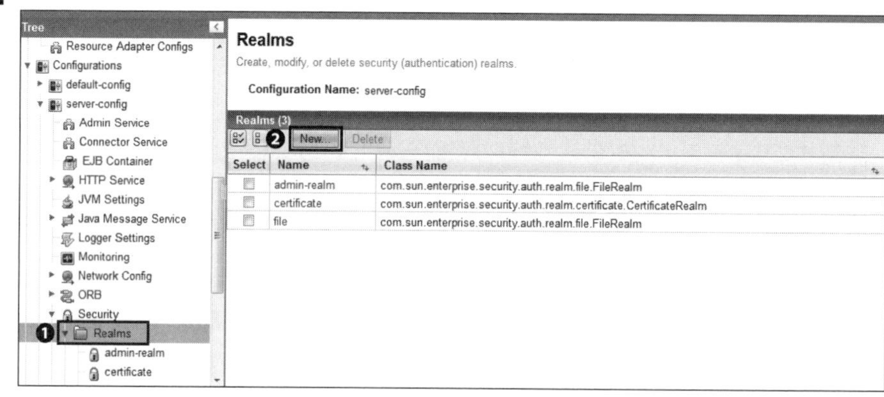

図4.2 Realm一覧画面

［New...］ボタンをクリックするとレルム（Realm）[3]の新規作成画面が表示されます（図4.3）。ここでは表4.1の設定項目を入力して［OK］ボタンをクリックします。

【3】
レルム（Realm）とは同一の認証ルールを指定する範囲のことです。

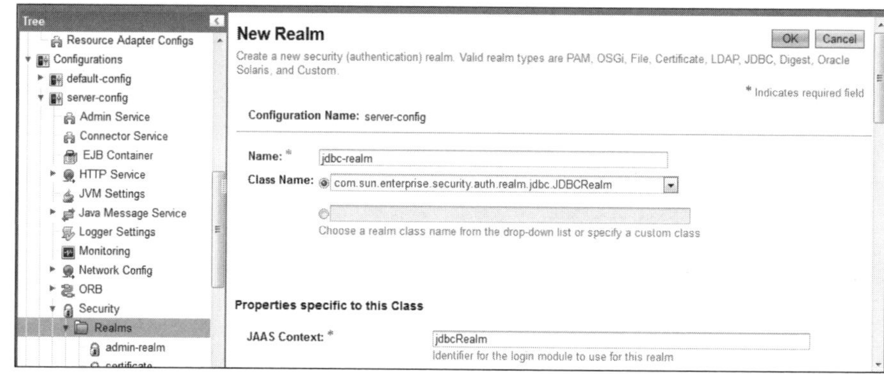

図4.3 Realmの新規登録画面

ナレッジバンクではJDBCレルムを使用するので［Class Name］に「JDBCRealm」を選択します。JNDIは参照するデータベースのJNDI名で別途事前にデータベースの接続設定を行ない、そのときに指定した名前を記述します。［User Table］と［Group Table］は実際に認証と認可のデータが入ったテーブル名を指定します。本来はユーザー情報のテーブルとグループ（ロール）情報のテーブルはn対nの参照となるため別テーブルを指定しますが、ナレッジバンクではアプリケーションを簡略化するために同じテーブルにユーザー情報とグループ（ロール）情報を保持しています。あとはパスワードの暗号化方式などを指定しています。

表4.1 Realmの設定内容

項目	設定値
Name	任意（jdbc-realmなど）
Class Name	com.sun.enterprise.security.auth.realm.jdbc.JDBCRealm
JAAS Context	jdbcRealm
JNDI	jdbc/eebook（事前にリソース定義したもの）[4]
User Table	account
User Name Column	user_id
Password Column	password
Group Table	account
Group Table User Name Column	user_id
Group Name Column	account_group
Password Encryption Algorithm	digest-algorithm
Digest Algorithm	SHA-256
Encoding	Hex

【4】
JDBCリソースの設定方法については第8章の「8.7 環境構築手順」で説明します。

レルムの作成が終了したら、最後に作成したレルムをデフォルトの設定にします。管理コンソール画面の左側のツリーから［Configurations］→［server-config］→［Security］❶をクリックし、表示された画面の［Default Realm］で先ほど作成したレルムを選び❷、［Save］ボタン❸をクリックします（図4.4）。

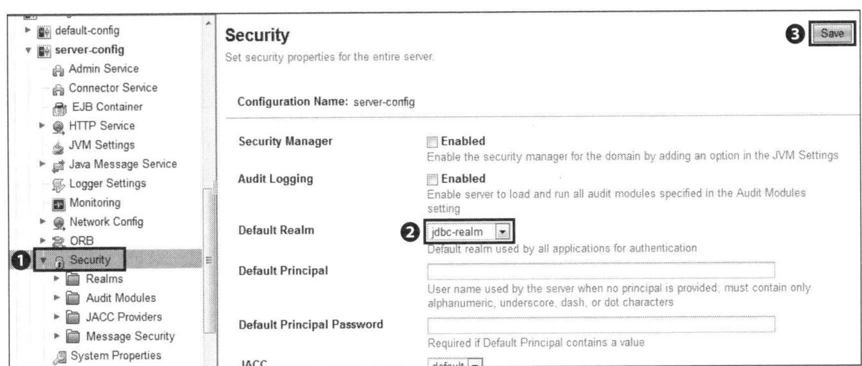

図4.4 セキュリティの設定画面

以上でサーバーの設定は終了です。他のサーバーでも設定方法は違いますが、設定内容はほぼ同じです。

4.1.3 アプリケーションの認証設定

アプリケーションサーバーの認証設定が終了したら、今度はアプリケーションの認証設定を行ないます。アプリケーションの認証設定はweb.xmlで定義します。ナレッジバンクでは以下のような認証設定をweb.xmlに記述しています。

▶ web.xmlの認証設定の記述

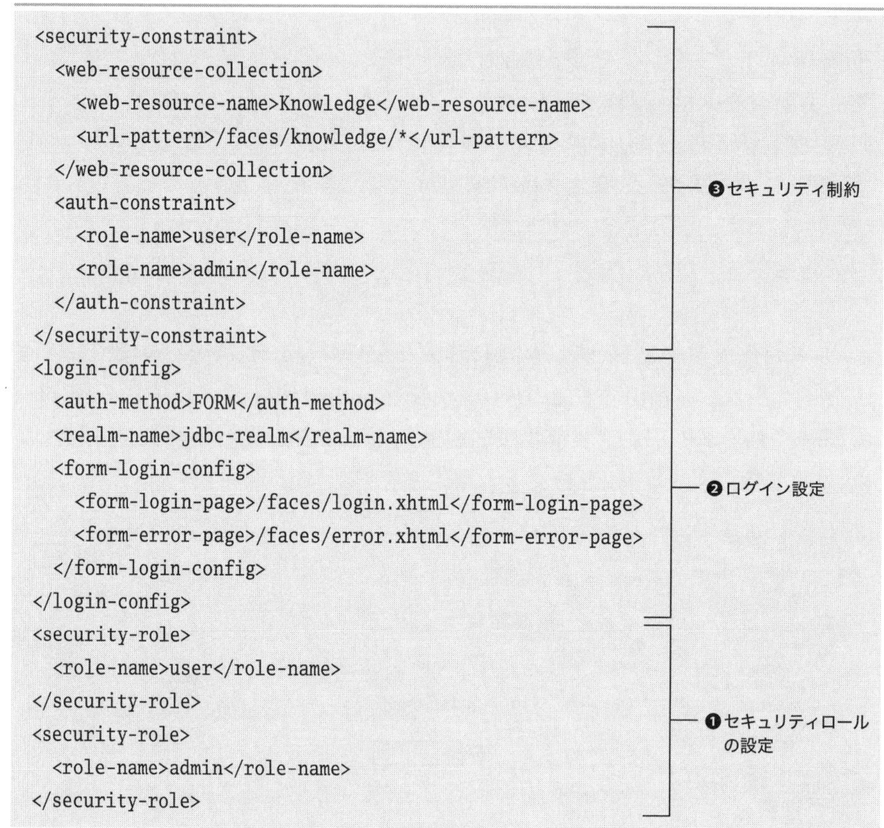

```
<security-constraint>
  <web-resource-collection>
    <web-resource-name>Knowledge</web-resource-name>
    <url-pattern>/faces/knowledge/*</url-pattern>
  </web-resource-collection>
  <auth-constraint>
    <role-name>user</role-name>
    <role-name>admin</role-name>
  </auth-constraint>
</security-constraint>
<login-config>
  <auth-method>FORM</auth-method>
  <realm-name>jdbc-realm</realm-name>
  <form-login-config>
    <form-login-page>/faces/login.xhtml</form-login-page>
    <form-error-page>/faces/error.xhtml</form-error-page>
  </form-login-config>
</login-config>
<security-role>
  <role-name>user</role-name>
</security-role>
<security-role>
  <role-name>admin</role-name>
</security-role>
```


認証の設定には3つの定義があります。

■ ❶セキュリティロールの設定（security-role タグ）

1つ目は、一番下にあるsecurity-roleタグです。security-roleタグではアプリケーションで使用するユーザーのロールを指定します。

ロールとはユーザーの役割を表わしたもので、認可処理に使用します。ナレッジバンクの場合は、一般のユーザーを表わすuserロールと、管理者を表わすadminロールを指定しています。管理者しかアクセスできない画面を作成する場合はユーザーのロールがadminかどうかをチェックします。

ロールの情報は、アプリケーションサーバーの認証設定で指定したACCOUNTテーブルのACCOUNT_GROUP項目と紐付いています。

■ ❷ログイン設定（login-configタグ）

2つ目はlogin-configタグで、認証の基本的な設定を行ないます。login-configタグ内のauth-methodタグでは認証の方式を指定します。

認証の方式には、毎回パスワードを送信して認証するBASIC認証、パスワードでログインした後はセッション情報でログインを管理するFORM認証などがあります。ナレッジバンクではFORM認証を使用するので「FORM」を指定しています。

realm-nameタグではレルム名を指定します。指定する名前は任意ですが、サーバーで設定した名前「jdbc-realm」を指定しています。form-login-configタグにはまだログインしていない場合に遷移するログイン画面のURL 「/faces/login.xhtml」とログイン認証でエラーになったときに遷移するエラーページのURL「/faces/error.xhtml」を指定しています。

■ ❸セキュリティ制約（security-constraintタグ）

3つ目はsecurity-constraintタグで、実際にアクセスを制限するURLのパターンを指定します。

web-resource-collectionタグ内のweb-resource-nameタグにはリソース名を指定します。リソース名は任意で、ここでは「Knowledge」という名前にしています。

url-patternタグには認証を設定したいURLのパターンを指定します。ナレッジバンクではknowledgeフォルダ内の画面へのアクセスを制御したいので「/faces/knowledge/*」[5]を指定しています。

auth-constraintタグは認可の設定です。URLパターンにアクセスできるユーザーのロールを設定します。ナレッジバンクでは、ナレッジの情報にアクセス可能な「user」と「admin」を指定しています。もし、categoryフォルダにカテゴリ編集機能などの管理者しか操作できない画面を追加した場合は、security-constraintタグをもう1つ追加し、url-patternタグに「/faces/category/*」、role-nameに「admin」を指定します。

【5】
「*」はワイルドカードで、任意の文字列を表わします。

■ グループ名とロールのマッピング

ロール名はACCOUNTテーブルのACCOUNT_GROUP項目と紐付いていると説明しましたが、アカウント登録マネージドビーン（AccountBean）の記述を見ると、次のように「userGroup」という名前を登録しています。

▶ アカウント登録マネージドビーン（AccountBean）のアカウント登録部分の記述

```
public String register() {
  // ユーザーにグループを設定
  account.setAccountGroup("userGroup");
  ...
```

では、どこでuserとuserGroupをマッピングしているのでしょうか。アカウントのグループ名と実際にアプリケーションで使用するロールのマッピングはアプリケーションサーバーの設定で行ないます。マッピング方法はアプリケーションサーバーによって違いますが、GlassFishの場合はWEB-INFに配置したglassfish-web.xmlで行ないます。ナレッジバンクのglassfish-web.xmlの中を見てみると、以下のようにsecurity-role-mappingタグにマッピングの情報を記述しています。

▶ glassfish-web.xmlのセキュリティロールマッピング設定

```
<security-role-mapping>
  <role-name>user</role-name>
  <group-name>userGroup</group-name>
</security-role-mapping>
<security-role-mapping>
  <role-name>admin</role-name>
  <group-name>adminGroup</group-name>
</security-role-mapping>
```

この設定によりアカウントのグループ名とロール名をマッピングしています[6]。

【6】
GlassFishで、データベースのグループ名とロール名が同じ場合、管理コンソールの［Configurations］→［server-config］→［Security］の［Default Principal To Role Mapping］チェックボックスをオンにしておくとglassfish-web.xmlの設定を省略できます。

認証／認可の実装方式

本書ではJava EEの認証機能を使用した認証／認可の実装方法を説明しました。それでは、Webアプリケーションで認証／認可を実現する場合、それ以外にどのような方法があるでしょうか。Java EEの認証機能を利用した方法以外に、よく用いられるのは以下のような方法です。

- **認証製品を使用する**
  「認証製品を使用する」方法は、認証専用のサーバー品を使用して認証／認可を実現する方法です。認証用の製品には、Webアプリケーションから認証サーバーに問い合わせて認証するエージェント型と、認証サーバーを通過して認証を行なうリバースプロキシ型があります。エージェント型の場合は、製品が提供するエージェントをWebアプリケーションのサーバーに導入します。リバースプロキシ型の場合は認証した結果をHTTPのヘッダー情報などを使用して受け取ります。
- **アプリケーション独自で実装する**
  「アプリケーション独自で実装する」方式は、Webアプリケーションで認証／認可の機能をすべて作り込む方法です。自由に機能を作り込めるメリットがある半面、セキュリティに詳しい開発者がいないと思わぬ脆弱性を作り込んでしまう可能性があります。

どの方法でも認証／認可の機能は実現できますが、単一のアプリケーションで特に制約がなければJava EEの認証を使用し、すでに製品を使用していたり、複数のアプリケーションサーバーでシングルサインオン[7]を実現したい場合は認証製品を検討するとよいでしょう。アプリケーション独自で実装する方式は、特別な理由がない限りセキュリティの観点から避けたほうがよいでしょう。

【7】
シングルサインオンとは1回のログインで複数のWebアプリケーションの認証を行なう仕組みです。シングルサインオンを使用することで複数のWebアプリケーションに何度もログインする必要がなくなり、ユーザビリティが向上します。

4.1.4 ログイン／ログアウト機能の作成

アプリケーションの認証設定を確認したら、最後にナレッジバンクのログイン／ログアウトの処理を確認します。ログイン／ログアウトの処理はマネージドビーンのLoginBeanに記述しています。以下はログイン画面やログアウトボタンに紐付くLoginBeanの記述です。

▶ ログインマネージドビーンの記述（LoginBean.java）

```
@Named
@RequestScoped
public class LoginBean implements Serializable {
  @Inject
  private LoginSession loginSession;
  @Inject AccountFacade accountFacade;
  @NotNull
  private String userId;
```

```
    @NotNull
    private String password;

    // userIdとpasswordのgetter/setter

    public String login() {
        ExternalContext externalContext = FacesContext.getCurrentInstance().➡
getExternalContext();
        HttpServletRequest request = (HttpServletRequest) externalContext.➡
getRequest();
        try {
            // ログイン処理
            request.login(userId, password);

            // ユーザーIDからアカウント情報を取得
            Account account = accountFacade.findByUserId(userId);

            // セッションスコープのログインセッションクラスにアカウント情報を設定
            // ログイン後に別画面で利用するため
            loginSession.setAccount(account);

            // ログイン後にナレッジ一覧へ遷移
            return "knowledge/index?faces-redirect=true";
        } catch (Exception e) {
            // ログインエラー時はエラー画面へ遷移
            return "error";
        }
    }

    public String logout() {
        ExternalContext externalContext = FacesContext.getCurrentInstance().➡
getExternalContext();
        HttpServletRequest request = (HttpServletRequest) externalContext.➡
getRequest();
        try {
            // ログアウト処理
            request.logout();
        } catch (Exception e) {
            // エラーでもログイン画面へ遷移
        }
        return "/login?faces-redirect=true";
    }
```

```
}
```

ログイン処理は、LoginBeanのloginメソッドで実施しています。loginメソッドでは、FacesContextクラスからHttpServletRequestクラスを取得し、そのloginメソッドを呼び出します。引数に渡しているuserIdとpasswordはログイン画面のユーザーIDとパスワードに入力した値です。認証に成功すると、データベースからアカウント情報を取得してセッションスコープで定義したLoginSessionクラスに設定しています。その後、ナレッジ一覧に遷移します。

ログアウト処理はLoginBeanのlogoutメソッドで実施しています。ログアウト処理もログイン処理と同様、FacesContextクラスからHttpServletRequestクラスを取得し、そのlogoutメソッドを呼び出します。logoutメソッドの処理が正常でもエラーでもログイン画面に遷移したいのでエラー処理は特に行なわず、ログイン画面のパスを返します。

ログイン／ログアウト処理は他のアプリケーションでもほとんど変わらないため、この記述をほぼそのまま流用できます。

ログインしてから、ログインしているユーザーIDを取得する場合は、以下のようにExternalContextクラスから取得します。

▶ユーザーIDの取得方法

```
FacesContext facesContext = FacesContext.getCurrentInstance();
String userId = facesContext.getExternalContext().getRemoteUser();
```

ログインしているユーザーのロールを確認したい場合は、以下のように実装します。

▶ユーザーのロール確認方法

```
FacesContext facesContext = FacesContext.getCurrentInstance();
if (facesContext.getExternalContext().isUserInRole("admin")) {
  // 管理者用の処理
}
```

ナレッジバンクではログイン後の画面に、そのユーザーが一般ユーザーか管理者かを表示するため、templateフォルダのtop.xhtmlで以下のように実装しています。

▶ ナレッジバンクのロールによる画面表示の制御 (template/top.xhtml)

```
<div class="top_account">
  <h:outputText value="一般" rendered="#{facesContext.externalContext.➡
isUserInRole('user')}" />
  <h:outputText value="管理者" rendered="#{facesContext.externalContext.➡
isUserInRole('admin')}" />
  ようこそ #{loginSession.account.name} さん
</div>
```

h:outputTextのrendered属性を使用して表示／非表示を切り替えています。ログインするユーザーのロールによって図4.5と図4.6のように切り替わります。

管理者 ようこそ 山田一郎 さん [ログアウト]

図4.5　山田一郎さん（管理者）がログインした場合

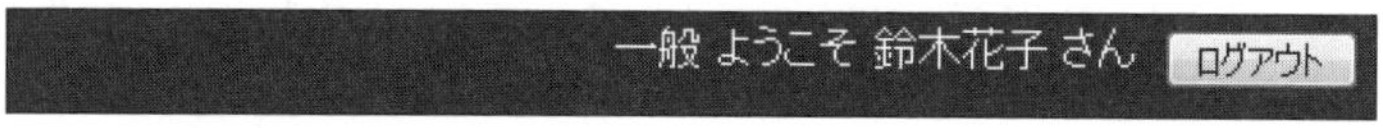

一般 ようこそ 鈴木花子 さん [ログアウト]

図4.6　鈴木花子さん（一般ユーザー）がログインした場合

このようにJava EEの認証機能を使用すると、比較的容易にログイン／ログアウト機能を作成できます。

4.2 国際化

4.2.1 JSFの国際化

国際化とは、Web画面に表示する文字を日本語や英語に切り替えて表示する機能です。グローバルなアプリケーションを作成する場合、それぞれのロケール[8]ごとにフェースレットを作成するのは面倒です。そこで、JSFでは画面に表示する文字列をプロパティファイルに保存して、国際化に対応する機能を提供しています。

【8】
ロケールとは、国や地域によって異なる言語や単位表記などを表わす総称です。

■ プロパティファイルの作成

それではナレッジバンクのアカウント登録画面をローカライズしてみましょう。JSF

の国際化機能を使用してアプリケーションをローカライズするには、まず各ロケール用のプロパティファイルを作成します。

プロパティファイルは、クラスパスとして参照できる場所に配置します。Mavenではsrc/main/resourcesフォルダがプロパティファイルを配置する場所です。そこにknowledgebankというパッケージフォルダを作成し、その中に以下のようにmessage_ja.propertiesという日本語用のプロパティファイルとmessage_en.propertiesという英語用のプロパティファイルを配置します。

▶ 日本語用のプロパティファイル（knowledgebank/message_ja.properties）

```
title.account.register=アカウント登録
entity.account.userId=ユーザーID
entity.account.name=名前
entity.account.mail=メールアドレス
entity.account.password=パスワード
button.register=登録
button.return=戻る
```

▶ 英語用のプロパティファイル（knowledgebank/message_en.properties）

```
title.account.register=Knowledge Bank Registration
entity.account.userId=User ID
entity.account.name=Name
entity.account.mail=E-Mail
entity.account.password=Password
button.register=Register
button.return=Return
```

■ JSFの設定

プロパティファイルを作成したら、次にJSFの設定を記述します。JSFの設定ファイルはWEB-INFフォルダにあるfaces-config.xmlです。

▶ faces-config.xmlの国際化設定

```
<?xml version="1.0" encoding="UTF-8"?>
<faces-config version="2.0"
  xmlns="http://java.sun.com/xml/ns/javaee"
  xmlns:xsi="http://www.w3.org/2001/XMLSchema-instance"
  xsi:schemaLocation="http://java.sun.com/xml/ns/javaee http://java.sun.➡
com/xml/ns/javaee/web-facesconfig_2_0.xsd">
```

```
    <application>
      <locale-config>
        <default-locale>ja</default-locale>
        <supported-locale>en</supported-locale>
      </locale-config>
      <resource-bundle>
        <base-name>knowledgebank.message</base-name>
        <var>msg</var>
      </resource-bundle>
    </application>
</faces-config>
```

faces-config.xmlの国際化設定では、locale-configタグとresource-bundleタグを指定します。

locale-configタグは、アプリケーションで提供するロケールを指定するタグです。locale-configタグ内のdefault-localeタグには標準で使用するロケールを1つ、supported-localeタグにはアプリケーションが対応しているロケールをすべて記述します。今回は標準のロケールとして「ja」、サポートするロケールとして「en」を指定します。

resource-bundleタグにはプロパティファイルの設定を記述します。resource-bundleタグ内のbase-nameタグには作成したプロパティファイルの名前を記述します。プロパティファイルはknowledgebankというパッケージフォルダにmessage_ja.propertiesとmessage_en.propertiesを作成したので「knowledgebank.message」と記述します。「_ja」や「_en」はロケールの情報によって補完するため不要です。また、拡張子の「.properties」も記述する必要はありません。varタグには、この後フェースレット内でプロパティファイルを参照するために使用する名前を指定します。今回は「msg」を指定しています。

■ フェースレットの修正

JSFの設定が終了したら、最後にフェースレットを修正します。ナレッジバンクのアカウント登録画面のソースコードを以下のように修正します。

▶ アカウント登録画面（account/register.xhtml）のローカライズ

```
<div id="top_content">
  <h:form id="form">
    <h1>#{msg['title.account.register']}</h1>
    <div class="entry">
```

```
      <div>
        <label>#{msg['entity.account.userId']}</label>
        <div>
          <h:inputText id="userId" value="#{accountBean.account.userId}" />
          <h:message for="userId" errorClass="error"/>
        </div>
      </div>
      <div>
        <label>#{msg['entity.account.name']}</label>
        <div>
          <h:inputText id="name" value="#{accountBean.account.name}" />
          <h:message for="name" errorClass="error"/>
        </div>
      </div>
      <div>
        <label>#{msg['entity.account.mail']}</label>
        <div>
          <h:inputText id="mail" value="#{accountBean.account.mail}" />
          <h:message for="mail" errorClass="error"/>
        </div>
      </div>
      <div>
        <label>#{msg['entity.account.password']}</label>
        <div>
          <h:inputSecret id="password" value="#{accountBean.password}" />
          <h:message for="password" errorClass="error"/>
        </div>
      </div>
      <div>
        <h:commandButton action="#{accountBean.register()}" ➔
value="#{msg['button.register']}" />
      </div>
    </div>
    <div>
      <h:link outcome="/login" value="#{msg['button.return']}"/>
    </div>
  </h:form>
</div>
```

フェースレットでプロパティファイルの値を参照するには、先ほどresource-bundleタグで設定した「msg」を使用します。たとえば、「title.account.register」の値を取得する場合は「#{msg['title.account.register']}」[9]と記述します。

実行するとブラウザがリクエスト時に送信するAccept-Languageの言語設定によって図4.7、図4.8のように画面が切り替わります[10]。

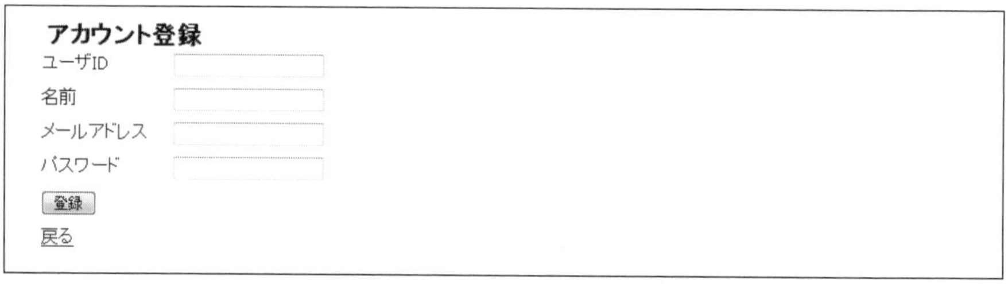

【9】
キー名に「.」が含まれていない場合は「msg.~」という形式でも参照できます。

【10】
Internet Explorerの言語設定を変えるには、[インターネットオプション]→[全般]の[言語]ボタンをクリックして[Accept-Language]を変更します。

アカウント登録
ユーザID
名前
メールアドレス
パスワード
登録
戻る

図4.7 ブラウザのAccept-Language:jaの場合

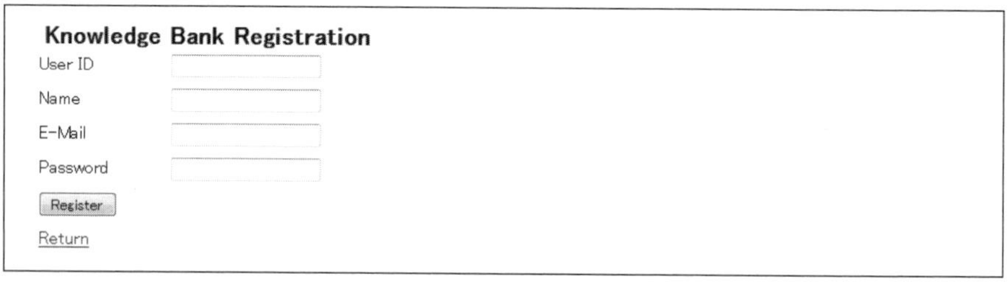

Knowledge Bank Registration
User ID
Name
E-Mail
Password
Register
Return

図4.8 ブラウザのAccept-Language:enの場合

このようにJSFの国際化機能を使用することで、1つのフェースレットで複数のロケールに対応することができます。

■ ロケールの取得/設定

上記の例ではブラウザの設定で画面表示を切り替えましたが、設定されているロケールを確認したり、任意のロケールを画面に設定する場合は、以下のようにUIViewRootクラスのgetLocaleメソッドやsetLocaleメソッドを使用します。

▶ ロケールを取得、設定する場合の実装例

```
// FacesContextクラスからUIViewRootクラスを取得
FacesContext facesContext = FacesContext.getCurrentInstance();
UIViewRoot viewRoot = facesContext.getViewRoot();

// 現在のロケールを取得する場合
Locale locale = viewRoot.getLocale();
```

```
// ロケールを日本語に設定する場合
viewRoot.setLocale(Locale.JAPANESE);
```

setLocaleメソッドはリクエストごとに設定する必要があるため、後述するフェーズリスナなどを使用してログインユーザーのロケールを毎回設定するとよいでしょう。

4.3 ブックマーカビリティ

4.3.1 ブックマーカビリティとは

第2章の「2.4.2 ライフサイクル」で説明しましたが、JSFでは、最初にブラウザからアクセスが来た際に、処理を実施せず画面を表示します。しかしWebアプリケーションでデータの一覧や詳細を表示する画面では、なにかしらの事前処理やデータの取得処理が必要です。そこでJSFでは初回アクセス時に処理を実施する機能を提供しています。

画面の初期表示時に処理を実施する場合は、表4.2の2つのタグを使用します。

表4.2　ブックマーカビリティタグ一覧

種類	タグ名	概要
ブックマーカビリティ	f:viewParam	URLのクエリ文字列をマネージドビーンに設定するタグ
	f:viewAction	画面を表示する前に処理を実行するタグ

COLUMN

ブックマーカビリティと呼ばれる理由

JSFで事前処理を行なう機能のことをブックマーカビリティと呼びます。なぜブックマーカビリティと呼ばれるのか。それはこの機能がそもそもブラウザのブックマークに登録する場合の問題を解決するために導入された機能だからです。

画面のリダイレクト処理の部分で説明しましたが、JSFでリダイレクトを使用せずに画面遷移を行なうとURLが1つ前の画面のURLになります。JSF 1.2まではまだリダイレクトの機能を提供しておらず、この動きが普通の動作でした。しかしこのような動作ではURLをブラウザのブックマークに登録する場合に問題が発生します。そのため、JSF 2.0では新たにリダイレクトの機能とこの事前処理を行なうブックマーカビリティの機能が導入されるようになりました。

4.3.2 f:viewAction

ナレッジバンクでもナレッジ一覧やナレッジ詳細の画面表示でブックマーカビリティの機能を使用しています。それでは、実際にナレッジの一覧画面（knowledge/index.xhtml）のソースコードでf:viewActionタグの使用方法を見てみましょう。以下はナレッジの一覧画面でブックマーカビリティの機能を使用している部分の記述です。

▶ ナレッジ一覧画面のブックマーカビリティ部分の記述（knowledge/index.xhtml）

```
<?xml version="1.0" encoding="UTF-8"?>
<!DOCTYPE html>
<html xmlns="http://www.w3.org/1999/xhtml"
  xmlns:h="http://xmlns.jcp.org/jsf/html"
  xmlns:ui="http://xmlns.jcp.org/jsf/facelets"
  xmlns:f="http://xmlns.jcp.org/jsf/core"
  xmlns:p="http://xmlns.jcp.org/jsf/passthrough">
  <body>
    <ui:composition template="/template/knowledgeTemplate.xhtml">
      <ui:define name="content">
        <f:metadata>
          <f:viewAction action="#{knowledgeBean.list()}" onPostback="true"/>
        </f:metadata>
        <div class="search">
          ...
        </div>
        <h1>ナレッジ一覧</h1>
        <h:messages globalOnly="true" />
        <table class="table">
          <tr>
            <th>タイトル</th>
            <th>カテゴリ</th>
            <th>投稿者</th>
            <th>登録日時</th>
            <th>更新日時</th>
```

```
          </tr>
          <ui:repeat var="row" value="#{knowledgeBean.knowledgeList}">
            ...
          </ui:repeat>
        </table>
      </ui:define>
    </ui:composition>
  </body>
</html>
```

ナレッジ一覧画面ではui:defineタグの直後にf:viewActionタグを記述しています。f:viewParamタグやf:viewActionタグは、必ずf:metadataタグで囲む必要があります。f:viewActionタグのaction属性はこの画面を表示する際に呼び出す処理を指定するもので、ナレッジ一覧画面ではナレッジ一覧のマネージドビーンであるKnowledgeBeanクラスのlistメソッドを呼び出しています。onPostBack属性はポストバック時にもこのアクションを呼び出すかどうかを指定するもので、ナレッジ一覧の場合、検索条件を変更して再表示する際もKnowledgeBeanクラスのlistメソッドを呼び出したいためonPostBack属性にtrueを指定しています。

それでは、次に呼び出すナレッジ一覧マネージドビーン（KnowledgeBean）の記述を見てみましょう。以下はナレッジ一覧マネージドビーンの記述です。

▶ ナレッジ一覧マネージドビーンの記述（KnowledgeBean.java）

```
@Named
@ViewScoped
public class KnowledgeBean implements Serializable {
  @EJB
  private SearchKnowledgeFacade searchKnowledgeFacade;
  private List<Knowledge> knowledgeList;
  private String searchString;
  private List<Category> categoryList;

  public void list() {
    knowledgeList = searchKnowledgeFacade.searchKnowledge(searchString, ➡
categoryList);
  }

  // getter/setter
}
```

ナレッジ一覧マネージドビーンのlistメソッドでは、ナレッジ検索用のビジネスロジッククラスから一覧の情報を取得しています。ナレッジ一覧画面ではlistメソッドで取得したナレッジ一覧を使用して画面を生成してします。

4.3.3 f:viewParam

ナレッジ一覧でf:viewActionタグの使用方法を確認しましたが、次にナレッジの詳細画面（knowledge/show.xhtml）でf:viewParamタグの使い方を見てみましょう。以下はナレッジ詳細画面でブックマーカビリティの機能を使用している部分のソースコードです。

▶ ナレッジ詳細画面のソースコード（knowledge/show.xhtml）

```
<?xml version="1.0" encoding="UTF-8"?>
<!DOCTYPE html>
<html xmlns="http://www.w3.org/1999/xhtml"
  xmlns:jsf="http://xmlns.jcp.org/jsf"
  xmlns:ui="http://xmlns.jcp.org/jsf/facelets"
  xmlns:f="http://xmlns.jcp.org/jsf/core"
  xmlns:h="http://xmlns.jcp.org/jsf/html">
  <body>
    <ui:composition template="/template/knowledgeTemplate.xhtml">
      <ui:define name="content">
        <f:metadata>
          <f:viewParam name="id" value="#{knowledgeShowBean.id}" />
          <f:viewAction action="#{knowledgeShowBean.show()}" />
        </f:metadata>
        <h:form id="form">
          <h1>ナレッジ詳細</h1>
          <h:messages globalOnly="true"/>
          <table class="table">
            <tr>
              <th>タイトル</th>
              <td>
                #{knowledgeShowBean.knowledge.title}
              </td>
            </tr>
            ...
          </table>
```

```
            ...
          </h:form>
        </ui:define>
      </ui:composition>
  </body>
</html>
```

ナレッジ詳細画面ではf:viewActionタグとともにf:viewParamタグを使用しています。f:viewParamタグにはname属性とvalue属性があります。name属性はURLのクエリ文字列で指定しているキー名を指定し、value属性にはクエリ文字列から取得した値を設定するマネージドビーンのプロパティを指定します。ナレッジ詳細画面の場合、URLのクエリ文字列に含まれる「id」というキーの値を、ナレッジ詳細画面のマネージドビーンであるKnowledgeShowBeanクラスのidフィールドに設定します。ナレッジ詳細画面はナレッジ一覧画面から遷移しますが、ナレッジ一覧画面ではナレッジ詳細画面への遷移部分を以下のように記述しています。

▶ ナレッジ一覧画面のナレッジ詳細画面への遷移部分の記述

```
<h:link outcome="/knowledge/show" value="#{row.title}">
  <f:param name="id" value="#{row.id}" />
</h:link>
```

ナレッジ一覧が出力するXHTMLには、以下のようにURLのクエリ文字列にナレッジ情報のidが含まれます。

▶ ナレッジ一覧の実行結果

```
<a href="/knowledgebank/faces/knowledge/show.xhtml?id=1">Java EEのリリース➔
</a>
```

このリンクをクリックするとナレッジ詳細画面に遷移して、f:viewParamタグによってidの値である「1」がKnowledgeShowBeanクラスのidフィールドに設定され、その後f:viewActionタグで指定しているKnowledgeShowBeanクラスのshowメソッドを呼び出します。以下はナレッジ詳細マネージドビーン（KnowledgeShowBean）の記述です。

▶ナレッジ詳細マネージドビーン（KnowledgeShowBean）の記述

```
@Named
@ViewScoped
public class KnowledgeShowBean implements Serializable {
  @Inject
  LoginSession loginSession;
  @EJB
  KnowledgeFacade knowledgeFacade;
  @EJB
  KnowledgeCommentFacade knowledgeCommentFacade;
  private Long id;
  private Knowledge knowledge;
  private KnowledgeComment knowledgeComment;

  public void show() {
    knowledge = knowledgeFacade.find(id);
    knowledgeComment = new KnowledgeComment();
  }

  // その他の処理。getter/setter

}
```

showメソッドではf:viewParamタグによりidに「1」が設定されているので、それを使用してナレッジの情報を取得することができます。このようにf:viewParamを使用することで値を指定した処理を行なうことができます。

4.3.4 f:viewActionを使用した画面遷移

ナレッジ一覧やナレッジ詳細では、画面描画の前処理を実施するだけなのでf:viewActionタグで呼び出すlistメソッドやshowメソッドの戻り値はvoidにしていました。しかし、戻り値を以下のようにString型で定義してoutcome値を返すこともできます。

▶ f:viewActionにoutcome値を返す場合の記述例

```
public String list() {
  if(param.equals("1")) {
    return "list1";
  } else {
    return "list2";
  }
}
```

この場合、返したoutcome値の画面に遷移して結果を表示します。つまりf:viewParamタグと組み合わせることで、条件によって表示する画面を切り替えることができます。

4.3.5 ブックマーカビリティとライフサイクル

第2章の「2.4 JSFの内部処理」で、JSFのライフサイクルでは最初のアクセス時に、❶ビューの復元フェーズと❻画面の生成フェーズのみ実施すると説明しました（57ページの図）。しかし、f:viewParamタグやf:viewActionタグを使用した場合は、ポストバックの処理と同様に❶～❻すべてのフェーズを実行します。f:viewActionタグはデフォルトでは❺アプリケーションの実施フェーズでマネージドビーンを呼び出しますが、以下のようにphase属性を指定することで任意のフェーズでマネージドビーンを呼び出すことができます。

▶ f:viewActionに実行フェーズを指定する場合の記述例

```
<f:viewAction action="#{knowledgeShowBean.show()}" phase=➡
"APPLY_REQUEST_VALUES" />
```

フェーズに指定できるのは、APPLY_REQUEST_VALUES、PROCESS_VALIDATIONS、UPDATE_MODEL_VALUES、INVOKE_APPLICATIONの4種類で❶ビューの復元フェーズと❻画面の生成フェーズは指定できません。

4.4 フェーズリスナ

4.4.1 フェーズリスナの作成

JSFのライフサイクルは6つのフェーズに分かれていますが、そのフェーズ前後で横断的な処理を行なう場合はフェーズリスナを使用します。

ナレッジバンクではフェーズリスナを使用して各フェーズの前後でログを出力しています。以下はナレッジバンクのフェーズリスナの記述です。

▶ フェーズリスナの記述（KnowledgePhaseListener.java）

```
public class KnowledgePhaseListener implements PhaseListener {

  Logger logger = Logger.getLogger(KnowledgePhaseListener.class.getName());

  @Override
  public void beforePhase(PhaseEvent event) {
    logger.info(event.getPhaseId() + " beforePhase");
  }

  @Override
  public void afterPhase(PhaseEvent event) {
    logger.info(event.getPhaseId() + " afterPhase");
  }

  @Override
  public PhaseId getPhaseId() {
    return PhaseId.ANY_PHASE;
  }
}
```

フェーズリスナを作成するにはjavax.faces.event.PhaseListenerインターフェースを実装したJavaのクラスを作成します。PhaseListenerでは3つのメソッドを定義しています（表4.3）。

表4.3 PhaseListenerで定義されているメソッド

メソッド名	説明
beforePhase(PhaseEvent event):void	フェーズの前に呼び出されるメソッド
afterPhase(PhaseEvent event):void	フェーズの後に呼び出されるメソッド
getPhaseId():PhaseId	どのフェーズで呼び出されるかを指定するメソッド

beforePhaseメソッドとafterPhaseメソッドはそれぞれフェーズの前後で呼び出されるメソッドです。引数で渡されるPhaseEventからフェーズの情報を取得することができます。ナレッジバンクでは、PhaseEventクラスから取得したフェーズIDの情報をログに出力しています。

getPhaseIdメソッドはこのリスナをどのフェーズで呼び出すのかを指定するメソッドで、呼び出すフェーズを返り値として返します。フェーズIDには以下のものを指定することができます。

▶ フェーズIDに指定可能な値一覧

```
RESTORE_VIEW
APPLY_REQUEST_VALUES
PROCESS_VALIDATIONS
UPDATE_MODEL_VALUES
INVOKE_APPLICATION
RENDER_RESPONSE
ANY_PHASE
```

ライフサイクルの各フェーズを表わすものと、すべてのフェーズを表わすANY_PHASEの7つです。ナレッジバンクのフェーズリスナではすべてのフェーズで呼び出される「PhaseId.ANY_PHASE」を指定しています。

フェーズリスナクラスを作成したら、次にフェーズリスナをアプリケーションで使用するための設定を行ないます。フェーズリスナの設定は以下の記述をfaces-config.xmlのfaces-configタグ内に追加します。

▶ faces-config.xmlのフェーズリスナの指定

```
<lifecycle>
  <phase-listener>knowledgebank.web.listener.KnowledgePhaseListener➔
</phase-listener>
</lifecycle>
```

これでフェーズリスナの設定は終了です。ナレッジバンクを実行すると、フェーズリスナは以下のようにフェーズの情報をアプリケーションサーバーのログに出力します。

▶ アプリケーションサーバーのログ

```
情報:   RESTORE_VIEW 1 beforePhase
情報:   RESTORE_VIEW 1 afterPhase
情報:   APPLY_REQUEST_VALUES 2 beforePhase
情報:   APPLY_REQUEST_VALUES 2 afterPhase
情報:   PROCESS_VALIDATIONS 3 beforePhase
情報:   PROCESS_VALIDATIONS 3 afterPhase
情報:   UPDATE_MODEL_VALUES 4 beforePhase
情報:   UPDATE_MODEL_VALUES 4 afterPhase
情報:   INVOKE_APPLICATION 5 beforePhase
情報:   INVOKE_APPLICATION 5 afterPhase
情報:   RENDER_RESPONSE 6 beforePhase
情報:   RENDER_RESPONSE 6 afterPhase
```

4.5 Java EE 7で導入されたJSFの機能

4.5.1 JSF 2.2の追加機能

Java EE 7で導入されたJSF 2.2ではHTML5対応などより使いやすさを考慮した機能が追加されました。JSF 2.2の仕様には、大きな特徴として以下の4つの機能が紹介されています。

- HTML5フレンドリマークアップ（HTML5 Friendly Markup）
- リソースライブラリコントラクト（Resource Library Contracts）
- Faces Flows
- ステートレスビュー（Stateless Views）

HTML5フレンドリマークアップについてはすでに説明しましたので、この節では、それ以外の3つの機能について紹介します。

成熟してきたJSF

Java EE 7で導入されたJSFの大きな特徴として4つの機能がありますが、HTML5フレンドリマークアップ以外の機能はナレッジバンクでは使用していません。つまりナレッジバンク程度のアプリケーションであれば、JSFがJava EE 7以前より提供してきた機能で十分開発が可能であるということです。JSFは2004年3月にバージョン1.0がリリースされ、10年以上の月日が経過しました。Java EE 7でバージョン2.2を迎え、筆者はJSFは十分成熟したアーキテクチャになったのだと実感しています。

4.5.2 リソースライブラリコントラクト

リソースライブラリコントラクトは、フェースレットテンプレートやJavaScript、CSSをライブラリとしてまとめ、簡単に切り替えることを可能にするための仕組みです。Java EE 7以前からresourcesフォルダにCSSやJavaScriptを配置することでリソースのライブラリ化は可能でしたが、リソースライブラリコントラクトでは、よりリソースを切り替えやすくなりました。

■ リソースの準備

リソースライブラリコントラクトで使用するリソースファイルはWebアプリケーションのルート（mavenの場合はsrc/main/webapp）またはクラスパスのMETA-INFフォルダに、「contracts」という名前のフォルダを作成して配置します。図4.9はcontractsフォルダの配置例です。

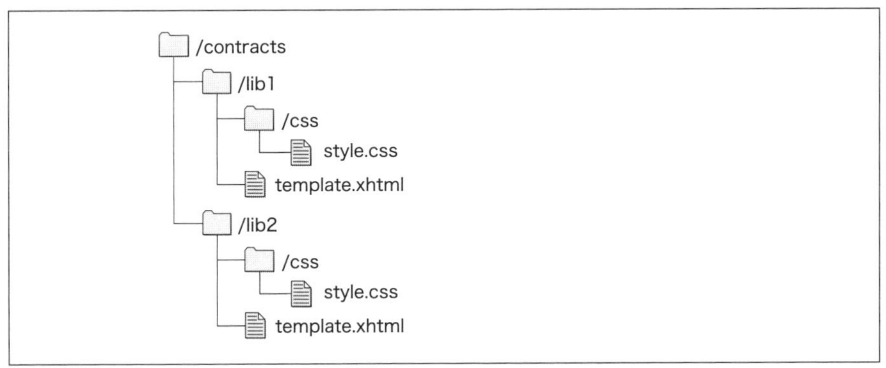

図4.9　Webアプリケーションのルートにcontractsフォルダを配置した場合のフォルダ構成

この例ではlib1とlib2という2種類のリソースフォルダを用意しました。リソースフォルダの中にはtemplate.xhtmlとstyle.css を配置します。template.xhtmlとstyle.cssにはそれぞれ以下のように記述します。

▶ lib1のtemplate.xhtml

```
<?xml version="1.0" encoding="UTF-8"?>
<!DOCTYPE html>
<html xmlns="http://www.w3.org/1999/xhtml"
  xmlns:ui="http://xmlns.jcp.org/jsf/facelets"
  xmlns:h="http://xmlns.jcp.org/jsf/html">
  <h:head>
    <meta charset="UTF-8" />
    <h:outputStylesheet library="css" name="style.css" />
    <title>リソースライブラリコントラクトテスト</title>
  </h:head>
  <h:body>
    <div>テンプレート1</div>
    <div id="content">
      <ui:insert name="content"></ui:insert>
    </div>
  </h:body>
</html>
```

▶ lib1のstyle.css

```
h1 {
  text-decoration: underline;
}
```

▶ lib2のtemplate.xhtml

```
<?xml version="1.0" encoding="UTF-8"?>
<!DOCTYPE html>
<html xmlns="http://www.w3.org/1999/xhtml"
  xmlns:ui="http://xmlns.jcp.org/jsf/facelets"
  xmlns:h="http://xmlns.jcp.org/jsf/html">
  <h:head>
    <meta charset="UTF-8" />
    <h:outputStylesheet library="css" name="style.css" />
    <title>リソースライブラリコントラクトテスト</title>
  </h:head>
```

```
  <h:body>
    <div>テンプレート2</div>
    <div id="content">
      <ui:insert name="content"></ui:insert>
    </div>
  </h:body>
</html>
```

▶ lib2のstyle.css

```
h1 {
  font-size: 20px;
}
```

テンプレートファイルはbody内の最初の文字列が違うだけで（テンプレート1とテンプレート2）同じものです。それぞれのテンプレートファイルではCSSを読み込んでいます。lib1のCSSではh1タグの文字列にアンダーラインを引き、lib2のCSSではh1タグの文字列の大きさを小さめの20pxに指定しています。

■ リソースの利用

これでリソースの準備は終了したので、次に準備したリソースを使用してみます。以下はリソースを使用する画面の記述例です。

▶ リソースを使用する画面の記述例

```
<?xml version="1.0" encoding="UTF-8"?>
<!DOCTYPE html>
<html xmlns="http://www.w3.org/1999/xhtml"
  xmlns:ui="http://xmlns.jcp.org/jsf/facelets"
  xmlns:f="http://xmlns.jcp.org/jsf/core">
  <body>
    <f:view contracts="lib1">
      <ui:composition template="/template.xhtml">
        <ui:define name="content">
          <h1>リソースライブラリコントラクトテスト</h1>
        </ui:define>
      </ui:composition>
    </f:view>
  </body>
</html>
```

リソースを利用するにはf:viewタグのcontracts属性を使用します。この例では「lib1」を指定しているのでlib1に含まれるリソースファイルを使用します。f:viewタグ内では切り替えは特に意識せずリソースを参照することができるので、ui:compositionタグのtemplate属性には「/template.xhtml」と記述します。f:viewタグのcontracts属性の指定をlib1やlib2に変更して実行すると、図4.10、図4.11のようにテンプレートを切り替えて表示します。

テンプレート1

<u>リソースライブラリコントラクトテスト</u>

図4.10　f:viewのcontractsにlib1を指定した場合

テンプレート2

リソースライブラリコントラクトテスト

図4.11　f:viewのcontractsにlib2を指定した場合

このようにリソースライブラリコントラクトを使用することで、簡単にリソースの切り替えを行なうことができます。

■ URLパターンによるコントラクト設定

リソースライブラリコントラクトではf:viewタグでコントラクトを指定する方法以外に、faces-config.xmlにURLパターンで指定する方法も提供しています。以下はfaces-config.xmlの指定例です。

▶ faces-config.xmlのリソースライブラリコントラクト設定例

```
<application>
  <resource-library-contracts>
    <contract-mapping>
      <url-pattern>/page1/*</url-pattern>
      <contracts>lib1</contracts>
    </contract-mapping>
    <contract-mapping>
      <url-pattern>/page2/*</url-pattern>
      <contracts>lib2</contracts>
```

```
    </contract-mapping>
  </resource-library-contracts>
</application>
```

指定したURLパターンに該当するページでは、指定したコントラクトを利用します。この例の場合、URLがpage1で始まるものにはlib1をURLがpage2で始まるものにはlib2を使用します。

■ 注意点

最後に、リソースをjarファイルにまとめて提供する場合の注意点について説明します。リソースファイルをMETA-INFフォルダに配置したものをjar化してアプリケーションで利用することができます。その場合、図4.12のようにコントラクトで指定するフォルダの直下にjavax.faces.contract.xml[11]というファイルを作成しておく必要があります。

[11] javax.faces.contract.xmlは、マーカーファイルです。マーカーファイルとは、ファイルの存在の有無で挙動を制御するものです。そのためファイルの内容に意味はなく、通常は空ファイルを利用します。

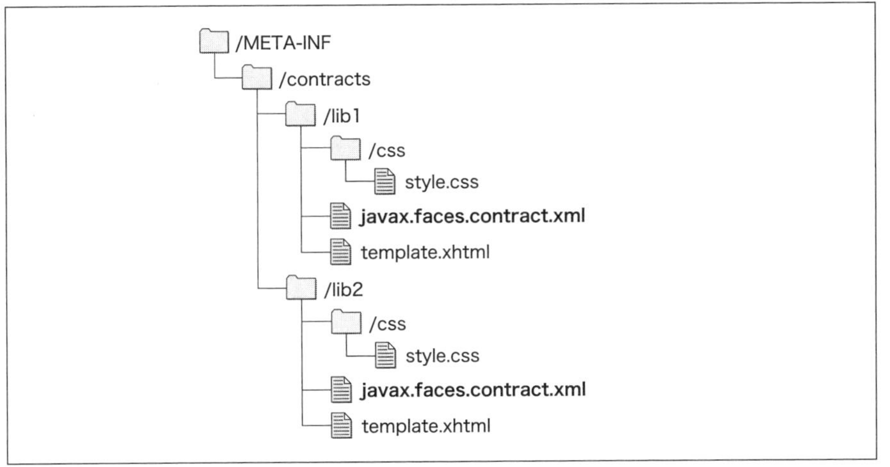

図4.12 リソースファイルをjar化して提供する場合のフォルダ構成例（xxx.jar）

上記のフォルダ構成で作成したjarファイルを図4.13のように利用するwarファイルのlibに配置します。

図4.13　jar化したリソースファイルを利用するwarのフォルダ構成例（yyy.war）

4.5.3 Faces Flows

Faces Flowsは複数の画面をまたがるフローを定義する機能です。画面のフローを定義して再利用したり、フロー中のスコープを提供したりすることができます。複数のウィンドウを開いて処理をするような場合にセッションスコープを使用すると、ログインに対して単一のオブジェクトになるためデータが競合してしまいます。しかし、フロースコープを使用することで対話単位でスコープを保持できるようになり複数画面でのデータ競合を避けることができます。複数のページをまたがるスコープとしてJava EE 6から提供しているカンバセーションスコープがありますが、スコープの開始／終了を直接処理として記述するため、スコープの範囲がわかりにくいというデメリットがありました。Faces Flowsではスコープの定義と実装が分離され、よりわかりやすくスコープを定義することができます。

Faces Flowsではページをグループ化してスコープを定義します。簡単な例で説明しましょう。図4.14はFaces Flowsを使用した画面遷移の例です。

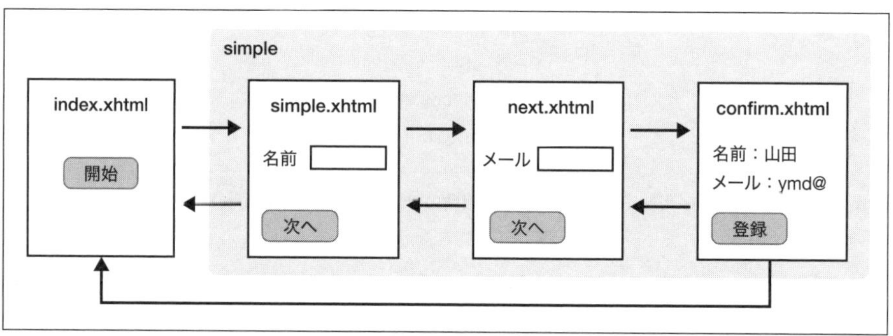

図4.14　Faces Flowsを使用した画面遷移の例

この例では3つの画面を使用します。simpleで囲まれた枠線内の画面を行き来している間は、ユーザーが入力した名前やメールアドレスの情報をマネージドビーンに保持するとします。このような画面をFaces Flowsで作成する際のフォルダ構成を見てみましょう。図4.15はそのフォルダ構成です。

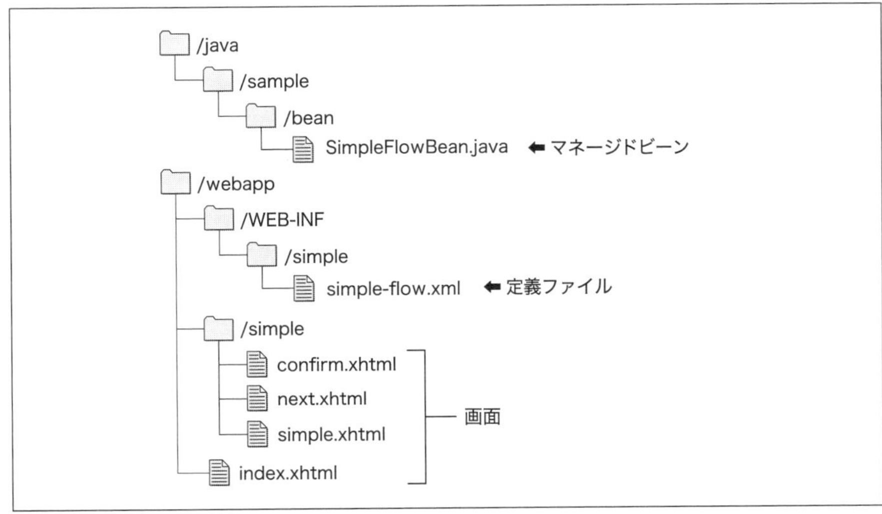

図4.15 simpleフローのフォルダ構成

定義ファイル、マネージドビーン、画面の3つの要素があります。それではそれぞれの要素について説明します。

■ 定義ファイル

定義ファイルには遷移する画面のフロー定義を記述します。フロー定義は、以下の場所に記述できます。

- faces-config.xml内
- [フロー名]-flow.xml (simple-flow.xml)
- Javaのクラス

faces-config.xmlへ直接フローを定義する場合、フローを一箇所にまとめることができるメリットがあります。しかし、フローの定義が増えるとファイルが肥大化してしまうため、できればそれぞれフローごとにXMLやJavaのクラスを使用してフローの定義を記載したほうがよいでしょう。今回は、2つ目のsimple-flow.xmlに記述する方法を説明します。

simple-flow.xmlはWebルートのフロー名フォルダ（/webapp/simple）またはWEB-

INFのフロー名フォルダ（/webapp/WEB-INF/simple）に配置できます。今回は不用意なアクセスを避けるため、ブラウザからは参照できないWEB-INF内に配置しています。以下はsimple-flow.xmlの記述内容です。

▶ simple-flow.xml

```
<?xml version='1.0' encoding='UTF-8'?>
<faces-config version="2.2"
  xmlns="http://xmlns.jcp.org/xml/ns/javaee"
  xmlns:xsi="http://www.w3.org/2001/XMLSchema-instance"
  xsi:schemaLocation="http://xmlns.jcp.org/xml/ns/javaee http://xmlns.jcp.➔
org/xml/ns/javaee/web-facesconfig_2_2.xsd">
  <flow-definition id="simple">
    <flow-return id="index-return">
      <from-outcome>/index</from-outcome>
    </flow-return>
  </flow-definition>
</faces-config>
```

フローの定義にはflow-definitionタグを使用します。flow-definitionタグのid属性にはユニークなフロー名を指定します。今回はsimpleという名前にしました。flow-definitionタグ内にはフローの開始位置や終了位置[12]などを定義します。

開始位置の指定はこの定義では省略していますが、省略した場合は「/フロー名/フロー名.xhtml」がフローの開始位置になります。Faces Flowsではフロー名のフォルダに配置している画面を同一のフローだと認識します。そのためsimpleフォルダに配置しているsimple.xhtml、next.xhtml、confirm.xhtmlは自動的にビューとして定義され、この間を行き来している間はフロースコープを維持します。

flow-returnタグは終了位置を指定するタグです。flow-returnタグのid属性はフロードキュメント名で、ページやマネージドビーンでフローの終了を指定する際に使用します。flow-returnタグ内のfrom-outcomeタグには戻る画面のoutcome値を指定しますが、今回はトップ画面に戻りたいので「/index」を指定します[13]。

【12】
その他にも前処理、後処理、パラメータの設定、フローのネストなどが定義できます。

【13】
flow-returnタグは、複数定義することができます。

■ マネージドビーン

フローの定義を確認したので、次に使用するマネージドビーンを見ていきましょう。以下はマネージドビーンであるSimpleFlowBeanクラスの記述です。

▶ SimpleFlowBean.javaの記述

```
import java.io.Serializable;
import javax.faces.flow.FlowScoped;
import javax.inject.Named;

@Named
@FlowScoped("simple")
public class SimpleFlowBean implements Serializable {
  private String name;
  private String mail;

    public String getName() {
    return name;
  }
  public void setName(String name) {
    this.name = name;
  }
  public String getMail() {
    return mail;
  }
  public void setMail(String mail) {
    this.mail = mail;
  }

  public String save() {
    System.out.println("name:" + name);
    System.out.println("mail:" + mail);
    return "index-return";  // トップ画面に戻る
  }
}
```

フローの間、値を保持するマネージドビーンを作成するには@FlowScopedアノテーションを使用します。@FlowScopedアノテーションにフロー名を指定することでフローの間の値を維持します。フロー名はsimpleなので、マネージドビーンには@FlowScoped("simple")と記述します。フロースコープはHTTPセッションを使用して仕組みを実現しているので、@FlowScopedアノテーションを付加したマネージドビーンはSerializableインターフェースを付加する必要があります[14]。画面遷移の最後で呼び出すsaveメソッドでは本来はビジネスロジックを呼び出してデータベースへの登録などを行ないますが、今回はサンプルなので標準出力に結果を出力しています。saveメ

【14】
HTTPセッションを使用する場合は、サーバーレプリケーション機能を使用してサーバー同士でセッションのやりとりを行なうため、HTTPセッションに保持するオブジェクトはシリアライズ／デシリアライズが可能な状態である必要があります。

ソッドの戻り値では、次の画面遷移先のoutcome値を指定しますが、今回はフローの定義で指定したflow-returnタグのidである「index-return」を指定します。

■ フェースレット

定義とマネージドビーンを確認したので、最後にフェースレットを見ていきましょう。以下はindex.xhtml、simple.xhtml、next.xhtml、confirm.xhtmlのbody部分の記述です。

▶ index.xhtmlの記述

```
<h:body>
  <h:form>
    <h:button outcome="simple" value="開始" /><br />
  </h:form>
</h:body>
```

▶ simple.xhtmlの記述

```
<h:body>
  <h1>Faces Flows</h1>
  <h2>ページ1</h2>
  <h:form>
    名前<h:inputText id="name" value="#{simpleFlowBean.name}" /><br/>
    <h:commandButton action="next" value="次へ" /><br />
    <h:commandButton action="index-return" value="戻る" />
  </h:form>
</h:body>
```

▶ next.xhtmlの記述

```
<h:body>
  <h1>Faces Flows</h1>
  <h2>ページ2</h2>
  <h:form>
    メール<h:inputText id="mail" value="#{simpleFlowBean.mail}" /><br/>
    <h:commandButton action="confirm" value="次へ" /><br />
    <h:commandButton action="simple" value="戻る" />
  </h:form>
</h:body>
```

▶ confirm.xhtmlの記述

```
<h:body>
  <h1>Faces Flows</h1>
  <h2>ページ3</h2>
  <h:form>
    名前：#{simpleFlowBean.name}<br />
    メールアドレス：#{simpleFlowBean.mail}<br/>
    <h:commandButton action="#{simpleFlowBean.save()}" value="登録" /><br />
    <h:commandButton action="next" value="戻る" />
  </h:form>
</h:body>
```

index.xhtmlには、フローを開始するためにh:buttonタグの［開始］ボタンを配置します。フローを開始するにはoutcome値に定義したフロー名を指定する必要があるため、h:buttonタグのoutcome属性には「simple」を指定します。

simple.xhtmlとnext.xhtmlではh:inputTextタグでそれぞれSimpleFlowBeanのnameとmailのプロパティにバインドして値をセットしています。バインドした値はスコープの範囲から外れない限り、マネージドビーンが保有します。

confirm.xhtmlではマネージドビーンで保持している値を表示して、［登録］ボタンでSimpleFlowBeanのsaveメソッドを呼び出します。実行すると、図4.16のように複数画面をまたいで入力処理を行なうことができます。

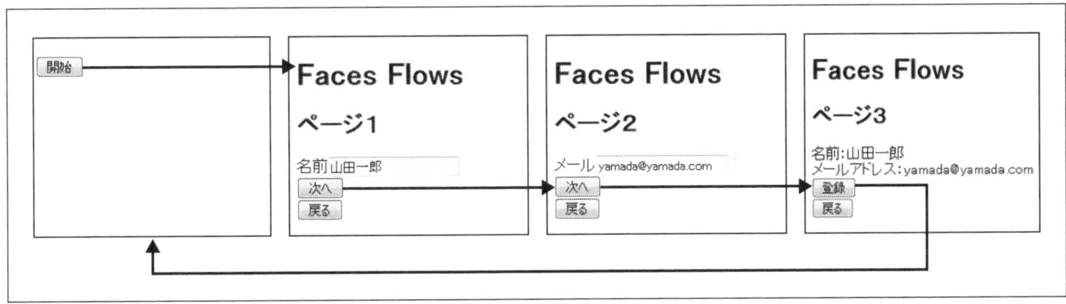

図4.16 simpleフローの実行結果

4.5.4 ステートレスビュー

ステートレスビューは、名前の通り状態を保持しないビューを作成する機能です。

JSFでは画面を表示する際にサーバー側にコンポーネントツリーを作成し、同一画面を表示している間はそのコンポーネントツリーを保持していると説明しました。ステートレスビューを使用すると、そのコンポーネントツリーを毎回破棄し、アクセスが来るたびに再作成する動きに変わります【15】(図4.17)。

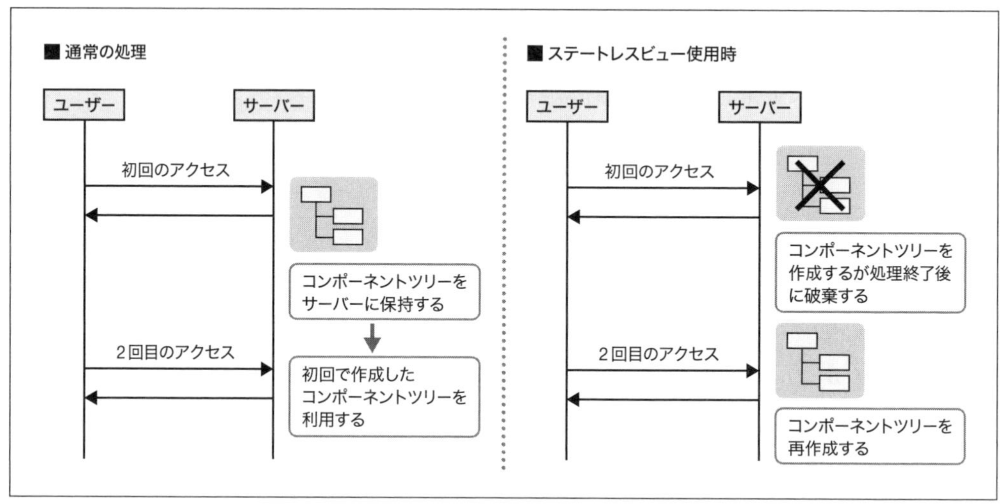

図4.17　ステートレスビュー使用時のイメージ

【15】
毎回初期アクセスになるわけではなく、再作成後にポストバック時の処理と同様のフローになります。

JSFではコンポーネントツリーを保持するため、大量のアクセスに備えてアプリケーションサーバーを複数台に分散する場合は、同一ユーザーが次画面以降の処理のためにアクセスするサーバーを、最初にアクセスした（前回のコンポーネントツリーを保持している）サーバーに固定する「スティッキー分散」や、コンポーネントツリーをサーバー間で複製する「レプリケーション機能」など、セッションを意識したネットワーク／サーバー構成にする必要があります。しかし、このステートレスビューを使用するとJSFでもセッションを意識しないサーバー構成にすることができます。

ステートレスビューを使用するには、以下のようにtransient属性に「true」を付けたf:viewタグでフェースレット全体を囲みます。

▶ステートレスビュー画面を作成する場合の実装例

```
<?xml version="1.0" encoding="UTF-8"?>
<!DOCTYPE html>
<html xmlns="http://www.w3.org/1999/xhtml"
  xmlns:h="http://xmlns.jcp.org/jsf/html"
  xmlns:f="http://xmlns.jcp.org/jsf/core">
```

```
  <f:view transient="true">
    <h:head>
      <meta charset="UTF-8" />
      <title>ステートレスビュー</title>
    </h:head>
    <h:body>
      <h1>ステートレスビュー</h1>
      <h:form>
        <h:commandButton value="Submit" /><br />
      </h:form>
    </h:body>
  </f:view>
</html>
```


transient属性にtrueを指定したf:viewタグでフェースレットを囲むと、JSFはコンポーネントツリーを保持しなくなります。見た目の動きに変化はないので違いがわかりにくいですが、生成されたHTMLのソースコードを見ると、画面の状態管理のためにJSFが使用しているViewStateの値がstatelessという固定の文言に変わっているのがわかります。

▶ transient=trueを指定していない場合

```
<input type="hidden" name="javax.faces.ViewState" id="j_id1:javax.faces.➔
ViewState:0" value="5437439933530580225:8853819222746308658" autocomplete=➔
"off" />
```

▶ transient=trueを指定した場合

```
<input type="hidden" name="javax.faces.ViewState" id="j_id1:javax.faces.➔
ViewState:0" value="stateless" autocomplete="off" />
```

本来はこのViewStateを使用してアプリケーションサーバーのセッション情報にコンポーネントツリーを保持します。しかし、ステートレスビューではViewStateの値がstatelessと一律のため、JSFはコンポーネントツリーを再作成します。このような動きになるため、セッション情報に関係なく他のサーバーに処理が割り振られたとしても問題なく処理を継続できます。

ステートレスビューの利用方法を説明しましたが、これだけを聞くとステートレスビューを使用すれば簡単にステートレスなアプリケーションがJSFで作成できるように感じます。しかし、実際にはそう簡単にはいきません。ステートレスビューを使用すればコンポーネントツリーの仕組みをステートレスにすることができますが、マネージドビーンのスコープにセッションスコープなどを使用した場合は、ステートレスなアプリケーションではなくなってしまいます。また、ステートレスビューを使用すると画面のステートを保持するViewStateがなくなるため、弊害としてビュースコープが使用できなくなります。

しかし、Java EE 6まではJSFを使用した場合の選択肢として、ステートレスなアプリケーションを作成する手段がまったくなかったことを考えると大きな進歩ではないかと筆者は考えます。スティッキー分散やレプリケーション機能が使用できず、ステートレスなアプリケーションを作成する必要がある場合の選択肢として、このような機能があることは頭に入れておくとよいでしょう。

4.6 まとめ

第2章から第4章までを通して、JSFの基礎的な部分から、より実践的な部分までを説明してきました。ここまでの内容を理解していれば、十分JSFを使用してWebアプリケーションを作成することができます。しかし本書では紙幅の都合で、JSFの詳細な機能や、「PrimeFaces」や「RichFaces」などのリッチなUIを作成するコンポーネントライブラリ、「OmniFaces」などの開発をしやすくするためのユーティリティライブラリ[16]については触れていません。JSFに興味を持った方は、より詳細な機能やライブラリについても触れてみることをおすすめします。

【16】
- PrimeFaces
  http://primefaces.org/
- RichFaces
  http://richfaces.jboss.org/
- OmniFaces
  http://omnifaces.org/

Chapter

5

ビジネスロジック層の開発
——CDIの利用

本章と次章ではContexts and Dependency Injection（CDI）とEnterprise Java Beans（EJB）について解説します。この2つの章では、Java EEを構成するアプリケーションのうち、アプリケーションの機能の中核を担当する部品群について解説します。本章では新しくビジネスロジック層の部品として注目されているCDIについて解説を行ないます。CDIとEJB、双方の違いについて解説したあと、CDIがJava EEに採用された経緯とCDIの機能について解説していきます。次の第6章では、旧来のビジネスロジック層の部品であるEJBについて解説します。

5.1 CDIとEJB

5.1.1 ビジネスロジック層の部品

Java EEに触れるのが初めての読者には、CDIとEJBは馴染みがないものでしょう。いずれも「ビジネスロジック」を記述するための部品です。図5.1を見てください。

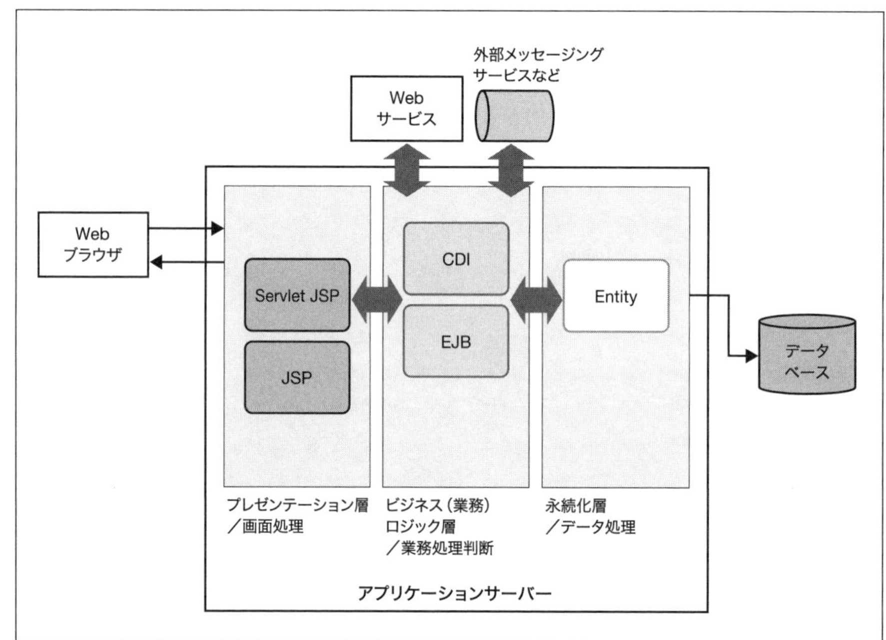

図5.1　アプリケーションサーバー上の3層構造

この図はアプリケーションサーバー上における3層構造を図示したものです。本書の第2章から第4章で説明したJSFなどは「プレゼンテーション層」に位置する部品です。本章と次章で説明するCDIおよびEJBは「ビジネスロジック層」に位置する部品です。通常、プレゼンテーション層では、HTML画面や入力チェックなどの処理が行なわれます。ビジネスロジック層では、アプリケーションの主な挙動を示す処理が行なわれます。たとえば、売り上げを集計する、在庫を引き当てて在庫数を減らす、空席照会をし、空いていれば予約を取る……こういった処理は、この「ビジネスロジック層」に記述することになります。

Java EEでは、ビジネスロジック層の実装の部品としてCDIとEJBを利用できます。CDIは、Java EEのバージョン6から採用された、比較的新しい技術です。EJBは、Java 2 Enterprise Edition（J2EE[1]）1.2の頃から存在する、歴史のある技術です。

では、この2つの技術の違いはどこにあるのでしょうか。

【1】
かつてJava EEはJ2EEと呼ばれていました。1.2がリリースされたのは1999年のことです。

5

5.1.2 CDIとEJBの違い

CDIとEJBの違いは明確です。それは「設計の柔軟性」です。CDIはその名が示すとおり、次項で説明するDI（Dependency Injection）を基礎技術として採用しています。これをもとにアプリケーションサーバー上で作られるオブジェクトのライフサイクル（インスタンス化され、ガベージコレクションが行なわれるまで）を設計者が自由に選択し、組み合わせることができるようになっており、設計における自由度が高くなっています。本章ではCDIの基本的な利用方法と応用を通していく中で、CDIの設計について触れていきます。

それでは、EJBが使いづらいものであるかというと、そうではありません。CDIがEJBと比較して自由度の高い設計を行なうことができるのに対し、EJBはすでに定められた明確なルールに基づいて動作するため、アプリケーションの設計を定められたその枠の中で考えることができます。EJBについては次章で詳しく説明します。

どちらの技術もビジネスロジックを実装することに変わりはありません。いずれかを選択しなければならないわけでもありません。もちろん、組み合わせて利用することもできます。それぞれの技術の利点を知ることで、適切な設計ができるようになることが重要です。

5.2 DI (Dependency Injection)

CDIについて知る前に、DIについて理解しておく必要があります。DIが考案された歴史的な背景をたどって、CDIの意義について知ることにしましょう。

5.2.1 DIとは

この10数年間において、Spring Frameworkなどに代表される「DIコンテナ」と呼ばれるソフトウェアの存在は大きく、近年のJavaにおけるプログラム開発に与えた影響は計りしれません。設計開発の現場でSpring FrameworkやDIコンテナという単語を耳にしている方も多いと思います。

では、DIとはなんでしょうか。

DIとは、「部品間の依存関係を少なくすることで、部品の分離と結合をコントロールするための考え方、およびその仕組みのこと」で、DIコンテナとはその仕組みを実現するためのソフトウェアを指します。最近ではDIコンテナに多くの機能が付与されているため、もともとの機能が目立たなくなってきていますが、根本的にはこのような仕組みのことを指します。

ここで「依存」とは、クラス同士が強いつながりを持つことを意味しています。あるクラスが別のクラスを呼び出すことは頻繁にあることです。たとえば以下のコードは、KnowledgePageクラス上でKnowledgeFacadeBeanクラスをインスタンス化し、利用できるようにしています。このコードを例に「依存すること」について検討してみます。

▶ 依存するコードの例1

```
public class KnowledgePage {

private KnowledgeFacadeBean knowledgeFacadeBean = new KnowledgeFacadeBean();

    public void run() {
        knowledgeFacadeBean.invoke();
    }
}
```

ここで、KnowledgePageクラスから呼び出す必要があるのがKnowledgeFacadeBeanクラスではなく、KnowledgeDetailBeanに変更されたとします。そうすると上記のコードのうち、変数の型宣言、newによるインスタンス化を行なっている箇所、およびrunメソッド内の実装を変更する必要があります。直接インスタンス化を行なっている依存の強い状態では、次のコードのように変数の型の宣言から修正する必要があります。

▶ 依存するコードの例2

```
public class KnowledgePage {

// 宣言から変更の必要がある
// 旧コード
// private KnowledgeFacadeBean knowledgeFacadeBean
//                                          = new KnowledgeFacadeBean();
private KnowledgeDetailBean knowledgeDetailBean = new KnowledgeDetailBean();

    public void run() {
        // 旧コード
        // knowledgeFacadeBean.invoke();
        knowledgeDetailBean.invoke();
    }
}
```

このように、直接クラスを宣言し、インスタンス化している強い依存関係は、それ自体で処理が完結しているプログラムモジュール、たとえばビジネスロジック層でしか動かないクラス間の依存については問題ありません[2]。一方で、図5.1にあるような各層をまたがる依存関係はできるかぎり弱いほうがよいという考え方があります。層という大きな単位では設計やプログラミングを担当する開発者が異なることが多く、1つの変更が大きな変更を生み出すことがよくあるからです。依存関係を弱く保つことができれば、変更点は少なくて済みます。これがDIを導入するうえでの利点となっています。

【2】
むしろモジュール内では強い依存を持つほうがプログラムしやすいこともあります。

5.2.2 DIによる依存関係の解消

DIはどのように依存関係を弱くしていくのでしょうか。その鍵はインターフェースにあります。

図5.2はDIがない場合の実装イメージです。DIコンテナがない場合には利用側（図ではクラスA）が呼び出す対象となる変数Bに代入される実装クラスの入れ替えを行ないたい（つまりB1を代入していたものをB2にしたい）場合、まずインターフェースを用いて変数の宣言とメソッド呼び出しに影響がないように設計します。これだけでも依存関係は弱まりますが、実際にB1からB2に変更する場合には、利用側（クラスA）のソースコードを変更する必要があります。インスタンスの取得は、newを使ってインスタンス化をしている利用側で行なう必要があるからです。

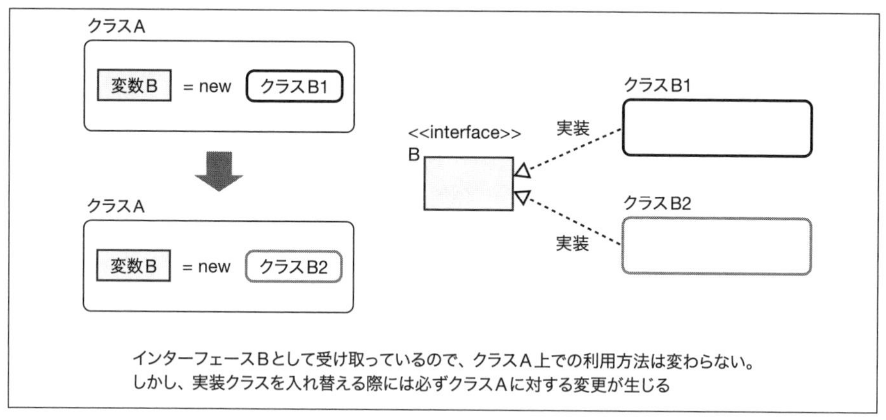

図5.2　DIコンテナがない場合

次に、DIコンテナがある場合の実装イメージを見てみましょう（図5.3）。DIコンテナがある場合、利用者側は受け取る変数を準備するだけです[3]。設定ファイルやアノテーション、決められたルールなどに基づいて、DIコンテナは変数Bに対するインスタンスを実行時に代入します。

【3】
実際には準備が必要なものはDIコンテナの仕様により異なります。

クラスAはDIコンテナによる代入を受け付けるために、インターフェースBの変数を準備するだけなので、実装クラスがB1からB2に変更になってもソースコードを変更する必要はありません。これが「依存関係が弱い状態」です。

この「プログラムコードの外側から指定された値を代入する」という仕組みのことを「インジェクション」と呼びます。ソースコードにおけるインスタンス化によるクラス間の結合度を弱め、入れ替えを可能にしてくれます。

別のインスタンスを代入したければその実装を記述し、定義を変えるだけで入れ替えが実現できます。また、条件によって呼び出す実装クラスをプログラム上で動的に選択することができます。用途としては以下のようなものが考えられます。

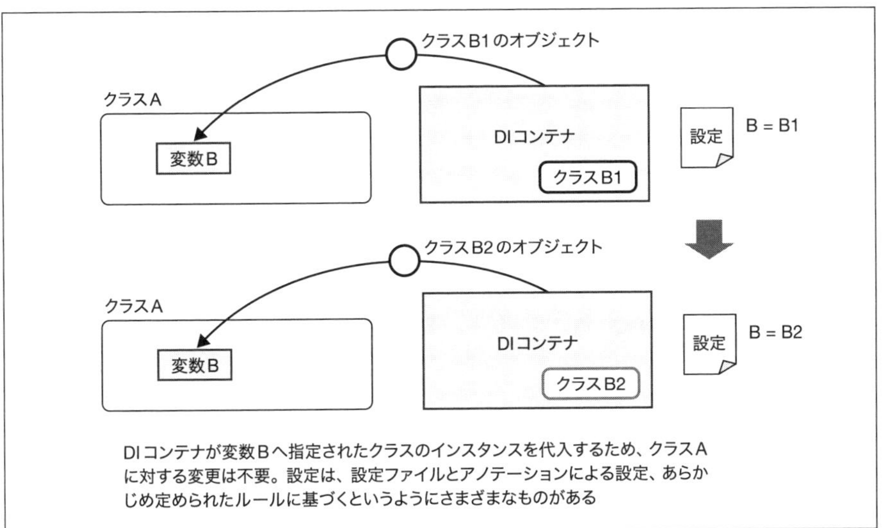

図5.3　DIコンテナがある場合

- **ある条件において別の実装クラスを必要とするケース**
  処理の流れ自体は変わらないが、ユーザーやリクエストの状況に応じて手続きが異なる。あるいは出力先が異なる、など
- **テストや開発中のモック入れ替え**
  層をまたぐ処理や開発中のクラスを利用しなければならないときに、仮となるモックを利用し、将来的に完成したクラスに入れ替える場合。あるいは、テストデータを返却するテスト用のモックと完成したクラスを入れ替える場合

このようにDIは開発プロジェクトにおいて実装やテストなど、多様な用途で使われる技術です。その利点が広く受け入れられてきたのは開発現場がまさにそれを望んでおり、それが実証されたからに他なりません。

デザインパターンとの関連についてお話ししておきましょう。

実はDIが実現している「実装の入れ替え」は、ファクトリメソッドパターンと呼ばれるデザインパターンを採用することでも実現できます。ファクトリメソッドパターンは、オブジェクトの生成を管理するクラスを設けることで、任意の振る舞いを持つオブジェクトを取得する方式です。

ただし、ファクトリメソッドパターンを利用していても、結局返却するインスタンスを選択する処理をソースコード上に記述しておく必要があります。返却するインスタンスをソースコードの外で変更するには、プロパティファイルなどを用いて実装することになり、それを自ら実装するよりはDIコンテナを利用するほうが楽だと言えるでしょう。

5.2.3 Java EEへのDI取り込み

Spring FrameworkをはじめとしたDIコンテナとその設計思想は広く受け入れられましたが、一方でJava EEがこの流れに対応できたのはJava EE 6からのことです。DIコンテナの登場は「Java EEが必要とする、複雑で結び付きの強い仕組み（＝強い依存関係）からの脱却」を目指すことが背景にあり、特にEJBを用いた開発からの脱却が目指されました。図5.4はDIコンテナを利用した場合のアプリケーションの構造を示したものです。画面生成と処理の振り分けはServletおよびJSPを用い、ビジネスロジック以降の処理はObject-Relational（O/R）マッピングフレームワークと併せて処理を行なうという構造が流行しました。

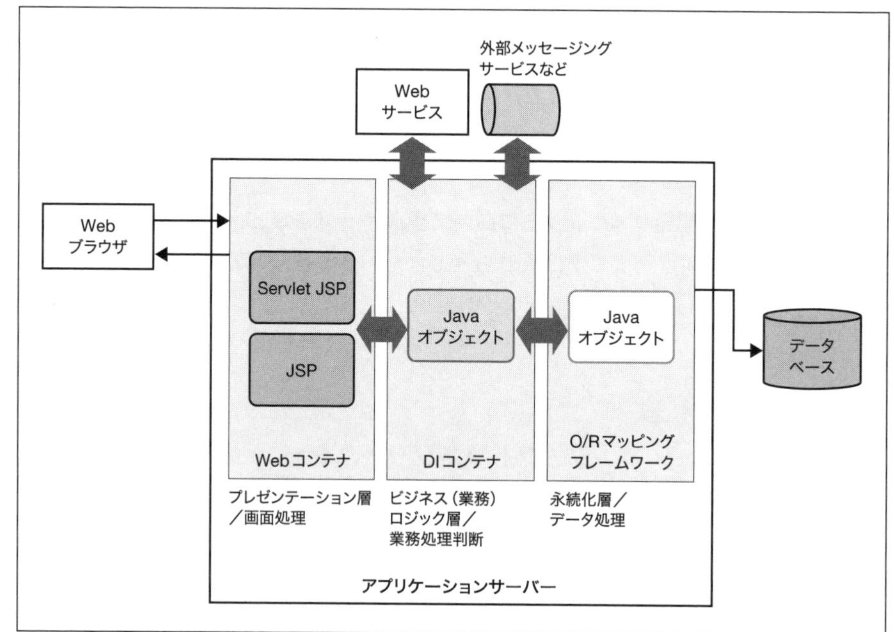

図5.4　DIコンテナを用いたアーキテクチャの例

Java EEにおけるDIへの対応は長い道のりでした。まず先行してJava言語におけるアノテーションのサポートが行なわれました。Java EE 5ではEJBに関してのみインジェクションを行なえるようになりました。Java Persistence API（JPA）[4]が実装されたのもこのリリースからです。

Java EE 5リリース以前（J2EEと呼ばれていた時代）は、EJBを利用するのに複雑な手続きを必要としました。それまでのコードは以下のようになります。

【4】
JPAとは、Javaのクラスと RDBのテーブルをマッピングしてデータの永続化を行なうO/Rマッピング機能を提供するAPIのこと。詳細は第7章で解説します。

▶ Java EE 5リリースより前のEJB呼び出しコードの例

```
// EJB取得用内部メソッド
private MyBean getMyBean() {
// 以前のEJB取得方法
  try {
    InitialContext ic = new InitialContext();
    MyBean b = (MyBean)ic.lookup("ejb/MyBean");
    return b;
  } catch (NamingException ex){
    // 例外処理
  }
}
```

InitialContext は、アプリケーションサーバーからJNDI（Java Naming and Directory Interface。名称からオブジェクトを取得するための仕組み）を使うためのインターフェースです。上記のソースコードは簡略化されていますが、EJBが必要な場面のすべてでこのソースコードが必要であることなどを考慮すると（あるいはこれらの処理を共通化しようとすると）、ソースコードはもっと複雑なものとなります。

Java EE 5以降のEJBの取得は以下のようになります。

▶ Java EE 5以降のEJBの呼び出しコード例

```
// Java EE 以降のEJB取得方法
@EJB
private MyBean b;
```

@EJBアノテーションは、付与された変数の型に適合するEJBがあればアプリケーションサーバーがこの変数にインジェクションを行なうことを示します。

このように、Java EEにおけるDIの導入は、EJBへのインジェクションが足がかりとなりました。Java EE 5ではEJBのみでしたが、Java EE 6ではCDIが導入され、EJB以外のオブジェクトもインジェクションできるようになり、Java EE 7となった現在ではJava EEの各層を結び付ける部品として幅広く利用されるようになりました。

前置きが長くなりましたが、次項からはいよいよCDIについて見ていきましょう。

5.3 CDI

CDIとはJava EE 6から導入された、Java EEアプリケーションサーバー上でDI機能を提供するための仕様です[5]。前述のEJBへのインジェクション同様、アノテーションを利用してインジェクションを行ないます。

【5】
Java EE 6リリースでは、JSR 299（https://jcp.org/en/jsr/detail?id=299）、Java EE 7リリースではJSR 346（https://jcp.org/en/jsr/detail?id=346）が該当します。

▶ CDIの実装例

```
@Named
@ViewScoped
public class KnowledgeShowBean implements Serializable {
  // インジェクション対象となる変数（インジェクションポイント）
  @Inject
  KnowledgeFacadeBean knowledgeFacade;
  ...
}
```

このソースコードはナレッジバンクアプリケーションにおいて、ナレッジ情報を取得するためのクラスKnowledgeShowBeanを一部抜粋したものです。CDIでは、@Injectというアノテーションを利用してインジェクションを行ないます。このアノテーションが付与されている変数を「インジェクションポイント」と呼びます。

一方で代入するためのクラスを「CDIビーン[6]」と呼びます。このソースコードでは、KnowledgeFacadeBeanクラスがこれに該当します。そのソースコードのクラス宣言を見てみましょう。

【6】
部品化されたクラスやオブジェクトのことを「ビーン」と呼びます。

【7】
@Interceptorsアノテーションはインターセプタを設定するアノテーションです。詳細については次節で解説します。

【8】
後述のEJBの処理と記述内容をできるだけ合わせるために抽象クラス（AbstractFacadeBean）を作成しています。必須のものではありません。

▶ KnowledgeFacadeBeanクラスのクラス宣言部

```
@RequestScoped
@Interceptors(LogInterceptor.class) [7]
public class KnowledgeFacadeBean extends AbstractFacadeBean { ... } [8]
```

クラス宣言に@RequestScopedというアノテーションが付与されています。これは

「スコープ[9]」を表わすアノテーションです。これがこのクラスを「CDIビーン」として指定するための宣言になります。

このように、CDIを利用するには以下の2つがあればよいということになります。

- **インジェクションポイント**：@Injectが指定された変数
- **CDIビーン**：スコープに関するアノテーションが付与されたクラス

設定ファイルは必要ありません。上記の2つの部品をJava EE 7が動作可能なアプリケーションサーバー上にデプロイするだけで利用することができます。

[9] 第2章の「2.2.2 マネージドビーンとスコープ」で定義しているものと同様です。

設定ファイル beans.xml

Java EE 7から、CDIを使うための設定ファイルである beans.xmlは特定の用途を除き、不要になりました。もともとbeans.xmlはインジェクションポイントとCDIビーンの関係性を記述するためのものでしたが、現在では自動的に解決するようになっています。

CDIを利用する主な利点として、以下の2つが挙げられます。

- インジェクションを行なうのが簡単（アノテーションのみで利用可能、設定ファイル不要）
- DIを基礎としたさまざまな機能があらかじめ準備されている

本章ではこの先、「CDI基本編」としてインジェクションの機能を、「CDI応用編」としてCDIを使ったさまざまな機能について解説していきます。

5.4 CDI基本編

本節ではCDIの基本的な機能について解説します。CDIにおけるインジェクションの仕組みと、インジェクションに関連する各オプションの指定方法について解説していきます。

CDIは、主に表5.1の要素で構成されています。

表5.1 CDIの基本的な用語と役割

名称	役割	Javaパッケージ
CDIコンテナ	CDIにおけるDIコンテナ。インジェクションポイントに対して条件にあったオブジェクトを作成し、インジェクションする	(アプリケーションサーバーがこの機能を提供するため存在しない)
@Injectアノテーション	インジェクションポイントを定義するためのアノテーション	javax.inject
スコープ※	CDIコンテナが作成するオブジェクトの有効期限を表わすアノテーション群	javax.enterprise.context
CDI限定子	複数のインジェクション候補クラスが存在する場合に、クラスを特定するためのアノテーション。開発者が独自に定義するもの	パッケージは独自の定義でよい。javax.inject.Qualifierアノテーションを利用する

※スコープ定義は、第2章の「2.2.2 マネージドビーンとスコープ」で定義しているものと同様です。

アプリケーションサーバーが立ち上がると、まずCDIコンテナが起動します。CDIコンテナは、@Injectアノテーションが付与されている変数に対してインスタンスを作成しインジェクションします。このときスコープ定義をヒントにオブジェクトの有効期限が定められます。

CDI限定子はインジェクション対象を決定するために利用されます。

以下では、この動作を1つずつ解説していきます。

5.4.1 CDIコンテナによるインジェクション

前節で紹介したKnowledgeShowBeanにおけるインジェクションポイントの指定と、インジェクション対象となっているCDIビーンを参考に、CDIコンテナの動きを解説します。

▶ インジェクションポイントの指定があるクラス KnowledgeShowBean

```
@Named
@ViewScoped
public class KnowledgeShowBean implements Serializable {

    @Inject
    KnowledgeFacadeBean knowledgeFacade;
    ...
}
```

▶ インジェクション対象となるCDIビーンKnowledgeFacadeBean

```
@RequestScoped
public class KnowledgeFacadeBean extends AbstractFacadeBean {

    @Inject
    private EntityManager em;

    public KnowledgeFacadeBean() {
        super(Knowledge.class);
    }

    @Override
    protected EntityManager getEntityManager() {
        return em;
    }
    ...
}
```

前節で紹介したように@Injectを使って、KnowledgeShowBeanクラスの変数 knowledgeFacadeに対して、CDIコンテナが自動で代入を行ないます。図解すると図5.5のようになります。CDIコンテナはインジェクションするために以下のことを行ないます。

1. KnowledgeShowBeanがインスタンス化されるタイミングで、@Injectが指定された変数（上記ではknowledgeFacade）に対応するクラスをクラスパスから探す
2. インジェクションポイントにインスタンス化したオブジェクトを代入する

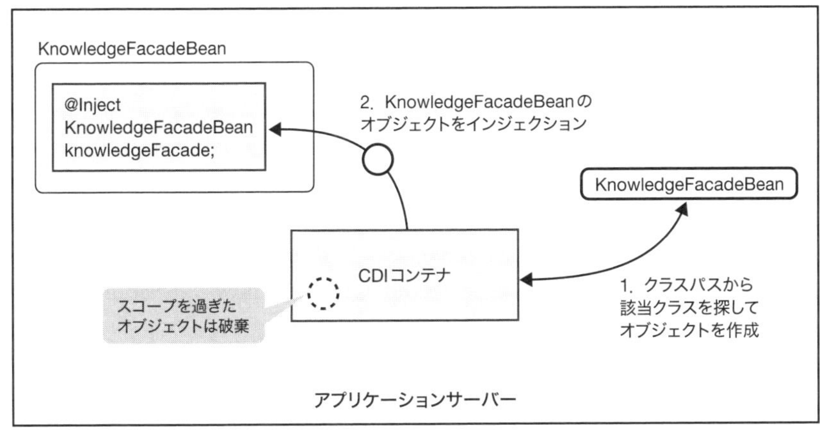

図5.5 CDIコンテナの動作

この例ではクラスをインジェクションポイントに設定していますが、インターフェースを定義し、それをインジェクションポイントとして利用することもできます。インターフェースを利用する場合には型の解決が必要なときがあります。インターフェースはもともと、複数の実装クラスが存在することを想定して作成されます。インターフェースの型の変数があり、実装クラスが複数ある場合、CDIコンテナはどの実装クラスをインスタンス化し、インジェクションすればよいのかがわかりません。クラスパス上に複数の候補がある場合、CDIコンテナはどのようにインジェクションするクラスを決定するのでしょうか。

5.4.2 CDIの型解決方法

複数の候補の型解決について知る前に、CDIの基本的な型の解決方法について知っておきましょう。CDIがインジェクションポイントに対して注入する対象となるインスタンスを解決する方法は2通りあります。

1. インジェクションポイントと対象インスタンスが1対1の場合（自動解決）
2. CDI限定子もしくはbeans.xml（@Alternative）で解決する方法

2通り準備されているのは、前節の最後で述べた「インターフェースをインジェクションポイントとして採用する」という設計が必要となる場面があるからです。CDIコンテナの動きをおさらいしながら、なぜ2通りの型解決方法があるのかを考えてみます。

インジェクションポイントにインターフェースを指定している場合、実装クラスは不特定多数のクラスが存在する可能性があります（図5.6）。実際に実装クラスが多数あると、CDIコンテナはインジェクションポイントに代入すべき型の解決を自分で行なうことができません。

先ほどのKnowledgeShowBeanに、インターフェースKnowledgeFacadeInterfaceに対するインジェクションポイントとなるknowledgeFacadeDummy変数を定義してみます。実装クラスとしてKnowledgeFacadeDummyImplと、KnowledgeFacadeDummyImplAnotherの2つを準備します。このとき、CDIコンテナはどちらをインジェクションポイントにインジェクションすればよいのか判断がつきません[10]（図5.6）。

このため、開発者は特定のクラスがインジェクションされるようにCDIコンテナに

【10】
CDIコンテナの実装であるWeldでは「あいまいな型があるので解決できない」という内容のログが出力されます。

対してヒントを与えるか、条件を揃える必要があります。

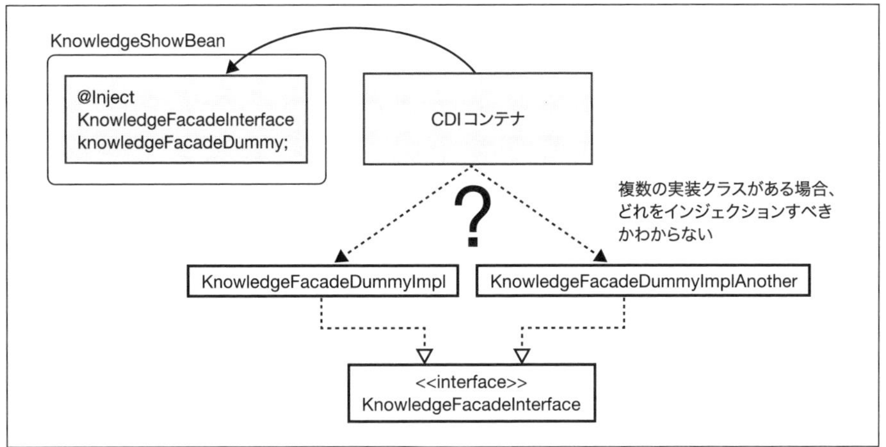

図5.6 インジェクションポイントにインターフェースが指定されている場合

では、2通りの型解決方法について順番に見ていきます。

■ 1対1の場合

インジェクションポイントに指定されているクラスの型とインスタンス化の対象となるクラスの型が1対1の関係（つまり同一のクラスであること）の場合、CDIコンテナは迷うことなくインジェクションを行ないます。ただし、インスタンス化の対象となるクラスにはスコープ定義が必要です。

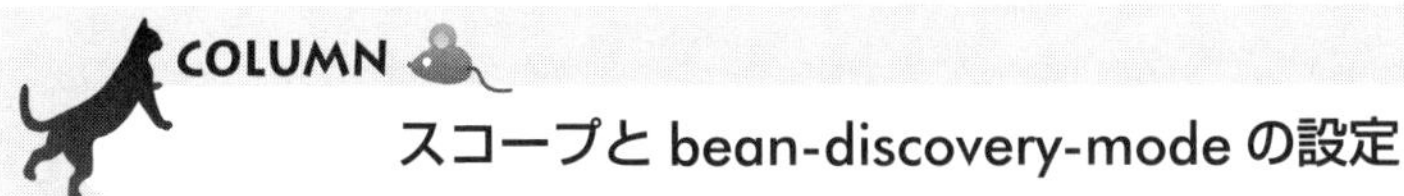

スコープと bean-discovery-mode の設定

CDIにおいてインジェクション対象となるクラス（CDIビーン）には、原則としてスコープの定義は必須ですが、厳密にはCDIの設定ファイルであるbeans.xmlの設定によってスコープ定義の要不要が変わります。beans.xmlにはbean-discovery-mode属性という設定項目があり、この属性の値をallに設定するとスコープ定義が不要になります。

▶ **beans.xmlの設定**

```
<?xml version="1.0" encoding="UTF-8"?>
<beans xmlns="http://xmlns.jcp.org/xml/ns/javaee"
       xmlns:xsi="http://www.w3.org/2001/XMLSchema-instance"
       xsi:schemaLocation="http://xmlns.jcp.org/xml/ns/javaee ➡
```

```
http://xmlns.jcp.org/xml/ns/javaee/beans_1_1.xsd"
        bean-discovery-mode="all">
</beans>
```

この属性の値はデフォルトではannotatedという値になっています。これはCDIコンテナが、スコープ定義があるクラスのみをCDIビーンとして取り扱うことを意味しています。allに設定されている場合、すべてのクラスがCDIコンテナからCDIビーンとして取り扱われます。

留意点としては、allに設定されているとスコープ定義が不要となる代わりに、明示的なスコープ定義がないクラスについてはすべて呼び出し元のスコープに準じるということです。意図せず必要のないクラス生成が多量に行なわれるなどの可能性がありますので、指定する際には注意してください。

■ CDI限定子もしくはbeans.xmlで解決する場合

前述のとおり、インターフェースなどを用いている場合に、インジェクションポイントに対して代入可能な候補が複数存在するときは、特定のクラスのオブジェクトがインジェクションされるように指定しておく必要があります。指定する方法は以下の2つです。

1. CDI限定子（@Qualifier）を利用して特定する
2. @Alternativeアノテーションを利用し、beans.xmlを作成して特定する

1つ目は、CDI限定子を用いて指定する方法です。

CDI限定子は、インジェクションポイントとインジェクション対象を結び付ける役割を持つアノテーションです。開発者自らが、独自のアノテーションを作成し、それを定義する形で利用します。CDI限定子はインジェクションポイントとインジェクション対象となるCDIビーンの双方に指定する必要があります。同じCDI限定子が付与されたクラスをCDIコンテナが探し出し、インスタンス化してインジェクションします。CDI限定子の異なるものはインジェクションされません。

先ほど型解決ができなかったクラスに登場してもらいましょう。

まず、@TestQualifierというアノテーションを作成します。これが開発者が定義するアノテーションになります。

▶ CDI限定子@TestQualifierのソースコード

```
@Qualifier
@Retention(RUNTIME)
@Target({METHOD, FIELD, PARAMETER, TYPE})
public @interface TestQualifier {
}
```

@Qualifierアノテーションは、このアノテーションがCDI限定子であることを示しています。@TargetアノテーションはこのCDI限定子が適用可能な箇所を表わします。

次に、インジェクションポイントに作成した@TestQualifierアノテーションを付与します。

▶ CDI限定子@TestQualifierを付与したインジェクションポイント

```
public class KnowledgeShowBean implements Serializable {

    @Inject
    @TestQualifier
    private transient KnowledgeFacadeInterface knowledgeFacadeDummy;
    ...
}
```

次にCDIビーンであるKnowledgeFacadeDummyImplのクラス定義に対して、同じように@TestQualifierアノテーションを付与します。

▶ CDIビーンのクラス定義に@TestQualifierを付与した状態

```
@Dependent
@TestQualifier
public class KnowledgeFacadeDummyImpl implements ➲
KnowledgeFacadeInterface { ··· }
```

このように指定することで、インジェクションポイントと共通のCDI限定子を持つクラスをインジェクションすることが指定できるようになります。ソースコード上で明示的に結び付けるため、次に紹介する方法よりもわかりやすく便利です。

CDI限定子の名称

CDI限定子を利用するにはアプリケーションを開発していくうえでそれぞれのアプリケーション固有のアノテーションを定義することになります。Java EEでは多数のアノテーションを利用することになるため、それが特定の仕様に紐付いたアノテーションなのか、アプリケーション上でのみ定義されている固有のアノテーションなのか、また限定子なのかそうでないのか、を区別できないことがあるかもしれません。

「限定子が限定子であること」をはっきり区別できるようにしておけば、このような混乱は少なくなります。具体的には以下の方法で回避していく方法があります。

- 限定子を作成する場合にはパッケージ名を固定する(knowledgebank.**qualifier**など)
- 限定子のクラス名にそれとわかるような工夫をする(xx**Qualifier**など)

このようにしておくことで、開発していくうえでの混乱を未然に防ぐように工夫しましょう。

2つ目は、@Alternativeアノテーションとbeans.xmlを使用する方法です。@Alternativeアノテーションはインジェクションを不可能にするためのアノテーションです。このアノテーションが付与されたクラスはCDIコンテナによるインスタンス化ができないため、インジェクションは行なわれません。その代わりにbeans.xmlを作成し、@Alternativeアノテーションが付与されたクラスの中から利用するものを記述して、インジェクションを行なうように選択することができるようになります。

再び、前述の型解決ができなかった2つのクラスを例に見てみることにしましょう。ここではKnowledgeFacadeDummyImplとKnowledgeFacadeDummyImplAnotherに対して@Alternativeを指定します。

▶ @Alternativeアノテーションの付与例

```
@Dependent
@Alternative
public class KnowledgeFacadeDummyImpl implements ➔
KnowledgeFacadeInterface { … }
```

▶ @Alternativeアノテーションの付与例　その2

```
@Dependent
@Alternative
```

```
public class KnowledgeFacadeDummyImplAnother implements ➔
KnowledgeFacadeInterface { … }
```

次にbeans.xmlを作成し、alternative要素にインジェクションするクラスを記述します。ここには、上記2つの@Alternativeアノテーションが付与されたクラスの中から1つを選択して記述することができます。

▶ beans.xmlでの設定

```
<beans>
    <alternatives>
        <class>knowledgebank.service.cdi.KnowledgeFacadeDummyImpl</class>
    </alternatives>
</beans>
```

これでKnowledgeFacadeDummyImplがインジェクションするように設定できました。

この機能は、インジェクション対象のクラスが複数のアプリケーションで利用される場面を想定していると考えられます。あるアプリケーションではAを利用し、別のアプリケーションではBを明示的に選択する、という形です。beans.xmlはアプリケーションパッケージごとに準備できますから、ソースコードの変更やリコンパイルも必要ありません。

CDIコンテナに対する対象クラスの型解決方法を紹介しました。どちらの方法を利用するか、または並行で利用していくかについては、各プロジェクトで決定しておく必要があります。通常はCDI限定子を利用するほうが設定ファイルの必要もなく、ソースコードを変更しながら柔軟に開発していけるはずです。共通利用するコンポーネントが存在する場合には@Alternativeを活用するという手法がよいでしょう。

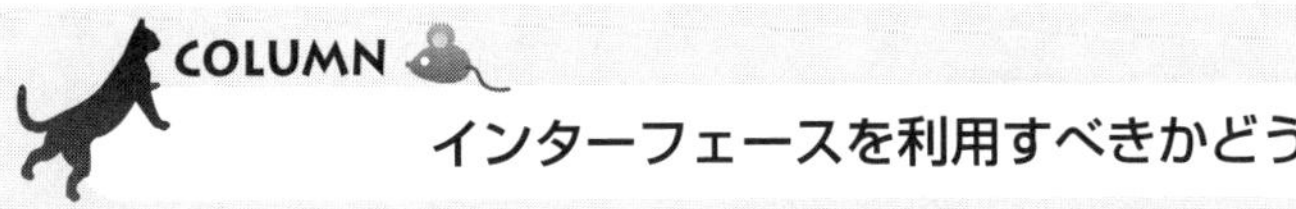

インターフェースを利用すべきかどうか

CDIの仕様上は、インターフェースがあってもなくてもインジェクションすることは可能です。プログラム内で密接な関係にあるクラス同士はインターフェースを利用せず、緊密な関係性を持った状態であるほうが、メンテナンスのしやすさを考えると利点があることも多いでしょう（たとえば、変更が生じた場合でも同一モジュール内のみの変更で済みます）。

一方で実装クラスの入れ替えが発生することが予想される場合や、レイヤーをまたぐような箇所（たとえばプレゼンテーション層とビジネスロジック層の間など）ではインターフェースを定義したほうがよいでしょう。それぞれの層を開発するメンバーが異なっていたり、処理内容が変わりクラスの入れ替えが大量に発生する可能性があるからです。

CDIを用いていて、レイヤー間の呼び出しでインターフェースを利用する場合は、明示的なインスタンスの特定方法について設計段階で確立しておくべきでしょう。設計段階で方針を固めることで実装上の後戻りをなくしていく工夫があると、開発も楽になります。

後述するデコレータを活用する場合には、CDIビーンの実装時にはインターフェースが必須になります。機能拡張の必要なタイミングはいつ来るかわからないのが通例だと思いますが、先んじてインターフェースを準備しておくことで対応しやすくなるでしょう。

5.5 CDI応用編

ここまでCDIを使った実装における基本的な利用方法と仕組みを説明してきました。この節では、CDIに関わる応用的な利用方法について記述します。CDIはDIの機能を応用したさまざまな付加機能を持っています。

表5.2　CDIの付加機能

機能	特徴
イベント処理	CDIビーン上である条件を満たした場合に、別のクラスに対して通知を行なう機能
ステレオタイプ	複数アノテーションをまとめて定義する機能
プロデューサ／ディスポーザ	クラスではなくフィールドそのものやメソッドの戻り値をインジェクションポイントに注入する機能
インターセプタ／デコレータ	処理の前後に別の処理を入れ込んだり、追加したりする機能

本節では表5.2に挙げたCDIの付加機能について、詳しく解説していきます。

5.5.1 イベント処理

CDIでは、イベント処理を実行できます。イベント処理とは、たとえば設定したしきい値を超えるなど、特定の条件を満たす情報が発生（これをイベントと呼びます）したとき、その通知と情報をやりとりすることを指します。イベントを発生させることを「発火」と呼んだりします[11]。CDIではイベント発火はCDIビーン上で行ない、それ

【11】
CDIでもイベントを発生させるためのメソッドがfireという名前なので、本書でもイベント発生を「発火」と呼びます。

を処理するクラスを特別な呼び方として「オブザーバ」と呼びます。

■ CDIのイベント処理とは

イベント処理は条件と通知がセットになった処理です。以下のような処理が考えられます。

- 条件に応じて画面上やメールで通知するアラート検知
- ユーザーがある操作をしたことを通知、記録する
- オブジェクトの属性の変化を記録、監視する

イベント処理を図にすると図5.7のようになります。

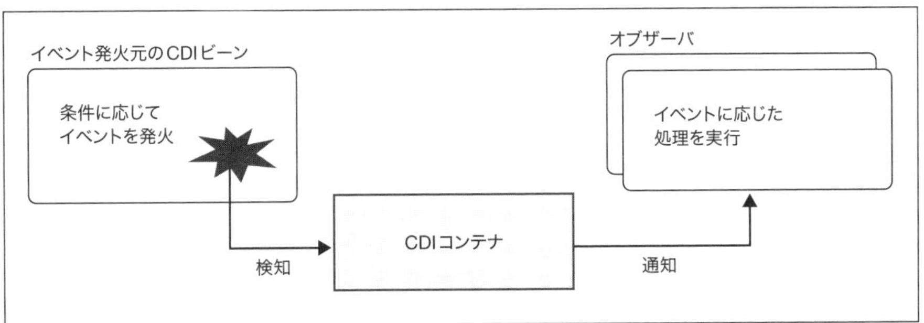

図5.7　CDIイベント処理の概要図

イベント発火元のCDIビーンはイベント情報を引数としてイベントを発火します。イベント情報はイベントに紐付いた情報を格納するためのクラスで、任意に作成することができます。

イベントの発火にはEvent【12】というインターフェースを使います（図5.8）。イベント発生元のCDIビーンでEvent型のインジェクションポイントを準備すると、CDIコンテナがインジェクションを行ないます。この変数を使用することで、CDIコンテナがイベントの発火を検知できるようになります。

【12】
javax.enterprise.eventパッケージにあります。

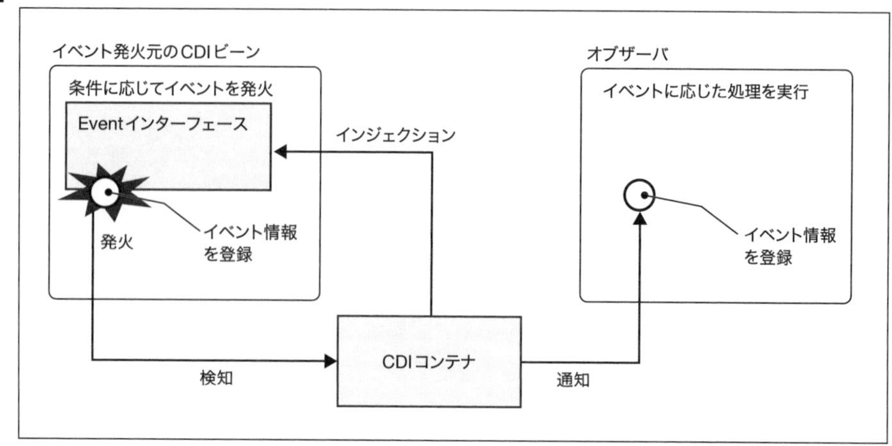

図5.8　CDIイベント処理の概要図　その2

Eventインターフェースによるイベント発火時にイベント情報を登録することで、その情報はCDIコンテナを介してオブザーバに転送されます。イベント発火元とオブザーバは参照関係を持たず、通知とイベント情報のみを介してのみ関係する点には注意してください。

■ イベント処理の実装

イベント処理を実装するには以下の手順で実装します。

1. イベント情報を格納するクラスを準備する
2. イベントを発火するCDIビーンを作成する
3. オブザーバクラスを作成する

上記の図5.8に実際のクラスを当てはめると、次の図5.9のようなものを作成していくことになります。

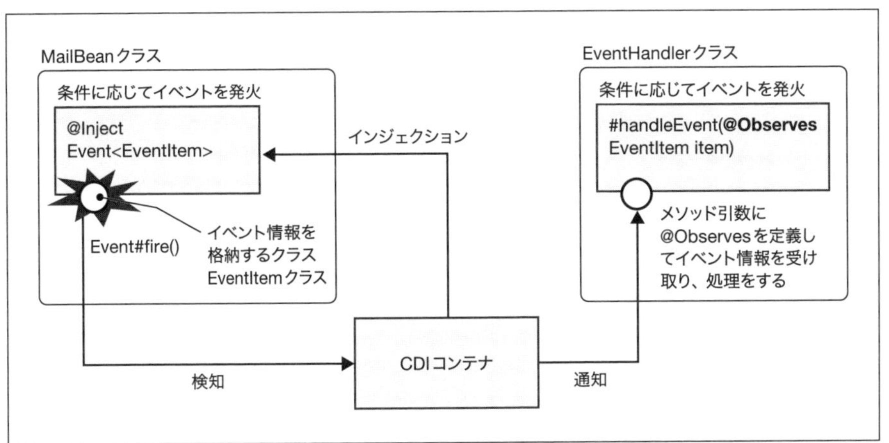

図5.9　イベント処理の実装概念図

イベント発火元としてMailBeanというクラスを作成します。イベントを発火するための条件は「メール送信が行なわれた」ということにします。

イベント発火元のクラスにはイベント用のクラスjavax.enterprise.event.Eventインターフェースの変数を定義し、型指定としてEventItemクラスを定義しています。これはイベント情報を格納するクラスで、イベント発火元のクラスとオブザーバのクラスから、共通で利用するものです。このイベント用のクラスは開発者が任意の名称で作成します。

次にEventHandlerクラスをイベント処理用に作成します。handleEventメソッドの引数に@ObservesアノテーションとEventItemクラスを定義しています。@Observesアノテーションはメソッド引数に対して指定できるアノテーションです。このアノテーションが付与されたメソッドは、該当するイベント用クラス（この例ではEventItem）に関連するイベントが発火された場合のオブザーバメソッドとして取り扱われます。図5.9ではEventItem型に対してのイベントはこのメソッドがオブザーバであることを示しています。

それでは、順を追って作成過程を見ていきましょう。

1. イベント情報を格納するクラスを準備する

イベント情報はPOJO（Plain Old Java Object）であればなんでもかまいません。サンプルのナレッジバンクアプリケーションではknowledgebank.service.event.EventItemというクラスを作成しました。イベントの内容を示す文字列を格納するためのクラスです。

▶ イベント情報を格納するクラスEventItem

```
package knowledgebank.service.event;

/**
 * イベント情報を格納するクラス
 */
public class EventItem {

    // イベントの内容を表わす文字列
    private String message;

    public String getMessage() {
        return message;
    }

    public void setMessage(String message) {
        this.message = message;
    }

}
```

2. イベントを発火するCDIビーンを作成する

次に、イベントを発火する処理をCDIビーン上に記述します。ここで行なう必要があるのは次の2つです。

- イベント情報を格納し、発火するための変数を準備する
- イベントを発火させるための処理を書く

まずEventインターフェースの変数としてeventを準備し、型指定としてEventItemクラスを定義します。この変数に@Injectを付与しておきます。このインジェクションポイントにはCDIコンテナからEventオブジェクトがインジェクションされます。

▶ イベント発火をするクラスMailBean

```
@ApplicationScoped
public class MailBean implements Notifier{ [13]

    // イベントを発火するための変数
    @Inject
    Event<EventItem> event;
```

【13】
Notifierインターフェースもナレッジバンクアプリケーションの独自クラスです。詳細については後述します。

```
    // メール送信用クラス
    @Inject
    MailSender sender;

@Override
    public void send(long knowledgeId, KnowledgeComment comment){

        // メールを送る処理
        sender.send("smtpUser", comment);

        // イベントを発火させる処理
        // イベント情報を作成
        EventItem eItem = new EventItem();
        eItem.setMessage("コメント ID:" + comment.getId() + ➔
" が作成されたため、メールを送信しました！");
        // イベントの発火
        event.fire(eItem);

    }

}
```

次に、イベントを発火させる処理を記述します。MailBeanはナレッジのコメントが作成された際にメールを送信するためのクラスですが、その処理と同時にイベントを発火させて、別の処理を行なうことにします。

EventItemクラスのオブジェクトを作成し、イベント情報として文字列を登録しておきます。Eventインターフェースのfireメソッドを用いてイベントを発生させます。このとき、fireメソッドの引数の型と、インジェクションポイントであるEventインターフェースに対するジェネリクスによる型定義は同じものである必要があります。上記のコード例ではEventItemが該当します。

3. オブザーバクラスを作成する

最後に、イベントを受け取る側（オブザーバ）の準備をします。オブザーバとなるための条件は以下のとおりです。

- あるメソッドの引数にイベントを発火した際のイベント情報と同じクラス（この場合はEventItemクラス）が指定してある

- その引数に@Observesアノテーションが付与されている

上記の条件を満たすメソッドがあればどのクラスでもオブザーバになることができます。ナレッジバンクではknowledgebank.service.event.EventHandlerクラスを新たに作成して、オブザーバとして動作するようにしています。

▶ イベント処理用のオブザーバEventHandler

```
/**
 * イベント処理を行なうオブザーバクラス
*/
@Dependent
public class EventHandler {

    public void handleEvent(@Observes EventItem item){
        logger.log(Level.INFO, "EVENT:" + item.getMessage());
    }

    private static final Logger logger = ➔
Logger.getLogger(EventHandler.class.getName());

}
```

handleEventメソッドを作成し、引数をイベント情報であるEventItemクラスとします。この引数に対して@Observesアノテーションを付与し、インジェクションポイントとして指定します[14]。EventItemを情報として持つイベントが発火された場合、このオブザーバメソッドが起動する、ということになります。

【14】
メソッド引数へのインジェクションのことを「パラメータインジェクション」と呼びます。

■ イベントのフィルタリング

CDIコンテナは、Eventインターフェースに指定された型と@Observesアノテーションが指定された引数の型を比較し、同じものであればすべてのオブザーバクラスに通知を行ないます。ここで気をつけなければならないのは、同じイベント情報を対象とするオブザーバが複数ある場合、すべてのオブザーバが反応してしまうことです。

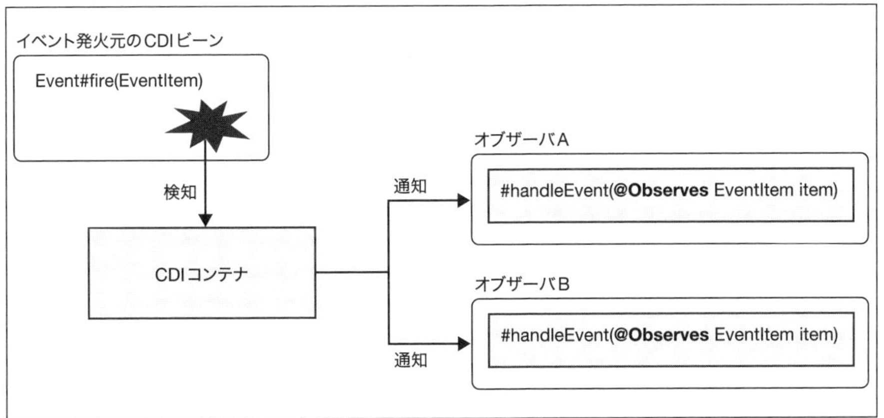

図5.10 複数オブザーバへの通知

図5.10は、共通のイベント情報を扱う複数のオブザーバがあった場合の処理の流れを示しています。EventItem クラスを対象とするオブザーバAとBは、イベント発火により通知を受けると両方が処理を実施してしまいます。

つまり、イベント情報を格納するクラスを共通のクラスとして準備すると、イベントの種別によってオブザーバを分けるのが難しくなってしまいます。そこでCDI限定子を利用します。

CDI限定子を指定すると、必要なイベントだけに反応するようになります。イベントに対するフィルタ処理と考えてもいいでしょう。オブザーバでの指定は以下のようになります。@NewCommentEventQualifierというCDI限定子を作成し、その限定子を引数のアノテーションとして追加します。

▶ オブザーバメソッドへのCDI限定子の指定例

```
  public void handleEvent(@Observes @NewCommentEventQualifier ➔
EventItem item){
    ...
  }
```

これで@NewCommentEventQualifierという限定子の付いたイベントにのみ反応するようになりました。もちろん、イベント発火側のCDIビーンにも限定子が必要です。次のように指定します。

▶ イベント情報へのCDI限定子の指定例

```
@Inject
@NewCommentEventQualifier
Event<EventItem> newEvent;

@Inject
@ChangeCommentEventQualifier
Event<EventItem> changeEvent;
```

新規コメントに対するイベントとして@NewCommentEventQualifierを作成／指定し、コメント編集に対するイベントとして別途@ChangeCommentEventQualifierを作成して、イベントを分けるようにしました。

CDI限定子を使ったイベントのフィルタリングは、共通のイベント情報クラスを設計している場合に利用します。CDI限定子を使用しない場合は、イベント情報のクラスを分割して定義するという方法も考えられます。これは設計時の考慮ポイントとなります。

■ イベント処理の留意事項

現在のオブザーバの利用によるイベント処理は、イベント発火からオブザーバの処理までがすべて同期で実行されます。イベントを発火するクラスとオブザーバに参照関係がないため非同期で実行されるものと勘違いしないように注意が必要です。

参照関係を持たずにプログラムモジュール間における情報のやりとりを非同期で実行したい場合には、次章で説明するJMS（Java Messaging Service）を利用するなど、別の方法を検討する必要があります。

5.5.2 ステレオタイプの利用

ステレオタイプは複数のアノテーションをまとめて指定するためのアノテーションです。これまで見てきたように、CDIを使いこなすには多くのアノテーションを必要とします。アノテーションが増えすぎるとコードが読みづらく、開発者が独自に定義するものが増えると個々のアノテーションの持つ意味をすべて把握する必要が生じます。個々のCDIビーンに対して個別にまとめ役が居てくれるとコーディングも楽になり、可読性も上がるはずです。

ステレオタイプ自身もアノテーションとして定義します。定義したアノテーションに@Stereotypeを付与することで、定義したアノテーションをステレオタイプとして利用できます。

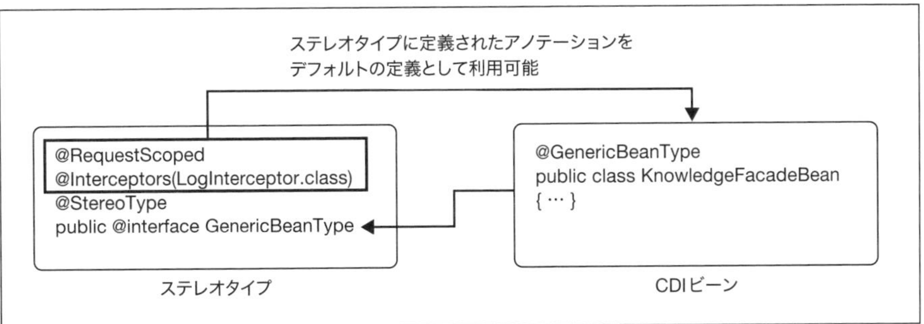

図5.11　ステレオタイプの適用例

図5.11では、ステレオタイプGenericBeanTypeを定義し、@RequestScopedおよび@Interceptorsアノテーション[15]をステレオタイプに定義しています。CDIビーンKnowledgeFacadeBeanは、@GenericBeanTypeアノテーションを定義するだけで、@RequestScopedおよび@Interceptorsアノテーションが付いた状態で利用することができます。

【15】
@Interceptorsアノテーションの詳細については、後述します。

実際のコード例は次のようになります。

▶ ステレオタイプの実装例GenericBeanType

```
package knowledgebank.service.cdi.stereotype;

@Stereotype
@Retention(RUNTIME)
@Target({METHOD, FIELD, TYPE})
@Interceptors(LogInterceptor.class)
public @interface GenericBeanType {}
```

このステレオタイプを使用してビーンを定義します。

▶ ステレオタイプの指定例

```
@GenericBeanType
public class KnowledgeFacadeBean extends AbstractFacadeBean { ··· }
```

また、ステレオタイプによるアノテーション定義は、利用しているCDIビーン側で上書きすることもできます。この場合は、CDIビーン側の定義が優先されます。上記のKnowledgeFacadeBeanのスコープ定義を@RequestScopedから@ApplicationScopedに変更する場合は、以下のように記述します。

▶ステレオタイプで指定されたものを上書きする例

```
// スコープの変更
@ApplicationScoped
@GenericBeanType
public class KnowledgeFacadeBean { … }
```

ただし、あまりCDIビーン側で上書きしすぎるとステレオタイプの意味が薄れてしまいます。ステレオタイプで定義されているアノテーションに対するCDIビーン側での上書き指定は、必要最小限に抑えられるような設計が重要です。

COLUMN

NetBeansでのステレオタイプの生成

NetBeansでは、ステレオタイプの生成のためにテンプレートが用意されています。プロジェクトの右クリックメニューから［新規］→［その他…］を選択し、［コンテキストと依存性の注入］を選択してから、［ファイル・タイプ］から［ステレオタイプ］を選択します。

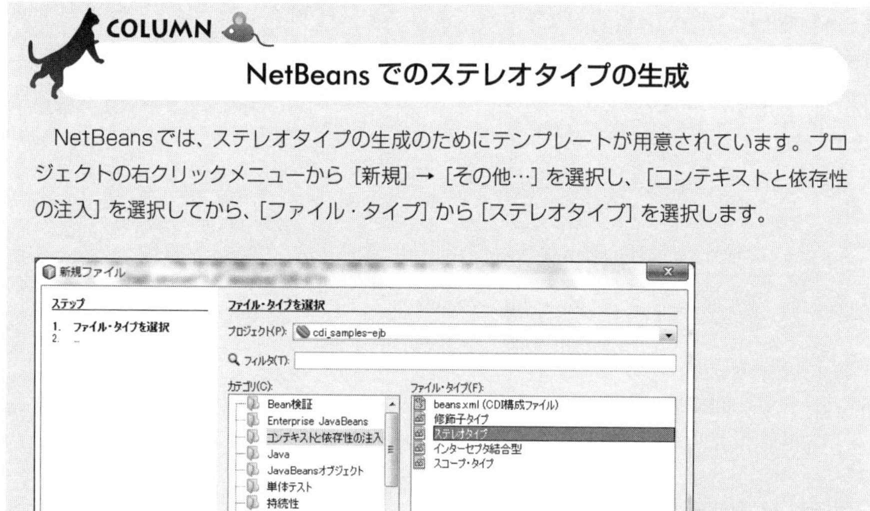

図5.12　NetBeansのステレオタイプ作成ダイアログ

また、CDI限定子での注意事項と同様に、ステレオタイプについても命名規則やパッケージを工夫し、このアノテーションがステレオタイプであるということを明示的に示しておくと、わかりやすいコードになるはずです。たとえば上記の例ではGenericBeanTypeステレオタイプをknowledgebank.service.cdi.stereotypeというパッケージに配置し、名称に「..Type」という接尾辞を付けることで、このアノテーションがステレオタイプ定義であることを表現しています。

5.5.3 プロデューサ／ディスポーザの利用

基本編で紹介したCDIの利用方法の例では、インジェクションポイントに注入するオブジェクトは固定されていました。プロデューサを利用すると、インジェクションポイントに注入するオブジェクトをプログラム上で動的に変更することができます。

また、プロデューサにより生成されたオブジェクトが終了処理の必要なオブジェクトである場合、ディスポーザを利用することで終了処理を記述することができます。

■ プロデューサメソッド

プロデューサはメソッドを作成して実装します。プロデューサ機能を持つメソッドを「プロデューサメソッド」と呼びます。プロデューサメソッドの戻り値と同じ型を持つインジェクションポイントがインジェクション先になります。

第7章以降で解説するJPA（Java Persistence API）では、EntityManagerというクラスを扱います。このクラスを利用するにはPersistenceContextという情報を与える必要があります。以下のようになります。

▶ プロデューサメソッドを利用する前のEntityManagerの取得例

```
public class KnowledgeFacadeBean extends AbstractFacadeBean {
    @PersistenceContext(unitName = "knowledgebankPU")
    private EntityManager em;
    ...
}
```

この取得方法だと、@PersistenceContextアノテーションの属性であるunitNameがハードコーディングされた状態であるため、変更があった場合に対応するには記述を変更する必要があります。

そこでプロデューサメソッドを作成して、EntityManagerクラスの生成を一手に引き受ける役割のクラスを作成しました。

▶ プロデューサの例 EntityManagerProducer

```
// EntityManagerを取得するためのプロデューサ
@Dependent
public class EntityManagerProducer {

    private static final String PROPERTY_FILE = "knowledgebank";
    private static final String PERSISTENCE_CONTEXT = ➡
"knowledgebank.persistenceContext";

    private EntityManager em;

    @ApplicationScoped
    @Produces
    public EntityManager getEntityManager() {

        ResourceBundle resource = ResourceBundle.getBundle(PROPERTY_FILE);
        String persistenceContext = resource.getString(PERSISTENCE_CONTEXT);
        EntityManagerFactory factory = ➡
Persistence.createEntityManagerFactory(persistenceContext);
        em = factory.createEntityManager();
        return em;

    }
}
```

このプロデューサを作成することで、@PersistenceContextアノテーションの属性に対するハードコーディングがなくなりました。変更後のKnowledgeFacadeBeanクラスは以下のようになります。

▶ 変更後のEntityManager取得例

```
@RequestScoped
public class KnowledgeFacadeBean extends AbstractFacadeBean {

// プロデューサから取得するように変更するためコメントアウト
//    @PersistenceContext(unitName = "knowledgebankPU")
    @Inject
    private EntityManager em;
```

```
        ...
    }
```

CDIビーンであるKnowledgeFacadeBeanはデータベース接続が必要であるため、EntityManagerは必須です。コメントアウトしてある部分は元々のソースコードで、わざと残してあります。@PersistenceContextアノテーションにおけるunitName属性の値（knowledgebankPU）をハードコーディングしてあったものがプロデューサの定義によりプロパティファイルに移動し、上記のように動的に制御可能になりました。

テスト用途のデータベース接続が別の定義として必要な場合、プロデューサメソッド内で判断用の処理を入れるか、別の名称のCDI限定子を付与したプロデューサメソッドを準備するなどすることで、より柔軟な制御が可能になります。

このように、プロデューサの利点は「インジェクションするオブジェクトを動的に制御できる」点にあります。インジェクションポイントをインターフェースで定義し、プロデューサメソッド内で条件に応じて実装クラスを選択して返す仕組みを作ることで、プログラムの幅が広がります。

上の例では、プロデューサメソッドのgetEntityManager()に@ApplicationScopedが付与されていることに注意してください。プロデューサメソッドのスコープ定義には特に注意を払う必要があります。デフォルトは@Dependentですが、さまざまなスコープのCDIビーンから呼び出されることが考えられるため、デフォルト指定の@Dependentの指定のままにしておくと、プロデューサメソッドで返すオブジェクトのスコープが変わってしまいます。プロデューサメソッドに対してはきちんとスコープを定義し、オブジェクトが長期間ヒープ上に生存したり、本来消えてはいけないタイミングで参照が消えるなど、予期しない動きをしないようにしておくことが大切です。特に上記の例ではアプリケーション単位で動作するEntityManagerのオブジェクトを扱っているため、@ApplicationScopedが定義してあります。

COLUMN

@Producesをフィールドに付与する例

実は@Producesアノテーションは変数に付与することも可能です。上記の例ではプロパティファイルに記述された名称のPersistenceContextを利用し、EntityManagerをメソッドから呼び出していましたが、次のコード例にあるように、変数をプロデューサとして定義して利用することもできます。

▶ プロデューサフィールドの定義例

```
@Dependent
public class EntityManagerProducer {

    @PersistenceContext(unitName="knowledgebankPU")
    @Produces
    private EntityManager em;

}
```

こちらのコードのほうが簡単なように見えます。本文の例とほぼ同じことを実現できていますが、動的な選択を可能にするのがプロデューサの利点であるため、メソッドによるプロデューサの実装であるほうがより柔軟です。

■ ディスポーザ

ディスポーザはその名のとおり“掃除屋”です。プロデューサメソッドとともに利用します。プロデューサメソッドで作成したオブジェクトに終了処理などが必要な場合、対比する形のメソッド（これをディスポーザメソッドと呼びます）を記述することで、終了に必要な処理を実施することができます。

以下のコード例は、前述のプロデューサメソッドで提供されたEntityManagerクラスの終了処理を行なうためのディスポーザです。プロデューサの例で記したときと同じクラスであるEntityManagerProducerクラスに記述します。

▶ ディスポーザメソッドの例

```
    public void closeEntityManager(@Disposes EntityManager em) {
        logger.log(Level.INFO, "::: ENTITYMANAGER IS CLOSED! ::: " ➔
+ System.identityHashCode(em) + " on " + System.identityHashCode(this));
        em.close();

    }
```

@Disposesアノテーションは、@Producesに連動する特殊なインジェクションポイントです。対応するプロデューサメソッドを介して対象のオブジェクトを取得するので、プロデューサメソッドとディスポーザメソッドでは同じオブジェクトを扱うようにする必要があります。

5.5.4 インターセプタとデコレータ

この項では、インターセプタとデコレータについて解説します。いずれも、すでに作成済みのメソッドの処理に対して、外部のクラスを用いてその処理の前後や、処理内容に変更を加えることのできる技術です。

インターセプタは、メソッドやコンストラクタの実行を契機として、その実行の前後に任意の処理を追加で実行します。一方、デコレータは、対象となる処理そのものを別のクラスで行なうように変更します。

アプリケーションを開発する際、ログや処理時間計測、例外処理など、アプリケーションに必要な機能の要件以外の処理コードを書く機会は多いと思います（むしろそのようなコードのほうが多いかもしれません）。これらすべてが本来実行したい処理と混在していると、本来その処理が持っている機能要件が埋もれてしまい、ソースコードの可読性は著しく低下します。インターセプタやデコレータを利用することで、本来実行したい処理と運用管理上必要な処理（ログや時間計測）を分割したり、新たな処理の追加や委譲を既存のコードを変更することなく実装できるようになります。

■ インターセプタ

インターセプタは、対象となる処理の前後やライフサイクルに応じて処理を行なうための仕組みです。実際にどのようなものなのかは、シーケンス図で示すのが一番わかりやすいでしょう（図5.13）。

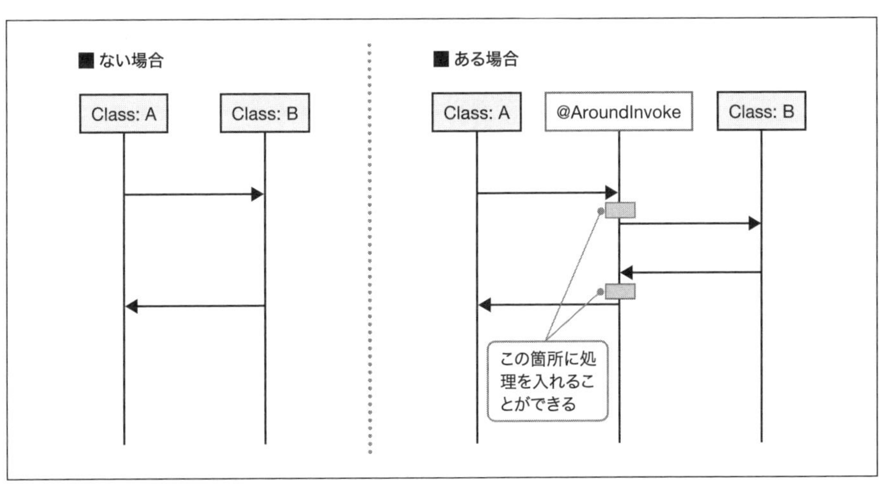

図5.13 インターセプタの概念を示すシーケンス図

図5.13は、@AroundInvokeアノテーションを利用したインターセプタについて解説したものです。呼び出し元のクラスAから別のクラスBを呼び出す際に、メソッド実行の前後に処理を入れることができます。

インターセプタは大きく分けて3種類あります。

1. ビジネスメソッド[16]の実行を対象としたもの
2. タイムアウトを対象としたもの
3. オブジェクトのライフサイクルに関するもの(ライフサイクルコールバック)

【16】
ここではインターセプタの対象となるメソッドをこう表記します。

上記のうち、2.および3.はインターセプタが動作するための条件が決まっています。1.はクラス定義もしくはメソッドを対象として、特定の位置にインターセプタを設定することができます。それぞれの起動のタイミングを表5.3にまとめてみました。

表5.3 インターセプタの種類

アノテーション名	対象	起動するタイミング
@AroundInvoke	ビジネスメソッド	メソッド実行の前後で起動する
@AroundTimeout	タイムアウト	timeoutメソッドの前後で起動する
@PostConstruct	ライフサイクル	コンストラクタが起動したあとで処理をする
@PreDestroy		オブジェクトがコンテナから削除される前に処理をする
@AroundConstruct		コンストラクタ実行の前後で起動する

@AroundInvokeを利用した例がナレッジバンクアプリケーションにあります。メソッド実行の前後で時間を記録し計算することで、インターセプタ対象のメソッドの実行時間を計測するようにできています。

▶ インターセプタ@AroundInvokeの実装例 LogInterceptor

```
@Interceptor
public class LogInterceptor {

    private static final Logger logger = ➲
Logger.getLogger(LogInterceptor.class.getName());

    /**
     * 引数なしコンストラクタは必須
     */
    public LogInterceptor(){
```

```
    }

    /**
     * @param context
     * @throws Exception
     */
    @AroundInvoke
    public Object turnAroundTimeLog(InvocationContext context) ➡
throws Exception {

        long before = System.nanoTime();
        Object ret = context.proceed();  // 対象のメソッドを実行
        long after = System.nanoTime();

        Class clazz = context.getMethod().getDeclaringClass();
        Method method = context.getMethod();
        logger.info(clazz.getCanonicalName() + "#" + method.getName() + ➡
"() was invoked, elapsed :" + (after - before) + "nsecs.");
        return ret;

    }
```

インターセプタのメソッドの引数であるInvocationContextに注目してください。これはインターセプタの対象となったオブジェクトの情報を持っているクラスです。対象になったインスタンス、メソッドの情報などをInvocationContextクラスを介して取得できます。

上記のコードは@AroundInvoke によりメソッドの実行の前後に処理を行なうものです。@PostConstructなどコンストラクタに紐付くインターセプタについては、該当クラスの初期化やプロパティ呼び出しなどの処理を入れるなどが使用例として考えられます。

インターセプタはこのように業務処理とは直接関係のない処理を実装するために利用することを推奨します【17】。

【17】
Java EE Tutorialでもログ、監査、プロファイリングが主な用途である旨が書かれています。

インターセプタは作成するだけでは利用できません。対象となるビジネスメソッドを明示的に指定する必要があります。インターセプタの定義方法は2通りです。

1. ソースコードに直接アノテーションで指定する
2. 設定ファイル（デプロイメントディスクリプタ）で定義する

ソースコードにアノテーションを指定する場合は、インターセプタ結合型を用いる方法と、インターセプタを対象クラスに直接指定する方法があります[18]。直接指定する場合は以下のように@Interceptorsアノテーションを使い、作成したインターセプタクラスを直接指定します。複数指定することもできます[19]。

【18】
インターセプタ結合型を用いる方法を推奨しますが、本書では直接指定する方法のみを紹介しています。インターセプタ結合型の解説を含めた文章は、サンプルコード同梱のファイル「インターセプタ結合型および実行順序制御について.pdf」を参照してください。

【19】
定義した順番でインターセプタがセットされます。

▶ インターセプタの設定例 (アノテーション)

```
@Interceptors(LogInterceptor.class)
public void send(long knowledgeId, KnowledgeComment comment){…}
```

設定ファイルで指定する場合には、ターゲットがCDIビーンの場合にはbeans.xmlに記述します[20]。

【20】
ターゲットがEJBの場合はejb-jar.xmlに記述します。

▶ インターセプタの設定例 (beans.xml)

```
<beans>
  <interceptors>
    <class>knowledgebank.service.interceptor.LogInterceptor</class>
  </interceptors>
</beans>
```

COLUMN

どこでインターセプタの定義をするか

実は筆者[21]は設定ファイルで定義するほうが好みです。インターセプタクラスはアプリケーションの主たるロジックに影響を与えない処理を実装するのがセオリーです。

それを指定するために主たるクラスに「インターセプタはこれです」とアノテーションを付与するのはナンセンスであると思うわけです。インターセプタの入れ替えを行ないたい場合や追加の際にも付与対象のクラスを直接書き換え、コンパイルしなければならず、それを避けたい場面はたくさんあるのではないか、と想像しています。

【21】
あくまでこの章を担当した羽生田の意見であり、実際の開発現場ではいろいろな考え方があると思います。

■ デコレータ

インターセプタはある処理の前後に処理を加える仕組みでしたが、デコレータは機能追加を行なうための仕組みです。インターフェースの特性を用いて、既存の特定の処理に対して機能追加や委譲を行なうための仕組みです。作成するための手順は以下のようになります。

1. ビジネスロジックのインターフェース（下記サンプルではNotifier）を準備する
2. 1.で作成したインターフェースの実装クラス（サンプルではMailBean）を準備する
3. デコレータクラスを作成する。1.のインターフェースを実装し、かつインターフェースの変数を受け取るためのインジェクションポイント（デリゲートインジェクションポイント）を準備する（サンプルではNotifierDecorator）
4. beans.xmlにデコレータを登録する

ナレッジバンクアプリケーションに登録されたナレッジにコメントした際、通知するための機能をデコレータで実装することにします。通知方法は複数の方法（ログアラート、メールなど）が検討できるので、「通知を行なう」という機能だけを宣言するためにNotifierインターフェースをまず作成します。コード例は以下のようになります。

▶「通知する」という機能を表現するインターフェースNotifier

```
public interface Notifier {

    public void send(long knowledgeId, KnowledgeComment comment);

}
```

ナレッジバンクアプリケーションでは、通知をメールで飛ばすことができるようにしてあります。このために、ビジネスロジックの実装ではMailBeanクラスを作成します。MailBeanクラスはNotifierインターフェースを実装し、sendメソッドを記述します。サンプルではメールを送信する代わりにログを出力するようにしてあります。

▶ Notifierの実装クラスMailBean

```
public class MailBean implements Notifier{
    ...

    @Override
    public void send(long knowledgeId, KnowledgeComment comment){

        logger.info("メールを送信しました To:" + knowledgeId + " comment:" ➡
+ comment.getMessage());

    }
```

次に、デコレータクラスNotifierDecoratorを作成します。クラスに@Decoratorアノテーションを付与し、デコレータクラスであることを示します。デコレータクラスは、デコレーションの対象であるMailBeanと同様にNotifierインターフェースを実装する必要があります。

次にデリゲートインジェクションポイントとして、Notifier型の変数notifierをデコレータクラス内に宣言します。@Delegateアノテーションを付与することで、デコレーションするオブジェクトがインジェクションされるように指定します。

▶ デコレータクラスNotifierDecorator

```
@Decorator
@Dependent
public class NotifierDecorator implements Notifier {

    @Inject
    @Delegate
    Notifier notifier;

    @Override
    public void send(long knowledgeId, KnowledgeComment comment) {

        logger.log(Level.INFO, "-- decorating --");
        String message = comment.getMessage();
        message += "..";
        comment.setMessage(message);
        notifier.send(knowledgeId, comment);
        logger.log(Level.INFO, "-- decorated --");

    }
    ...
```

最後に、beans.xmlにデコレータの設定を追加します。

▶ beans.xmlにおけるデコレータの設定例

```
<beans xmlns="http://xmlns.jcp.org/xml/ns/javaee"
       xmlns:xsi="http://www.w3.org/2001/XMLSchema-instance"
       xsi:schemaLocation="http://xmlns.jcp.org/xml/ns/javaee ➡
http://xmlns.jcp.org/xml/ns/javaee/beans_1_1.xsd"
       bean-discovery-mode="annotated">
```

```
    <decorators>
        <class>knowledgebank.service.interceptor.NotifierDecorator</class>
    </decorators>
</beans>
```

ソースを見ていただくとわかるとおり、作成したNotifierDecoratorクラスの役割は「Notifierインターフェースを実装したクラスがsendメソッドで通知を行なうとき、通知内容に“..”という文字列を追加する」ことです。デコレータの持つ対象範囲に着目してください。作成したNotifierDecoratorはMailBeanに限らず、「Notifierインターフェースを実装しているクラスすべて」に対して機能追加できることを意味しています。クラス図で関連を示すと図5.14のようになります。

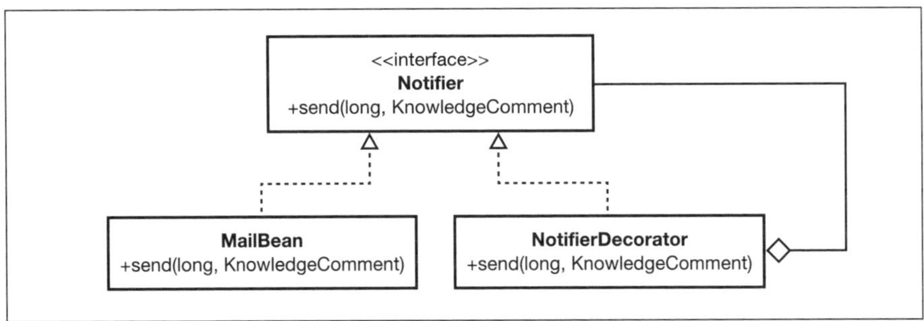

図5.14　デコレータに関するサンプルのクラス図

例は非常に単純な例にしてあるため、デコレートというよりもインターセプタでも代替可能な内容の実装をしていますが、実際には委譲元のメソッドの戻り値や引数に手を加えたり、元の処理は変わらないが変更の余地がある処理（税金や手数料の計算など）を行なったりするのが主な使用例です。

特筆すべきは、委譲元のクラス（上記ではMailBean）にはなに手を加えずに機能拡張を行なっている点です。既存のクラスの機能拡張を行ないたい場合、そのクラスを拡張したクラスを作成しメソッドをオーバーライドして……という形で実装することは多いと思いますが、このようなやり方があることを知っておくとよいでしょう。

デコレータの注意点

デコレータを利用するうえで気をつけるべきなのは、元の処理になにも手を加えずに処理の変更内容を実装するため、トラブルシュートなどで気づきにくい点です。

また、委譲を行なうことが基本的な考え方にあるので、元の処理のためのインターフェースが必要になります。デコレータの活用を前提とするのであれば、インターフェースを含めた設計を先にしておくと以降の実装が楽になります。

5.6 まとめ

CDIに関わる事項の説明は以上です。機能が非常に豊富であることと、ルールに基づいた設計と実装が必要であることをご理解いただけたと思います。もちろん、すべての機能を利用する必要はありませんが、アプリケーションを設計するうえで適合するパターンを見つけ、実装していくのもCDIを使ったアプリケーション作成の醍醐味とも言えるでしょう。

Chapter

6

ビジネスロジック層の開発
——EJBの利用

本章では、前章のCDIに続いて、EJBについて解説していきます。EJBはビジネスロジック層を担当する部品として、広く利用されてきました。CDIと比較すると、EJBの役割は限定的である反面、使用方法やルールは明確です。EJBの役割とその範囲に留意しながら読み進めてみてください。

6.1 Enterprise Java Beans (EJB)

6.1.1 EJBとは

Enterprise Java Beans（EJB）とは、アプリケーションサーバー上で動作するJavaのプログラムのうち、特に「ビジネスロジック」を担当する部品を指します。EJBは、サーブレットやJSF、Webサービスなどアプリケーションサーバー外からのリクエストを受け付ける層と、データベースなどへ情報の永続化を行なう層の中間の層の部品として機能します。

EJBはJavaクラスとして作成します。インスタンスの生成と破棄はEJBを管理するEJBコンテナ（後述します）が担当するため、プログラマは部品（ビジネスロジック）をEJBの処理として組み立てておき、デプロイするだけで利用することができます。

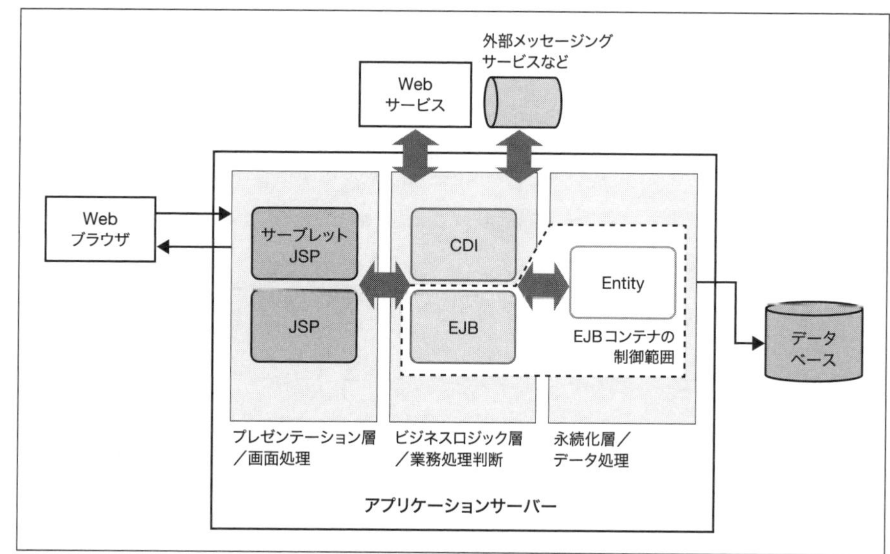

図6.1　アプリケーションサーバーにおける各層の役割

図6.1はアプリケーションサーバーにおける各層の役割とEJBの位置付け、EJBコンテナの制御範囲を示しています。

ビジネスロジック（EJB）層の役割は、アプリケーションサーバーの外部からのリクエストを含むさまざまな層からの要求を受け付け、処理することです。また、この役割を果たすために、データベースに対する処理に一貫性を持たせる役割（トランザクション制御）を担っています。

このような層の必要性は古くから認識および議論されてきており（EJBの初回リリースである1.0が発表されたのは1998年のことです）、歴史の長い部品の1つであると言えるでしょう。

長い歴史を経て、現在のEJB 3.2は以下の機能を持つに至りました。

1. トランザクション制御
2. Java Persistence API（JPA）を介した永続化処理
3. Java Messaging Service（JMS）を介したメッセージ駆動処理
4. 非同期実行制御
5. 同時実行制御
6. スケジュールに基づいた実行
7. JNDIを介したインスタンス取得（現在はアノテーションを利用）
8. リモートクライアントからの実行
9. セキュリティ

このように、EJBは多彩な機能を搭載しています。本書では、上記のうち1.から6.の項目について解説しています。

EJBは設計がとにかく重要です。設計のポイントを見誤り開発を続けた結果、EJBが悪者になってしまった例を筆者は何度も見てきました。この章は、まずEJBの基本を知り、そのうえで設計に関する留意事項を紹介する形で進めます。

6.1.2 EJBの利点

この項ではEJBに対する理解を深めるために、ちょうど良い教科書の1つであるJava EE Tutorial（http://docs.oracle.com/javaee/7/tutorial/）を借りながら、その利点について検討してみます。

■ 利点

Java EE Tutorialによれば、EJBの利点は3つ挙げることができます。

1. EJBコンテナがシステムレベルのサービスを提供してくれるため、開発者はビジネスロジック[1]の構築に集中できる
2. クライアントとの分離。クライアントにはビジネスロジックを実装する必要がない
3. Java EE準拠のアプリケーションサーバー上であればどこでも動く

【1】原文ではbusiness problemと表記されています。

では、以下で1つずつ解説していきましょう。

1. EJBコンテナがシステムレベルのサービスを提供してくれるため、開発者はビジネスロジックの構築に集中できる

EJBコンテナとは、EJBを動かすために必須の機構です。通常はアプリケーションサーバー（GlassFishなど）がEJBコンテナとしての役割を担います。EJBコンテナの仕事で一番大きなものは、トランザクションの制御と、EJBとして記述したクラスのインスタンスの生成／実行と破棄です。インスタンスの生成やトランザクションの制御（システムレベルのサービス）を、開発者が実装することなく、設定次第できちんと動作する仕組みをEJBコンテナが提供してくれます。

2. クライアントとの分離。クライアントにはビジネスロジックを実装する必要がない

EJBにビジネスロジックを記述し、EJBコンテナ上でビジネスロジックを実行するため、引数と戻り値を除いてクライアント側でなにか特別な実装を必要とすることはほとんどありません。ここでいうクライアントとはEJBの呼び出し元を指します。サーブレット／JSP、JSFマネージドビーン、CDIビーン、他のEJB、リモートEJBクライアントなどが該当します。

3. Java EE準拠のアプリケーションサーバー上であればどこでも動く

これは「write once, run anywhere（一度書けば、どこでも動く）」というJava言語そのものの利点でもあるため説明不要ですが、実はEJBについては一筋縄ではいかないようです。商用アプリケーションサーバーの多くではEJBの拡張機能を提供している場合が多くあり、実際にはアプリケーションサーバー移行などにおける重大な考慮点となっています。つまりこの利点にはこのような注意点があるということです。

■ いつ利用するか

EJBの位置付けと利点を紹介しました。

では、EJBを選択するかどうかはどのように決めればよいのでしょうか。すでに前章で紹介したCDIや、他の技術と比較していくにはどのようなケースを想定しているべきでしょうか。EJBを積極的に選択するポイントとして、Java EE Tutorialでは以下が挙げられています。

1. アプリケーションにスケーラビリティが求められる場合
2. トランザクションによるデータの独立性（integrity）が求められる場合
3. クライアントが数種類存在する場合

1. アプリケーションにスケーラビリティが求められる場合

これはEJBの最大の利点と言ってもよいでしょう。後述するステートレスセッションビーンは、クライアントのリクエストに応じて、インスタンスをいくつでも作成できます。アプリケーションサーバーのメモリ領域が許す限り[2]、処理をスケールさせることができます。

[2] 当然ながら、Java VMの許す限りです。

2. トランザクションによるデータの独立性（integrity）が求められる場合

EJBはメソッドを単位としてトランザクション制御を行なうことができます。メソッドが呼び出されるとトランザクションが自動で開始され、メソッドが終了すると開始したトランザクションは自動でコミットもしくはロールバックされます。メソッドが呼ばれたときにトランザクションがすでに開始している場合は、そのトランザクションを引き継いで処理を実行することも可能です。リクエストに紐付いてその独立性が保たれるため、設計者やプログラマがトランザクションの独立性について頭を悩ます必要がありません。

3. クライアントが数種類存在する場合

アプリケーションの設計によっては、EJBを呼び出すクライアントが数種類存在する可能性があります。同一の処理をサーブレットまたはリモートクライアントから、あるいはWebサービスやバッチ処理から呼び出すことが考えられますが、すべて同じEJBで処理を行なうことが可能です。クライアントの種別に依存した別々の実装を作成する必要はありません。

6.1.3 EJBの種類

EJBは大きく分けて3つの種類があります。セッションビーン、メッセージドリブンビーン、タイマー[3]です。次節以降ではこの3種類のEJBそれぞれについて解説していきますが、ここでそれぞれの特徴について簡単にまとめておきます（表6.1）。

【3】
タイマーはセッションビーンの一部ですが、利用方法が少し特殊であるため、本書では種類を分けて考えることにしています。

表6.1　EJBの種類

EJBの種類	主な用途
セッションビーン	ビジネスロジックを実装するためのEJB。さらにステートレス、ステートフル、シングルトン、タイマーに分かれ、情報の保持やライフサイクルがそれぞれ異なる
メッセージドリブンビーン	キューやトピックなどから情報を取得する特殊なEJB
タイマー	時間を指定して起動する、特殊なセッションビーン。アプリケーションサーバー上に常駐し、定められたタイミングでのみ実行される

6.2 セッションビーン

最初に、EJBの主要な役割を担うセッションビーンについて解説します。

6.2.1 セッションビーンとは

セッションビーンは、EJBの中核を成すコンポーネントです。表6.2のとおり、セッションビーンには複数の種類があり、それぞれ特徴がまったく異なります。処理の仕組みがまったく変わってしまうため、よく理解し、アプリケーションにとって適切なものを選ぶようにしましょう。

6.2.2 セッションビーンの種類

セッションビーンはその動作と用途、ライフサイクルによって3つに分かれています。表6.2を見てください。

表6.2 セッションビーンの種類

種類	特徴
ステートレスセッションビーン	ステート、つまり状態を持たないコンポーネント ・Webページのリクエスト／レスポンスのオンライン処理と相性が良い ・リクエストに応じてコンテナにより生成され、処理が終われば破棄されても問題がない[4]
ステートフルセッションビーン	ステートを持つコンポーネント ・ステートレスと比較して用途は特殊。画面遷移に紐付く情報などを保持する ・処理は継続的に実施されるためオンライントランザクションの処理には向かない ・シングルトンではないのでクライアントごとに複数インスタンスが存在する ・ライフサイクルを制御するためのメソッドがあり、ライフサイクルを意識した作りにする必要がある
シングルトン	・アプリケーション上に単一のインスタンスしか存在しない ・アプリケーション全体に共通する属性の保持や処理に利用できる
タイマー	・時間を指定して起動する部品（詳細は「6.4 タイマー」を参照）

[4] 一般的には、アプリケーションサーバーがプールを持ち、使いまわします。

どの種類のセッションビーンを利用するかは、アプリケーションに必要な処理がどのようなものかを検討してから決定することになります。そのため、各セッションビーンのライフサイクルについて知る必要があります。各セッションビーンの解説の中でそれぞれのライフサイクルに言及しています。

6.2.3 ステートレスセッションビーン

ステートレスセッションビーンは一番よく利用されるEJBであり、ごくシンプルで基本的なEJBです。

■ ステートレスセッションビーンの定義

ステートレスセッションビーンを作成するには、@StatelessアノテーションをPOJO[5]クラスに付与します。このアノテーションが付いていると、EJBコンテナ、つまりアプリケーションサーバーはこのクラスをステートレスセッションビーンとして取り扱います。下記のコード例では、単純なクラスのクラス宣言に@Statelessアノテーションを付与し、ステートレスセッションビーンとして記述しています。

[5] Plain Old Java Objectの略で、特定の条件に縛られない普通のクラス定義のことです。

▶ ステートレスセッションビーンの設定例

```
@Stateless
public class MyStatelessBean { ··· }
```

public宣言されているメソッドであれば、EJBクライアントから呼び出すことができます。先ほどのステートレスセッションビーンにpublic宣言されたメソッドを追加してみます。メソッドに対して特別なアノテーションは必要ありません。当然ながら、private宣言されているメソッドは、EJBを呼び出すクライアントからは参照することができません。

▶ ステートレスセッションビーンのメソッド定義例

```
@Stateless
public class MyStatelessBean {

  public String sayHello(){
    return "Hello EJB!";
  }

}
```

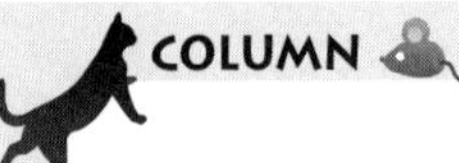

EJBのメソッド定義に関する制約

メソッドの定義については、以下のような制約があるので注意してください。

- メソッド名は「ejb」で始まってはいけない
- 公開メソッドはpublicであるべきである
- メソッドはstaticもしくはfinalであってはいけない

これらの制約については、最近では統合開発ツールなどを用いていると自動で判別して注意してくれることがあるかもしれません。その場合でも"そもそもなぜこの制約があるのか"について考えてみてください。実際にはEJBのライフサイクルと関連があることがわかります。

EJBコンテナは@Statelessアノテーションが付与されたクラスをステートレスセッションビーンとしてアプリケーションサーバー上で利用可能な状態にします。

EJBを呼び出す際には、EJBを呼び出すクライアント（サーブレットやJSFマネージドビーン、CDIビーンなど）で@EJBアノテーションを利用します。@EJBアノテーションは、前章で紹介した@Injectと同様に、この変数が特定のEJBのインジェクションポイントであることを示します。インジェクションするオブジェクトがEJBのときにはこのアノテーションを利用します。なお、後述するステートフルセッションビーンの呼び出しも同様です。

▶ **@EJBアノテーションを使ったEJBの呼び出し例**

```
@EJB
MyStatelessBean bean;

bean.sayHello();
```

ステートレスセッションビーンは、EJBクライアントからの呼び出しの量に応じて作成されます。つまり、呼び出しが増えれば増えるほどたくさん作成されることになります。

ほとんどのアプリケーションサーバーはセッションビーンを蓄えておくプールを持っていて、そこからリクエストに応じてセッションビーンを割り当てます。図解すると、図6.2のようになります。

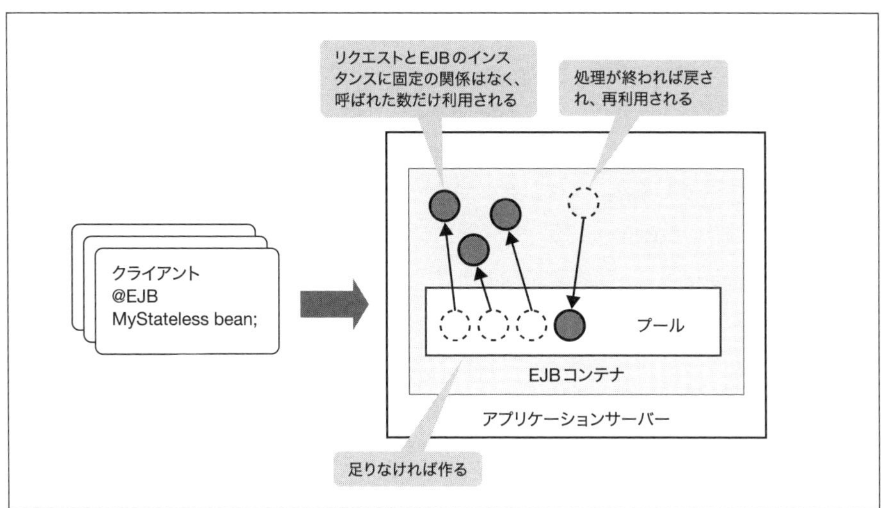

図6.2　ステートレスセッションビーン概要図

ステートレスセッションビーンのインスタンスは、処理が終わればプールに戻されます。ただし、インスタンス変数など、インスタンスが作成されるたびに個別のメモリ領域を必要とする変数については少々注意が必要です。たとえば、極端にインジェクションを行なう変数が多いケースを考えてみましょう。

▶ 極端にインジェクションポイントの多いEJBの例

```
@Stateless
public class XxxBean {

  @EJB
  AaaBean abean;

  @EJB
  BbbBean bbean;

  @EJB
  CccBean cbean;

  // 以下多数の@EJB宣言と変数が続く

  @EJB
  ZzzBean zbean;

}
```

このとき、変数にインジェクションされるEJBが後述するシングルトン（@Singletonアノテーションを付与されたもの[6]）ではない場合、セッションビーンの呼び出しが行なわれるとすべてのインジェクションポイントに対して新規にインスタンスが作成され、代入されます。Java VMにとってインスタンスの生成コストは負荷が大きいため、インジェクションポイントを多数持つEJBクライアントがあると、非効率なアプリケーションとなってしまいます。

【6】
@Singletonは「6.2.5　シングルトンセッションビーン」で詳しく解説しますが、アプリケーション上で1つしかインスタンスを持たないセッションビーンのことです。

かといって、インジェクションされるものすべてに@Singletonを指定すればよいというわけではありません。シングルトンでなければいけないものだけを指定するべきであり、インジェクションする必要があるものであるかどうか、そもそもそのクライアントに多数のインジェクションポイントが存在すること自体を見直すべきです。

■ @Statelessアノテーションの属性

@Statelessアノテーションには、属性として表6.3のオプションがあります。基本的にはどの属性も指定する必要はありません。

表6.3 @Statelessアノテーションの属性

属性名	説明
description	EJBに対する説明文を記述する
mappedName	必要があれば特定の名称を指定する（通常使用しない）
name	EJBの名称

アプリケーションサーバーによっては、これらの値を管理画面などに利用することがあります。必要に応じて定義しましょう。

6.2.4 ステートフルセッションビーン

ステートフルセッションビーンを作成するには、@Statefulアノテーションを利用します。ステートレスセッションビーン同様に、POJOクラスに@Statefulアノテーションを記述するだけで実装できます。

▶ステートフルセッションビーン設定例

```
@Stateful
public class MyStatefulBean { ··· }
```

公開するメソッドに関する決まりごともステートレスセッションビーンと同様です。ただし、その特性上、以下の点に留意する必要があります。

- クライアントごとにステートフルセッションビーンのインスタンスが作成される

これはとても重要な点です。前述のステートレスセッションビーンは、クライアントの数とセッションビーンの数には直接の関係はありませんでした。ステートフルセッションビーンはクライアントの数と密接に関係があります。図6.3のようになります。

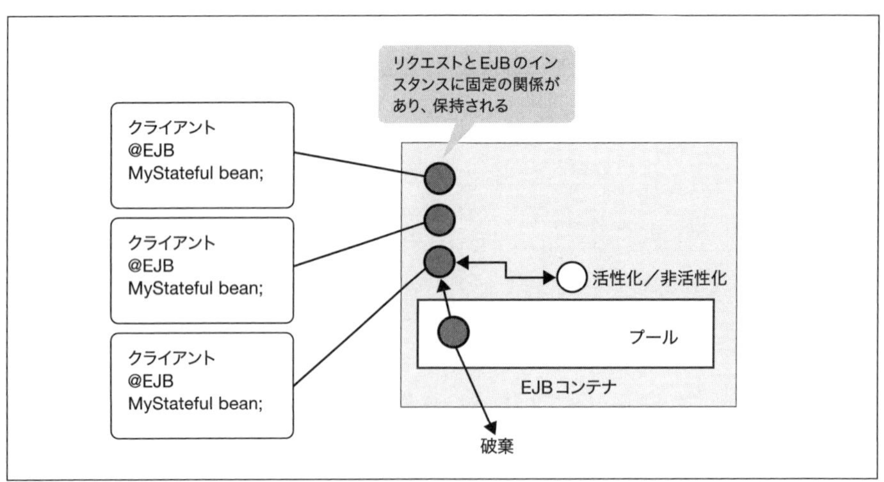

図6.3　ステートフルセッションビーン概要図

EJBクライアントの呼び出しに応じて、EJBコンテナは固定の関係を持つセッションビーンのインスタンスを作成します。これはクライアントとのセッション（HTTPセッションではありません）がなくなるか、セッションビーンが破棄されるまで関係が保たれます。

COLUMN

ステートフルセッションビーンとサーブレット

1つ例を挙げましょう。サーブレットからステートフルセッションビーンを呼ぶコードは、個々のリクエストと紐付けた設計にしてはいけません。サーブレットは基本的にインスタンスが1つ作成され、リクエストスレッドにより1つのインスタンスが利用されるモデルです。このため、ステートフルセッションビーンの側から見るとクライアントは常に1つです。異なるHTTPリクエストに共通の情報を取り扱う場合には問題ありませんが、個々のリクエストに対して個別の情報を保持するためには利用できません（シングルスレッドモデルを採用している場合は別ですが、余分な負荷をアプリケーションサーバーに与えることになるため、おすすめしません）。

■ ライフサイクルの制御

ステートフルセッションビーンの特徴として、セッションビーンのライフサイクルを管理するメソッドの存在が挙げられます。ステートフルセッションビーンのライフサイクルは以下のようになっています。

1. 新規リクエストに対してインスタンスが作成される
2. セッションビーンが活性化される
3. セッションビーンのインスタンスに対する呼び出しが一定時間ないか、条件を満たすと非活性化される
4. 条件に応じて破棄される

このライフサイクルを先ほどの図を使って表現してみると、図6.4のようになります。

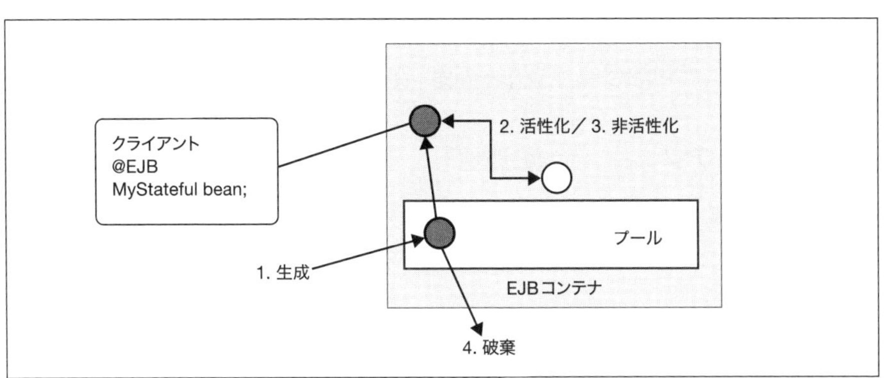

図6.4　ステートフルセッションビーンのライフサイクル

「活性化（activate）」「非活性化（passivate）」について少し解説をします。ステートフルセッションビーンは、一定時間アクセスのない状態が続くと非活性化されます。このとき、ステートフルセッションビーンのオブジェクトはシリアライズ処理され、アプリケーションサーバーが管理する領域（通常はメモリ外のどこか）に保管されます。非活性化されたステートフルセッションビーンが再度必要になると、今度は保管された領域から復帰させるためにデシリアライズ処理がされ、メモリ上に復帰します。

ステートフルセッションビーンはこのような、クラスが生成されたり、活性化されたりといったタイミング（ライフサイクル）の挙動に合わせて「ライフサイクルコールバック」と呼ばれるメソッドを定義できます。以前のバージョンのEJB 2.xではメソッド名が固定で決められていましたが、現在は表6.4のアノテーションを指定したメソッドがライフサイクルコールバックのメソッドとして呼び出しされます。

表6.4　ステートフルセッションビーンのライフサイクルコールバックメソッド

アノテーション名	呼ばれるタイミング
@PostConstruct	コンストラクタが呼ばれた後
@PostActivate	活性化された後
@PrePassivate	非活性化される前
@PreDestroy	破棄される前
@Remove	破棄を行なう際（@PreDestroyの後）

@Removeアノテーションが付与されたメソッドに注目です。ステートフルセッションビーンで使用したリソース（たとえばファイル用のクラスなど）で処理が中途半端にならないよう、インスタンス変数などの終了処理をここに実装しましょう。

■ @Statefulアノテーションの属性

@Statefulの属性は、passivationCapable属性を除いて@Statelessと同様です（表6.5）。passivationCapable属性はEJB 3.2以降で利用でき、非活性化を防止するときに効果を発揮します。

表6.5　@Statefulの属性

属性名	説明
description	EJBに対する説明文を記述する
mappedName	必要があれば特定の名称を指定する（通常使用しない）
name	EJBの名称
passivationCapable	非活性化を許可するかどうか

非活性化の防止はステートフルセッションビーンの設計と関係があります。前述のように、活性化および非活性化は、オブジェクトのシリアライズとデシリアライズを伴う処理です。ステートフルセッションビーンのインスタンス変数にシリアライズ可能でないものが含まれていると、その状態は保証されず、シリアライズおよびデシリアライズのタイミングで失われる可能性があります。これを事前に防ぐための機能としてこの属性があるのです。

6.2.5 シングルトンセッションビーン

シングルトンセッションビーンは前述のとおり、アプリケーション上に1つだけ存在するセッションビーンです。利用するにはPOJOクラスに@Singletonアノテーションを付与します。ナレッジバンクのアプリケーションにある、knowledgebank.service.SetupBeanは@Singletonを付与したシングルトンセッションビーンの実装例です。

▶ シングルトンセッションビーンの使用例

```
@Singleton
@Startup [7]
public class SetupBean {

  private static final String PROPERTY_FILE = "knowledgebank";
  private ResourceBundle resource;

  @PostConstruct
  public void setup(){
          resource = ResourceBundle.getBundle(PROPERTY_FILE);
  }

  /**
   * キーに紐付く設定値を返却する
   * @param プロパティのキー名称
   * @return プロパティ設定項目
   */
  public String get(String key){
      return resource.getString(key);
  }

}
```

[7]
詳細については、次ページのコラム「@Startupアノテーション」を参照してください。

SetupBeanは、リソースバンドルを利用してアプリケーションの設定を読み込む機能を持ったセッションビーンです。アプリケーションが必要とする設定ファイルを必要になるたびに読み込むのは、あまり効率的ではありません。そのため、このセッションビーンをシングルトンとし、一度オブジェクトが作成されてしまえばその後も同じオブジェクトを利用できるようにすることで、リソースの無駄遣いを防ぐ効率的な処理を実装できます。

シングルトンセッションビーンの呼び出し方は他のセッションビーンと変わりません。ナレッジバンクアプリケーションのMailBeanクラスにその利用例があります。

▶ シングルトンセッションビーンの呼び出し例

```
public class MailBean implements Notifier{

    @EJB
    private SetupBean setup;
(中略)
}
```

@Startup アノテーション

本文で紹介したSetupBeanには、@Singletonのほかに@Startupアノテーションが付与されています。このアノテーションは、デプロイされたアプリケーションが有効化されたタイミングですぐにオブジェクトを生成するよう、アプリケーションサーバーに指示するものです。サンプルアプリケーションでこのEJBを利用しているのはMailBeanだけですが、このようにすることですぐに利用可能な状態になります。

@Startupのほかに、@DependsOnというアノテーションもあります。このアノテーションはシングルトンセッションビーンが起動する前に、このアノテーションに記述されているEJB（シングルトンセッションビーンである必要があります）を初期化し、依存関係を解決するためのアノテーションです。EJB同士に依存関係がある場合に有効です。

@PostConstructアノテーションが別途記述されている場合、それよりも前に依存先のシングルトンセッションビーンが初期化されます。

■ @Singleton の属性

指定可能なオプションは@Statelessと同じです（表6.6）。

表6.6　@Singletonアノテーションの属性

属性名	説明
description	EJBに対する説明文を記述する
mappedName	必要があれば特定の名称を指定する（通常使用しない）
name	EJBの名称

6.2.6 非同期処理

この項ではEJBを使った非同期処理について説明します。

EJBに限らず、Javaクラスに定義されるメソッドは同期で実行されます。メソッドの呼び出しがあれば、そのメソッドが終わり、戻り値が返るまで呼び出し元は待つことになります。EJBにはこの動作を非同期処理にするための機能があります。

たとえば処理の中で「メール送信」と「ファイル書き込み」を必要とする業務があるとします。この場合、同期的な処理を行なうと図6.5のようなフローになります。

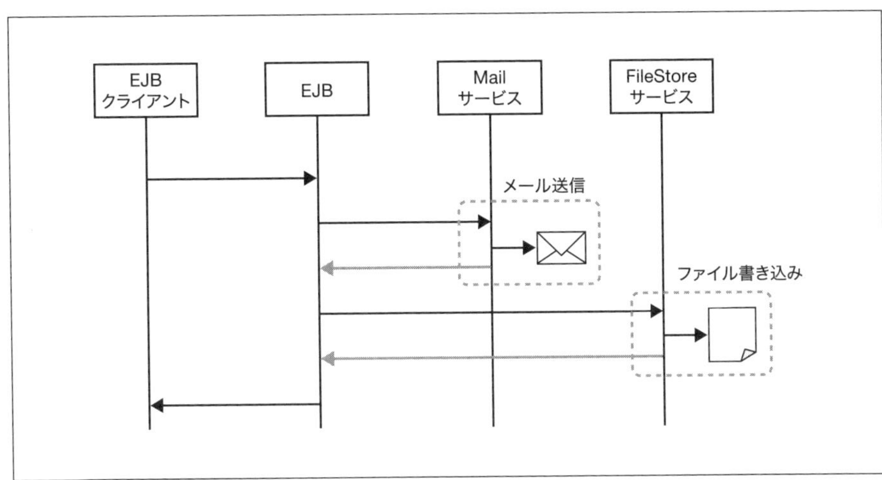

図6.5　同期処理のシーケンス

このうち「メール送信」と「ファイル書き込み」を非同期処理にすると、処理フローは図6.6のようになります。

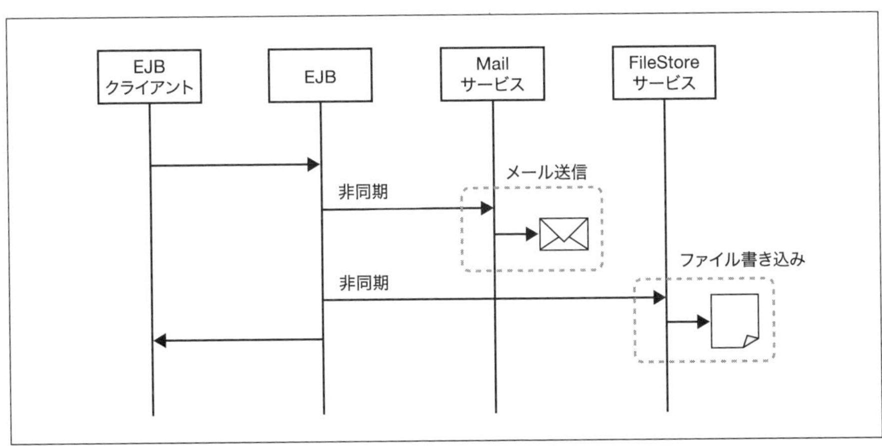

図6.6　非同期処理のシーケンス

「メール送信」および「ファイル書き込み」を非同期にすることで、それぞれの処理の完了を待たずにEJBの処理はクライアントに返されます。メールやファイル処理はネットワークやディスクのI/Oが生じる時間のかかる処理ですから、この処理を非同期にすることでEJBの実行時間は大きく改善することが見込まれます。

■ 非同期処理の実装

非同期処理の実装には@Asynchronousアノテーションを使用します。このアノテーションはメソッドとクラスのみを対象とし、インターフェースに対しては指定できません。メソッドに定義した場合はそのメソッドが非同期処理となり、クラスに指定した場合にはそのクラスに定義されているすべてのメソッドが非同期処理となります。

前項で作成したMailBeanというクラスを、ここで再度活用してみましょう。MailBeanクラスのsendメソッドは同期で呼び出される処理です。メール送信はメールサーバーの通信で基本的に時間のかかる処理ですから、クライアントにレスポンスを返す時間にその処理時間を含めたくありません。

そこで非同期でメール送信を行なうAsyncMailBeanクラスを作成することにします。下記のコードは非同期処理を行なうsendメソッドに対して@Asynchronousアノテーションを追加した例です。

▶ 非同期処理の例：AsyncMailBean

```
@Stateless
@LocalBean
public class AsyncMailBean implements Notifier {
    ...
    @Override
    @Asynchronous
    public void send(long knowledgeId, KnowledgeComment comment) {

        logger.info("メールを送信しました To:" + knowledgeId + " comment:" ➡
+ comment.getMessage());

    }
    ...
```

■ 非同期処理の処理状況と戻り値

非同期で処理をした処理状況や処理結果をどこかのタイミングで確認したい場合

があります。先ほどの非同期の図をもう一度見てみましょう（図6.7）。

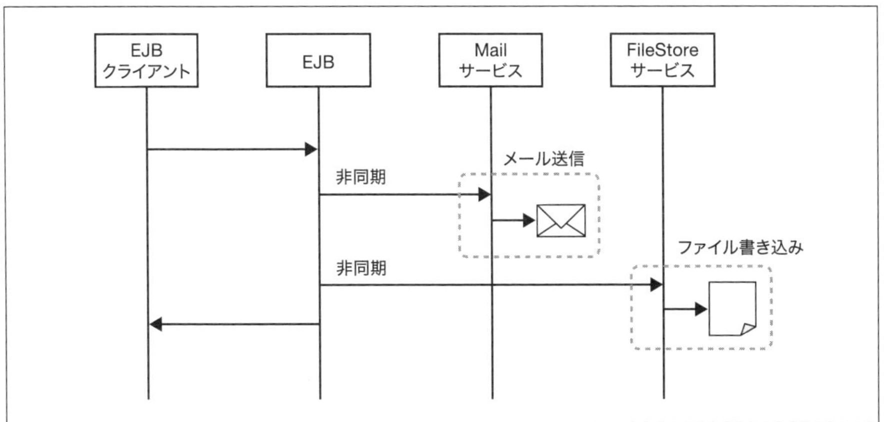

図6.7　非同期処理のシーケンス（再掲）

このフローとコード例では呼び出し元の処理（図中のEJB）には即座にレスポンスが返るようになっています。sendメソッドの戻り値もvoid[8]です。

実際の業務では非同期処理で呼び出したサービスの結果が必要なケースもあるでしょう。また、結果に応じて再投入を行なう必要があるかもしれません。この結果、取得のための仕組みとして、AsyncResultクラスが準備されています。これはjava.util.concurrent.Futureインターフェースを実装したクラスで、非同期処理の結果受け取りや処理のキャンセルなどを行なうことができます。Futureインターフェースを介した結果に対する操作はJava SEと変わりありません。

【8】
必要がなければ、戻り値はvoidでもかまいません。

非同期処理の再実行

EJBの非同期実行には処理の再投入（再実行）のためのAPIは定義されていません。このため、自分で実装する必要があります。非同期かつ再投入が必要な要件である場合には、別のアーキテクチャを利用する方法も検討するとよいでしょう。キューを利用して後述するメッセージドリブンビーンを使うなどが考えられます。

6.2.7 トランザクション

EJBで行なう処理、つまりメソッドはトランザクションと強く結び付いています。具体的には、EJBのメソッド実行それぞれが「どのトランザクション上で実行されているか」がEJBコンテナにより管理されています。トランザクションとはデータベースに接続しデータ処理を行なうための単位です。トランザクションの範囲内では、各レコードの変更が管理されます。並行して実行される異なるトランザクションでは、レコードの状態が別々に管理されます。

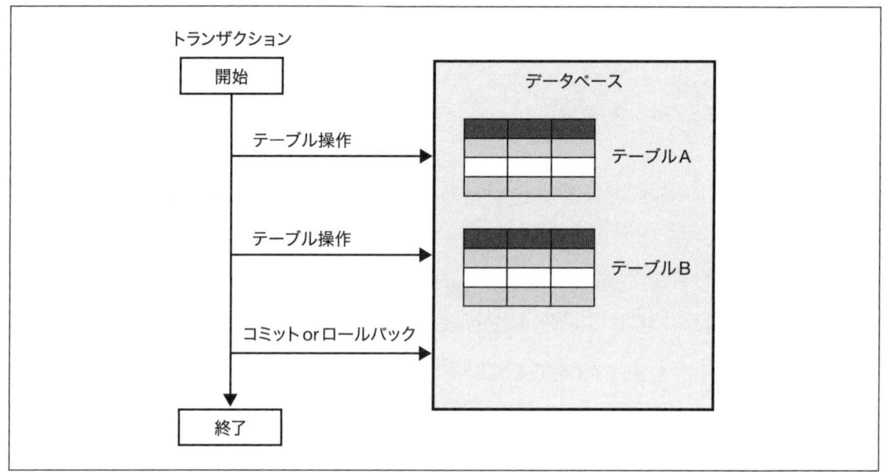

図6.8 トランザクション概要図

上の図はトランザクションを簡単に説明したものです。アプリケーションに必要な要件としてテーブルAとテーブルBの更新を同時に確定する必要がある場合、トランザクションが必要となります。テーブルAとBへの操作をトランザクションの開始と終了で挟むことで、これらの処理が1つのトランザクションの中で実行されていることをデータベースに知らせます。最終的に変更を確定させる場合には「コミット」を行ないます。途中で問題があった場合には「ロールバック」を行ないます。トランザクションがロールバックされた場合、それまでに実施されたテーブルへの操作はすべて無効とされ、データはトランザクション開始前の状態に戻ります。

EJBがない環境では、トランザクションは開発者が制御を行なうよう、自分でプログラムする必要があります。開始と終了のタイミングもすべてプログラム上に記述する必要があるため、複雑なアプリケーションの場合にはトランザクション制御をうまくこなすのは至難の業です。

一方で、EJBのトランザクションは非常にシンプルです。EJBはなにも指定せずとも、メソッドを実行するとトランザクションを利用するよう仕様で定められているため、EJBのメソッドを呼び出すとトランザクションを開始することになります。

トランザクションは大きく分けて2段階の設定項目があります。

- **@TransactionManagement アノテーション**
  トランザクションをEJBコンテナ管理に任せるか、自ら実装するかを選択する
- **@TransactionAttribute アノテーション**
  @TransactionAttributeType アノテーションを使用して、トランザクション属性を指定する

@TransactionManagement アノテーションは主にクラス定義に対して使用します。トランザクション管理は、原則としてコンテナ管理を使用することをおすすめします。

@TransactionAttribute アノテーションは、メソッドに対して指定するようにします。トランザクション属性（表6.7）の各設定のポイントは「そのメソッドが呼ばれるときのトランザクションの状態」です。複数のEJBが処理を連携して行なうときに特に気をつけることが必要な項目です。

表6.7　トランザクション属性の一覧

<table>
<tr><th>属性値</th><th>トランザクションが開始していない場合の動作</th><th>トランザクションが開始している場合の動作</th></tr>
<tr><td>MANDATORY</td><td>javax.ejb.EJBTransactionRequiredException をスローする</td><td rowspan="2">すでに開始しているトランザクションを利用する</td></tr>
<tr><td>REQUIRED</td><td rowspan="2">新規にトランザクションを開始する</td></tr>
<tr><td>REQUIRES_NEW</td><td>すでに開始しているトランザクションを中断し、新しくトランザクションを開始する。開始したトランザクションが終了した後、元のトランザクションを再開する</td></tr>
<tr><td>SUPPORTS</td><td rowspan="3">トランザクションを開始せずに実行する</td><td>すでに開始しているトランザクションを利用する</td></tr>
<tr><td>NOT_SUPPORTED</td><td>すでに開始しているトランザクションを中断し、トランザクションを開始せずに実行する。
開始した処理が終了した後、元のトランザクションを再開する</td></tr>
<tr><td>NEVER</td><td>javax.ejb.EJBException を通常はスローする</td></tr>
</table>

通常はREQUIREDを採用します。トランザクションがない場合には開始され、ある場合には引き継がれるのでこれが便利です。また、EJBであってもデータ制御に関わらない処理については、無用なトランザクションを避けるためにNOT_SUPPORTEDを指定することも検討します。

6.3 メッセージドリブンビーン

この節ではメッセージドリブンビーン（Message Driven Bean：MDB）について解説していきます。MDBはその名が示すとおり、メッセージと呼ばれるものを受け取ることで起動するという、用途が限定的なコンポーネントです。メッセージとはJava Messaging Service（JMS）という仕様のもとでやりとりされる電文のことです。本項ではJMSの簡単な概要に触れたあと、MDBの使い方について解説します。

6.3.1 メッセージドリブンビーンとは

Java Messaging Service（JMS）は、キューもしくはトピックと呼ばれる方式を利用して、主にシステム間やアプリケーション間の情報（JMSではメッセージと呼びます）の受け渡しを行なうための仕組みです。

図6.9はアプリケーション間のメッセージの受け渡しを、JMSを用いて実施する概要を示しています。

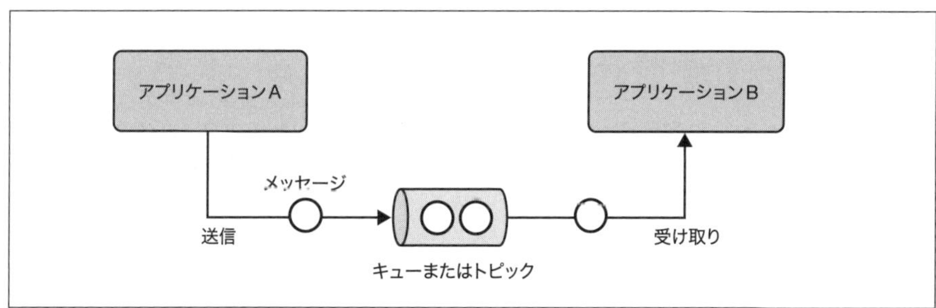

図6.9　Java Message Serviceの概要

キューとトピック

キューとトピックの違いは、送信元と受け取り側の数の違いにあります。キューは送信元と受け取り側が1対1の関係になります。トピックはn対m（多対多）の関係になります。保管できるメッセージの型に違いはありません。

AおよびBはそれぞれ送信と受け取りを担当しますが、それぞれは自分が担当するキューまたはトピックが存在している、ということを知っているだけで、お互いのアプリケーションが直接通信したり、連携した動作をすることはありません。アプリケーションBが停止中など、なにかしらの理由で受け取りができない場合でも、キューまたはトピックにメッセージがたまるだけで、アプリケーションAには影響はありません（もちろん、ためる行為そのものには限界があります[9]）。

この例が示すメッセージを介したAとBのやりとりはすべて非同期で実施されます。このため、JMSおよびMDBを用いたアーキテクチャは、お互いの状態を気にする必要がないという利点から、アプリケーション間連携に必要なものとして重宝されてきました。

JMSを用いたアプリケーションの作成のために、Java EEはメッセージドリブンビーンを利用することができます。図6.9での「受け取り」を担当するのが、メッセージドリブンビーンです。

[9] アプリケーションサーバーが許容できる限界を超えてメッセージをためることはできません。

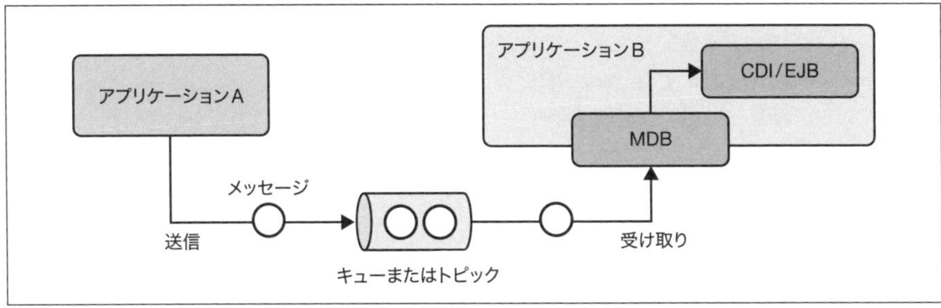

図6.10　メッセージドリブンビーン概要図

メッセージの受け取りを担当するメッセージドリブンビーンは、常にキューまたはトピックにメッセージが配信されるのを待機し、監視しています。新しいメッセージが送信されると、メッセージドリブンビーンはメッセージをキューから取り出し、処理を行ないます。

通常、宛先（キューもしくはトピック）はアプリケーションサーバーの機能として提供されています。外部のソフトウェアが提供する場合もあるでしょう。

メッセージドリブンビーンはメッセージを受け取るとonMessageメソッドを起動し、受け取ったメッセージに関する処理を行ないます。onMessageメソッド内はできる限りシンプルに実装するのが望ましいと考えます。これはメッセージが大量に到着するような環境下における負荷を可能な限り減らすためです。

6.3.2 実装例

メッセージドリブンビーンの実装例を以下で見ていきます。本書で作成するナレッジバンクアプリケーションではキューを用いて実行する要件がないため、単純なサンプルになります。メッセージ登録用の例と、MDBの例を記載します。

▶ メッセージをキューに登録する例

```
...
public class MessageSender {
    // JMS接続ファクトリ【10】の取得
    @Resource(mappedName = "jms/myCF")
    private ConnectionFactory cf;

    // 送付対象となるキューの取得
    @Resource(mappedName = "jms/TestQueue")
    private Queue queue;
    public void send() throws JMSException {
        // 接続ファクトリから接続の取得
        javax.jms.Connection conn = cf.createConnection();
        // セッションを取得
        javax.jms.Session session = ➔
conn.createSession(false, javax.jms.Session.AUTO_ACKNOWLEDGE);
        // 送信のためのプロデューサを生成
        MessageProducer producer = session.createProducer(queue);
        // メッセージを生成、登録
        TextMessage textMessage = session.createTextMessage();
        textMessage.setText("Hello");
        // 送信
        producer.send(textMessage);
        session.close();
```

【10】
接続ファクトリとは、JMSの接続を取得するためのインターフェースで、通常はアプリケーションサーバーから提供されます。このためサンプルでも@Resourceアノテーションを用いてサーバーから取得するようにしています。キューについても同様です。Java EEに準拠したアプリケーションサーバーには、JMSのためのリソースを準備するための設定が用意されています。

```
        conn.close();
    }
}
```

▶ MDBの実装例：SampleMessageBean

```
@MessageDriven(activationConfig = {
    @ActivationConfigProperty(propertyName = ➔
"destinationLookup", propertyValue = "jms/TestQueue"),
    @ActivationConfigProperty(propertyName = ➔
"destinationType", propertyValue = "javax.jms.Queue")
})
public class SampleMessageBean implements MessageListener {
    ...
    @Override
    public void onMessage(Message message) {
      TextMessage textMessage = (TextMessage)message;
      String text = textMessage.getText();
      // 以下必要な処理を記載する
    }

}
```

メッセージドリブンビーンとして登録するには、クラスに対して@MessageDrivenアノテーションを付与します。また、クラスはMessageListenerインターフェースを実装している必要があります。このインターフェースはonMessage(Message message)メソッドの実装に必要なインターフェースです。

宛先（キューまたはトピック）の指定は、@MessageDrivenアノテーションの属性を使って記述します。まず@MessageDrivenアノテーションに対する属性としてactivationConfig属性が必要です。次に、activationConfig属性に対して@ActivationConfigPropertyアノテーションのリストを指定します。属性に対してアノテーションのリストを定義する、という多段構成なので少々複雑です。

@ActivationConfigPropertyについてですが、上記のサンプルでは最低限必要な2つの属性（表6.8）を指定しています。

表6.8 @ActivationConfigPropertyの属性一覧

属性名	説明
propertyName	@ActivationConfigPropertyの種類を指定 ・destinationLookup：宛先のJNDI名 ・destinationType　：宛先のタイプ（インターフェースの正式名称）
propertyValue	propertyName に対する値

上記のコードではdestinationLookupに"jms/TestQueue"という名称が値として指定されています。EJBコンテナはこれを基にアプリケーションサーバーから宛先を探します。

destinationTypeの値は"javax.jms.Queue"となっています。キューもしくはトピック（javax.jmx.Topic）を指定します。

6.4 タイマー

この節ではタイマーについて説明します。

6.4.1 タイマーとは

アプリケーションを設計、実装していると、時間に関係する処理や、定期的な処理をアプリケーションサーバー上で実装したい場合があります。たとえば以下のような場合です。

- 時間帯によって挙動を変えるために内部の設定を変更する
- 定期的に外部システムから情報を取得（またはシステムの外部に提供）する
- アプリケーションの情報を定期的に出力する

EJBには時間を指定して起動するための「タイマーサービス」というものが定義されており、これらの要件に対応することができます。

タイマーはEJBのメソッド単位で挙動を制御します。一般的にタイマーを用いて時限起動する処理は、別のEJBとして切り出して設計することをおすすめします。タイマー処理を行なうメソッドはセッションビーン（ステートレスもしくはシングルトンを選択できます）の1つのメソッドとして定義します。

タイマーの時間指定はいわゆるcronの動きに似ています[11]。時間の粒度は年～秒まで指定することができます。

[11] Java EE 7 Specification APIs (https://docs.oracle.com/javaee/7/api/) にもcron-likeという記述があります。

COLUMN

タイマー is not バッチ

タイマーを使用したバッチのような処理の実行はおすすめしません。EJBはトランザクションと紐付けられているため、バッチのような長時間の処理を実行することによるトランザクションの長期保持による影響が大きいという懸念はぬぐえません。長期のトランザクション保持は、データ操作に失敗した際の影響範囲が大きいためです。第10章で紹介するJBatchなどを利用する方向で、EJBの処理とは切り離して検討すべきでしょう。

タイマーはEJBコンテナに登録して使用します。EJBコンテナは指定された時間の条件に合致すると処理を起動します。タイマーを登録する方法は次の2種類[12]があります。

[12] 前者はプログラマチックタイマー、後者はオートマチックタイマーと呼ばれます。

1. TimerService API（javax.ejb.TimerService）から登録する
2. @Scheduleを使って登録する

6.4.2 タイマーサービスのサンプル

TimerServiceの利用はセッションビーン上でTimerServiceのインスタンスを取得したうえで利用します。以下にコードを記します。

▶ TimerService APIを使ったタイマー登録の例

```
/**
 * タイマーサービスのサンプルコード
 */
@Startup
@Singleton
public class KBProgrammaticTimer {

    @Resource
    TimerService timerService;
```

```
    @PostConstruct
    public void initialize(){

        logger.log(Level.INFO, "--- TimerService is started. ---");
        ScheduleExpression tenSeconds = new ScheduleExpression();
        tenSeconds.second("*/10");
        tenSeconds.minute("*");
        tenSeconds.hour("*");
        timerService.createCalendarTimer(tenSeconds, ➡
new TimerConfig("*_*_*_*_*_*" + new Date(), false));
    }

    @Timeout
    public void timeout(Timer timer){
        logger.log(Level.INFO, "--- TimerService is ➡
ended. at " + new Date() + ", created at "+ timer.getInfo());
    }

    private static final Logger logger = Logger.➡
getLogger(KBProgrammaticTimer.class.getName());

}
```

TimerServiceのインスタンスは通常、アプリケーションサーバーから提供されます。上記のコードでは@Resourceを用いて、アプリケーションサーバーのEJBコンテナからタイマーサービスを取得しています。このタイマーはシングルトンセッションビーンであり、アプリケーションのスタートと同時に起動します。

ScheduleExpressionクラスは時間を表現するためのクラスです。上記では秒として「10秒ごと」、分と時間は「いつでも」を表わすアスタリスク（*）で設定しているため、「10秒ごとに起動」するタイマーになります。

タイマーに設定しているTimerConfigクラスはタイマーの設定を登録するクラスです。コンストラクタの第1引数は、シリアライズ可能なオブジェクトであればなにを入れてもかまいません。第2引数は「永続可能なタイマーかどうか」を示す設定です。永続的なタイマーは、サーバーが停止またはクラッシュした後、再起動のタイミングで再び活動を開始することができるタイマーです。

■ タイムアウトの実装方法

タイマーではタイムアウトを実装することができます。起動したタイマーの終了時、EJBコンテナは@Timeoutアノテーションが付与されたタイムアウトに関するコールバックメソッドを呼び出しします。前項のコードで@Timeoutアノテーションが定義されているものがあります。

▶ @Timeoutによるタイムアウト処理の例

```
    @Timeout
    public void timeout(Timer timer){
        logger.log(Level.INFO, "--- TimerService is ended. at " ➡
+ new Date() + ", created at "+ timer.getInfo());
    }
```

この例ではログでタイマーの設定項目を出力しているだけですが、実際にはタイマーの処理で利用したオブジェクトの終了処理などを実装することができます。

6.4.3 @Scheduleの実装サンプル

本書のサンプルであるナレッジバンクには、タイマーの別の定義方法として、@Scheduleを用いた定期的にログ出力（つまり時報です）を行なうサンプルLogTimerがあります。時報そのものにはそれほど実用性はありませんが、実装のイメージをつかめるでしょう。

▶ @Scheduleを用いたタイマーの例

```
@Stateless
public class LogTimer {

    /**
     * 時報
     */
    @Schedule(dayOfWeek = "Mon-Fri", month = "*", hour = "9-17", dayOfMonth ➡
 = "*", year = "*", minute = "*", second = "0", persistent = false)
    public void myTimer() {
        System.out.println("Timer event: " + new Date());
    }
```

セッションビーンに対し、@Scheduleをメソッドに付与することで時間を指定してメソッドを実行することができます。パラメータは表6.9のものが利用でき、かなり細かな時間指定が可能になっています。

表6.9 @Scheduleで指定できる時間に関する属性の一覧

パラメータ名	指定内容	指定例
dayOfMonth	日	1-31　-7（マイナスは最終日から逆算した日付を意味する。指定できるのは-7まで）
dayOfWeek	曜日	0-6（0および7は双方日曜日を表す） Sun-Tue（日曜から火曜まで）
hour	時	0-23（24時間表記）
minute	分	0-59
month	特定の月	1-12　"Jan", "Mar"
second	秒	0-59
timezone	タイムゾーン	Asia/Tokyo
year	西暦4桁	2015（特定の年にのみ動作するようにする）
info	任意文字列	このタイマーの説明となる任意の文章
persistent	タイマーが永続的かどうかを指定する	デフォルトはtrue

6.5 EJBの設計

これまでEJBを用いたサンプルコードを紹介してきました。ここから先は、EJBを用いたアプリケーション設計の留意点などについて説明していきます。

EJBというのは、あくまでビジネスロジックの実装を任されているコンポーネントです。アプリケーションはビジネスロジックだけでは成り立ちません。ブラウザの画面などのプレゼンテーション層やWebサービスなどのロジック呼び出し部分、データベース接続などの永続化層、少し複雑なアプリケーションであれば外部のサービス呼び出しもあるでしょう。EJBはこれらの処理の中間に位置することになります（図6.11）。

EJBを設計するうえでまず考える必要があるのは、まさにこの「外部の層との接点」になります。外部からどのように呼び出され、どのように永続化するのか（または、外部サービスをどのように呼び出すのか）に注目して大枠を整理します。

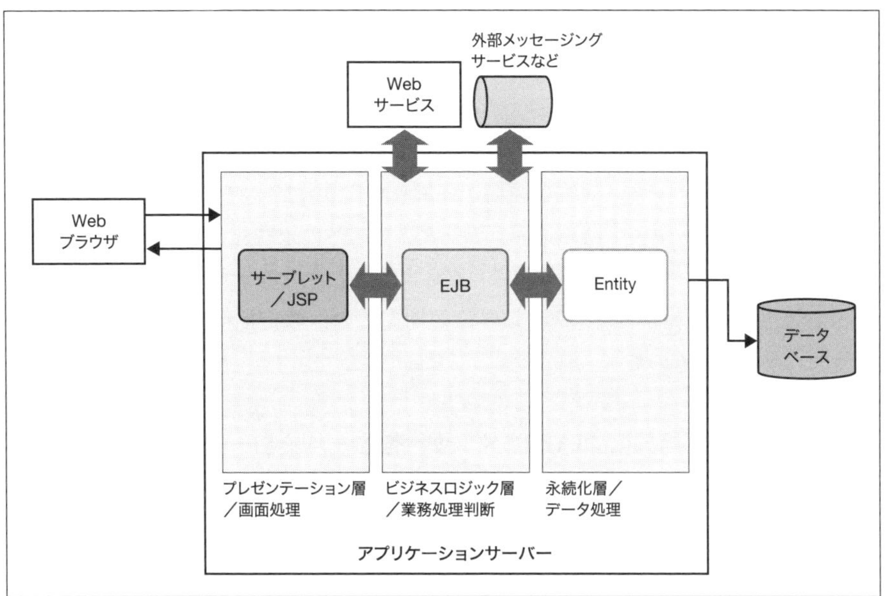

図6.11　EJBを中心としたJava EEアーキテクチャ概要図

6.5.1 EJBメソッドの呼び出しに関する設計

サーブレットやJSFなど、同じアプリケーションからのEJB呼び出しは非常に簡単で、@EJBによるインジェクションポイントを指定するだけです。インターフェースのない実装であれば、実装クラスをそのまま記述するだけで動作します。

もっとも実際には、画面設計が終わっていなかったり、呼び出し元の設計があいまいなままで進めなければいけなかったりする場合がほとんどかもしれません。呼び出し元の要件の変更で問題となるのは、EJBメソッドに渡す引数の数や型が変更になるケースです。メソッドの引数や戻り値を変更するのは、インターフェースを定義している場合には特に大きな修正を伴います。開発初期は設計の見直しなどで吸収できますが、実運用に入り安定期を迎えたアプリケーションでは、インターフェースに手を入れるのは一苦労です。これを解決する方法はいくつか考えられます。

■ 1. やりとりする情報を保持するクラスを作成し、サーブレットとEJB双方から共通のクラスとして参照する

EJBに処理を流す際に引数を個別に渡すのではなく、データ保持用のクラスを作成

して、そこにデータを登録するようにします。メソッド引数に与えられるのはこのクラスのみなので、引数には変更がありません。やりとりするデータに変更がある場合にはメソッド内の実装を変更するだけで済みます。

これは便利ですが、相応の危険をはらんでいます。層をまたいで情報を保持するクラスは便利すぎるのです。複雑な画面から生成される大量のパラメータ、もしくは他のEJBからの情報もすべて飲み込み、データベースへの永続化が終わるリクエストの最後まで保持し続ける長寿クラスとならないように十分注意をすべきです。ヒープには必要最小限の情報が残り、それ以外は短期間での消滅が期待できるような設計と実装を心がけたいものです。

■ 2. 引数が増えた分についてはメソッドをオーバーロードして対応する

この方法は根本解決ではありませんが、引数の増加には対応できます。オーバーロードしたメソッドではもともとのメソッドを呼び出すなどして対応することになるので、コードとしてもそれほど複雑になりません。しかし、公開するメソッドが増えてWebサービスのエンドポイントになるような場合には（WSDLの変更が発生するため）十分注意する必要があるでしょう。

JSPからのEJB呼び出し

JSPのソースからEJBを呼び出すべきではありません。JSPはレスポンスを返す際のHTML生成のための仕組みとして利用すべきで、そこからビジネスロジックを呼び出す仕組みにしてしまうのはアプリケーション設計と実装、テスト、運用……つまりプロジェクトを破綻させかねません。

JSPに画面生成以外のロジックが記してあるプログラムは境界があいまいになります。これは破壊力抜群で、デバッグが難解になり、開発者間の調整がより取りにくくなり、良いことはありません。かつてタグライブラリを利用してEJBを呼び出すような仕組みもありましたが、サーブレットとJSPの役割をしっかり分解する設計になっていれば無用なものです。

6.5.2 ローカル呼び出しとリモート呼び出し

EJBはこれまで、ローカル呼び出しとリモート呼び出しをサポートしてきました。ローカルとはすなわち、同一のJVM上で動作しているアプリケーションサーバー上でのEJB呼び出しです。リモートとは、別のJVM上で動作しているEJBを呼び出すための機構です。作成するEJBがローカルの呼び出しのみを受け付けるのか、リモート呼び出しを受け付けるように作るのかは、EJB設計において重要な関心事です。

この点に関しては、筆者は「リモートは可能な限り使わない」ことをおすすめします。リモート呼び出しを必要とする場面を考えると、以下のような場面が想定できます。

- バッチの実装
- GUIを持つクライアントからのビジネスロジック呼び出し
- 多段アプリケーションサーバー構成（処理量による業務分離、接続形態によるレイヤー分割）

リモート呼び出しはその特性上、メモリ上で処理されるローカル呼び出しと比較すると、呼び出ししてから、実行するまでのリソースを大きく必要とするアーキテクチャです。開発作業ではリモートインターフェースに対するプロキシコードをクライアント側に準備しなくてはなりませんし、引数や戻り値の型など、メソッドシグネチャが変更された場合にその変更を吸収するためのクッションの役割をする層もありません。サーバー側の変更に応じて呼び出し側にも変更が必要であり、開発や運用のコストも必要です。

代替する手段としては、EJBはローカルのままにしておき、必要に応じてJAX-RS[13]などを使用した層を準備することが考えられます。こちらのほうが、将来的な変更に耐えられるアーキテクチャを実現できるはずです。

[13] JAX-RSについては第9章で解説します。

6.5.3 同期／非同期

EJB 3.1から、EJBによる非同期処理が利用可能になりました。非同期処理はより高速なレスポンスを要求される昨今のエンタープライズアプリケーションにおいて重要な要素であるため、実装されるべくして実装された機能であると言えるでしょう。

非同期処理の利点はすでに述べたように「呼び出しの結果を待つ必要がない」ことにありますが、これは単体の処理呼び出しの性能（レスポンスタイム）のことだけではありません。処理に時間がかかり、サーブレット側でのHTTPリクエストタイムアウトに常に気をつかう必要がある処理の呼び出しなどに適用することでも効果を発揮し、システム全体のスループット向上に役立てることができます。

基本的に非同期にするメソッドは以下に絞るとよいでしょう。

- すぐに結果を必要としないもの
- 結果を得るのに相応の時間がかかる処理

すでに例に挙げたメール送信や、ファイル書き込みなどの処理や、外部Webサービスの呼び出しなどは、非同期にすることでその恩恵を得られる例になるでしょう。

6.5.4 負荷量

想定される負荷の量は、事前に計算できるのであればEJB単位で整理しておくべきです。EJBの呼び出しについてはJava EE 5以降で非常に簡単になり、InitialContextからルックアップするコードは不要となりました。開発が簡単になったことはとても良いことなのですが、きちんとコントロールすることが肝心です。

たとえば、以下のような事態を招くことがあります。

1. さまざまな業務トランザクションで利用されるロジックをまとめたEJB（ステートレスセッションビーン）を作成する
2. 開発者向けにEJBを公開する
3. 便利なので、多数のプログラムから@EJBで呼び出し、利用する
4. 性能試験時に大量の呼び出しが同一のEJBに対して発生し、オブジェクト生成コストがリソース（CPU／メモリ）が逼迫する

もちろん、これらの事態は旧来のInitialContextを使った実装でも起きますが、@EJBによる呼び出しなど実装が非常に簡単になったために発生しやすいものであると言えるでしょう。

このような事態が発生してしまう前に、EJBごとの想定負荷量を検討、調査する必要があります。アプリケーションサーバーにあるセッションビーンのプール機能などを活用して、必要以上の負荷がかからないようにするという手もあります。

6.5.5 データベースアクセス

EJBからデータベースにアクセスし、データを操作する方法はいくつかあります。

1. JPA
2. JPA以外のO/RマッピングもしくはDAO（Data Access Object）フレームワーク
3. JDBCの直接呼び出し

通常はJPA【14】を使った呼び出しがよいでしょう。Java EEの仕様として親和性が高く、EJBのトランザクション管理下に置くのが容易であることから、特別な理由がない限りはJPAを選択します。

一方で、すでに2.もしくは3.の方法を利用していて、どうしても再利用の必要性がある場合には、これらの実装はEJB管理のトランザクションから外れることになります。この場合は、EJBではなくCDIによる実装を検討するほうがよいケースもあるでしょう。

【14】
JPAとは、Javaのクラスと RDBのテーブルをマッピングしてデータの永続化を行なうO/Rマッピング機能を提供するAPIです。詳細は第7章で解説します。

6.6 EJBのテスト

本節ではEJBのテストについて解説します。

6.6.1 EJBのテストの必要性と難しさ

これまでのEJBの最大の弱点は、テストがしづらいものであったといっても過言ではありません。EJBは原則として、アプリケーションサーバーが持つEJBコンテナ上でしか動かないため、テストは以下の状況下で実行するしかありませんでした。

- EJBコンテナを有するアプリケーションサーバーを準備する
- EJB起動に必要な資材（WAR/EARファイル、設定ファイル、クラス）をすべて準備する
- ただし、EJBとしての単体テストは実行できない

これはかなり制約の大きい問題として長らく存在し、Java EE開発者の貴重な時間が浪費されてきました。そこでEJB 3.1仕様からEmbeddable（埋め込み可能な、の意味）EJBコンテナが仕様として整備され、アプリケーションサーバーなどのEJBコンテナ実装がない環境でも利用可能となりました。この機能を利用することでEJBのテストは以下の条件で実施できるようになりました。

- アプリケーションサーバーがないJava SE上でEJBコンテナを起動する
- EJB起動に必要な資材をすべて準備する
- EJBを呼び出すコードを作成してテストを実施可能

ただし、Embeddableなコンテナには制約があります[15]。表6.10を見てください。いくつかの機能については従来どおりアプリケーションサーバーが必要になりますので、テスト計画を作成する際には、機能によってテストの可／不可が変わるかもしれません。注意が必要です。

【15】
つまりEJBLiteの仕様としてサポートしている分と同等の範囲ということになります。

表6.10　Embeddable EJBコンテナで可能な動作

できること	できないこと
セッションビーン（LocalBeanに限る）の起動	タイマーの利用
トランザクションの制御	Webサービスエンドポイントの利用
セキュリティ機能の利用	リモートインターフェースのセッションビーンの呼び出し
インターセプタの利用	
デプロイメントディスクリプタの読み込み	

6.6.2 EJBテストの準備

ここではEJBのテストを実施するためのコードを作成します。ナレッジバンクのテストコードにEJBTestというクラスがあります。これはJUnitを利用してEJBのテストを実行するためのコードで、javax.ejb.embeddable.EJBContainerを利用するためのコードが書かれています。

▶ EJBテスト用コードの例

```
EJBContainer container = EJBContainer.createEJBContainer();
KnowledgeFacade facade = (KnowledgeFacade)container.getContext().➔
lookup("java:global/classes/KnowledgeFacade");
List<Knowledge> list = facade.findAll();
...
container.close();
```

ここで行なっていることは以下の3点です。

1. EJBContainerクラスのインスタンスを介してコンテキストを取得する
2. 取得したコンテキストからテストに必要なEJBをルックアップ
3. 取得したEJBを実行

実行するとEJBContainerが起動し、JUnitによるテストが実施されます。このように埋め込み型のコンテナを用いてEJBのテストが簡単に実行できることで、JUnitなどのテストツールと親和性が高く、かつプログラムによるテストが実行できるようになっていることがおわかりいただけるでしょう。

6.7 まとめ

CDIとEJBについてここまで解説してきました。ビジネスロジック層を作成する際、それぞれをどのように使うことが理想的なのかについて考える必要があります。

CDIとEJBはそれぞれ仕様としては独立しているものですが、ビジネスロジックの実装を行なううえで、どちらかしか選べないわけではなく、お互いの長所と短所を理解したうえで設計していけば、余計なリソースを消費しないアプリケーション設計が可能になるでしょうし、そこを目指すべきだと考えます。

データベース接続が不要な箇所についてEJBを使うのは効率的ではありません（メソッドコールとトランザクション制御が分離できないためです）。また、これまで述べてきたように、なんでもかんでもコンテナに任せて@Injectや@EJBで解決すればよいというものでもありません。

双方の特性をよく理解し、適切な場面でときに組み合わせながら利用していくのがCDIとEJBを利用するうえでの最大の注意事項であり、醍醐味となります。

Chapter

7

データアクセス層の開発
——JPAの基本

本章と次章では、Java EEにおけるデータベースへのアクセス方法であるJPAについて解説します。本章ではまず、エンティティやクエリといったJPAの構成要素と、JPQLとCriteria APIの2種類のクエリについて説明します。

7.1 JPAの基礎知識

業務システムにおいてデータベースは、データの保管や提供といった機能を担う大変重要なサブシステムです。業務システムのオンライン処理をパターン化してみると、データベースから取り出したデータを基に画面に情報を表示し、ユーザーがその情報を元にデータを入力／操作して、追加／加工されたデータを再びデータベースに保管する処理の繰り返しである、ということができるでしょう。アプリケーションには、画面処理やビジネスロジックとともに、データベースに対してデータの取り出しや格納を依頼する部分が実装されている必要があります。

JPA（Java Persistence API）は、アプリケーションからデータベースへ効率的にアクセスするために策定されたAPI群です（図7.1）。Java EE 7には、JPAのバージョン2.1が含まれており、その仕様はJSR-338にて規定されています。JPAは、Java EE仕様に準拠したアプリケーションサーバーの上[1]で、すでに紹介したEJBやCDI、後述するJAX-RSやjBatchから利用することができます。

[1] JPAは、必要なライブラリを追加することにより、Java SE環境でも利用することができます。

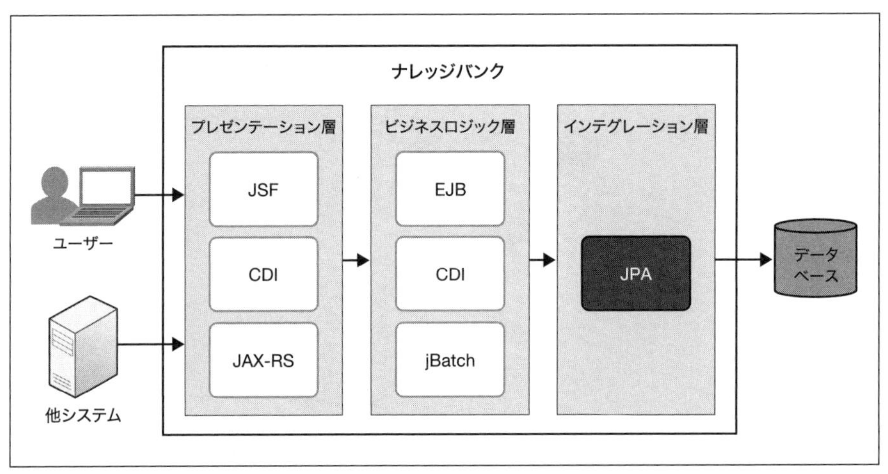

図7.1 ナレッジバンクにおけるJPAの位置づけ

本章および次章では、永続化というキーワードが頻繁に出てきます。これはPersistenceという英単語の和訳ですが、ここでいう永続化とは、Javaのプロセス（アプリケーションサーバー）が終了しても、データが消えずに残るような状態にすることを指しています。通常Javaのオブジェクトに格納されているデータは、ヒープと呼ばれるメモリ領域上に置かれます。メモリの内容はプロセスが終了してしまえば消失してしまいますが、データベースに保管することにより、次にアプリケーションを実行したタイミングでも同じデータを取り出すことが可能になります。つまり永続化とは、大まかにはデータベースにJavaのオブジェクトを保存することだと思えばよいでしょう。

7.1.1 JPAの構成要素

JPAを構成する主な要素として、以下のものがあります。

- エンティティクラスとエンティティオブジェクト
- エンティティマネージャ
- クエリ
- 永続化ユニット

それぞれの要素と、データベースとの関連を示したのが図7.2です。

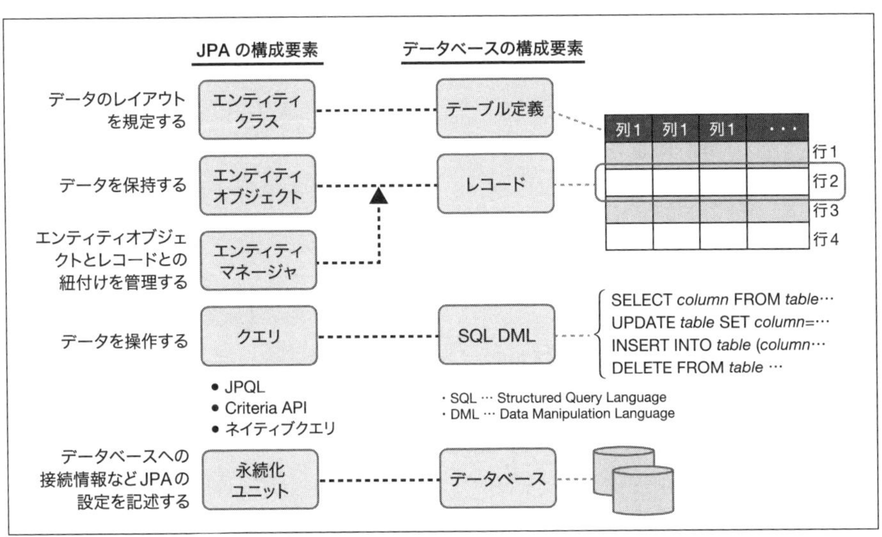

図7.2 JPAを構成する主な要素

以降でそれぞれを順番に説明していきます。

7.1.2 エンティティクラスとエンティティオブジェクト

JPAは「エンティティ」という単位でデータを管理します。データベースから取り出したデータはエンティティオブジェクトに格納されます。また、データをデータベースに保存したい場合も、エンティティオブジェクト単位で指示します。

「エンティティクラス」と「エンティティオブジェクト」との関係は、Javaにおけるクラスとオブジェクトの関係と同じです。つまり、データのレイアウトを定義したものがエンティティクラスであり、そのレイアウトに従った値を入れ、インスタンス化したものがエンティティオブジェクトです。これは、データベースにおいてデータのレイアウトを規定しているテーブル定義と、そのレイアウトに従って具体的な値が入れられたレコードとの関係になぞらえることができます。

7.1.3 エンティティマネージャ

エンティティマネージャは、エンティティオブジェクトに対する操作を受け付け、データベースとの連携を図る役割を担います。

エンティティマネージャの実体は、javax.persistence.EntityManagerインターフェースです。このインターフェースには、データベースからデータを読み取りエンティティオブジェクトに格納するためのメソッドや、エンティティオブジェクトを更新／削除するためのメソッドが用意されています。

アプリケーションはこれらのメソッドを通してデータを取得／操作しますが、操作されたエンティティオブジェクトの内容は、常に即時にデータベースへ反映されるわけではありません。データベースから読みだされたエンティティオブジェクトは、「永続化コンテキスト」と呼ばれる、エンティティマネージャが管理する一時的な作業領域に保管されます。メソッド呼び出しによりエンティティオブジェクト内の値が更新された場合、あるいは削除された場合は、適切なタイミング[2]でエンティティマネージャがバックグラウンドでデータベースへ反映します。

逆にいうと、永続化コンテキストの配下にないものは、データベースへは反映されません。たとえば、新規にエンティティオブジェクトを作成した場合、つまりnewでイ

【2】
通常はトランザクションがコミットされたタイミングです。これについては第8章の「8.4 トランザクション」で詳述します。

ンスタンス化した直後はまだ永続化コンテキストの配下にはありません。永続化を指示するpersistメソッドが呼び出されてはじめて管理下に置かれ、データベースに反映されます。

エンティティオブジェクトが永続化コンテキストの配下にあるかどうかを知っておくことは重要です。この点については「7.3.1 エンティティのライフサイクル」で詳述します。

7.1.4 クエリ

データの取得／操作には、エンティティマネージャが持つ基本的なメソッドを利用するほかに、より自由度の高い手段としてクエリを用いる方法があります。クエリとは、データの取得や操作の「指示書」のようなものです。つまり、どのようなデータを取得したいのか、どのようなデータをどのように操作したいのか、を表現したものです。

たとえば、エンティティマネージャが持っているデータ取得用のメソッドは、主キーを指定して1件のデータを読み出すことしかできません。これに対して、クエリを活用することにより、取得範囲を指定した複数データの読み出しや、特定の条件に合致するデータの取得、データの集計や並べ替えなどができるようになります。クエリによる条件指定は、データの取得だけではなく更新や削除に関しても可能です。

JPAで用意されているクエリの定義方法には、以下の3つの種類があります。

- JPQL
- Criteria API
- ネイティブクエリ

JPQL（Java Persistence Query Language）は、SQLによく似たJPAの問い合わせ言語です。クエリはこの文法に則った文字列で表現します。取得／操作対象データの指定や条件式には、エンティティのクラス名やメンバー名を用いることができます。

Criteria APIは、APIを使ってクエリを組み立てていく手法です。プログラムの実行状況に応じて、クエリを動的に生成したい場面などで活用します。また、JPQLでクエリとして記述された文字列はコンパイル時には評価されないため、もし誤りがあっても実行前に気づくことは難しいですが、Criteria APIであれば間違いに気づきやすいというメリットもあります。

ネイティブクエリは、データベースが直接解釈できるSQLをそのまま記述する方法です。取得／操作対象データの指定には、データベース側で定義されているテーブル名や列名を用いる必要があります。また、JPQLが特定のRDBMS製品を意識しない言語であることに対し、SQLはデータベースのエンジンにより、利用できる関数や文法などが多少異なるため、注意が必要です。ネイティブクエリは、移植性を下げ、Javaプログラマがデータベースのことを充分に意識しなければならないというデメリットがあることから、特定のRDBMSにしか備わっていない機能を活用する場合などに限って利用するのが現実的でしょう。

いずれのクエリを使用しても、永続化先となるデータベースへはSQLが発行されます。JPQLとCriteria APIについては、JPA実行エンジンによりクエリがSQLに変換されます。

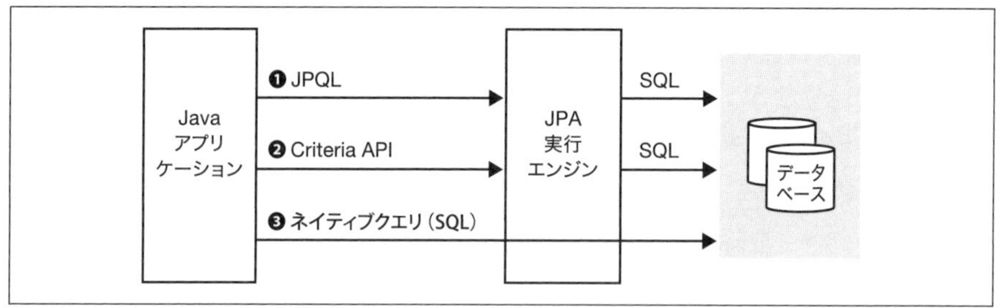

図7.3　クエリの種類とSQLとの関係

Javaプログラマにとってシンプルで使いやすいデータベースアクセス手段を提供する、というJPAの設計意図をふまえると、クエリ定義手法としてはJPQLを用いるのが最も一般的ですが、状況により上記を使い分けるようにしましょう[3]。

【3】
ネイティブクエリの使い方については本書では割愛します。

7.1.5 永続化ユニット

永続化ユニット[4]とは、永続化に関する設定をまとめたもので、実体はpersistence.xmlという名前のXMLファイルです。

【4】
持続性ユニットと呼ばれることもあります。

設定する主要な項目としては、以下のようなものが挙げられます。

- 永続化ユニットの名前
- トランザクションマネージャの設定

- 永続化プロバイダ（JPAの実行エンジン）のクラス名
- 永続化プロバイダに与えるプロパティ
- 接続先データソースの名前
- エンティティクラスの名前

この中で最も大事な項目は、接続先データソースの名前と、エンティティクラスの名前です。

データベースの接続先を設定する方法には、アプリケーションサーバーで定義されているデータソースの名前を指定する方法と、永続化プロバイダのプロパティとして接続先アドレスやユーザー名、パスワードなどを設定する方法とが挙げられます。ナレッジバンクのサンプルでは、アプリケーションサーバーで定義されているデータソースの名前を指定する方式を採っています。

また、JPAの実行エンジンに、どれがエンティティクラスなのかを知らせるための設定を記述する必要があります。これにはエンティティクラス名を列挙する方法と、JPAの実行エンジンに自動的に検知してもらう方法とがあります。ナレッジバンクのサンプルでは自動検知の設定としています。

▶ ナレッジバンクのpersistence.xml

```
<?xml version="1.0" encoding="UTF-8" standalone="no"?>
<persistence
xmlns="http://xmlns.jcp.org/xml/ns/persistence"
xmlns:xsi="http://www.w3.org/2001/XMLSchema-instance"
version="2.1"
xsi:schemaLocation="http://xmlns.jcp.org/xml/ns/persistence
http://xmlns.jcp.org/xml/ns/persistence/persistence_2_1.xsd">
  <persistence-unit name="knowledgebankPU" transaction-type="JTA">
    <provider>org.eclipse.persistence.jpa.PersistenceProvider</provider> [5]
    <jta-data-source>jdbc/eebook</jta-data-source>
    <exclude-unlisted-classes>false</exclude-unlisted-classes>
    <shared-cache-mode>ENABLE_SELECTIVE</shared-cache-mode>
    <properties>
      <property
name="javax.persistence.schema-generation.database.action" value="create"/>
      <property name="eclipselink.target-database" value="Oracle"/>
      <property name="eclipselink.logging.level" value="ALL"/>
    </properties>
  </persistence-unit>
</persistence>
```


【5】
本書ではJPAの実行エンジンとしてEclipseLinkを利用することとします。EclipseLinkはNetBeansにおけるデフォルトのJPAエンジンです。このクラス名はEclipseLinkの永続化プロバイダ名です。

7.1.6 JPAのメリット

JPAは、O/Rマッパー（Object/Relational Mapping：以下ORM）と呼ばれるものの一種です。ORMとは、Javaのオブジェクトとリレーショナルデータベースとを紐付ける仕組みです。JPAは、Hibernateなどのライブラリによりすでに普及しつつあったORMの技術をJava EEの仕様として取り込んだものです。

ORMを利用せずにJavaのアプリケーションからデータベースにアクセスする方法としては、JDBCのAPIを利用する方式が広く知られています。しかし、JDBC経由でのデータベースへのアクセスは形式的な処理を多く記述する必要があり、JPAと比較すると煩雑といえます。特に読み取り処理では、APIの構造上、取得したデータをビジネスロジック層で利用するためにResultSetオブジェクトからDTO（Data Transfer Object）へコピーしなくてはならない部分に大きな無駄があります。また、SQLを記述する必要があるため、Javaプログラマがデータベースの構造や特性をよく理解しておく必要もあります。

これに対してJPAを利用する方式では、Javaプログラマはエンティティクラスとそれに定義されているフィールドを使用してメソッドを実行するかクエリを発行することにより、直接エンティティオブジェクトを操作します。また、取得したオブジェクトはそのままビジネスロジック層やプレゼンテーション層でも利用できます。つまりJPAによって従来よりも少ないコード量で、かつデータベースの構造を意識することなくアプリケーションを実装することができるようになったと言えます。

さらに言うと、取得されたエンティティオブジェクトは自動的にメモリ上にキャッシュされ、以降の処理ではキャッシュされたエンティティオブジェクトが使用されるため効率的です。キャッシュには、性能の向上およびデータベースおよびネットワークの負荷軽減といった効果があります。デフォルトでは、すべてのエンティティでキャッシュが有効です。キャッシュされているエンティティと、キャッシュされていないエンティティとでアクセス方法は変わらないため、アプリケーション開発者がキャッシュの有無を意識する必要はありません。

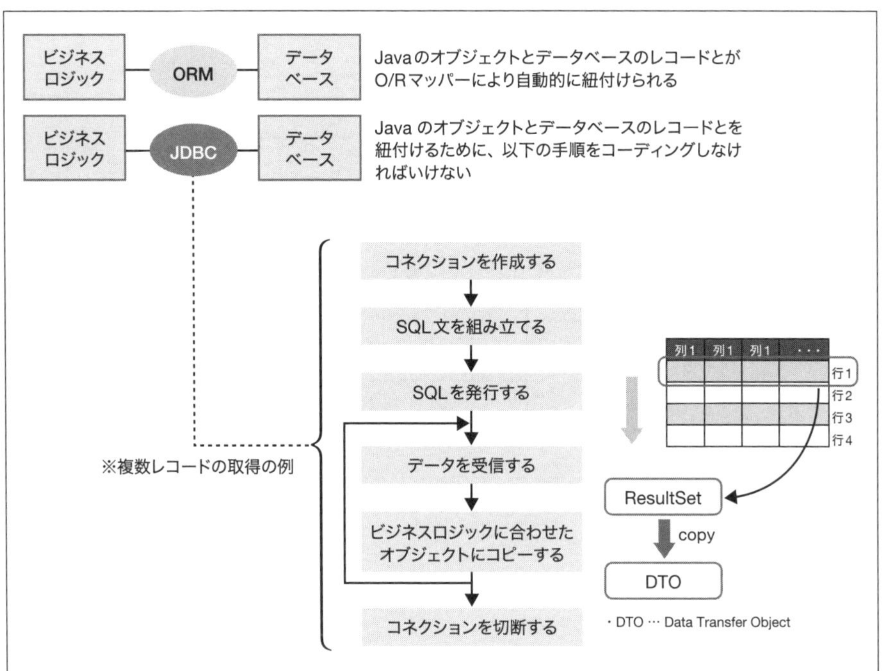

図7.4　JPAとJDBCとの比較

7.2 エンティティの基本

　エンティティについて、ナレッジバンクのサンプルを例にとって、より詳しく見ていきましょう。今回作成するナレッジバンクには、システムを使用する「アカウント」や、登録した「ナレッジ」、ナレッジに対する「コメント」、ナレッジが属する「カテゴリ」などいくつかの種類のエンティティがあります。

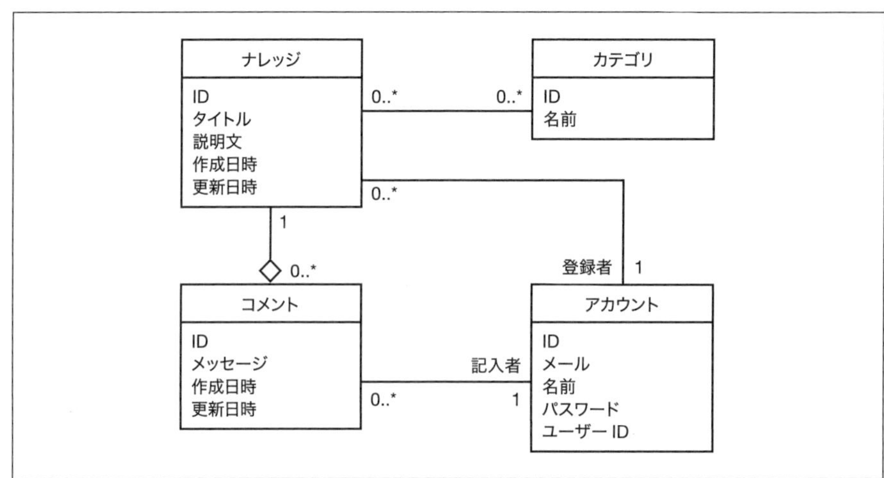

図7.5　ナレッジバンクで使用するエンティティクラス

エンティティクラスではエンティティが持つ情報をフィールドとして定義します（データベースでいえば、テーブル定義のカラム定義にあたります）。

ナレッジエンティティが持つフィールドには、ナレッジを一意に識別するためのID、ナレッジのタイトルと説明文、ナレッジが作成された日時と、最後に更新された日時があります。カテゴリエンティティが持つフィールドにはカテゴリを一意に識別するためのID、カテゴリの名前があります。コメントエンティティにはコメントを一意に識別するためのID、ナレッジに対するコメント文、コメントが作成された日時と最後に更新された日時があります。アカウントエンティティが持つフィールドには、アカウントを一意に識別するID、メールアドレス、名前、認証に使うためのユーザーIDと暗号化されたパスワードがあります。

エンティティクラスにはその他にも、エンティティ同士の関連をリレーションとして定義できます。たとえば、アカウントエンティティはナレッジエンティティに対して、「このアカウントが登録したナレッジはどれか」という関係性があるため、これをリレーションとして定義します。反対側のナレッジメントエンティティにも、アカウントエンティティとのリレーションを定義する必要があります。具体的な定義方法は、この後の7.2.3項で説明します。

各エンティティに値が入り、エンティティオブジェクトがインスタンス化されると、図7.6のような概念図になります。たとえば、"Java EEの実行環境"というナレッジは、"いとうちひろ"というアカウントにより登録され、"Java"カテゴリに分類されています。また、2つのコメントが記入されており、最初のコメントを記入したアカウントは"てらだよしお"で、2番目のコメントを記入したアカウントは"いとうちひろ"であることを示しています。

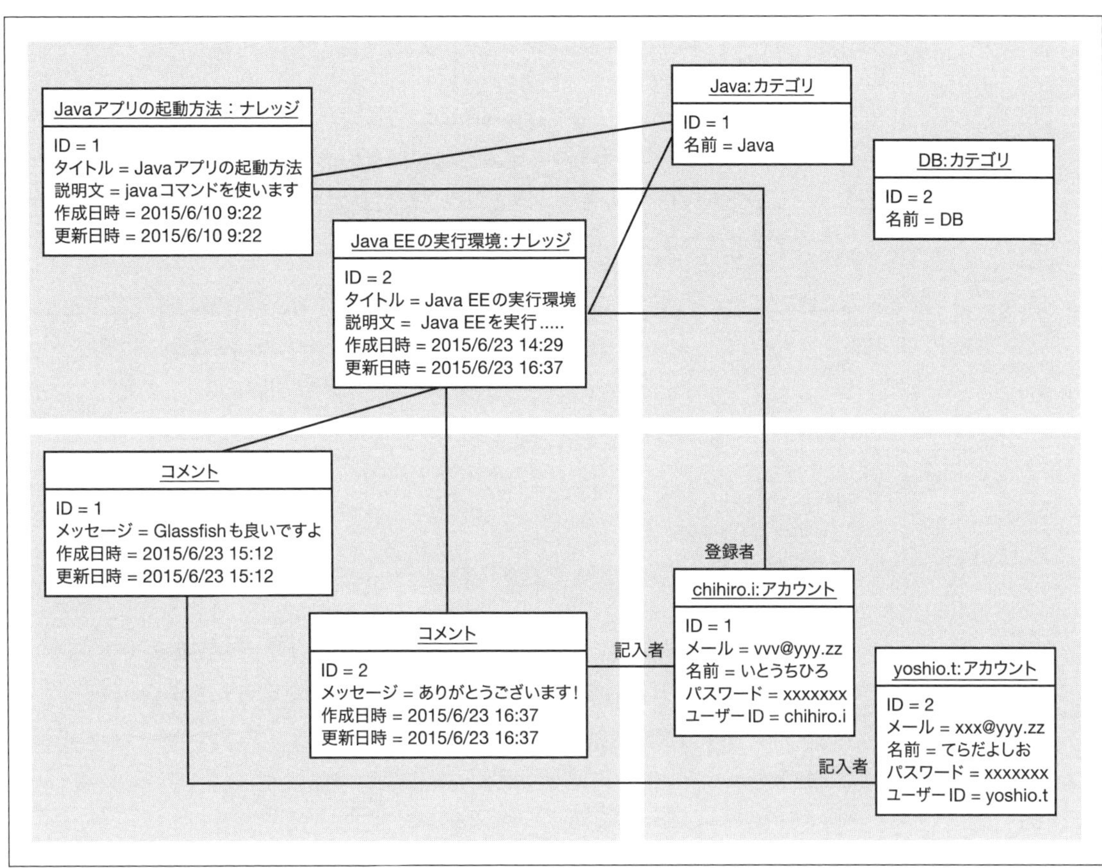

図7.6 エンティティオブジェクトとリレーションの具体例

7.2.1 エンティティクラスの実装

エンティティクラスの実装のうち基本的なものを紹介します（応用的な実装は第8章で取り上げます）。

まずエンティティクラスには、そのクラスがエンティティであることを表わす@Entityアノテーションを付けます。エンティティクラスはpublicクラスでなければならず、finalを付けてはいけません。

▶ @Entityアノテーション

```
@Entity
public class Account implements Serializable {
}
```

コンストラクタはpublicもしくはprotectedで引数のないコンストラクタが必要です。Javaでは、コンストラクタが1つも定義されていないクラスに対しては、Javaコンパイラによってpublicの引数なしコンストラクタが自動で作成されます。そのため、エンティティクラスにコンストラクタの定義がなければ自動で作成されます。

▶ 正常なエンティティクラスのコンストラクタ

```
public Account() {
    super();
}

public Account(long id) {
    this.id = id;
}
```

ただし、コンストラクタを1つ以上自分で作成する場合は注意が必要です。次のようにpublicが指定され、引数のあるコンストラクタだけを定義した場合、publicで引数のないコンストラクタは自動で生成されず、エンティティクラスのルールに違反してしまいます。

▶ 問題のあるエンティティクラスのコンストラクタ

```
@Entity
public class Account {
public Account(long id){ •———— 引数ありコンストラクタしかない
    super();
    this.id=id;
}
...
}
```

上記のまま実行すると、EclipseLinkでは以下のような例外が発生します。こういった場合は、自分でpublicもしくはprotectedで引数のないコンストラクタもあわせて作成するようにしてください。

▶ コンストラクタに問題のあるエンティティクラスを実行した場合の例外

```
Exception [EclipseLink-0] (Eclipse Persistence Services - 2.5.2.v20140319- ➔
9ad6abd): org.eclipse.persistence.exceptions.IntegrityException
Descriptor Exceptions:
---------------------------------------------------------
Exception [EclipseLink-63] (Eclipse Persistence Services - 2.5.2.v20140319 ➔
-9ad6abd): org.eclipse.persistence.exceptions.DescriptorException
Exception Description: The instance creation method [knowledgebank.entity. ➔
Account.<Default Constructor>], with no parameters, does not exist, or is ➔
not accessible.
Internal Exception: java.lang.NoSuchMethodException: knowledgebank.entity. ➔
Account.<init>()
Descriptor: RelationalDescriptor(knowledgebank.entity.Account --> [Databas ➔
eTable(ACCOUNT)])
Runtime Exceptions:
---------------------------------------------------------
```

エンティティを構成する要素はフィールドとして持たせ、各フィールドのsetter/getterメソッドを記述します。setter/getterメソッドはIDEの機能を使って自動生成[6]することもできます。

[6] NetBeansであれば、コードエディタ画面内でクラス定義以下の任意の場所を右クリックし、[コードを挿入…]→[取得メソッド…]を選択すると、自動生成用のポップアップ画面を呼び出すことができます。

▶ フィールドとsetter/getter

```
@Id
private long id;
private String mail;
//その他のフィールドが続きます

public long getId() {
    return id;
}
public void setId(long id) {
    this.id = id;
}

public String getMail() {
    return mail;
}
public void setMail(String mail) {
    this.mail = mail;
}
```

```
// その他のsetter/getterが続きます
```

Serializableについて

Javaのクラス定義として、ネットワーク経由で送受信される可能性のあるクラスには、Serializableインターフェースを実装（implements）する必要があります。エンティティクラスも同様で、JPAのルールとして必ずSerializableを実装しなくてはいけないというわけではなく、状況に応じて判断する必要があります。

エンティティクラスがネットワークを経由する主なケースとしては、

1. EJBのリモート呼び出しの中でエンティティがやりとりされる場合
2. 複数のアプリケーションサーバーでJPAの2次（L2）キャッシュ[7]を構成する場合

の2つが挙げられます。

EJBのリモート呼び出しは、性能上のトレードオフがあるため、ケースとしては少ないかもしれません。2.のケースも、2次キャッシュの機能を提供する外部のエンジン[8]の助けを借りる必要があります。

とはいえ、たいていのIDEでは自動生成によって実装されるため、特に理由のない限りは自動生成によって作成するとよいでしょう。

```
@Entity
public class Account implements Serializable {

  private static final long serialVersionUID = 1L;
  ...
}
```

実装を推奨

自動生成可能

図7.7　Serializableインターフェース

本書では紙幅の都合上、この実装を省略している箇所がありますが、本書のダウンロードサンプルでは実装しています。

【7】
JPAでは、単一スレッドの処理内で同じエンティティオブジェクトに複数回アクセスする場合は、そのつどデータベースにアクセスすることなく、メモリから取得して応答します。このメモリ領域を1次（L1）キャッシュと位置付けています。このキャッシュの共有範囲を、JVM内部や複数のJVMまでに拡張したものが2次（L2）キャッシュです。

【8】
Oracle CoherenceやInfinispanなどが例として挙げられます。

7.2.2 ID

JPAでは、各エンティティオブジェクトはIDによって一意に識別できなければなりません。IDはデータベースの主キーにあたります。IDは1つのフィールドで定義することも複数のフィールドで定義することもできます。IDは検索などで明示的に使われるほか、後述するキャッシュでも暗黙的に使用されています。

IDは、エンティティクラスに定義されているフィールドのうち1つ以上に@Idアノテーションを付与して定義します。@Idアノテーションが付いたフィールド（複数ある場合はその組み合わせ）がそのエンティティクラスのIDとなります。@Idを付与できるフィールドの型は以下のとおりです。

- プリミティブ型
- ラッパークラス
- java.lang.String
- java.util.Date
- java.sql.Date
- java.math.BigDecimal
- java.math.BigInteger

エンティティクラスは、IDとして定義したフィールドを使用してhashCodeメソッド、equals(Object)メソッドを実装しなければなりません。これらのメソッドも、IDEを使って自動生成[9]できます。

【9】
NetBeansであれば、コードエディタ画面内でクラス定義以下の任意の場所を右クリックし、[コードを挿入…] → [オーバーラード・メソッド…] を選択すると、自動生成用のポップアップ画面を呼び出すことができます。

▶ 自動生成したhashCodeメソッドとequalsメソッド

```
@Override
public int hashCode() {
    int hash = 5;
    hash = 47 * hash + (int) (this.id ^ (this.id >>> 32));
    return hash;
}
@Override
public boolean equals(Object obj) {
    if (obj == null) {
        return false;
    }
```

```
    if (getClass() != obj.getClass()) {
        return false;
    }
    final Account other = (Account) obj;
    if (this.id != other.id) {
        return false;
    }
    return true;
}
```

必要に応じてエンティティクラスのtoStringメソッドをオーバーライドし、IDを把握できるような出力を記述しておくと、デバッグ時に役に立ちます。

▶ toStringメソッドのオーバーライドの例

```
@Override
public String toString() {
    return "knowledgebank.entity.Account[ id=" + id + " ]";
}
```

7.2.3 リレーション

リレーションとはエンティティ同士の関係のことです。エンティティ同士の関係には、リレーション先のエンティティがいくつ紐付くかを示す「多重度」という概念があります。多重度には「1」および「多」があり、その組み合わせから「1対1」「多対1」「1対多」「多対多」があります。

ナレッジバンクに存在するリレーションと、それぞれの多重度は図7.8のとおりです。

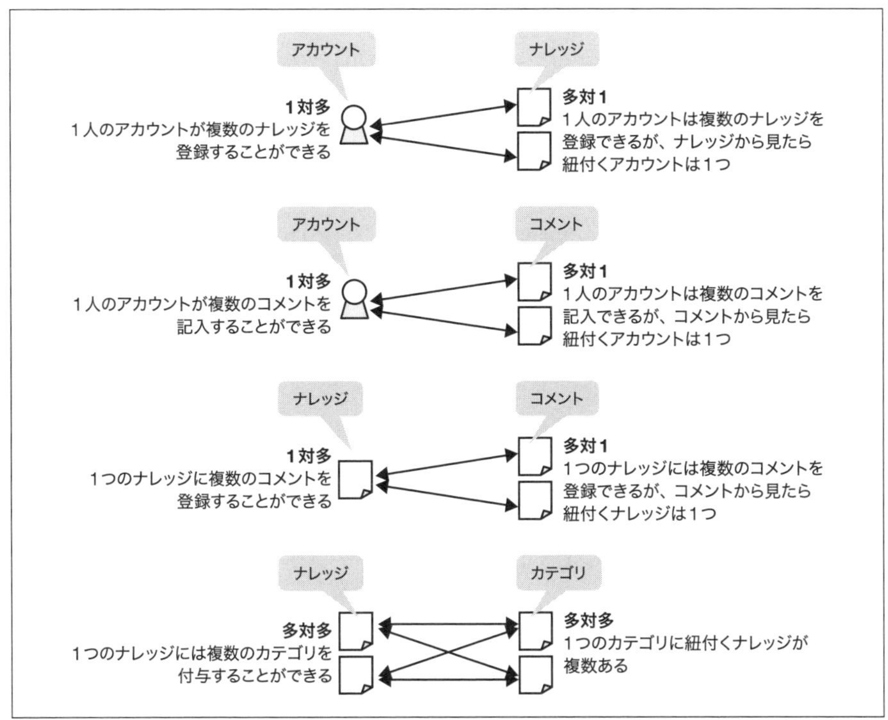

図7.8　ナレッジバンクにおけるリレーションと多重度

JPAのリレーションは、エンティティ内にリレーション先のエンティティクラスの型を持つフィールドを定義し、それに対して多重度を表わすアノテーションを付与することにより定義することができます。多重度を表わすアノテーションには、@OneToOne、@ManyToOne、@OneToMany、@ManyToManyがあります。それぞれの場合のリレーションの定義方法を見ていきましょう。

■ 1対多、多対1

アカウントとナレッジとの間のリレーションを例にとると、1人のアカウントが複数のナレッジを登録することが可能なことから、アカウントから見てナレッジとの関係は「1対多」であると言えます。この関係が成り立つ場合、ナレッジ側から見たアカウントの関係は「多対1」です。

まず、アカウントのエンティティクラスにナレッジ一覧のフィールドを定義し、@OneToManyアノテーションを付与します。リレーション先の多重度が「多」の場合、フィールドはCollectionインターフェースもしくはListインターフェースのいずれかで指定し、ジェネリクス（総称型）にはリレーション先のエンティティクラスを指定します。ナレッジバンクではListインターフェースを使用しています。

同様に、ナレッジのエンティティクラス内にも、アカウントのフィールドを用意します。このフィールドは多対1のため、@ManyToOneアノテーションを付与します。

最後に、2つのリレーションを紐付けるため、mappedBy属性を使用します。@OneToManyアノテーション側に、mappedBy属性として@ManyToOneアノテーションを付けたフィールドの名前を指定します。

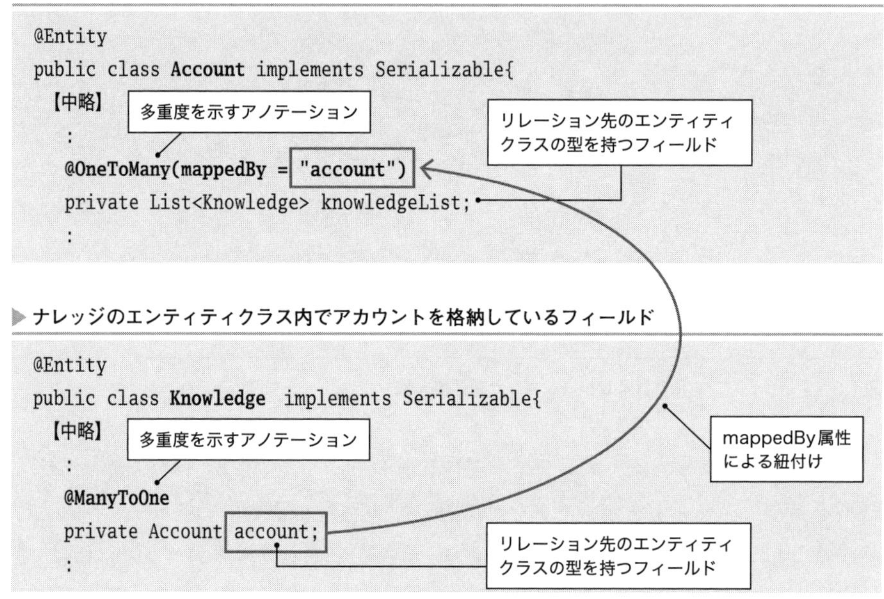

エンティティクラスにリレーションを定義すると、getterを実行するだけでリレーション先のエンティティオブジェクトを取得できます[10]。たとえば、ナレッジのエンティティオブジェクトから、そのナレッジを書いたアカウントの名前を取得するには次のようにします。

【10】
リレーションが定義されていない場合は、別途リレーション先のエンティティに対して取得するメソッドを実行するか、2つのエンティティを結合するクエリを発行しなければいけません。

▶ ナレッジを登録したアカウントの名前を取得する例

```
Knowledge k =...;
k.getAccount().getName();
```

■ 多対多

ナレッジとカテゴリの関係は多対多です。1つのナレッジは複数のカテゴリを含むことができます。また、1つのカテゴリに着目した場合、複数のナレッジに紐付くことになります。

リレーションが多対多の場合、それぞれのエンティティクラスにListインターフェースのフィールドを定義し、それらのフィールドに@ManyToManyアノテーションを付けて実装します。どちらか一方にmappedBy属性を追加してこれらのリレーションを紐付けます。

▶ ナレッジのエンティティクラス内でカテゴリ一覧を格納しているフィールド

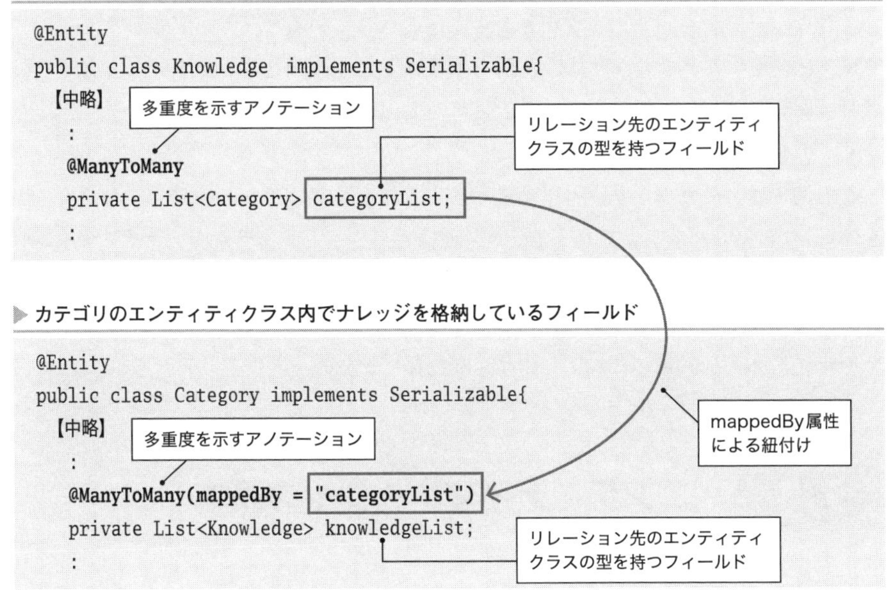

■ 1対1

このリレーションでは、エンティティ同士がIDを互いに持ち合っていて、かつ互いにユニークになります。

1対1のリレーションはナレッジバンクでは使っていません。データの正規化の観点だけでデータ構造を検討した場合、1対1のリレーションはあまり使われないかもしれません。そのようなリレーションは同一のエンティティに含めてしまうことが多いからです。

ただし、正規化だけではなくデータのライフサイクルまでを考慮すると、別のエンティティにしたほうがよいことがあります。ライフサイクルとはそのデータが作成されてから更新、参照、削除されるまでの生存期間のことです。

ライフサイクルが違うデータを1つのエンティティにしていると、あるフィールドの値はデータがないことがあります。たとえば、アカウント情報にアカウントの所属会社に関わる情報を追加するとします。これらの情報はどちらともIDは同一になります。アカウント情報のライフサイクルはアカウントをシステムに登録してから削除するまでの期間になりますが、アカウントの所属会社のデータは、その人が会社に所属していなければ存在しないかもしれません。会社に入社するとデータが作成され、会社を移ることでデータが更新されます。

これらのデータが同一のエンティティに定義されていると、会社が変わりメールアドレスを変更するときも、会社の住所を変更するときも同じエンティティを更新しなければなりません。これらのデータを別々のエンティティに定義すれば、それぞれのライフサイクルが適切に設定されます。

この例では、アカウントの所属会社のデータは必ずアカウントのデータのライフサイクルよりも短いためライフサイクルの管理は容易かもしれませんが、ライフサイクルがまったく異なるデータを同一のエンティティに定義すると、データの管理が非常に複雑になる場合があります。これらを1つのエンティティにまとめるか、複数のエンティティに分けるかはデータの設計方針に依存します。

7.3 エンティティマネージャの基本

エンティティマネージャは前述のとおり、エンティティオブジェクトに対する操作を受け付け、データベースとの連携を図る役割を担います。エンティティマネージャの実体はjavax.persistence.EntityManagerインターフェースで、このインターフェースで用意されているメソッドを通してエンティティを操作します。

EntityManagerのインスタンスオブジェクトは、CDIを用いてアプリケーションサーバーからのインジェクションにより取得します[11]。

【11】
ナレッジバンクでは採用していませんが、EntityManagerFactoryインターフェースのgetEntityManagerメソッドを利用する方法もあります。Java SE環境で動作させたい場合や、トランザクション境界を自分で制御したい場合などに用います。
利用方法はコラム「Java SEでJPAを使う」（379ページ）を参照してください。

▶ EntityManagerオブジェクトの取得方法

```
@PersistenceContext(unitName = "knowledgebankPU")
private EntityManager em;
```

EntityManagerのフィールド定義には@PersistenceContextアノテーションを付与し、その属性にunitNameを指定します。unitName属性には、紐付けたい永続化ユニットの名前を指定します。永続化ユニットの名前は、persistence.xmlの<persistence-unit>タグのname属性と一致している必要があります。これにより、永続化ユニットで指定された先のデータベースと接続を確立し、それに紐付く永続化コンテキスト[12]の領域が確保されます。このようなコードは、JPAを使用するEJBやCDIのインスタンスフィールドとして頻繁に出てきます。

【12】
永続化コンテキストとは、エンティティマネージャが管理する一時的な作業領域です。

7.3.1 エンティティのライフサイクル

エンティティオブジェクトは、エンティティマネージャの永続化コンテキストによって、作成されてから削除されるまでのライフサイクルが管理されています（図7.9）。ライフサイクルにはNEW、MANAGED、REMOVED、DETACHEDがあり、エンティティマネージャの各メソッド実行などによって遷移します。

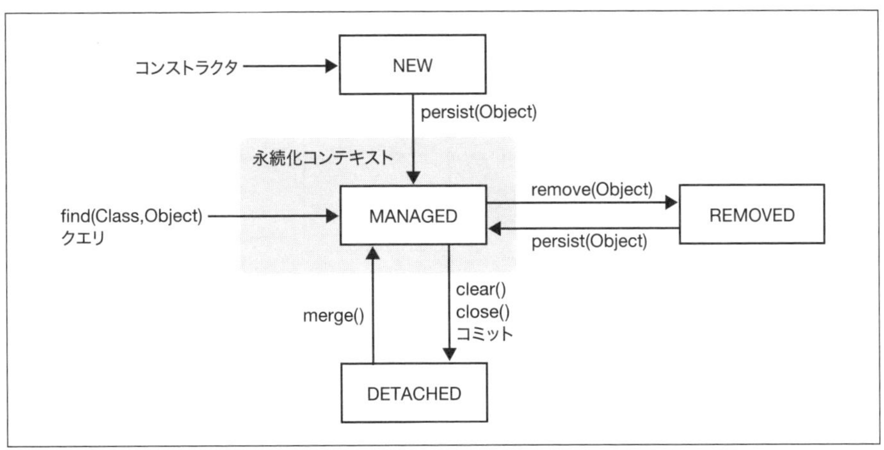

図7.9 エンティティオブジェクトの状態遷移

エンティティオブジェクトがコンストラクタによって作成されたときはNEW状態であり、まだ永続化コンテキストに紐付いていません。このエンティティオブジェクトをMANAGED状態にすると永続化コンテキストと紐付けられ、データベースと連動する状態となります。

MANAGED状態のエンティティオブジェクトを更新すると、自動的にデータベースのレコードが更新されます。検索によって得られたエンティティオブジェクトは、取得したタイミングでMANAGED状態になります。MANAGED状態のエンティティオブジェクトをREMOVED状態にすると、対応付けられたレコードはデータベースから削除されます。MANAGED状態のエンティティオブジェクトがトランザクション境界の外に出るとDETACHED状態になります。

それぞれについて順番に見ていきましょう。

7.3.2 エンティティオブジェクトの作成と永続化

新しいエンティティオブジェクトは、new演算子およびコンストラクタで作成します。

▶ エンティティオブジェクトの作成

```
Account account = new Account();
```

この方法で得られたエンティティオブジェクトは、NEW状態となります（図7.10）。NEW状態のエンティティオブジェクトはまだ永続化コンテキストに紐付いていません。

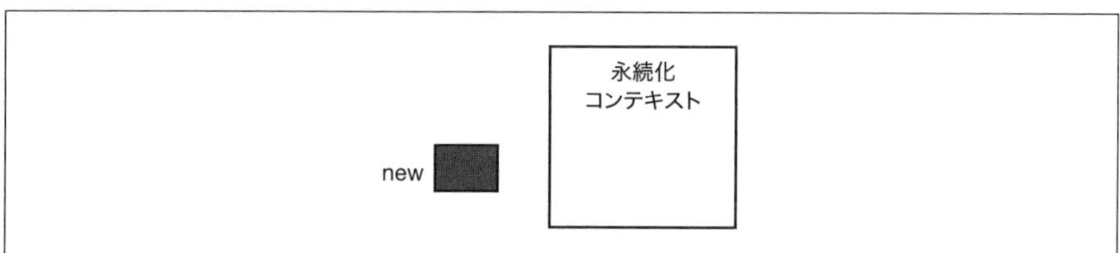

図7.10　NEW状態

NEW状態のエンティティは、エンティティマネージャのpersist(Object)メソッドの引数に指定することでMANAGED状態になります。MANAGED状態になると、次のコミットのタイミングでデータベースにエンティティオブジェクトの内容が反映されます。

▶ エンティティオブジェクトの保存

```
EntityManager em = ...
em.persist(account);
```

すでにMANAGED状態やDETACHED状態になっているエンティティオブジェク

トをpersistメソッドの引数に指定した場合は、その操作は無効です。例外が発生するか、メソッドの実行が無視されます。

7.3.3 エンティティオブジェクトの取得と更新

EntityManagerインターフェースのfindメソッドは、主キーを指定して1件のエンティティオブジェクトを取得するメソッドです。第1引数には取得したいエンティティクラスのClassオブジェクトを、第2引数には取得したいエンティティのキーの値を指定します。以下は、アカウントエンティティの主キーであるIdの値が0のものを取得する例です。

▶ エンティティオブジェクトの取得

```
Account account = em.find(Account.class, 0);
```

findメソッドやクエリを使った検索で得られたエンティティオブジェクトはMANAGED状態になります（図7.11）。

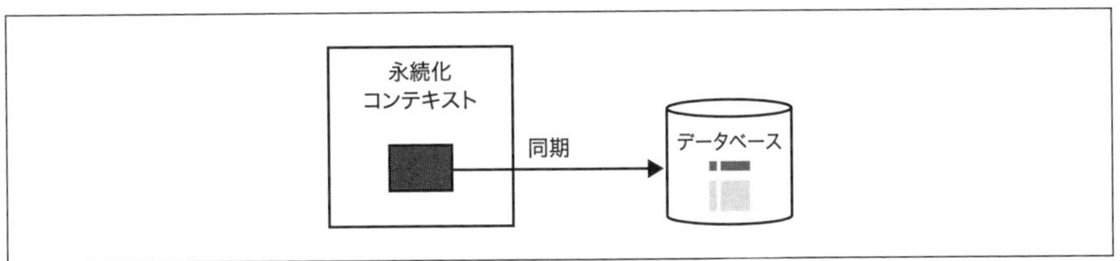

図7.11　MANAGED状態

MANAGED状態になっているエンティティオブジェクトのフィールドをsetterメソッド経由で変更すると、その変更はデータベース上のレコードに反映されます。

▶ アカウントの名前の更新

```
account.setName("てらだよしお");
```

ただし値を変更してもデータベースへの反映がそのつど行なわれるわけではなく、トランザクションが完了した時点で実行されます。Java EEでは原則的に、EJBのトランザクションが境界から出てコミットされたタイミングで反映されます。もしトランザクションの内部で明示的にデータベースへ反映したい場合は、エンティティマネージャのflushメソッドを使います。

7.3.4 エンティティの削除

エンティティオブジェクトを削除すると、永続化コンテキストからも消去されることが予約されます。この状態がREMOVEDです（図7.12）。次回、トランザクションがコミットされるかflushが実行された時点で、永続化コンテキスト上からエンティティが消去され、データベース上の該当レコードも削除されます。

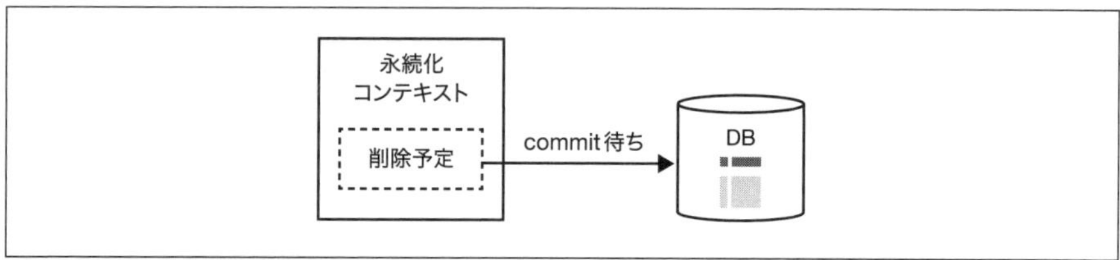

図7.12　REMOVED状態

エンティティオブジェクトをREMOVED状態にするにはエンティティマネージャのremoveメソッドを使用してします。

▶ エンティティオブジェクトの削除

```
em.remove(account);
```

removeメソッドの引数に与えるエンティティオブジェクトはMANAGED状態である必要があります。エンティティオブジェクトがNEW状態や、すでにREMOVED状態の場合は無視され、DETACHED状態の場合はIllegalArgumentExceptionの例外が発生します。REMOVED状態になると、再びpersist()の対象とすることができます。

7.3.5 デタッチ

DETACHED状態とは、エンティティオブジェクトが永続化コンテキストの管理下から外れた状態です（図7.13）。トランザクションの外に出たエンティティオブジェクトはこの状態になります。

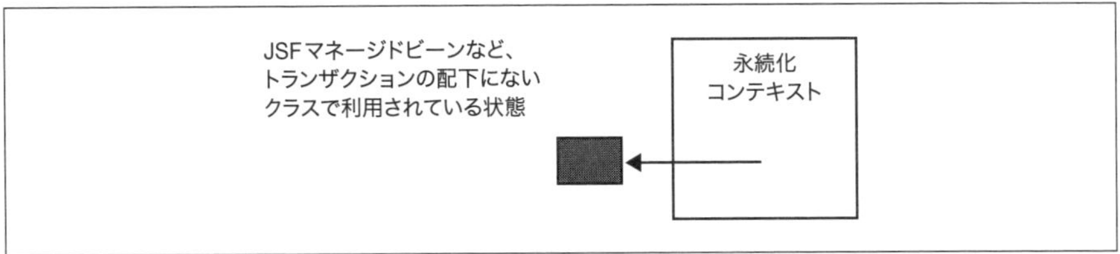

図7.13 DETACHED状態

Java EEで構築されたWebアプリケーションでは、データベースからの値の取得から画面表示に至るまで、エンティティオブジェクトが「値の入れ物」として活用されます。この場合、EJBなどのビジネスロジック層にてJPAを用いてエンティティオブジェクトが生成/操作され、そのオブジェクトがそのままJSFなどのプレゼンテーション層へ引き渡されます。

Java EE環境では通常、トランザクションの管理[13]はEJBが担っています。EJBのメソッドが実行されている期間が、トランザクションの有効期間となるのが一般的です。この場合、EJBのメソッドからJSFのマネージドビーンへ引き渡されるタイミングで、トランザクションが終了します。すると、エンティティオブジェクトの値が画面に表示されている時点ではDETACHED状態となります。

【13】
トランザクションについては、「6.2.7 トランザクション」で説明しています。

ユーザーが画面に表示された値を修正し、それをデータベースに再度保存したい場合は、エンティティオブジェクトをもう一度MANAGED状態にする必要があります。こういった場合は、エンティティマネージャのmergeメソッドを利用します。

7.4 クエリAPI

前述したとおり、エンティティマネージャに用意されている各種メソッドにより、主キーを指定した1件のエンティティオブジェクトの検索、永続化、更新、削除が可能です（図7.14）。それ以外の方法でエンティティを検索/操作したい場合にはクエリを利用します。クエリには、条件に一致するエンティティを取得するためのSelect文と、条件に一致するエンティティをまとめて更新/削除するUpdate文とDelete文があります。ここでは、Select文を例にとって利用方法を紹介します。

	単数のエンティティ	複数のエンティティ
検索	find	Select文
永続化	persist	
更新	setter	Update文
削除	remove	Delete文

図7.14　クエリの役割

クエリを作成するには、createQueryメソッドでTypedQueryインターフェースのオブジェクトを作成します。作成したTypedQueryオブジェクトからエンティティを取得するには、取得するエンティティオブジェクトが1件の場合はgetSingleResultメソッドを、複数件の場合はgetResultListメソッドを利用します。

次のコードはJPQLを使用してクエリを作成する例です。

▶ JPQLを使ったQueryの作成

```
TypedQuery<Knowledge> query = em.createQuery("SELECT k FROM Knowledge k", ➔
Knowledge.class);
```

JPQLを使用してクエリを記述するには、EntityManagerのcreateQueryメソッドを利用します。createQueryメソッドには、第1引数にJPQL文[14]、第2引数にクエリによって得たい情報の型をClassオブジェクトで指定します。上記の例では、ナレッジを全件取得するクエリを指定しているため、得る情報の型はナレッジのエンティティクラスになります。この結果、戻り値としてKnowledgeクラスをジェネリクスとするTypedQueryオブジェクトを取得します。

【14】
JPQLの文法については「7.5 JPQL」で詳しく説明します。

続いてCriteria APIを使用してクエリを作成する例です。

▶ Criteria APIを使ったQueryの作成

```
CriteriaBuilder builder = em.getCriteriaBuilder();
CriteriaQuery<Knowledge> criteriaQuery = builder.createQuery(Knowledge.class);
TypedQuery<Knowledge> query = em.createQuery(criteriaQuery);
```

Criteria APIを使う場合は、まずCriteriaビルダを作成します。1行目ではEntityManagerインターフェースのgetCriteriaBuilderメソッドを使用してCriteriaBuilderオブジェクトを作成します。次の2行目では、上述のJPQLの例と同じく、ナレッジを全件取得するCriteriaクエリを作成しています。CriteriaBuilderのcreateQueryメソッドを使用し、引数にクエリによって得たい情報の型を指定します。最後の3行目にて、TypedQueryインターフェースのクエリを作成しています。

JPQLと同じく、EntityManagerのcreateQueryメソッドを利用しますが、引数に渡すのは文ではなく、2行目で作成したcriteriaQueryオブジェクトとなります。

次のコードはナレッジのエンティティオブジェクトを取得する例です。

▶ 1件のナレッジのエンティティオブジェクトを取得

```
Knowledge knowledge = query.getSingleResult();
```

getSingleResultメソッドは、クエリのジェネリクスとなっているエンティティオブジェクトを1件取得します。上記の例のqueryは、Knowledgeエンティティをジェネリクスにする TypedQueryオブジェクトなので、クエリの実行結果として1つのKnowledgeオブジェクトを受け取ります。

クエリの結果としてエンティティが見つからない場合や複数見つかった場合には、例外が発生します。複数のエンティティが返るとjavax.persistence.NonUniqueResultExceptionが発生し、エンティティが見つからない場合にはjavax.persistence.NoResultExceptionが発生します[15]。

[15] NoResultExceptionとNonUniqueResultExceptionは非チェック例外です。

▶ getSingleResult()が複数の結果を返した例外

```
重大: javax.persistence.NonUniqueResultException: More than one result was ➡
returned from Query.getSingleResult()
```

次に、複数のエンティティオブジェクトを取得するgetResultListメソッドの例を見てみましょう。以下は複数のナレッジエンティティを取得する例です。

▶ 複数のエンティティを取得

```
List<Knowledge> knowledgeList = query.getResultList();
```

getResultListメソッドはクエリの結果としてList化されたKnowledgeオブジェクトを返し、オブジェクト数がいくつでも例外は発生しません。

7.4.1 パラメータ

JPAではクエリの一部をパラメータとすることで、クエリの外側から条件となる値を指定することができます。取得対象のエンティティクラスや条件の式が同じで、条件の値だけが異なるクエリを統合することにより、メンテナンス性が向上します[16]。パラメータはJPQLとCriteria APIの両方で使用できます。

パラメータは、クエリを発行する前に値を設定する必要があります。値の設定にはQueryインターフェースのsetParameterメソッドを用いて、引数にパラメータと値を指定します。パラメータは、位置で指定する方法と名前で指定する方法の2通りの方法がありますが、位置で指定する方法はやや可読性が低くなるため、通常は名前で指定する方法を利用したほうがよいでしょう。同じパラメータは1つのクエリの中で何度も使うことができ、1回設定するとすべての箇所に反映されます。

パラメータの利用方法は、この後の「7.5.2 条件指定」で詳しく紹介します。

【16】
ユーザーが入力した文字列がクエリの全部または一部として利用されるケースでは、その文字列に悪意がある場合、情報の盗難など問題になる可能性があります(これをSQLインジェクション攻撃といいます)。パラメータを使用することで文字列がエスケープされSQLインジェクションの防止に効果があります。

7.4.2 サンプルデータ

JPQLとCriteria APIのクエリ構築については図7.15のサンプルデータを使用します。

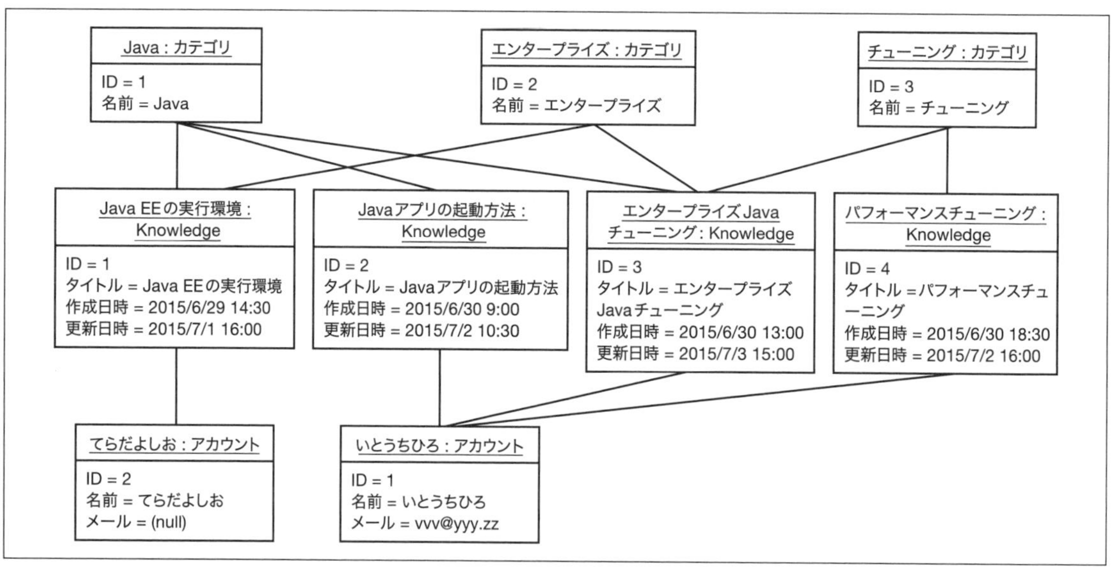

図7.15 サンプルデータ

本例では3つのカテゴリエンティティ、4つのナレッジエンティティ、2つのアカウントエンティティを使用して発行したクエリの結果を紹介します。上図では、クエリで使用しないフィールドについては省略しています。

7.5 JPQL

Java Persistence Query Language（JPQL）はJPAのクエリ記述言語です。アプリケーション開発者はSQL文のように文字列としてJPQL文を書いてクエリを構築します。SQLはデータベースへのクエリを記述しますが、JPQLはエンティティへのクエリを記述します。

JPQLには、データベースのレコード検索を指示するSELECT文と、レコード更新を指示するUPDATE文、レコード削除を指示するDELETE文があります。本項では、最も頻繁に利用されるSELECT文を例にとって説明します。JPQLのSELECT文は、主に次の要素から構成されます。

- 取得対象を指定するSELECT節
- 取得元となるエンティティを指定するFROM節
- 複数のエンティティを結合するJOIN節
- エンティティを絞り込むための条件を指定するWHERE節
- 取得結果の並び順を指定するORDER BY節

それぞれの句の書き方についてみていきましょう。

7.5.1 JPQLの基本構文

■ JPQL文の作成

JPQL文は、SQLのように文字列で記述します。JPQLの基本構文を以下に示します。

▶ JPQLの基本構文

```
SELECT [取得するエンティティまたは式] FROM [エンティティ名] [エイリアス]
```

SELECT節（SELECT句からFROM句の直前まで）には、取得対象とするエンティティまたは式を指定します。エンティティを取得する場合には、FROM節やJOIN節で指定したエイリアスを指定します。エイリアスとは、取得対象とするエンティティの略称で、エンティティ名の後にスペースを空けて指定します。エイリアスは、このJPQL文の中でのみ有効です。

FROM節に指定するエンティティ名には通常、エンティティクラス名を指定します。FROM節には1つのエンティティクラスのみ指定でき、他のエンティティクラスと結合するにはJOIN節を指定します。エンティティの一部を取得したい場合は、取得したいフィールドの名前をエイリアスとともに式として指定します。

すべてのナレッジエンティティオブジェクトを取得するJPQL文は以下のとおりです。

▶ すべてのナレッジエンティティを取得する JPQL

```
SELECT k FROM Knowledge k
```

このJPQL文のFROM節にはナレッジエンティティクラスが指定され、kというエイリアスが付けられています。SELECT節ではkというエイリアスを指定することでKnowledgeエンティティオブジェクト全体を、クエリの結果として受け取ることを表現しています。もしナレッジのタイトルだけを受け取りたい場合は、k.title といったように、フィールド名を用いて記述します。

■ JPQL 文によるクエリの作成

JPQL文からクエリを作成するには、EntityManagerインターフェースに定義されているcreateQuery(String, Class<T>)メソッドを使用します。このメソッドの第1引数であるStringにはJPQL文を指定し、第2引数であるClass<T>には、クエリの実行結果として受け取りたいエンティティクラスの型をClassオブジェクトで指定します。このメソッドの戻り値が、クエリを表わすjavax.persistence.TypedQueryオブジェクトとなります。

■ クエリの実行

クエリの結果として、1つのエンティティオブジェクトを想定する場合にはTypedQueryのgetSingleResultメソッドを実行し、結果として複数のエンティティオブジェクトを想定する場合にはgetResultListメソッドを実行します。

■ サンプルソース

JPQLを使用してすべてのナレッジを取得するJPQL文は以下のようになります。

▶ 全件取得するJPQLクエリの実行例

```
String jpql = "SELECT k FROM Knowledge k";

TypedQuery<Knowledge> query = em.createQuery( jpql, Knowledge.class);
List<Knowledge> knowledgeList = query.getResultList();

knowledgeList.stream().forEach( k -> System.out.println( k.getTitle() ) );
```

1行目では、すべてのナレッジを取得するJPQL文を定義しています。最後の行で、java.util.Listインターフェースに定義されているStream APIを使用して、得られたナレッジエンティティオブジェクトのタイトルを標準出力へ出力しています。

▶ 実行結果

```
Java EEの実行環境
Javaアプリの起動方法
エンタープライズJavaチューニング
パフォーマンスチューニング
```

実行結果として、「Java EEの実行環境」「Javaアプリの起動方法」「エンタープライズJavaチューニング」「パフォーマンスチューニング」が出力されます。

エンティティ名

エンティティ名は、エンティティクラスの名前と通常は一致しますが、これを変更することもできます。エンティティ名を変更するには@Entityアノテーションのname属性を指定します。

エンティティ名の変更は、たとえば異なるパッケージに同一のエンティティクラス名があり、どちらのエンティティクラス名も変更できないケースなどで有効です。

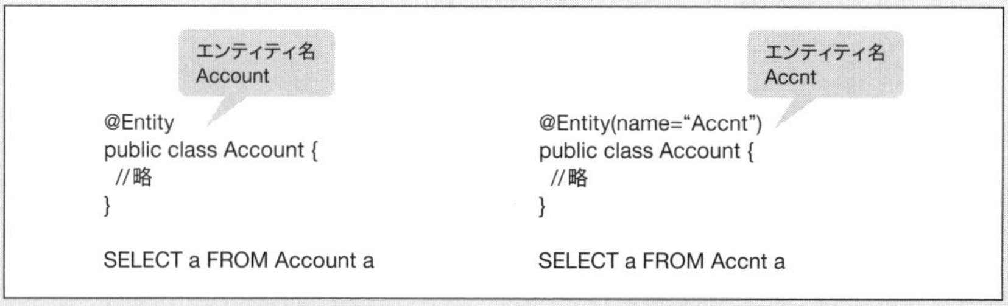

図7.16　エンティティ名と問い合わせ例

7.5.2 条件指定

エンティティを全件取得せずに絞り込むには、条件を加えます。たとえば、「指定したユーザーIDのアカウントエンティティを取得する」のように、条件で絞り込むにはWHERE節を使用します。取得するエンティティはWHERE節に指定した条件がtrueになる結果のみに絞り込まれます。

▶ ナレッジを絞り込む例

```
SELECT k FROM Knowledge k WHERE 条件
```

条件には式を指定します。式とは単体のフィールドや値に加え、フィールドの加減乗算などの計算結果を含みます。また、JPQLではJPQL文中にパラメータを記述できます。パラメータを設定するにはJPQL文中で「:パラメータ名」と記述します。

▶ パラメータを使用したクエリの作成

```
TypedQuery<Knowledge> query = em.createQuery("SELECT k FROM Knowledge k ➔
WHERE id = :knowledgeId", Knowledge.class);
query.setParameter("knowledgeId", 1);
```

1行目ではJPQL文中にknowledgeIdというパラメータを指定しています。2行目ではTypedQueryのsetParameterメソッドを利用してknowledgeIdというパラメータに対して1を指定しています。

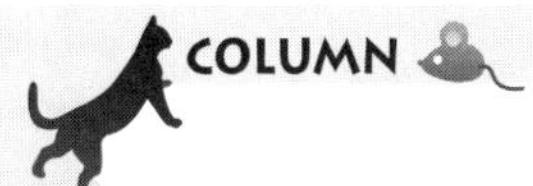

パラメータ化

パラメータを活用することにより、式の一部だけが異なるクエリを1つにまとめられるので、類似のクエリをたくさん作らなくてはいけないような事態を回避することができます。しかし、やみくもにパラメータ化を推し進めれば良いというものでもありません。初学者がよくやってしまうのは、すべての値をパラメータ化してしまうことです。一見、パラメータ化する必要がありそうな箇所でも、現実的には必ず決まった値がセットされるものもあります。

よくある例として削除フラグが挙げられます。レコードを削除したいものの、レコードが存在していた経緯を残す必要がある場合などは、削除する代わりにレコードが無効であることを示すフラグを立てて対応することがあります（この手法を論理削除と呼びます）。削除フラグにより無効化されたレコードは通常の操作対象からは外さなければなりませんが、もしフラグがパラメータ化されていた場合は、プログラマが文脈によりセットする値を判断する必要があり、誤って反対の値をセットしてしまう可能性を生んでしまいます。このような問題を避けるため、セットされる値があらかじめ決まっている場合にはパラメータ化せず、JPQL文に固定値で記述することも必要です。

WHERE節では関係演算子と算術演算子以外にもさまざまな条件を指定することができます。主に使われるものを紹介します。

■ 関係演算子

条件として等号と不等号を使用できます。<、>、<=、>=はJavaの構文と同じく使用可能ですが、等しい==と等しくない!=はJavaの構文と異なり、それぞれ=と<>になります。関係演算子が成り立つとtrue、成り立たないとfalseとなります。関係演算子の構文を以下に示します。

▶ 関係演算子の構文

```
式1 = 式2
式1 <> 式2
式1 < 式2
式1 <= 式2
式1 > 式2
式1 >= 式2
```

式1が3で、式2が5のとき、3<5は成り立つのでtrueとなり、3>=5は成り立たないためfalseとなります。次の例はIDが1のナレッジを取得します。

▶ ナレッジIDが1のエンティティオブジェクトを取得する

```
String jpql = "SELECT k FROM Knowledge k WHERE k.id = :knowledgeId"; ――❶

TypedQuery<Knowledge> query = em.createQuery( jpql , Knowledge.class ); ┐
query.setParameter("knowledgeId",1); ┘――❷
Knowledge knowledge = query.getSingleResult(); ――❸

System.out.println(knowledge.getTitle());
```

1行目ではナレッジが持つIDがknowledgeIdパラメータで指定する値と等しいエンティティオブジェクトを取得するJPQL文を作成しています（❶）。3〜4行目では、TypedQueryオブジェクトを作成してknowledgeIdパラメータに1を指定しています（❷）。IDを指定することにより、対象のナレッジエンティティが一意に決まるため、5行目ではgetSingleResultメソッドで1つだけエンティティオブジェクトを受け取っています（❸）。

▶ 実行結果

```
Java EEの実行環境
```

実行結果としてタイトル「Java EEの実行環境」が出力されます。

■ 文字列の部分一致

LIKEは指定した式と文字列が一致するかどうかを判定します。文字列にはワイルドカードを使用して、前方一致や後方一致を判定することも可能です。式と文字列が一致するとtrue、一致しない場合はfalseとなります。LIKEの構文を以下に示します。

▶ LIKEの構文

```
式 LIKE "文字列"
```

ワイルドカードには任意の1文字を表わす「_」と任意の文字列を表わす「%」があります。指定する文字列を"Java _E"とすると、式の値が「Java EE」「Java SE」「Java ME」などのときに一致します。次の例はタイトルがJavaから始まるナレッジを取得します。

▶ タイトルがJavaで始まるナレッジを取得する

```
String jpql = "SELECT k FROM Knowledge k WHERE k.title LIKE :titleLike"; ──❶

TypedQuery<Knowledge> query = em.createQuery( jpql , Knowledge.class );
query.setParameter("titleLike","Java%"); ──────────────────────❷
List<Knowledge> knowledgeList = query.getResultList();

knowledgeList.stream().forEach( k -> System.out.println( k.getTitle() ) );
```

1行目では、ナレッジのタイトルがtitleLikeパラメータで指定された値と一致するナレッジエンティティを返すJPQL文を定義しています（❶）。4行目ではtitleLikeパラメータに"Java%"という文字列を指定しています（❷）。

▶ 実行結果

```
Java EEの実行環境
Javaアプリの起動方法
```

実行結果としてタイトルが「Java EEの実行環境」と「Javaアプリの起動方法」が出力されます（後方一致）。「エンタープライズJavaチューニング」はタイトルにJavaは含まれていますが、タイトルがJavaから始まっていないため取得結果には含まれません。

■ 複数項目からの一致

INは、指定された式の集合の中に一致する式があるかどうかを判定します。集合の中に1つでも一致する式があるとtrue、一致する式がないとfalseとなります。INの構文を以下に示します。

▶ INの構文

```
式 IN (式1, 式2,…,式n)
```

集合は( )の中に複数の式をカンマ区切りで記述します。次の例はエンタープライズとチューニングのカテゴリに含まれるナレッジを取得します。

▶ エンタープライズとチューニングのカテゴリに含まれるナレッジを取得する

```
String jpql = "SELECT k FROM Knowledge k WHERE k.categoryList.id ➡
IN (:cat1,:cat2)";   ❶

TypedQuery<Knowledge> query = em.createQuery( jpql , Knowledge.class );
query.setParameter("cat1", 2);   ❷
query.setParameter("cat2", 3);
List<Knowledge> knowledgeList = query.getResultList();

knowledgeList.stream().forEach( k -> System.out.println( k.getTitle() ) );
```

1行目では、ナレッジが含まれるカテゴリのIDがcat1パラメータとcat2パラメータのいずれかと一致するナレッジエンティティを取得するJPQL文を定義しています(❶)。4～5行目では、「エンタープライズ」と「チューニング」のカテゴリを指定するため、cat1パラメータに「エンタープライズ」のIDである2を設定し、cat2パラメータに「チューニング」のIDである3を指定しています(❷)。

▶ 実行結果

```
Java EEの実行環境
エンタープライズJavaチューニング
パフォーマンスチューニング
```

「エンタープライズ」カテゴリには「Java EEの実行環境」と「エンタープライズJavaチューニング」が含まれ、「チューニング」カテゴリには「エンタープライズJavaチューニング」と「パフォーマンスチューニング」が含まれます。実行結果として「Java EEの実行環境」「エンタープライズJavaチューニング」「パフォーマンスチューニング」のタイトルが出力されます。

■ 2つの数値の間

BETWEENは、冒頭の式の値が、後続で指定した2つの式の間に含まれているかを判定します。1つ目に指定した式以上、2つ目に指定した式以下の場合にtrue、それ以外だとfalseとなります。BETWEENの構文を以下に示します。

▶ BETWEENの構文

```
式 BETWEEN 式1 AND 式2
```

式が「BETWEEN 0 AND 99」だとすると、式の値が0以上99以下のときにtrueとなります。次の例は2015年7月2日に更新されたナレッジを取得する例です。

▶ 更新日時がパラメータで指定した範囲内にあるナレッジを取得する

```
String jpql = "SELECT k FROM Knowledge k WHERE k.updateAt BETWEEN :from AND :to"; ❶

DateTimeFormatter formatter = DateTimeFormatter.ofPattern("yyyy/MM/dd HH:mm.ss.SSS zzz"); ❷
ZonedDateTime fromDate = ZonedDateTime.parse("2015/07/02 00:00:00.000 JST",formatter); ❸
ZonedDateTime toDate = ZonedDateTime.parse("2015/07/02 23:59.59.999 JST", formatter);

TypedQuery<Knowledge> query = em.createQuery( jpql , Knowledge.class );
query.setParameter("from", Date.from(fromDate.toInstant()) ); ❹
query.setParameter("to", Date.from(toDate.toInstant()) ); ❺
List<Knowledge> knowledgeList = query.getResultList();

knowledgeList.stream().forEach( k -> System.out.println( k.getTitle() ) );
```

1行目ではナレッジの更新日時がfromパラメータとtoパラメータで指定された範囲に含まれるナレッジエンティティを返すJPQL文を定義しています（❶）。3～5行目ではJava SE 8で導入されたDate & Time APIを使用して日時を作成しています（❷❸）。3行目では文字列から日時型へ変換するためのフォーマッタを作成し（❷）、4～5行目では文字列で与えた日時とフォーマッタを指定してZonedDateTimeオブジェクトを作成しています（❸）。8行目ではfromパラメータに2015年7月2日 0時0分0秒を指定し（❹）、9行目ではtoパラメータに2015年7月2日 23時59分59秒を指定します（❺）。JPA 2.1ではDate & Time APIに対応していないため、Dateクラスのstaticメソッドであるfrom()を利用してZonedDateTimeオブジェクトをjava.lang.Dateオブジェクトに変換しています。

▶ 実行結果

```
Javaアプリの起動方法
パフォーマンスチューニング
```

実行結果としてタイトル「Javaアプリの起動方法」と「パフォーマンスチューニング」

が出力されます。

■ 空（NULL）

IS NULLは、指定した式の値がNULLかどうかを判定します。式の値がNULLの場合はtrueとなり、NULLではない場合はfalseとなります。NULLとは値が存在しないことを表わします。IS NULLの構文を以下に示します。

▶ IS NULLの構文

```
式 IS NULL
```

空白文字列はNULLではないので注意が必要です。空白文字列の場合、この式はfalseとなります。次の例はメールアドレスが設定されていないアカウントを取得します。

▶ メールアドレスの入力がないアカウント一覧を取得する

```
String jpql = "SELECT a FROM Account a WHERE a.mail IS NULL"; ──── ❶

TypedQuery<Account> query = em.createQuery( jpql , Account.class );
List<Account> accountList = query.getResultList();

accountList.stream().forEach( a -> System.out.println( a.getName() ) ); ── ❷
```

1行目では、メールアドレスがNULLの（つまり設定されていない）アカウントを取得するJPQL文を定義しています（❶）。6行目では、得られたアカウントエンティティの名前を標準出力に出力しています（❷）。

▶ 実行結果

```
てらだよしお
```

実行結果としてアカウント名「てらだよしお」が出力されます。

■ 複数条件の指定

WHERE節では複数の条件を組み合わせた指定ができます。

複数の条件を組み合わせる場合には AND と OR を使って式をつなげます。AND

はつなげた条件をすべて満たすとtrueとなり、1つでも満たさないとfalseとなります。ORはつなげた条件の内、1つ以上を満たすとtrueとなり、すべて満たさないとfalseとなります。複雑な条件を作るために括弧( )を使用して評価の順序を制御できます。ANDとORの構文を以下に示します。

▶ ANDの構文

```
条件1 AND 条件2
```

▶ ORの構文

```
条件1 OR 条件2
```

次の例は、作成日時が2015年6月30日以降と更新日時が2015年7月3日以降のナレッジを取得します。

▶ 6月30日以降に作成され、7月3日以降に更新されたナレッジを取得

```
String jpql = "SELECT k FROM Knowledge k WHERE k.createAt >= ➡
:createAt AND k.updateAt >= :updateAt ――――――――――――――――――――――❶

DateTimeFormatter formatter = DateTimeFormatter.ofPattern("yyyy/MM/dd HH:mm ➡
.ss.SSS zzz");
ZonedDateTime createAt = ZonedDateTime.parse("2015/06/30 ➡
 00:00:00.000 JST", formatter); ――――――――――――――――――――――――――❷
ZonedDateTime updateAt = ZonedDateTime.parse("2015/07/03 ➡
 00:00:00.000 JST", formatter); ――――――――――――――――――――――――――❸

TypedQuery<Knowledge> query = em.createQuery( jpql , Knowledge.class );
query.setParameter("createAt", Date.from(createAt.toInstant()) );
query.setParameter("updateAt", Date.from(updateAt.toInstant()) );
List<Knowledge> knowledgeList = query.getResultList();

knowledgeList.stream().forEach( k -> System.out.println( k.getTitle() ) );
```

1行目ではナレッジのcreateAtで指定された日時以降に作成され、更新日時がupdateAtパラメータで指定された日時以降に更新されたナレッジエンティティを返すJPQL文を定義しています（❶）。4行目ではcreateAtパラメータに2015年6月30日0時0分0秒を指定し（❷）、5行目ではupdateAtパラメータに2015年7月3日 0時0分0秒を指定しています（❸）。

▶ 実行結果

```
エンタープライズJavaチューニング
```

実行結果としてタイトル「エンタープライズJavaチューニング」が出力されます。

■ 条件の否定

NOTは条件を満たさないことを意味します。NOTに続く条件が成り立たないときにtrueとなり、続く条件が成り立つときにfalseとなります。NOTの構文を以下に示します。

▶ NOTの構文

```
式 NOT LIKE "文字列"
式 NOT IN (式1, 式2,…,式n)
式 NOT BETWEEN 式1 AND 式2
式 IS NOT NULL
```

JPQLには他にもEMPTY、MEMBER OF、ALL、ANY、SOME、CASEなどの条件式があります。詳細については、Java EE 7 チュートリアル[17]などを参照してください。

【17】
Java EE 7チュートリアルでJPQLの文法を説明している章のURLは以下のとおりです。
https://docs.oracle.com/javaee/7/tutorial/persistence-querylanguage005.htm

7.5.3 取得結果の並べ替え

複数のエンティティオブジェクトを取得した場合、取得したエンティティオブジェクトの並び順に決まりはありません。多くの場合、永続化先であるデータベースから取得した際の並び順になります。データベースからの並び順はデータベースソフトの種類や設定、状況に依存するため、エンティティの並び順も場合によって異なります。並び順の要件がある場合にはORDER BY節で指定すべきです。たとえばナレッジエンティティを更新日時の新しい順といったように、取得したエンティティオブジェクトを特定の順序に並べ替えることができます。並べ替えには昇順と降順を指定できます。

取得したエンティティオブジェクトはORDER BY節を使用して特定の順序に並べ替えることができます。ORDER BY節では並べ替えたいフィールドと並べ替える順序を指定します。この並べ替え順序には昇順と降順のどちらかを指定します。ORDER BYの構文を以下に示します。

▶ ORDER BY節の構文

```
ORDER BY フィールド1 [DESC][, フィールド2 [DESC]] [18]
```

【18】
ASCも指定できますが、デフォルト値のため省略しています。

ORDER BY節は複数のフィールドを使って並べ替えられます。並べ替えに利用するフィールドを、優先順位が高いものから順番にそれぞれカンマ区切りで記述します。並べ替えはデフォルトで昇順ですが、フィールドの直後にDESCを付与することで降順に並べ替えられます。次の例はすべてのナレッジを取得して、更新日時の新しい順に並べ替えたものを表示しています。

▶ 更新日時で降順に並べ替えた全ナレッジを取得する

```
String jpql = "SELECT k FROM Knowledge k ORDER BY k.updateAt DESC"; ――❶

TypedQuery<Knowledge> query = em.createQuery( jpql , Knowledge.class );
List<Knowledge> knowledgeList = query.getResultList(); ――❷

knowledgeList.stream().forEach( k -> System.out.println( k.getTitle() ) );
```

1行目では、更新日時の降順で並べ替えたすべてのナレッジを取得するJPQLを定義しています（❶）。4行目ではこれまでと同様にクエリを発行していますが、knowledgeListのナレッジエンティティは更新日時の降順で並べ替えられています（❷）。

▶ 実行結果

```
エンタープライズJavaチューニング
パフォーマンスチューニング
Javaアプリの起動方法
```

Java EEの実行結果としてタイトル「エンタープライズJavaチューニング」「パフォーマンスチューニング」「Javaアプリの起動方法」「Java EEの実行環境」の順で出力されます。

7.5.4 エンティティの結合

JPAでリレーション先のエンティティの情報を取得するには、結合を用います。

JPQLで結合を表現するには、リレーション先のエンティティオブジェクトをたどってJPQLを記述するパス式という方法と、JOIN節を使用して結合を記述する方法の2通りがあります。次の例はIDが1のユーザーによって記述されたナレッジをパス式で取得する例です。

▶ 指定したアカウントが作成したナレッジを取得

```
String jpql = "SELECT k FROM Knowledge k WHERE k.account.id = :id"; ―――❶

TypedQuery<Knowledge> query = em.createQuery( jpql , Knowledge.class );
query.setParameter("id", 1);
List<Knowledge> knowledgeList = query.getResultList();

knowledgeList.stream().forEach( k -> System.out.println( String.join(":", ➡
k.getTitle(), k.getAccount().getName() ) ) ); ―――❷
```

1行目のJPQLは、パラメータで指定したIDを持つアカウントが登録したナレッジのエンティティを取得するクエリです。WHERE節にある「k.account.id」がパス式です。このように、大元の取得対象のエンティティ（k）からリレーション先のエンティティ（account）とフィールド（id）をドットでたどっていきます（❶）。7行目では、ナレッジのタイトルとアカウントの名前を標準出力へ出力しています。アカウントの名前は、まずリレーション先のアカウントエンティティをgetAccountメソッドによって取得し、さらにアカウントエンティティのgetNameメソッドを利用して取得しています（❷）。

▶ 実行結果

```
Javaアプリの起動方法:いとうちひろ
エンタープライズJavaチューニング:いとうちひろ
パフォーマンスチューニング:いとうちひろ
```

実行結果として、ナレッジエンティティのタイトル「Javaアプリの起動方法」「エンタープライズJavaチューニング」「パフォーマンスチューニング」が出力され、リレーション先のアカウントエンティティから、紐付くアカウントの名前である「いとうちひろ」がそれぞれの後ろに続いて出力されています。

パス式はJPQL文中でそのリレーションが1回だけ現われる場合はまだ見やすいですが、リレーションが何度も現われると、JPQL文が長文になり見づらくなります。そういった場合はJOINを利用します。JOIN節ではリレーションにエイリアスを付けることができます。エイリアスを使用することでJPQL文中に同じリレーションを記述することがなくなり、文がシンプルになります。JOIN節による結合には内部結合（INNER

JOIN）と左側外部結合（OUTER JOIN）があります[19]。JOIN節の構文を以下に示します。

▶ JOIN節の構文

```
[INNER|[LEFT] OUTER] JOIN リレーションのフィールド エイリアス
```

内部結合にはINNER JOINを、外部結合にはLEFT OUTER JOINを使用します。次の例は、IDが1のユーザーによって記述されたナレッジをJOINで取得する例です。

▶ 内部結合するJPQL

```
String jpql = "SELECT k FROM Knowledge k JOIN k.account a WHERE a.id ➡
 = :accountId";

TypedQuery<Knowledge> query = em.createQuery( jpql , Knowledge.class );
query.setParameter("accountId", 1);
List<Knowledge> knowledgeList = query.getResultList();

knowledgeList.stream().forEach( k -> System.out.println( String.join(":", ➡
k.getTitle(), k.getAccount().getName() ) ) );
```

1行目では、リレーションとして定義されたアカウントエンティティであるk.accountにaというエイリアスを付け、aのIDがaccountIdパラメータと等しいナレッジを取得するJPQLを定義しています（❶）。

▶ 実行結果

```
Javaアプリの起動方法:いとうちひろ
エンタープライズJavaチューニング:いとうちひろ
パフォーマンスチューニング:いとうちひろ
```

出力結果はパス式と同じになります。

7.5.5 フェッチ

取得するエンティティにリレーションが定義されている場合、リレーション先のエンティティをどのタイミングでデータベースから取得するかを決めることができます。

【19】
内部結合では、リレーション先のエンティティが存在しない場合は結果全体が取得できませんが、外部結合は、リレーション先のエンティティが存在しなくても結合元のエンティティが取得できます。なおJPQLでは、右側外部結合（リレーション先のエンティティのみが存在し、結合元のエンティティが存在しない場合に、リレーション先のエンティティが結果として取得できるタイプの結合）は行なえません。

これを「フェッチ戦略」と呼びます。設定可能なフェッチ戦略には、EagerフェッチとLazyフェッチの2種類があります。ここではナレッジエンティティとサンプルソースを使用してフェッチについて紹介します。

■ Eagerフェッチ

図7.17はEagerフェッチの例です。

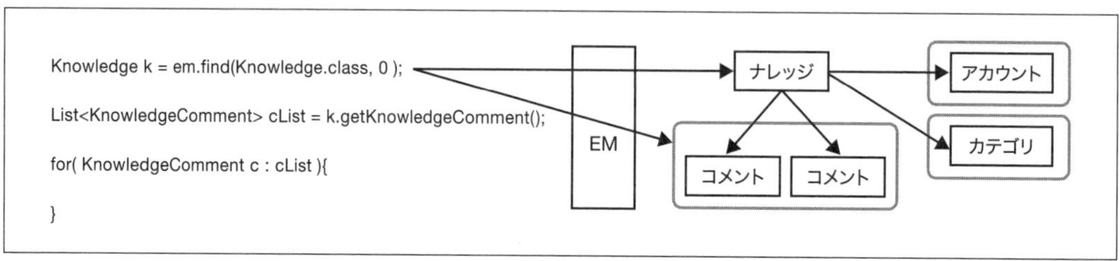

図7.17　Eagerフェッチ

Eagerフェッチでは、1行目のem.findメソッドでナレッジエンティティオブジェクトを取得したときに、リレーション先のエンティティオブジェクトについても“それぞれ”取得します。この例では、ナレッジに対して3つのエンティティ（アカウント、カテゴリ、コメント）のリレーションが定義されているため、1つのナレッジを取得するタイミングで、JPA実行エンジンがデータベースに対して（ナレッジを取得するSQLとは別に）さらに3回のSQLを実行してリレーション先のエンティティを取得しています。ただし、その後のプログラムにてリレーション先のエンティティを利用するタイミングでは、データベースに対するSQLは発行されません。

リレーション先のエンティティオブジェクトを同時に使用することの多い場合は、Eagerフェッチを利用しましょう。@OneToOneと@ManyToOneのリレーションでは、デフォルトのフェッチ戦略はEagerです。フェッチ戦略の設定を変更したい場合は、アノテーションのfetch属性に、javax.persistence.FetchType列挙型の値（FetchType.EAGERもしくはFetchType.LAZY）を指定します。

■ Lazyフェッチ

図7.18はLazyフェッチの例です。

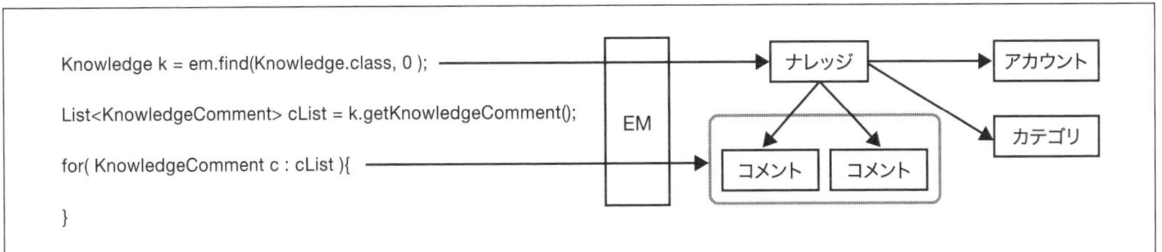

図7.18 Lazyフェッチ

Lazyフェッチは取得処理時にリレーションの構築を行なわず、リレーション先に初めてアクセスするときにエンティティを取得します。そのため、1行目のem.findメソッドを実行したときには各リレーションのエンティティオブジェクトを取得しません。3行目のfor文で、エンティティオブジェクトが実際に必要になったときに初めてコメントのエンティティオブジェクトを取得します。

エンティティオブジェクトの取得処理が軽くなり、必要なリレーションのエンティティオブジェクトしか取得しないため、データベースへのアクセス回数が最小となり処理時間の短縮が見込めます。ただし、続く処理のどこでデータベースアクセスが発生するのかがわかりにくく、性能劣化の原因解明が困難な一面もあります。リレーション先のエンティティオブジェクトを頻繁に使用しないリレーションはLazyフェッチにすべきです。@OneToManyと@ManyToManyのリレーションでは、デフォルトのフェッチ戦略はLazyです。

■ N+1問題とJOINフェッチ

1回の問い合わせでナレッジをN件取得するとします。リレーションであるコメントを取得するには、N件のナレッジごとに1回ずつ計N回のクエリの発行が必要となります。取得対象のナレッジの数やリレーションの数が増えると、クエリ発行の合計回数が増加します。このように1回クエリを発行した後にN回のクエリの発行を必要とすることをN + 1問題と呼びます。SQLではJOINを使うことでまとめて情報を取ることができるため、この問題を解決できます。JPQLでこの問題を解決するには、JOIN FETCH節を使用します。JOIN FETCH節が指定された場合、結合元のエンティティと結合先のエンティティとを一度に取得するようなSQL文がエンティティマネージャにより生成され、データベースに対して発行されます。図7.19はJOINフェッチの例です。

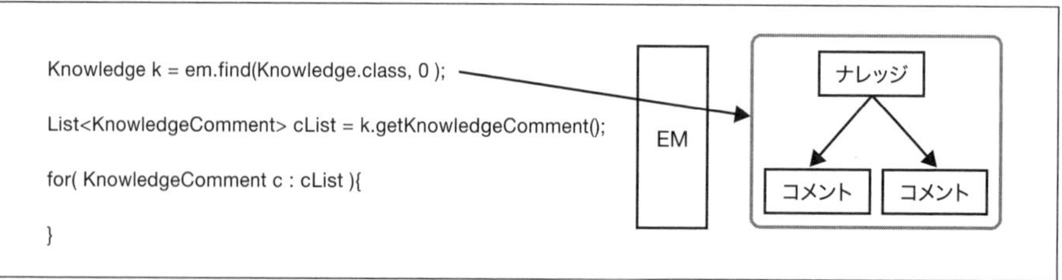

図7.19　JOINフェッチ

1行目のem.findメソッドでナレッジのエンティティオブジェクトを取得したときに、コメントのエンティティオブジェクトもまとめて取得します。3行目でコメントのエンティティオブジェクトを必要とするときにもデータベースへのアクセスは不要です。Eagerフェッチと似ていますが、異なる点は、データベースに対して発行されるSQLの回数が一度だけだということです。ただし、複数のエンティティオブジェクトをまとめて取得するため、生成されるSQLが複雑になり、SQLの実行時間が長くなるデメリットがあります。JOIN FETCH節の構文を以下に示します。

▶ JOIN FETCH節の構文

```
[INNER|[LEFT] OUTER] JOIN FETCH リレーションのフィールド エイリアス
```

JOIN FETCH節はJOIN句の後ろにFETCHが付くだけです。次の例はIDが1のユーザーによって記述されたナレッジをJOIN FETCHで取得する例です。

▶ ナレッジとコメントを同時に取るJPQL

```
String jpql = "SELECT k FROM Knowledge k JOIN FETCH k.account a WHERE a.id ➡
 = :id";

TypedQuery<Knowledge> query = em.createQuery( jpql , Knowledge.class );
query.setParameter("id", 1);
List<Knowledge> knowledgeList = query.getResultList(); ―――――――― ❶

knowledgeList.stream().forEach( k -> System.out.println( String.join(":", ➡
k.getTitle(), k.getAccount().getName() ) ) ); ―――――――― ❷
```

Eagerフェッチの場合は、5行目のquery.getResultListメソッドの実行時（❶）に、Lazyフェッチの場合は7行目のk.getAccountメソッドの実行時（❷）にアカウントエンティティオブジェクトの取得処理が実行されていました。この例ではJOIN FETCH

を利用しているため、❶のタイミングでナレッジエンティティとアカウントエンティティが1回のSQLで取得されます。

7.5.6 エンティティオブジェクトの集計

集計関数は、エンティティオブジェクトの数を求める、特定のフィールドの総和を求めるなどの計算結果をクエリの結果として得ることができます。また、エンティティをいくつかのグループに分けることで、グループごとの計算もできます。主な集計関数を表7.1に示します。

表7.1 主な集計関数

関数	概要	戻り値の型
COUNT	件数を数える	Long
MAX	最大値を返す	指定したフィールドと同じ
MIN	最小値を返す	指定したフィールドと同じ
SUM	合計値を返す	Long、Double、BigInteger、BigDecimal
AVG	平均値を返す	Double

COUNT関数は引数にエンティティやフィールドをとり、対象の件数をLongクラス型で返します[20]。MAX関数とMIN関数は引数にフィールドをとり、最大もしくは最小の値を返します。戻り値の型は、指定したフィールドと同じ型です。SUM関数は引数にフィールドをとり、その合計値を返しますが、戻り値の型はフィールドの型に依存します。引数のフィールドの型が整数型の場合はLong、浮動小数点型の場合はDouble、BigIntegerとBigDecimalの場合は引数と同じ型になります。

【20】
値がNULLであるエンティティやフィールドは件数の中には含まれません。

すべての関数はフィールドを引数として渡せますが、COUNT関数にはフィールドだけではなくエンティティを引数として渡せます。次の例ではナレッジエンティティの数を取得しています。

▶ ナレッジの件数を取得する

```
String jpql = "SELECT count(k) FROM Knowledge k"; ──────── ❶

TypedQuery<Long> query = em.createQuery( jpql , Long.class );
Long count = query.getSingleResult();

System.out.println( count ); ──────── ❷
```

1行目では、COUNT関数を使用してナレッジの数を取得するJPQL文を定義します（❶）。3行目ではCOUNT関数の戻り値であるLongクラスでクエリの実行結果を受け取っています（❷）。

▶ 実行結果

```
4
```

実行結果として4が出力されます。

集計関数では、エンティティオブジェクトをグループ化し、同じグループに含まれるエンティティオブジェクトをグループ別に集計することができます。グループ化を行なうにはGROUP BY節を使用します。GROUP BYの構文を以下に示します。

▶ GROUP BY節の構文

```
GROUP BY 式[,式[,...]]
```

式は複数指定でき、式の組み合わせによってグループが分けられます。集計関数を使用する場合、集計関数とGROUP BY節で指定したフィールドのみをSELECT節に指定できます。

集計関数とSELECT句

GROUP BYを利用する際、受け取る結果にあいまいな点が残らないように注意する必要があります。図7.20は、集計関数を利用して結果を1件受け取るクエリの例ですが、返されるコメント日時（createAt）があいまいです。

上段のクエリは、グルーピングに用いたナレッジIDや、集計結果であるナレッジ件数は1件に決まりますが、コメント日時はどれを返してよいかが不明確なため、このクエリはエラーとなります。

下段のように、コメント日時のどれを応答するかが明確であれば、エラーとならずに実行できるようになります。

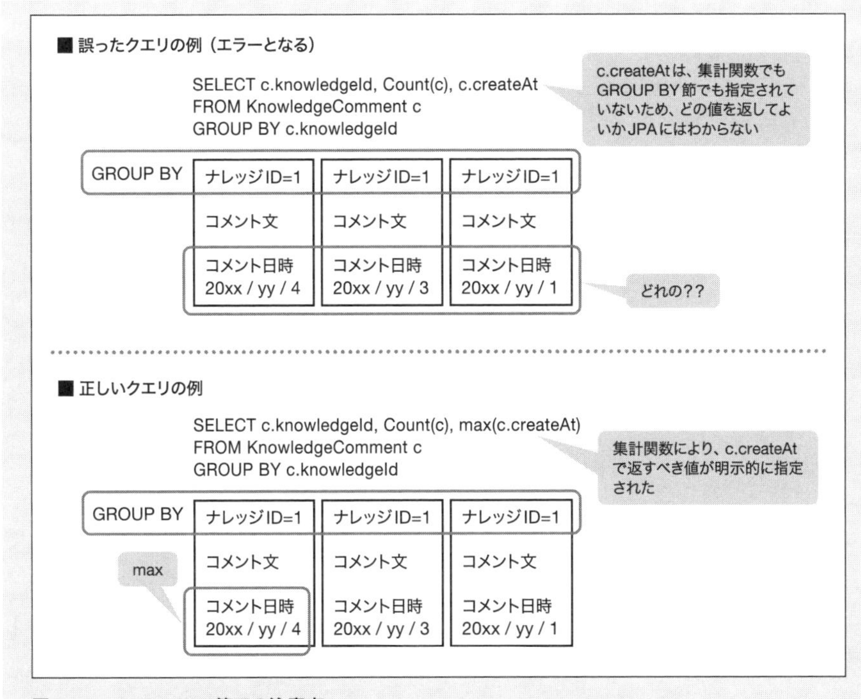

図7.20　GROUP BY節での注意点

1つのクエリで集計関数を1つ使用する場合には、そのクエリの戻り値は表7.1で示した各クラスになります。1つのクエリで集計関数を複数使用する場合やGROUP BY節を使う場合は、SELECT節で得られる結果が複数になってしまいます。こういった場合に、戻り値の型を意識して結果を受け取る方法として、コンストラクタ式というものが用意されています。コンストラクタ式の構文を以下に示します。

▶ コンストラクタ式の構文

```
NEW コンストラクタ(引数1[,引数2,･･･])
```

コンストラクタ式とはJPQLにNEW演算子とJavaのコンストラクタを記述して、エンティティオブジェクトの代わりとなるオブジェクトを生成するものです。コンストラクタの指定にはパッケージ名まで記述します。コンストラクタ式で使用するクラスの例として以下のCountResultクラスを使用します。

▶ Count結果クラス

```
package xxx.jpa;
public class CountResult {
  private int id;
  private long count;

  public CountResult(int id, long count){
    super();
    this.id = id;
    this.count = count;
  }

  // 引数なしコンストラクタ、setter/getterは省略
}
```

ここではまず、JPQL文中のコンストラクタ式で使用するコンストラクタを定義しています。CountResultクラスでは、コンストラクタの引数で受け取ったidとcountをインスタンスフィールドにコピーしています。CountResultオブジェクトのgetIdメソッドやgetCountメソッドでこれらの値を取得できます。次の例では各アカウントが記述したナレッジの数を取得しています。

▶ コンストラクタ式を使用したナレッジごとのコメント集計結果

```
String jpql = "SELECT NEW xxx.jpa.CountResult(a.id, count(a.knowledgeList)) ➡
 FROM Account a GROUP BY a.id"; ――――――――――――――――――――――――――――――――❶

TypedQuery<CountResult> query = em.createQuery( jpql ,CountResult.class );
List<CountResult> countResultList = query.getResultList();

countResultList.stream().forEach( c -> System.out.println( String.join(":", ➡
em.find(c.getId(),Account.class).toString(), c.getCount() ) ) ); ――――――――❷
```

集計結果はxxx.jpa.CountResultクラスのオブジェクトとなります。1行目では、CountResultクラスのオブジェクトを作成するため、コンストラクタの引数としてa.idとcount(a.knowledgeList)の結果を渡すJPQL文を定義しています（❶）。7行目では、得られたアカウントエンティティのIDからアカウントエンティティを取得して、集計したナレッジ数とともに標準出力へ出力します（❷）。

▶ 実行結果

```
いとうちひろ:3
てらだよしお:1
```

実行結果として「いとうちひろ:3」と「てらだよしお:1」が出力されました。

7.5.7 名前付きクエリ

開発者は、JPQLのクエリに名前を付けることができます。名前を付けられたJPQLのクエリを「名前付きクエリ（NamedQuery）」と呼びます。

ここまでの説明に用いていた例では、JPQL文をcreateQueryメソッドの直前でそのつど定義していましたが、名前付きクエリを利用することにより、以下の効果が期待できます。

- 同じJPQL文を複数箇所で利用する場合、名前を指定することにより同じ文を再利用できる
- 記述量を減らせることから、コーディングミスが入り込む余地が少なくなる
- 実行エンジンによりJPQL文が事前にSQL文に解釈されるため、実行時のパフォーマンスが向上する
- エンティティに関係するJPQL文が一か所に集約されるため、見通しが良くなり保守性が向上する
- NetBeansでは、NamedQueryとして記述されたJPQL文はコーディング時に構文がチェックされ、開発時に記述ミスに気づくことができる

NamedQueryはエンティティクラスに@NamedQueriesと@NamedQueryのアノテーションを使用して定義します。前者が複数形、後者が単数形であることに注意してください。名前付きクエリは、1つのエンティティクラスの中にいくつも定義することができます。具体的には、@NamedQueriesアノテーションの値として、@NamedQueryアノテーションの配列を定義します。以下の例ではNamedQueryを2つ定義しています。

▶ NamedQueryの定義例

```
@NamedQueries( ——————————————————————————— ❶
{
  @NamedQuery(name = "Knowledge.findAll", query = "SELECT k ➡ ─┐
  FROM Knowledge k ORDER BY k.updateAt"),                      ├ ❷
  @NamedQuery(name = "Knowledge.count", query = "SELECT count(k) ➡ │
  AS num FROM Knowledge k") ———————————————————┘
}
)
public class Knowledge { ... }
```

1行目は複数のNamedQueryを定義できるNamedQueriesアノテーションです(❶)。NamedQueriesは@NamedQueryアノテーションの配列を属性に持ちます[21]。3行目と4行目はそれぞれ名前付きクエリを定義しています(❷)。それぞれのクエリは@NamedQueryアノテーションで定義され、配列としてカンマ区切りで列挙します。@NamedQueryアノテーションのname属性にはクエリの名前を指定し、query属性にはJPQL文を記述します。クエリを利用する際は、named属性で指定した名前で呼び出します。付与する名前は、衝突を避けるため、アプリケーション内で一意になるようにします。

【21】
NamedQueryが1つの場合には@NamedQueriesアノテーションを省略して、@NamedQueryを1つだけ定義できます。

名前付きクエリを利用する場合は、EntityManagerインターフェースのcreateNamedQuery(String, Class<T>)メソッドを使用します。このメソッドの第1引数であるStringにNamedQueryアノテーションのname属性で指定した名前を指定し、第2引数であるClass<T>には実行結果として受け取りたいエンティティクラスの型をClassオブジェクトで指定します。

以下は、名前付きクエリを使った検索の実行例です。

▶ NamedQueryのクエリ作成

```
TypedQuery<Knowledge> query = em.createNamedQuery("Knowledge.findAll", ➡
Knowledge.class); ——————————————————————————— ❶
List<Knowledge> knowledgeList = query.getResultList();

knowledgeList.stream().forEach( k -> System.out.println( k.getTitle() ) );
```

1行目では、前述の「NamedQueryの定義例」のところで定義した、Knowledge.findAllという名前のクエリを使って、TypedQueryオブジェクトを作成しています(❶)。その他については、名前のないクエリと使い勝手は変わりません。

▶ 実行結果

```
Java EEの実行環境
Javaアプリの起動方法
エンタープライズJavaチューニング
パフォーマンスチューニング
```

実行結果として、タイトル「Java EEの実行環境」「Javaアプリの起動方法」「エンタープライズJavaチューニング」「パフォーマンスチューニング」が出力されます。

7.6 Criteria API

Criteria APIは、JPQLと同様にJPAで定義されているクエリの作成方法です。JPQLのように文字列でクエリを作らず、APIの呼び出しを繰り返してクエリを構築します。エンティティやエンティティが持つフィールド／リレーションを指定するためには、エンティティクラスから作成されるメタモデルと、API呼び出しによって得られるメタデータを使用して指定します。メタモデルにはエンティティクラスにどのようなフィールドや、どのようなリレーションを持っているかが定義されています。メタデータはCriteriaクエリでエンティティクラスがどのように使用されているかを保持します。

Criteria APIでは、Criteriaクエリを使用してクエリを構築していきます。Criteriaクエリは JPQLと役割は同じであるため、JPQL同様に以下の要素から構成されます。

- 取得結果を指定するselectメソッド
- 取得元となるエンティティを指定するfromメソッド
- 複数のエンティティを結合するjoinメソッド
- エンティティを絞り込むための条件を指定するwhereメソッド
- 取得結果の並び順を指定するorderByメソッド

7.6.1 Criteria APIの基本構文

■ Criteriaクエリの作成

Criteriaクエリは、Criteriaビルダを使用しながら構築していきます。Criteriaビルダは、Criteriaクエリを使うための式や条件などを作成する役割を担います。Criteriaビルダはエンティティマネージャによって作成されます。

▶ CriteriaBuilderを取得する、EntityManagerのメソッドシグネチャ

```
public CriteriaBuilder getCriteriaBuilder();
```

Criteriaビルダは、javax.persistence.criteria.CriteriaBuilderとして定義されています。これを作成するには、EntityManagerインターフェースのgetCriteriaBuilderメソッドを利用します。

Criteriaクエリは、javax.persistence.criteria.CriteriaQueryとして定義されています。これを作成するには、CriteriaBuilderインターフェースのcreateQueryメソッドを利用します[22]。

【22】
CriteriaQueryインターフェースは名前にQueryと付いていますが、Queryインターフェースのサブインターフェースではありません。

▶ CriteriaQueryを作成する、CriteriaBuilderのメソッドシグネチャの例

```
public <T> CriteriaQuery<T> createQuery(Class<T> paramClass);
```

Criteriaクエリには、「結果として返されるエンティティの型」、SELECT節に相当する「結果として取得したい式」を指定します。「結果として返されるエンティティの型」は、createQueryメソッドの引数に指定します。「結果として取得したい式」の指定には、Rootと呼ばれるエンティティクラスのメタデータを用います。結果として取得したい式がエンティティ全体の場合にはメタデータであるRootそのものを指定します。特定のフィールドの場合には、メタデータに対してメタモデル[23]に定義されているフィールドを指定します。

【23】
メタモデルは、Criteria APIを利用するときに自動生成されるクラスで、エンティティのフィールドを表現するものです。詳しくは「7.5.2 条件指定」で後述します。

▶ Criteria APIを使用したナレッジエンティティの取得

```
CriteriaBuilder builder = em.getCriteriaBuilder();
CriteriaQuery<Knowledge> criteriaQuery = builder.createQuery(Knowledge.class);
Root<Knowledge> knowledgeRoot = criteriaQuery.from(Knowledge.class); ——❶❷
criteriaQuery.select(knowledgeRoot); ——❸
```

エンティティの取得先を指定し、メタデータを取得するにはCriteriaQueryオブジェクトのfromメソッドを利用します（❶）。引数に、取得先エンティティであるナレッジエンティティのClassオブジェクトを渡すと、戻り値としてメタデータであるRootオブジェクトを受け取ることができます（❷）。

次に、結果として取得したい式を指定します。今回はエンティティ全体を取得するためメタデータを指定します。具体的には、CriteriaQueryオブジェクトのselectメソッドに❷のRootオブジェクトを指定します（❸）。もし、エンティティの一部のみを取得したい場合には、Rootインターフェースに定義されているgetメソッドに引数としてメタモデルのフィールドを指定することで、特定のフィールドのみを取得できます。

■ Criteriaクエリによるクエリの作成

Criteriaクエリからクエリを作成するには、EntityManagerインターフェースのcreateQuery(CriteriaQuery<T>)メソッドを使用します。このメソッドの引数としてCriteriaQueryオブジェクトを指定します。このメソッドの戻り値が、クエリを表わすTypedQueryオブジェクトとなります。

■ クエリの実行

クエリの結果を取得する方法はJPQLと同一です。結果として1つのエンティティオブジェクトを想定する場合にはTypedQuery<T>オブジェクトのgetSingleResultメソッドを実行し、結果として複数のエンティティオブジェクトを想定する場合にはgetResultListメソッドを実行します。

■ サンプルソース

Criteria APIを使用してすべてのナレッジを取得するサンプルソースは以下のようになります。

▶ 全件取得するCriteria API

```
CriteriaBuilder builder = em.getCriteriaBuilder();
CriteriaQuery<Knowledge> criteriaQuery = builder.createQuery(Knowledge.class);

Root<Knowledge> knowledgeRoot = criteriaQuery.from(Knowledge.class);
criteriaQuery.select(knowledgeRoot);

TypedQuery<Knowledge> query = em.createQuery(criteriaQuery);
List<Knowledge> knowledgeList = query.getResultList();

knowledgeList.stream().forEach( k -> System.out.println( k.getTitle() ) );
```

▶ 実行結果

```
Java EEの実行環境
Javaアプリの起動方法
エンタープライズJavaチューニング
パフォーマンスチューニング
```

■ パラメータ

Criteria APIでもJPQLと同様にパラメータ化することで、同じようなクエリの作成を回避することができます。パラメータを使用するには、パラメータの型と名前を指定してパラメータ式を作成し、その式をクエリに設定します。

パラメータ式はCriteriaBuilderインターフェースのparameterメソッドを使用しParameterExpressionオブジェクトを作成します。parameterメソッドには第1引数はパラメータとなるクラスのClassオブジェクト、第2引数は作成したいパラメータの名前を指定し、戻り値として第1引数に指定したジェネリクスを持つParameterExpressionオブジェクトを作成します。JPQLのパラメータとは違い、クエリ中のパラメータ名には「:」を付けません。パラメータの指定はJPQLと同様にQueryインターフェースのsetParameterメソッドを使用します。

▶ パラメータ化

```
CriteriaBuilder builder = em.getCriteriaBuilder();
CriteriaQuery<Knowledge> criteriaQuery = builder.createQuery(Knowledge.class);
Root<Knowledge> knowledgeRoot = criteriaQuery.from(Knowledge.class);
criteriaQuery.select(knowledgeRoot);

ParameterExpression<Integer> knowledgeIdParam = builder.parameter(Integer.➡
class, "knowledgeId");
Predicate idEqual = builder.equal(knowledgeRoot.get(Knowledge_.id), ➡
knowledgeIdParam);
criteriaQuery.where(idEqual);

TypedQuery<Knowledge> query = em.createQuery(criteriaQuery);
query.setParameter("knowledgeId", 1);
```

7.6.2 条件指定

Criteria APIを利用する場合でも、JPQLのWHERE節と同様、取得するエンティティを絞り込むための条件を指定することができます。

JPQLのWHERE節に記述されるような条件をCriteria APIを用いて指定するには、CriteriaQueryインターフェースのwhereメソッドを用います。whereメソッドは引数として、Predicateインターフェースのオブジェクトをとります。このPredicateオブジェクトは、WHERE節に必要な条件式を表現しているものです。

Predicateオブジェクト、つまりWHERE節に必要な条件式は、Criteriaビルダに用意されている、関係演算子やLIKE節、BETWEEN節、NOT節などを表現する各種メソッドの戻り値として得ることができます。

たとえば、Criteriaビルダのequalメソッドは、式の左辺となる値と、式の右辺となる値とが等しいかどうかを判断して、Predicateオブジェクトを返すメソッドです。右辺と左辺は、両方ともパラメータ式で指定することもできますし、片方をObjectとして数字や文字列を直接与えることもできます。

▶ CriteriaBuilderインターフェースのequalメソッド

```
public Predicate equal(Expression<?> paramExpression1, Expression<?> ➔
paramExpression2);
public Predicate equal(Expression<?> paramExpression, Object paramObject);
```

しかし、WHERE節に記述する条件式には通常、右辺か左辺のどちらかに絞り込み対象のフィールドを指定するのが普通です。Criteria APIでは、これを表現するのに、メタモデルというものを利用します。

メタモデルとは、エンティティクラスのフィールドを表現するクラスです。メタモデルは、エンティティクラスを作成するとIDEとJPAの参照実装によって自動で作られます[24]。メタモデルのクラス名はエンティティクラス名の後ろに「_」が付き、エンティティクラスが持つフィールドの定義が実装されます。以下はナレッジエンティティのメタモデルである、"Knowledge_"クラスの例です。

【24】
コラム「メタモデルの作成」(337ページ)を参照してください。

▶ ナレッジクラスのメタモデル例

```
@Generated(value="EclipseLink-2.5.2.v20140319-rNA", ➔
date="2015-05-12T09:56:15")
```

```
@StaticMetamodel(Knowledge.class)
public class Knowledge_ {
  public static volatile SingularAttribute<Knowledge, Date> lastCommentAt;
  public static volatile ListAttribute<Knowledge, Category> categoryList;
  public static volatile SingularAttribute<Knowledge, String> description;
  public static volatile SingularAttribute<Knowledge, Date> updateAt;
  public static volatile SingularAttribute<Knowledge, Long> id;
  public static volatile ListAttribute<Knowledge, KnowledgeComment> ➡
knowledgeCommentList;
  public static volatile SingularAttribute<Knowledge, String> title;
  public static volatile SingularAttribute<Knowledge, Date> createAt;
  public static volatile SingularAttribute<Knowledge, Account> account;
}
```

すべてのフィールド定義はpublic staticで実装されているため、このクラスのインスタンス化は必要ありません。フィールド名はエンティティクラスと同じ名前が使用されます。メタモデルのフィールドの型は、エンティティクラスのフィールドがStringやintなど単一の値を返す型の場合はSingularAttribute、Collectionクラスの場合はCollectionAttribute、Listクラスの場合はListAttributeになります。

これらのフィールドには2つの総称型が付与されます。1つ目は、対象となっているエンティティクラスです。今回の例ではナレッジが対象となりますので1つ目の総称型はすべてKnowledge型となります。2つ目の総称型は、元々のフィールドの型になります。たとえば最終コメント日時を格納するlastCommentAtフィールドは日付型となるDateクラスなので、2つ目の総称型はDateとなります。

メタモデルを活用するには、CriteriaQueryのfromメソッドで得られるRootオブジェクトを使います。Rootのgetメソッドを用いると、パラメータ式と同じ、Expression型のオブジェクトを得ることができます。これを、条件式を示すメソッド（たとえば、上述のequalメソッド）の引数として与えることにより、絞り込み対象のフィールドを表現することができます。

▶ Rootインターフェースのgetメソッドシグネチャ

```
public <E, C extends Collection<E>> Expression<C> get(PluralAttribute<X, ➡
C, E> paramPluralAttribute);
public <K, V, M extends Map<K, V>> Expression<M> get(MapAttribute<X, K, V> ➡
paramMapAttribute);
public <Y> Path<Y> get(SingularAttribute<? super X, Y> ➡
paramSingularAttribute);
```

ここから、JPQLと同等の条件式を表現する方法を順番に紹介していきます。仕組みの説明が長くなりましたが、実例を見ていくことにより、使い方をつかむことができるでしょう。

■ 関係演算子

JPQLではWHERE節で記号による関係演算子（=、<、>、<=、>=、<>）が使えました。Criteria APIではそれぞれに対応した各種のメソッドが用意されています（表7.2）。

表7.2　関係演算子

演算子	対応するメソッド
=	equal
>	gt
<	lt
>=	ge
<=	le
<>	notEqual

次の例はIDが1のナレッジを取得しています。

▶ ナレッジIDが1のエンティティオブジェクトを取得する

```
CriteriaBuilder builder = em.getCriteriaBuilder();
CriteriaQuery<Knowledge> criteriaQuery = builder.createQuery(Knowledge.class);
Root<Knowledge> knowledgeRoot = criteriaQuery.from(Knowledge.class);
criteriaQuery.select(knowledgeRoot);

ParameterExpression<Integer> knowledgeIdParam = builder.parameter(Integer.class, "knowledgeId");
Predicate idEqual = builder.equal(knowledgeRoot.get(Knowledge_.id), knowledgeIdParam); ――――❶
criteriaQuery.where(idEqual);

TypedQuery<Knowledge> query = em.createQuery(criteriaQuery);
query.setParameter("knowledgeId", 1);
Knowledge knowledge = query.getSingleResult();

System.out.println(knowledge.getTitle());
```

7行目では、ナレッジのIDとパラメータで指定された値が等しいかどうかを判断する条件式を作成しています（❶）。Criteriaビルダのequalメソッドを使用し、第1引数にメタモデルのKnowledge_.idを使用してRootオブジェクトから取得したExpressionオブジェクトを、第2引数には比較するParameterExpressionオブジェクトを指定しています。

▶ 実行結果

```
Java EEの実行環境
```

実行結果としてタイトルが「Java EEの実行環境」が出力されます。

文字列の部分一致

式が任意の文字列と一致するか検証するにはlikeを使用します。文字列にはワイルドカードとして任意の1文字を表わす「_」と任意の文字列を表わす「%」を使うことができます。これらを文字列の前に付けると後方一致、文字列の後ろに付けると前方一致の条件式を表現することができます。likeはCriteriaBuilderインターフェースのlikeメソッドを使用します。このメソッドは第1引数には対象となるフィールドをメタデータで表わしたものを、第2引数にはワイルドカードを含む文字列をとります。

▶ タイトルがJavaで始まるナレッジを取得

```
CriteriaBuilder builder = em.getCriteriaBuilder();
CriteriaQuery<Knowledge> criteriaQuery = builder.createQuery(Knowledge.class);
Root<Knowledge> knowledgeRoot = criteriaQuery.from(Knowledge.class);
criteriaQuery.select(knowledgeRoot);

ParameterExpression<String> titleLikeParam = ➡
builder.parameter(String.class, "titleLike");
Predicate titleLike = builder.like(knowledgeRoot.get(Knowledge_.title), ➡
titleLikeParam );
criteriaQuery.where(titleLike);

TypedQuery<Knowledge> query = em.createQuery(criteriaQuery);
query.setParameter("titleLike", "Java%" );
List<Knowledge> knowledgeList = query.getResultList();

knowledgeList.stream().forEach( k -> System.out.println( k.getTitle() ) );
```

▶ 実行結果

```
Java EEの実行環境
Javaアプリの起動方法
```

実行結果として、タイトル「Java EEの実行環境」と「Javaアプリの起動方法」が出力されます。

■ 複数項目からの一致

式の値が、指定した複数の値の中に一致するものがあるかを判定するにはInを使用します。InはCriteriaBuilderインターフェースのinメソッドを使用して記述します。引数には対象とするフィールドをメタデータで表わしたものを指定し、Inオブジェクトを作成します。比較対象となる値を設定するにはInインターフェースのvalueメソッドを使用します。InインターフェースはPredicateインターフェースのサブインターフェースになるため、CriteriaQueryインターフェースのwhereメソッドの引数に指定できます。

▶ ナレッジが持つカテゴリIDに1か3が含まれているナレッジを取得する

```
CriteriaBuilder builder = em.getCriteriaBuilder();
CriteriaQuery<Knowledge> criteriaQuery = builder.createQuery(Knowledge.class);
Root<Knowledge> knowledgeRoot = criteriaQuery.from(Knowledge.class);
criteriaQuery.select(knowledgeRoot);
In containsCategory = builder.in(knowledgeRoot.get(Knowledge_.categoryList));
ParameterExpression<Integer> cat1Param = builder.parameter(Integer.class, ➡
"cat1");
ParameterExpression<Integer> cat2Param = builder.parameter(Integer.class, ➡
"cat2");
containsCategory.value(cat1Param);
containsCategory.value(cat2Param);
criteriaQuery.where(containsCategory);

TypedQuery<Knowledge> query = em.createQuery(criteriaQuery);
query.setParameter("cat1", 2);
query.setParameter("cat2", 3);
List<Knowledge> knowledgeList = query.getResultList();

knowledgeList.stream().forEach( k -> System.out.println( k.getTitle() ) );
```

▶ 実行結果

```
Java EEの実行環境
エンタープライズJavaチューニング
パフォーマンスチューニング
```

実行結果として「Java EEの実行環境」「エンタープライズJavaチューニング」「パフォーマンスチューニング」のタイトルが出力されます。

■ 2つの数値の間

式の値が、条件として指定した2つの値の間に含まれているかを判定するにはBetweenを使用します。BetweenはCriteriaBuilderインターフェースのbetweenメソッドを使用して記述します。第1引数には検証対象とするフィールドをメタデータで表わしたものを、第2引数と第3引数には範囲となる式もしくは値を指定します。戻り値はPredicateオブジェクトです。

▶ betweenメソッドのシグネチャ

```
public <Y extends Comparable<? super Y>> Predicate between(Expression<? ➡
extends Y> paramExpression1, Expression<? extends Y> paramExpression2, ➡
Expression<? extends Y> paramExpression3);
public <Y extends Comparable<? super Y>> Predicate ➡
between(Expression<? extends Y> paramExpression, Y paramY1, Y paramY2);
```

▶ 更新日時がパラメータで指定した範囲内にあるナレッジを取得する例

```
CriteriaBuilder builder = em.getCriteriaBuilder();
CriteriaQuery<Knowledge> criteriaQuery = builder.createQuery(Knowledge.class);
Root<Knowledge> knowledgeRoot = criteriaQuery.from(Knowledge.class);
criteriaQuery.select(knowledgeRoot);

ParameterExpression<Date> fromParam = builder.parameter(Date.class, "from");
ParameterExpression<Date> toParam = builder.parameter(Date.class, "to");

Predicate updateBetween = builder.between(knowledgeRoot.get(Knowledge_. ➡
updateAt), fromParam, toParam );
criteriaQuery.where(updateBetween);

DateTimeFormatter formatter = DateTimeFormatter.ofPattern("yyyy/MM/dd HH:mm ➡
.ss.SSS zzz");
```

```
ZonedDateTime fromDate = ZonedDateTime.parse("2015/07/02 ➔
00:00:00.000 JST", formatter);
ZonedDateTime toDate = ZonedDateTime.parse("2015/07/02 ➔
23:59.59.999 JST", formatter);

TypedQuery<Knowledge> query = em.createQuery(criteriaQuery);
query.setParameter("from", Date.from(fromDate.toInstant()) );
query.setParameter("to", Date.from(toDate.toInstant()) );
List<Knowledge> knowledgeList = query.getResultList();

knowledgeList.stream().forEach( k -> System.out.println( k.getTitle() ) );
```

▶ 実行結果

```
Javaアプリの起動方法
パフォーマンスチューニング
```

実行結果として、タイトル「Javaアプリの起動方法」と「パフォーマンスチューニング」が出力されます。

■ 空（NULL）

指定した式がNULLかどうかを判定するにはIS NULLを使用します。IS NULLはCriteriaBuilderインターフェースのisNullメソッドを使用します。引数には、検証対象のフィールドをメタデータで表わしたものを指定します。戻り値はPredicateオブジェクトです。

▶ isNullメソッドのシグネチャ

```
public Predicate isNull(Expression<?> paramExpression);
```

▶ メールアドレスの入力がないアカウント一覧を取得する

```
CriteriaBuilder builder = em.getCriteriaBuilder();
CriteriaQuery<Account> criteriaQuery = builder.createQuery(Account.class);
Root<Account> accountRoot = criteriaQuery.from(Account.class);
criteriaQuery.select(accountRoot);

Predicate isNull = builder.isNull(accountRoot.get(Account_.mail));
criteriaQuery.where(isNull);
```

```
TypedQuery<Account> query = em.createQuery(criteriaQuery);
List<Account> accountList = query.getResultList();

accountList.stream().forEach( a -> System.out.println( a.getName() ) );
```

▶ 実行結果

```
てらだよしお
```

実行結果として、アカウント名「てらだよしお」が出力されます。

■ 複数条件の指定

複数の条件を指定するにはCriteriaBuilderインターフェースのandメソッドもしくはorメソッドを使用します。andメソッドとorメソッドは引数としてPredicateインターフェースを複数指定でき、指定した条件をandもしくはorでつなげていきます。戻り値はPredicateインターフェースのオブジェクトです。

▶ ANDとORのシグネチャ

```
public Predicate and(Predicate... paramVarArgs);
public Predicate or(Predicate... paramVarArgs);
```

「タイトルがJavaで始まる」か「本文がJavaで始まる」ナレッジを取得する条件を作成してみます。それぞれの条件を作成し、orでつなげます。まずはCriteriaBuilderのlikeメソッドを使ってタイトルがJavaで始まる条件を作成します（❶）。次に本文がJavaで始まる条件を作成します（❷）。最後に、この2つの条件をorメソッドの引数として渡し、条件を作成します（❸）。

▶ orメソッドの例

```
Predicate startJavaTitle = builder.like(knowledge.get(Knowledge_.title), ➡
"Java%"); ──────────────────────────────────── ❶
Predicate startJavaDesc = builder.like(knowledge.get(Knowledge_.description, ➡
 "Java%"); ─────────────────────────────────── ❷
Predicate startJava = builder.or(startJavaTitle, startJavaDesc); ──── ❸
```

▶ **実行結果**

```
エンタープライズJavaチューニング
```

実行結果として、タイトル「エンタープライズJavaチューニング」が出力されます。

■ 条件の否定

条件では通常、条件を満たすエンティティだけに絞り込みますが、条件を満たさないエンティティに絞り込むには否定を使用します。否定はCriteriaBuilderインターフェースのnotメソッドを使用します。引数としてBooleanをジェネリクスとした式をとり、戻り値はPredicateインターフェースとなります。

▶ **notメソッドのシグネチャ**

```
public Predicate not(Expression<Boolean> paramExpression);
```

これまでに紹介した条件を作成するメソッドの否定のメソッドもCriteriaビルダに定義されています。likeメソッドにはnotLikeメソッド、isNullメソッドにはisNotNullメソッドです。

メタモデルの作成

Criteria APIのクエリは、メタモデルを利用する方法のほかに、文字列でエンティティクラスのフィールド名を指定して構築することもできます。

▶ **Stringを引数に取るRootインターフェースのgetメソッド**

```
public <Y> Path<Y> get(String paramString);
```

ただし、この方法は、修正に弱いというデメリットがあります。文字列でエンティティクラスのフィールド名を指定した場合、エンティティクラスのフィールド名が修正されても、修正前のフィールド名を記述している部分はコンパイルエラーにならず影響範囲を調査するのが難しくなります。

この問題を回避するため、エンティティクラスが持つすべてのフィールド名を文字列として管理することも可能ですが、それでも対応可能なのは既存のフィールドの更新のみとなり、新しいフィールドの追加や、フィールドの削除には即座に対応できません。

メタモデルはエンティティクラスの情報を管理しています。メタモデルが持つ情報とは、フィールド名だけではなく、フィールドの型やリレーションについても定義しています。NetBeansではエンティティクラスをビルドするとStaticMetamodelが自動で生成されます。エンティティクラスを修正した後に「消去してビルド」をすると、StaticMetamodelが再生成され、エンティティクラスの修正に対して問題のある影響範囲をコンパイルエラーで教えてくれます。

そのため、メタモデルのメンテナンスコストはビルドのみとなり、エンティティのさまざまな変化についても対応が容易になっています。

図7.21　エンティティクラスとStaticMetamodel

7.6.3 取得結果の並べ替え

複数のエンティティを取得すると、その並び順はデータベースから取得する並び順になります。クエリではクエリ結果の並び順を指定することにより任意の式で昇順／降順で並んだエンティティを取得できます。

Criteria APIで取得したエンティティの並び順を指定するには、Criteriaビルダを使用して、対象となる式を昇順と降順のどちらにするかを表わす「オーダー」を作成し、Criteriaクエリにそのオーダーを設定することで並び順を指定します。

オーダーを作成するには、昇順のオブジェクトを作成するCriteriaBuilderインターフェースのpublic Order asc(Expression<?>)と、降順のオブジェクトを作成するpublic Order desc(Expression<?>)を使います。これらは引数としてソート対象とするフィールドをメタデータで表わしたものをとります。Criteriaクエリ結果の並び順を指定するには、CriteriaQueryインターフェースのorderBy(Order...)に、作成したオーダーを引数として与えます。並べ順に複数のキーを指定する場合は、List形式の引数をとる

orderBy(List<Order>)を使用します。どちらのメソッドシグネチャを使用してもOrderインターフェースを指定する順が並び順になります。

次の例は更新日時の新しい順に並べ替えたすべてのナレッジを取得しています。

▶ 更新日時で降順に並べ替えた全ナレッジを取得

```
CriteriaBuilder builder = em.getCriteriaBuilder();
CriteriaQuery<Knowledge> criteriaQuery = builder.createQuery(Knowledge.class);
Root<Knowledge> knowledgeRoot = criteriaQuery.from(Knowledge.class);
criteriaQuery.select(knowledgeRoot);

Order updateDateAtOrder = ➔
builder.desc(knowledgeRoot.get(knowledge_.updateAt));  ❶
criteriaQuery.orderBy(updateDateAtOrder );  ❷

TypedQuery<Knowledge> query = em.createQuery(criteriaQuery);
List<Knowledge> knowledgeList = query.getResultList();  ❸

knowledgeList.stream().forEach( k -> System.out.println( k.getTitle() ) );
```

6行目では、ナレッジの更新日時の降順でソートするためにOrderオブジェクトを作成しています。CriteriaBuilderインターフェースのdescメソッドに引数としてKnowledgeエンティティのupdateAtをメタモデルとして指定しています（❶）。7行目では、Criteriaクエリのソート順を指定するために、CriteriaQueryオブジェクトのorderByメソッドを利用しています。引数として6行目で作成したOrderオブジェクトを指定しています（❷）。10行目ではこれまでと同様にクエリを発行していますが、knowledgeListに含まれるナレッジエンティティは更新日時順に降順で並べ替えられています（❸）。

▶ 実行結果

```
エンタープライズJavaチューニング
パフォーマンスチューニング
Javaアプリの起動方法
Java EEの実行環境
```

実行結果としてタイトル「エンタープライズJavaチューニング」「パフォーマンスチューニング」「Javaアプリの起動方法」「Java EEの実行環境」の順で出力されます。

7.6.4 エンティティの結合

Criteria APIで結合を表現するには、リレーションを表わすJoinインターフェースを用います[25]。

【25】
「1対多」や「多対多」のようにリレーション先が複数となる場合は、CollectionJoinもしくはListJoinを用います。

Joinインターフェースのオブジェクトは、Rootオブジェクトのjoinメソッドで得ることができます。

第1引数には、リレーション先のオブジェクトを示すメタモデルを指定します。

第2引数には、結合の種類を指定します。結合の種類として、JoinType.INNERとJoinType.LEFTが指定可能です。

取得したJoinインターフェースは、リレーション先のエンティティのメタデータとして、エンティティのメタデータであるRootオブジェクトと同様に利用することができます。

次のソースコードは、ナレッジを書き込んだアカウントのエンティティと内部結合して、アカウントIDが1のナレッジを取得する例です。

▶ 内部結合するCriteria API

```
CriteriaBuilder builder = em.getCriteriaBuilder();
CriteriaQuery<Knowledge> criteriaQuery = builder.createQuery(Knowledge.class);
Root<Knowledge> knowledgeRoot = criteriaQuery.from(Knowledge.class);
criteriaQuery.select(knowledgeRoot);

Join<Knowledge, Account> joinAccount = ➡
knowledgeRoot.join(Knowledge_.account, JoinType.INNER); ―――― ❶
ParameterExpression<Integer> accountIdParam = builder.parameter(Integer. ➡
class, "accountId");
Predicate accountIdEqual = builder.equal(joinAccount.get(Account_.id), ➡
accountIdParam ); ―――― ❷
criteriaQuery.where(accountIdEqual);

TypedQuery<Knowledge> query = em.createQuery(criteriaQuery);
query.setParameter("accountId", 1);
List<Knowledge> knowledgeList = query.getResultList(); ―――― ❸

knowledgeList.stream().forEach( k -> System.out.println( String.join(":", ➡
k.getTitle(), k.getAccount().getName() ) ) ); ―――― ❹
```

6行目では、ナレッジとアカウントとのリレーションのメタデータを取得するためナレッジのRootオブジェクトのjoinメソッドを利用しています。メソッドの第1引数としてナレッジメタモデルのアカウントフィールドを指定し、第2引数に結合タイプとして内部結合を指定することで、Joinインターフェースのオブジェクトを取得しています(❶)。8行目では、IDを用いた結合条件を示す条件式を生成しています(❷)。上記の例では、Eagerフェッチの場合は13行目で結果を取得したとき(❸)に、Lazyフェッチの場合は15行目でアカウント情報を取得するとき(❹)にデータベースに対して内部的にSQLが発行されます。

▶ 実行結果

```
Javaアプリの起動方法:いとうちひろ
エンタープライズJavaチューニング:いとうちひろ
パフォーマンスチューニング:いとうちひろ
```

実行結果として、タイトル「Javaアプリの起動方法」「エンタープライズJavaチューニング」「パフォーマンスチューニング」が出力されます。

7.6.5 複数エンティティオブジェクトの一括取得

Criteria APIでJOINフェッチを使用するにはRootオブジェクトのfetchメソッドを使用します。第1引数としてエンティティが持つリレーションのうち、まとめて取得したいリレーション先のメタデータを指定します。第2引数としてjoinメソッドと同様に結合の種類をJoinTypeで指定できます。省略した場合はINNER JOINが採用されます。

▶ ナレッジを書いたアカウントをJOINフェッチする例

```
CriteriaBuilder builder = em.getCriteriaBuilder();
CriteriaQuery<Knowledge> criteriaQuery = builder.createQuery(Knowledge. ➡
class);
Root<Knowledge> knowledgeRoot = criteriaQuery.from(Knowledge.class);
criteriaQuery.select(knowledgeRoot);

Join<Knowledge, Account> joinAccount = ➡
knowledgeRoot.join(Knowledge_.account, JoinType.INNER);
```

```
ParameterExpression<Integer> accountIdParam = builder.parameter(Integer. ➡
class, "accountId");
Predicate accountIdEqual = builder.equal(joinAccount.get(Account_.id), ➡
accountIdParam );
criteriaQuery.where(accountIdEqual);
knowledgeRoot.fetch(Knowledge_.account); ―――――――――――――――――――❶

TypedQuery<Knowledge> query = em.createQuery(criteriaQuery);
query.setParameter("accountId", 1);
List<Knowledge> knowledgeList = query.getResultList(); ――――――――――――❷

knowledgeList.stream().forEach( k -> System.out.println( String.join(":", ➡
k.getTitle(), k.getAccount().getName() ) ) ); ――――――――――――――――❸
```

10行目では、ナレッジエンティティのリレーションであるアカウントエンティティをまとめて取得するために、ナレッジのRootオブジェクトのfetchメソッドを使用し、第1引数としてナレッジメタモデルのアカウント情報を指定しています（❶）。これにより、14行目で結果を取得したとき（❷）に、データベースに対して両方のエンティティの情報を一度に取得するSQLが発行されます。

▶ 実行結果

```
Javaアプリの起動方法:いとうちひろ
エンタープライズJavaチューニング:いとうちひろ
パフォーマンスチューニング:いとうちひろ
```

実行結果として、タイトル「Javaアプリの起動方法」「エンタープライズJavaチューニング」「パフォーマンスチューニング」が出力されます。

7.6.6 集計関数

Criteria APIでは、Criteriaビルダを使用して集計関数の式を作成します。

表7.3　CriteriaBuilderの主な集計関数

メソッド	概要
Expression<Long> count(Expression<?>)	数を数える
Expression<N> max(Expression<N>)	最大値を返す
Expression<N> min(Expression<N>)	最小値を返す
Expression<N> sum(Expression<N>)	合計値を返す
Expression<Long> sumAsLong(Expression<Integer>)	合計値を返す
Expression<Double> sumAsDouble(Expression<Float>)	合計値を返す
Expression<Double> avg(Expression<N>)	平均値を返す

CriteriaBuilderインターフェースでは、主に<N extends java.lang.Number>をジェネリクスとした集計関数を作成するメソッドが定義されています。countメソッドはどのような式でも引数に指定でき、戻り値としてLongをジェネリクスとする式を返します。max、min、sumメソッドは引数にNをジェネリクスとする式をとり、戻り値として引数に指定したジェネリクスと同じ式を返します。他にもsumメソッドのバリエーションとして、IntegerやFloatをジェネリクスとする式を引数としてとり、LongやDoubleをジェネリクスとする式を返すメソッドもあります。

▶ コンストラクタ式を使用したナレッジごとのコメント集計結果

```
CriteriaBuilder builder = em.getCriteriaBuilder();
CriteriaQuery<Long> criteriaQuery = builder.createQuery(CountResult.class);
Root<Knowledge> knowledgeRoot = criteriaQuery.from(Knowledge.class);

Expression<Long> count = builder.count(knowledgeRoot.get(Knowledge_.id)); —❶
criteriaQuery.select(count); ——————————————————————————————❷

TypedQuery<Long> query = em.createQuery(criteriaQuery);
Long count = query.getSingleResult();

System.out.println( count );
```

5行目では、ナレッジの数を取得する集計関数の式を作成します（❶）。Criteriaビルダのcountメソッドに引数としてナレッジのidのメタモデルを指定しています。6行目ではクエリの結果としてナレッジの件数を受け取るように設定しています（❷）。

▶ 実行結果

```
4
```

実行結果として4が出力されます。

Criteria APIでグループ別の集計を実現するには、CriteriaクエリのgroupByメソッドを使用します。groupByメソッドには、式を可変長配列で指定するgroupBy(Expression<?>...)と式をリストで指定するgroupBy(List<Expression<?>>があります。

Criteriaクエリで集計関数を複数使用した場合や、groupByを指定して集計関数を使った場合に、クエリの結果をタプルとして受け取る方法と、コンストラクタ式を使用して受け取る方法の2通りの方法があります。タプルを使う方法では、型を意識せず、要素番号や要素名を指定して取得します[26]。コンストラクタ式を使う方法では、結果を受け取る用のクラスを作成し、Criteriaビルダを使用してコンストラクタ式を構築します。

【26】タプルの使い方の詳細については、本書の対象範囲外とします。

コンストラクタ式の構築はCriteriaBuilderインターフェースのconstruct(Class<Y>, Selection<?>...)メソッドを使用します。第1引数にはコンストラクタにより作成したいクラスを指定し、第2引数以降は式の可変長引数でコンストラクタの引数にしたい式を指定します。戻り値は、CompoundSelection<Y>です。

次の例は各アカウントが記述したナレッジの数を取得する例です。結果の受け取りにはJPQLで使用したCountResultクラスを使用します[27]。

【27】CountResultクラスについては「7.5.6 エンティティオブジェクトの集計」を参照してください。

▶ コンストラクタ式を使用したナレッジごとのコメント集計結果

```
CriteriaBuilder builder = em.getCriteriaBuilder();
CriteriaQuery<CountResult> criteriaQuery = builder.createQuery(CountResult.class);
Root<Account> accountRoot = criteriaQuery.from(Account.class);

criteriaQuery.groupBy(accountRoot.get(Account_.id)); ――――― ❶

Expression<Long> count = builder.count(accountRoot.get(Account_.knowledge)); ❷
CompoundSelection<CountResult> selection = builder.construct(CountResult.class, knowledgeRoot.get(Account_.id), count); ――――― ❸
criteriaQuery.select(selection);

TypedQuery<CountResult> query = em.createQuery(criteriaQuery);
List<CountResult> countResultList = query.getResultList();

countResultList.stream().forEach( c -> System.out.println( String.join(":",em.find(c.getId(),Account.class).toString(), c.getCount() ) ) );
```

5行目では、Criteriaクエリで実行される集計関数のグルーピングの単位をアカウントのIDにしています（❶）。groupByメソッドを使用し、引数にアカウントのRootオブジェクトからIDのメタモデルを指定します。8行目では、クエリの結果をCountResultオブジェクトにしています（❷）。Criteriaビルダのconstructメソッドを使用し、第1引数にCountResult.classを指定します。第2引数には、CountResultクラスのコンストラクタに与える引数としてアカウントのIDをメタデータで表わしたものを指定し、第3引数には7行目で作成した、アカウントのナレッジ数を取得する式（❸）を指定しています。

▶ 実行結果

```
いとうちひろ:3
てらだよしお:1
```

実行結果として、「いとうちひろ:3」「てらだよしお:1」が出力されました。

7.6.7 サンプル

ナレッジバンクではナレッジ検索画面でCriteria APIを使用しています。ナレッジ一覧画面の右上にある検索ボックスでは、検索文字列と検索対象とするカテゴリが指定できます。検索文字列の条件を構築するコードは以下のようになります。

▶ 検索文字列の条件を構築する

```
private Predicate createSearchTextCriteria(String searchText){
  if (searchText == null || searchText.isEmpty()) {
    return null;
  }

  // タイトルで検索する
  Predicate titleCriteria = builder.like(knowledge.get(Knowledge_.title), ➡
"%" + searchText + "%");

  // 内容で検索する
  Predicate descCriteria = builder.like(knowledge.get(Knowledge_.➡
description), "%" + searchText + "%");
```

```
  // タイトルと内容の OR で検索する
  Predicate searchTextCriteria = builder.or(titleCriteria, descCriteria);

  return searchTextCriteria;
}
```

検索文字列が入力されると、ナレッジのタイトルもしくは内容の中にその文字列が含まれているナレッジを取得します。タイトルと内容にそれぞれlike条件を作成します(titleCriteria、descCriteria)。検索文字列はタイトルと内容のいずれか一方に含まれていればよいため、orを使用して結合します(searchTextCriteria)。次に、指定されたカテゴリの条件を構築するコードは以下のようになります。

▶ 指定されたタブの条件を構築する

```
private Predicate createCategoryCriteria(List<Category> categories){
  if (categories == null || categories.size() == 0) {
    return null;
  }

  // カテゴリのIDカラムの IN 節を作成する
  In categoryCriteria = builder.in(knowledge.get(Knowledge_.categoryList));
  categories.stream().forEach(c -> categoryCriteria.value(c.getId()));

  // カテゴリ条件をサブクエリの条件にする
  return categoryCriteria;

}
```

カテゴリが指定されていると、カテゴリIDを使用した条件を作成します(category Criteria)。次に指定されたカテゴリのIDをvalueメソッドを使用して条件に追加します。クエリの全体像は以下のようになります。

▶ 実ソースのサンプル

```
@Stateless
public class SearchKnowledgeFacade {

@PersistenceContext(unitName = "knowledgebankPU")
private EntityManager em;
```

```
/**
* 検索キーワードと検索対象のカテゴリをもとにナレッジを返す
  検索条件がNULLか空文字、空のコレクションだと条件に加えない
*
* @param searchText 検索キーワード
* @param categories 検索対象のカテゴリ
* @return
*/
public List<Knowledge> searchKnowledge(String searchText, List<Category> ca➡
tegories) {

  CriteriaBuilder builder = em.getCriteriaBuilder();
  // クエリを作成
  CriteriaQuery<Knowledge> query = builder.createQuery(Knowledge.class);
  // ナレッジの情報を取得
  Root<Knowledge> knowledge = query.from(Knowledge.class);

  // Where節を作成
  Predicate where = builder.conjunction();

  if (searchText != null && !searchText.isEmpty()) {

      // タイトルで検索する
      Predicate titleCriteria = builder.like(knowledge.get(Knowledge_.title➡
), "%" + searchText + "%");
      // 内容で検索する
      Predicate descCriteria = builder.like(knowledge.get(Knowledge_.descri➡
ption), "%" + searchText + "%");
      // タイトルと内容の OR で検索する
      Predicate searchTextCriteria = builder.or(titleCriteria, descCriteria);

      // Where節に検索文字列の条件を追加
      where = builder.and(where, searchTextCriteria);
  }

  // カテゴリの指定があれば、カテゴリで絞る条件を作成する
  if (categories != null && categories.size() > 0) {

      Subquery<Knowledge> categoryQuery = query.subquery(Knowledge.class);
      Root subRootEntity = categoryQuery.from(Knowledge.class);
      categoryQuery.select(subRootEntity);
```

```
        // カテゴリのIDカラムの IN 節を作成する
        In categoryCriteria = builder.in(knowledge.get(Knowledge_.categoryLis➡
t));
        categories.stream().forEach(c -> categoryCriteria.value(c.getId()));

        // カテゴリ条件をサブクエリの条件にする
        categoryQuery.where(categoryCriteria);

        // サブクエリをクエリに追加する
        where = builder.and(where, builder.exists(categoryQuery));
    }

    // 条件節をクエリに反映
    query = query.where(where);

    query.orderBy(builder.desc(knowledge.get(Knowledge_.lastCommentAt)));

    return em.createQuery(query).getResultList();
    }
}
```

このサンプルでは「何も指定されない」「文字列だけ指定される」「カテゴリだけ指定される」「文字列とカテゴリが指定される」の4通りのクエリが実行されます。ケースが4通りの場合はそれぞれのNamedQueryを用意して使い分けることもできますが、ケースが増えていくとそれが現実的ではなくなってしまいます。そのような状況ではCriteria APIを使用することにより、臨機応変にクエリを作成することができるようになります。

Chapter

8

データアクセス層の開発
――JPAの応用

前章ではJPAを用いる基礎として基本的なエンティティの使い方を紹介しました。簡単なテーブルの操作程度なら、前章の情報だけで事足りるかもしれません。ですが、実際の設計開発ではもっと複雑な要件に対応する必要があるでしょう。そこで本章では、エンティティとデータベースの関連付け、キャッシュなど、JPAの応用的な使い方について紹介します。

図8.1は本章で説明する部分を図示したものです。まず、エンティティの使用に関する高度な例について紹介します。次に、データベースのテーブルとの関連づけについて解説します。通常それぞれの名称を用いて自動で関連付けが行なわれるものを手動で実施する方法について細かく解説します。

また、エンティティをキャッシュすることで効率良くエンティティを取得する方法についても解説します。

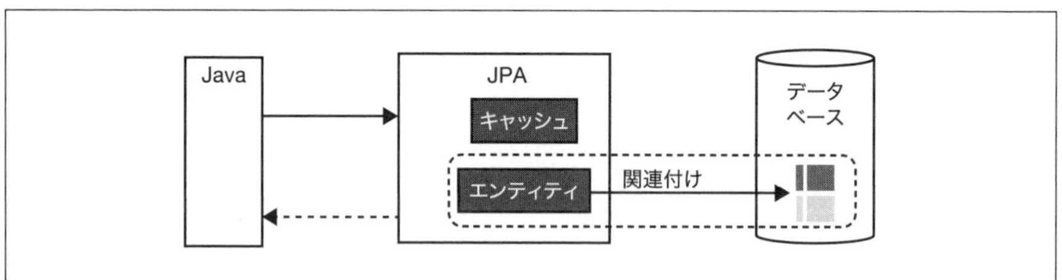

図8.1　本章の対象範囲

8.1 高度なエンティティの利用方法

本節ではエンティティを使用するにあたって、いくつかの便利な機能について解説します。

日時を指定する日時型、連続した一意の数字を設定するシーケンス、リレーション先のエンティティへ処理を伝播するカスケードを紹介します。

8.1.1 フィールドに関する応用

■ 日時

日時に関するデータは、取り扱いについて注意を払うべきデータ種別の1つです。JPAではこの日付と日時に関する取り扱いに関するオプションがあります。一般的に、日時データは「日付だけのデータ」「時間だけのデータ」「日付と時間の両方が含まれるデータ」という形で表現されます。これだけでも混乱してしまいそうですが、さらにやっかいなことにそれぞれを異なるデータ型で定義するデータベースもあれば、まとめているデータベースもあり、その取り扱いは統一されていません。

JPAで日時を使用するにはエンティティクラスのフィールドにjava.util.Date型[1]を指定します。このフィールドに@Temporalアノテーションを付与して、アノテーションの引数にTemporalTypeを指定します。

【1】
java.util.Calendar型でもできますが、できるだけ動作の軽いDate型を使うよう推奨します。

TemporalTypeには、DATE、TIME、TIMESTAMPが定義されており、それぞれjava.sql.Date、java.sql.Time、java.sql.Timestampに対応しています。このフィールドが日付、時間、日時のどの範囲を表わすかを決定します。

▶ 日時指定を行なうフィールドの例

```
@Temporal(TemporalType.TIMESTAMP)
private Date createAt;
```

作成日時を表わすフィールドcreateAtに@Temporalアノテーションを付与し、値としてTemporalType.TIMESTAMPを設定しています。TIMESTAMPは「日付と日時」をまとめて表わす型です。つまり、このフィールドをデータベースに格納すると日付と時間が保存されます。表8.1にTemporalTypeの型一覧をまとめました。

表8.1　Temporalアノテーションの設定値

TemporalTypeのフィールド	変換される型
TemporalType.DATE	java.sql.Date
TemporalType.TIME	java.sql.Time
TemporalType.TIMESTAMP	java.sql.Timestamp

■ シーケンス

エンティティのIDにはサロゲートキーを使用するのが一般的です。サロゲートキーは人工的に作成されたキーであり、業務上の意味がないものです。エンティティのIDは一意でなければならず、なにかしらの方法で一意となる値を作り出し、その値をサロゲートキーとして設定します。一意の数字を作り出す方法としてシーケンスがあります。

シーケンスとは連続した数字を作り出す機能で、シーケンスから数字を取得することを一般に「採番」と呼びます。シーケンスは採番と同時に数字がインクリメントされるため、同じ数字を返しません。

エンティティのフィールドにシーケンスから採番した数字を入れるには、シーケンスを定義し、フィールドに入れる値の生成元としてシーケンスを設定します。シーケンスを作成するにはエンティティクラスに@SequenceGeneratorアノテーションを付与し、作成したシーケンスからエンティティフィールドに自動で値を設定するには@GeneratedValueアノテーションを使用します。以下のコードは、ナレッジクラスのシーケンスの例です。

▶ ナレッジクラスのシーケンス

```
@SequenceGenerator(name="knowledgeSeq", initialValue=1)
public class Knowledge implements Serializable {
  @Id
  @GeneratedValue(strategy=GenerationType.SEQUENCE, generator="knowledgeSeq")
  private long id;
}
```

ナレッジクラスでは値が1から始まるknowledgeSeqシーケンスを作成します。idフィールドには、knowledgeSeqシーケンスから値を取得します。@SequenceGeneratorアノテーションは、name属性に作成するシーケンスの名前を、initialValue属性にシーケンスの初期値を指定します。フィールドに入れる値の生成元は、フィールドに@GeneratedValueアノテーションを付与します。@GeneratedValueはstrategy属性をGenerationType.SEQUENCEとすることでシーケンスから値を生成し、generator属性には作成したシーケンス名を指定します。

■ カスケード

カスケードとは、エンティティオブジェクトに任意の操作をした後、リレーション先までその操作を反映させるための機能です。たとえば、カスケードを指定していない場合、ナレッジを削除しても、そのナレッジに対する一連のコメントはデータベース上に残ってしまいます。これはナレッジを保管するテーブルとコメントを保管するテーブルが異なるために起きる現象です。これを防ぐには、コメントはナレッジの削除時に同時に削除する必要があります。この同時削除を実現する方法の1つがカスケードの指定です。

カスケードを指定することで、もとになるエンティティクラスのライフサイクルに変更があると、関連するエンティティオブジェクトまでライフサイクルの変更を伝播します。カスケードはリレーションを表わすアノテーションにあるcascade属性にCascadeTypeのenumの配列を設定します。設定値はREMOVE、DETACH、MERGE、REFRESH、PERSISTとALLがあり、それぞれ伝播する処理内容を指定することができます。

表8.2　CascadeTypeのフィールド一覧

フィールド名	概要
REMOVE	removeメソッドをリレーション先まで伝播する
DETACH	デタッチをリレーション先まで伝播する
MERGE	mergeメソッドをリレーション先まで伝播する
REFRESH	refreshメソッドをリレーション先まで伝播する
PERSIST	persistメソッドをリレーション先まで伝播する
ALL	上記すべてを対象とする

▶ ナレッジに対するコメントのカスケード設定

```
public class Knowledge{
  @OneToMany(mappedBy = "knowledge", cascade = {CascadeType.REMOVE})
  private List<KnowledgeComment> knowledgeCommentList;
}
```

上記のソースコードはナレッジバンクアプリケーションにおける指定の例です。ナレッジを削除したときに、コメントにも削除処理を伝播します。

■ 複合ID

テーブルの設計の段階でキー、つまりエンティティクラスのIDが1つのカラム

（フィールド）であれば苦労しませんが、そのような単純なテーブル設計だけとも限りません。複数のカラムを組み合わせないと情報が一意にならない場合があります。この場合、データベースでは複合主キーを利用しますが、JPAでは複合IDとしてこれを取り扱います。IDを複数のフィールドで定義することを複合IDと呼びます。複合IDを使用するには@IdClassを使う方法と@Embeddableアノテーションを使う方法の2通りの実装方法があります。どちらの実装方法でも複合IDのクラスを作成します。

図8.2は@IdClassアノテーションを使用する方法です。@IdClassを使う実装方法は、エンティティクラスに@IdClassアノテーションを付与し、value属性に複合IDのクラスを指定します。この実装方法では、複合IDのクラスのフィールドにもエンティティクラスのフィールドにも@Idアノテーションは不要です。複合IDのクラスが持つフィールドをエンティティクラスにも同じく定義します。

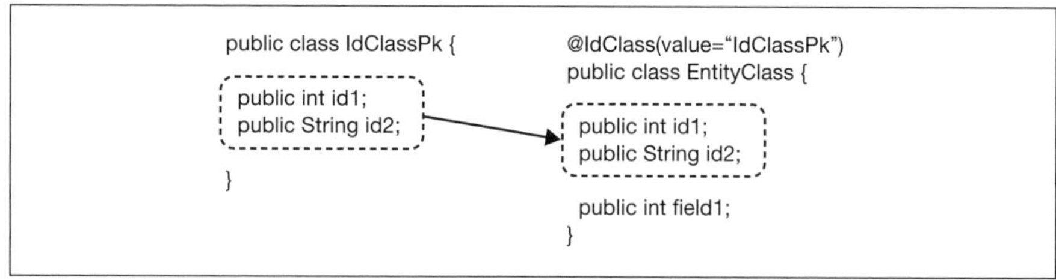

図8.2　@IdClassを使う実装方法

図8.3は組み込みIDクラスを使用する方法です。この方法では、複合IDのクラスに@Embeddableアノテーションを付与し、エンティティクラスには@EmbeddedIdアノテーションを付与した複合IDクラスのフィールドを持たせます。この方法では複合IDクラスのフィールドを持つだけでよく、複合IDのクラスが持つフィールドをエンティティクラスは持たなくて済みます。

```
@Embeddable
public class EmbeddedIdClass {

  public int id1;
  public String id2;

}
```

```
public class EntityClass {
  @EmbeddedId
  public EmbeddedIdClass id;

  public int field1;
}
```

図8.3　組み込みIDクラス

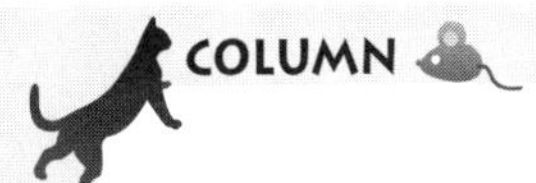

サロゲートキー

複数のフィールドを組み合わせたIDは管理が大変なので、擬似的に作成した1つのフィールドをキーとする方法が一般的です。このようなIDをサロゲートキーと呼びます。

IDは必ず一意になるため複合IDも必ず一意になります。しかし、複合IDだったテーブルのキーの代わりにサロゲートキーをIDにすると、複合IDだったフィールドからIDに含まれている一意性制約がなくなり、一意ではなくてもよくなります。その結果、複合IDだったフィールドが重複するエンティティが作成できてしまい、本来1つしかないデータが複数できてしまうため業務上問題になります。このような問題を避けるためには、サロゲートキーを使うときには必ず元の複合IDに一意性制約を付けて、重複するエンティティが作成されないようにします。

8.2 ライフサイクルコールバック

JPAではコールバックメソッドを使用することで、エンティティオブジェクトの操作(つまり、エンティティマネージャの呼び出し)に対応した処理を実行することができます。たとえば、エンティティオブジェクトをデータベースに新規作成するときに作成日時と更新日時を設定したり、データベースへの更新時に更新日時を設定したりなど、データベースの更新時に必ず実行したい処理を実装するときに利用します。

コールバックメソッドを実装する方法は、エンティティクラスに実装する方法とエンティティリスナを使う方法の2種類があります。エンティティの値を変更しない処理の場合は、エンティティリスナを作成することを推奨します。エンティティクラスに実装する場合はエンティティが持つフィールドの値を変更するまでに留めておくべきで、他の処理をしたい場合にはエンティティリスナクラスに切り出すべきです。業務ロジックが点在して、ソースコードのメンテナンスが複雑になるのを避けるため、このような処理は業務ロジックではなく横断的に実行する処理だけにすることを推奨します。

コールバックするタイミングはアノテーションによって指定します。指定可能なアノテーションを表8.3にまとめました。コールバックで処理したいメソッドにこれらのアノテーションを付与することで、指定したタイミングで処理が実行されます。

表8.3 コールバックメソッドに関わるアノテーション

アノテーション	概要
@PrePersist	エンティティのpersistの前に実行
@PostPersist	エンティティpersistの後に実行
@PreUpdate	エンティティの更新の前に実行
@PostUpdate	エンティティの更新の後に実行
@PreRemove	エンティティのremoveの前に実行
@PostRemove	エンティティのremoveの後に実行
@PostLoad	エンティティの取得の後に実行

コールバックメソッドは、エンティティにpublic voidで引数なしのメソッドを実装する必要があります。

次のコードはナレッジエンティティクラスにおいてナレッジを新規作成するときに作成日時と更新日時に現在時刻を設定し、ナレッジを更新するときには更新日時に現在時刻を設定している例です。エンティティクラスに直接実装するにはこのように実装します。

▶ エンティティにコールバックを実装

```
public class Knowledge {
    @PrePersist
    public void prePersist(){
        Timestamp now = new Timestamp(new Date().getTime());
        this.setUpdateAt(now);
        this.setCreateAt(now);
     }

    @PreUpdate
    public void preUpdate(){
        Timestamp now = new Timestamp(new Date().getTime());
        this.setUpdateAt(now);
    }
}
```

次に、エンティティリスナを使った場合を例に挙げます。エンティティリスナを使用してライフサイクルコールバックを実現するには、エンティティリスナのクラスを作成し、public voidで引数に対象となるエンティティを指定します。エンティティクラスには@EntityListenersアノテーションを付与し、エンティティリスナを指定します。このようにすることで、特定のテーブルに関わるライフサイクルの変更をきっかけとした処理を行なうことができます。この例では標準出力を行なうのみですが、ログ出力やエンティティの内容の確認など、アプリケーションの挙動に関わる情報を外部のクラスから取得できるため、メンテナンス性を向上させるのに役立つはずです。

▶ エンティティリスナクラス

```
public class KnowledgeListener {
  @PrePersist
  public void create(Knowledge entity){
    System. out.println(entity.getId());
  }
}
```

▶ エンティティリスナを登録するアノテーション

```
@Entity
@EntityListeners(value={KnowledgeListener.class})
public class Knowledge {
}
```

8.3 エンティティクラスとテーブル構造

Javaアプリケーション開発者がエンティティクラスを作成すると、JPAはエンティティクラスの定義を読み込み、データベースへテーブルを作成します。また、Javaアプリケーション開発者がJPQLとCriteria APIを使用してクエリを作成し発行すると、JPAはクエリからSQLを作成してデータベースへ発行します。JPAがエンティティクラスとテーブル構造の関連付けを自動で行なうため、Javaアプリケーション開発者はテーブル構造を意識しなくて済むようになりました。

しかし、自動で行なわれる関連付けでは対応できないことがあります。たとえば、すでにシステムが存在していて、テーブル構造はそのままにして新規および追加開発をすることもあります。また、他のシステムも同じデータベースを使っているためテーブル構造を変えられないこともあります。このような場合、自動で適用される関連付けルールでは他のシステムと命名規則が異なるため関連付けられないという問題が発生します。

その他にも、エンティティクラスには索引を設定して性能の向上させたり、制約を付けることで格納される情報を一意にしたり、数値や文字列の長さを制限したりできます。IDで検索すると主キーに設定されている索引を使用して高速に検索されます。索引は必ず一意性制約に従っているため、1つのレコードのみを取得できます。索引がない検索ではテーブルの全レコードを読み込んで、検索条件に一致するかを確認するため読込量が多くなり検索が遅くなります。索引を使えば読み込むデータ量を大幅に絞り込めるため、高速な検索が見込めます。

エンティティクラスのフィールドには制約を付けることでアプリケーション側でデータベースへ格納を制御できます。フィールドに一意性制約を設定すると、そのエンティティ内でフィールドが持つ値が重複できなくなります。また、設定する値の桁数や長さを指定できます。

JPAではアノテーションを使用して自動で行なわれる関連付けをカスタマイズしたり、テーブルやカラムに制約を付けることができます。よく行なわれる例として、関連付けられたテーブルの名前とカラムの名前変更、カラムの精度を変更、索引や一意性制約の追加、日時データが持つ値の範囲、Large Objectの設定があります。本節ではこのような細かな指定に関してそれぞれ解説していきます。

8.3.1 テーブル名とカラム名

自動で生成された関連付けルールをそのまま使用していると、他のシステムと命名規則が異なるため関連付けられないといった問題が発生することがあります。JPAではテーブル名のデフォルトはクラス名で、カラム名のデフォルトはフィールド名です。

エンティティクラスと関連付けられたテーブル定義を手動で変更するには@Tableアノテーションを使用し、フィールドと関連付くカラムの定義を手動で変更するには@Columnアノテーションを使用します。

▶ テーブル名とクラス、カラム名とフィールドを関連付ける例

```
@Table(name="KNOWLEDGE_DATA")
public class Knowledge{

  @Column(name="KNOWLEDGE_ID")
  private int id;
}
```

テーブルとカラムの名前を変更してフィールドを関連付けるには、@Tableアノテーションと@Columnアノテーションのname属性に指定します。

■ リレーション：多対1、1対1

エンティティクラスに多対1や1対1のリレーションがあると、テーブル定義にはリレーション先の主キーと同じ名前のカラムが定義されることがあります。JPAではエンティティクラスとリレーション先のエンティティクラスの中で同じ名前の主キーが2つ以上あるとカラム名が重複します（図8.4）。カラム名が重複するとテーブルは作成できません。

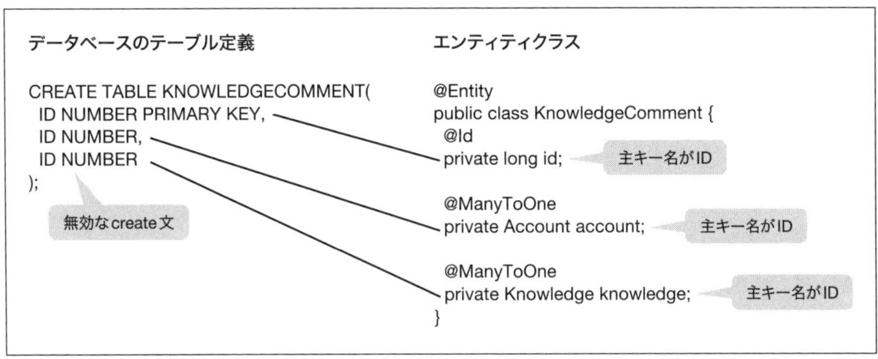

図8.4　IDという名前のカラムが重複する

これらカラム名に依存するフィールド名の重複を避けるために、エンティティクラスのテーブル定義に追加されるカラム名を任意の名前に指定します。

リレーションのカラム名を変更するには@JoinColumnアノテーションを使用します（図8.5）。referencedColumnName属性にリレーション先の主キーとなるカラム名、nameにこのエンティティクラスのテーブル定義に追加したいカラム名を指定します。

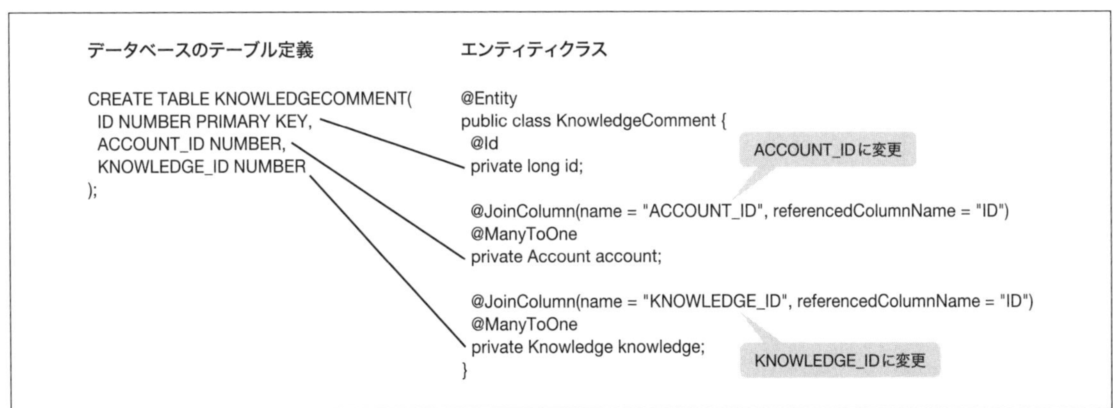

図8.5　@JoinColumnで指定する例

リレーション先のエンティティが複合IDの場合は、主キーも複数のカラムによって定義されるため、@JoinColumnsを使用して主キーのカラムごとに@JoinColumnを指定します。

▶ @JoinColumnsのサンプル

```
@JoinColumns(value = {
  @JoinColumn(name = "ID_A" , referencedColumnName = "id1"),
  @JoinColumn(name = "ID_B" , referencedColumnName = "id2")
})
```

■ リレーション：多対多

ナレッジバンクでは、ナレッジとカテゴリは多対多のリレーションになります。しかし、データベースのテーブルでは多対多のリレーションを表現できません。そこでJPAでは、中間表を作成して多対多のリレーションを実現します。この中間表にはナレッジとカテゴリの主キーをそれぞれ外部キーとして保存します（図8.6）。

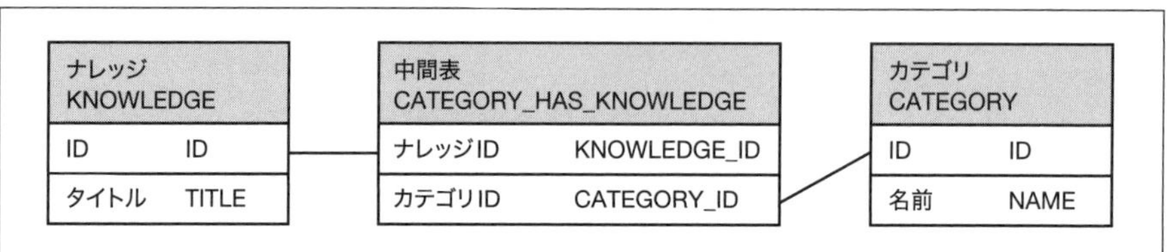

図8.6 多対多のテーブル構造

このような中間表を使用して、どのナレッジとどのナレッジが関係あるかをレコードに保持していきます（図8.7）。

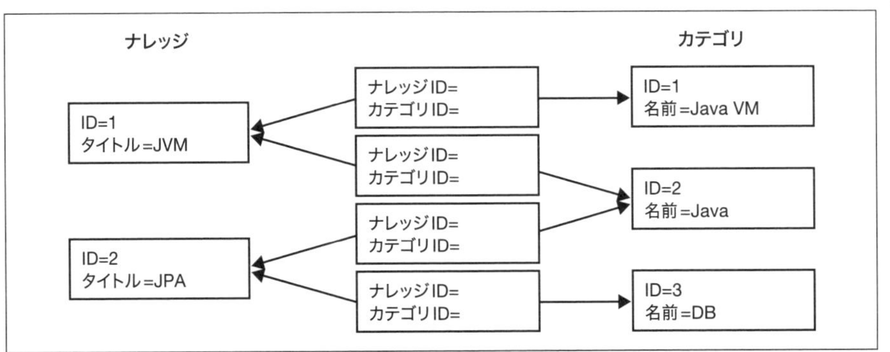

図8.7 多対多のレコードの関係

デフォルトでは中間表名はテーブル同士を「_」でつないだ名前になります。ナレッジとカテゴリの中間表名は「category_knowledge」になります。中間テーブルの名前を変えるには@JoinTableアノテーションのname属性を指定します。

▶ カテゴリのエンティティクラス

```
@ManyToMany(mappedBy = "categoryList")
private List<Knowledge> knowledgeList;
```

▶ ナレッジのエンティティクラス（@JoinTableアノテーションのname属性を指定）

```
@JoinTable(name="category_has_knowledge")
@ManyToMany
@JoinFetch
private List<Category> categoryList;
```

■ LOB

テーブルに大きなバイナリや文字列を格納することがあります。データベースでは大きなデータのことをLarge Object（LOB）と呼び、文字列型をCLOB、バイナリ型をBLOBと呼びます。

エンティティのフィールドをLOBとして保存するには@Lobアノテーションを付与します。@LobアノテーションはStringとbyte[]にのみ付けられます。フィールドの型によってカラムの型が決定されます。

▶ LOBのサンプル

```
public class Knowledge {
  @Lob
  private String description;
}
```

8.3.2 索引

EntityManagerインターフェースのfindメソッドのように、エンティティクラスのIDを指定して情報を取得する場合は、データベースに主キー索引が設定されているので高速に情報を取得できます。あるナレッジに対するコメントをすべて取得する場合、条件としてコメントのIDは使えません。このため、データベースの外部キーを使って取得しています。外部キーには索引が自動で作られないため、検索にかなり時間を要することがあります。テーブル中のレコードをすべて読み込み、該当するデータかどうかを評価するためです。このような場合には、外部キーに対して索引を付与することで高速に検索ができるようにします。

JPA 2.0までは、JPAによる自動テーブル生成の後に、自ら索引を作成しなければなりませんでしたが、JPA 2.1からはテーブル作成時に索引も同時に作成されるようになりました。

索引を作るには@Tableアノテーションのindexes属性に@Indexアノテーションの配列を指定します。@IndexアノテーションはcolumnList属性に索引で使うカラムをカンマ区切りで指定します。

▶ ナレッジのIDごとにコメントに索引を作る

```
@Entity
@Table(name = "KNOWLEDGE_COMMENT",
        indexes = {@Index(columnList ="KNOWLEDGE_ID" )})
public class KnowledgeComment implements Serializable {
```

索引を作成すると索引を使った検索は速くなりますが、副作用としてデータベースへの保存処理は遅くなります。この性能劣化は、索引の数が多くなるほど大きくなります。そのため、すべてのフィールドに索引を作成するのは推奨できません。頻繁に検索条件として使うカラムに対してのみ索引を作成するようにします。

8.3.3 制約

■ 精度とスケール、長さ

カラムが数値型の場合、デフォルトではフィールドの型によって精度やスケールが設定されます。精度とは、数字全体の桁数を表わし、スケールは小数点以下の桁数を表わします（図8.8）。整数型は精度が有効な桁数、スケールは0になります。文字列の場合は文字列の長さを設定できます。

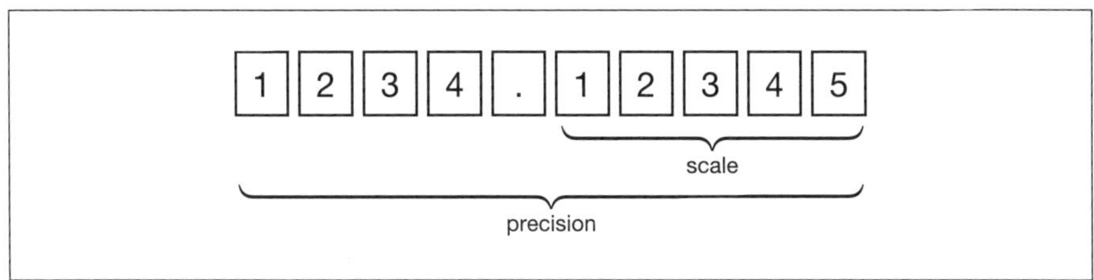

図8.8　精度とスケール

カラムの精度を変えるには@Columnアノテーションを使います。精度の変更にはprecision属性を指定し、スケールの変更にはscale属性を指定します。文字列長の変更はlength属性にバイト数を指定します。

▶ @Columnアノテーションの指定

```
@Column(precision=15, scale=0)
private long id;

@Column(length=500)
private String title;
```

■ 一意性制約

IDには一意性制約が付いているため、すべてのエンティティで必ず一意になりますが、IDではないフィールドでも一意であることを保証したい場合があります。IDとするサロゲートキーは一意になりますが、本来主キーになれるもの[2]の一意性を保つ必要もあります。この場合は、一意性制約を付与して、ID以外も一意になるように制約を付けます。

【2】
候補キーと呼びます。

▶ 一意性制約

```
@Table(uniqueConstraints = {@UniqueConstraint(columnNames = "NAME")})
public class Category implements Serializable {

    @Column(name = "NAME", unique = true)
    private String name;
```

単一カラムでの一意性制約は、@Columnアノテーションのunique属性で指定します。@Columnアノテーションのunique属性は他のカラムを含めた一意性制約を指定することはできず、単一のカラムでの一意性制約のみ指定できます。

複数のフィールドを組み合わせて一意性制約を指定する場合は@TableアノテーションのuniqueConstraints属性を指定します。@TableアノテーションのuniqueConstraints属性には@UniqueConstraintアノテーションの配列を指定します。@UniqueConstraintアノテーションのcolumnNames属性にはカンマ区切りでカラムを指定します。

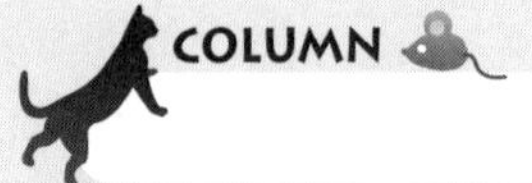

データベースの方言

SQLはデータベースに対する問い合わせ言語であり、国際標準として標準化されています。しかし、Oracle Database や MySQL、Java DBなどデータベースシステムによって多少の方言があり、構文が若干異なります。

OSやミドルウェアのサポート切れなどによりシステムの移行が計画され、データベースをMySQLからOracle Databaseへ変更するというようにデータベースを別のものに変えることがあります（図8.9）。

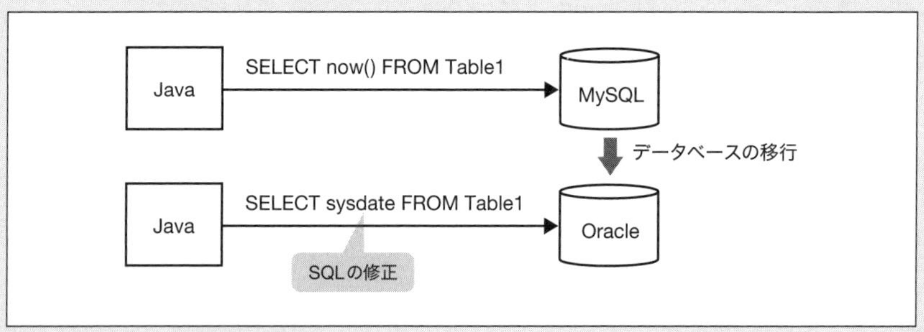

図8.9　データベースの移行

SQLを記述しているアプリケーションの場合、アプリケーションを変えずに動くのは稀です。データベースの変更にはSQLを変更することがほとんどですが、影響範囲を調査することは非常に困難です。そのため、クエリをデータベースにあわせたSQLへ変換してくれるJPAを使用して開発しましょう。

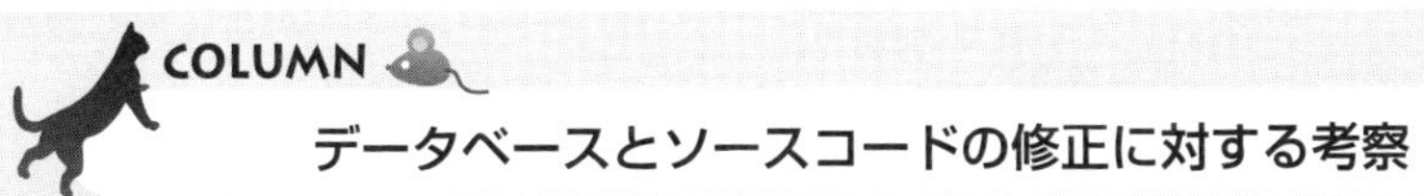

COLUMN データベースとソースコードの修正に対する考察

Javaアプリケーションは、JDBCドライバを使用してデータベースへの接続、問い合わせをしてデータの取得や保存、更新、削除をします。Javaエンジニアは問い合わせ先のデータベースが持つテーブルの名前、テーブルが持つカラムの名前、カラムのデータ型などの構造を把握してSQLを実装します。SQLが完成すると、パラメータとなる値をJavaの型からデータベースの型へ変換し、SELECT文を発行します。SELECT文で得られた結果はデータベースの型からJavaの型へ変換します。長々と書きましたが、結局のところJavaアプリケーション開発者は、カラムのデータ型とフィールドのデータ型がわからないとアプリケーションを実装できません。

テーブルの構造が開発途中で変わる、ということはよくあることです。Javaアプリケーション開発者はテーブルの名前やカラムの名前が変わった場合に、SQLのどの部分を直さなければならないかを調査し、修正するのは非常に困難な作業です。SQLがアプリケーションのどの部分に記載されているのか把握してあれば影響範囲は少ないかもしれません（図8.10）。ですが、「StringBuilderクラスやStringBufferクラスを使用して動的にSQLを組んでいるアプリケーションの場合は？」「自分が知らない箇所でSQLを発行している可能性は？」など考え始めるときりがありません。

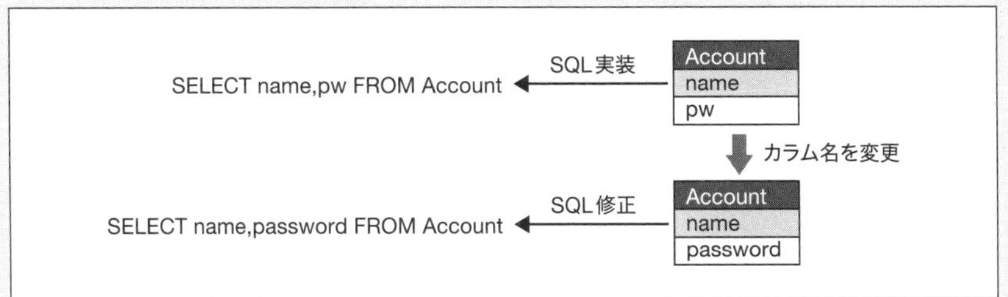

図8.10 テーブルの構造が変わったときにSQLを変更する

SQLならばまだ軽いほうです。データ型の変更について考えてみましょう。データ型が変更されると、データベースのデータ型とJavaのデータ型の変換処理を修正します。あるカラムのデータ型が変更になった場合も影響範囲を調査するのは困難です。SELECTの結果であるResultSetオブジェクトからそのカラムのデータを取得する場合、カラム番号を指定する方法とカラム名を指定する方法があります。しかし、カラム名や順番はSELECT文中で変更することができるため、必ずしもデータベースに定義してあるカラム名と同一とは限りません。そのため、データ型が変更されたカラムがどこで使用されているかを調査が一向に進まない、などということがあります。

▶ データ型を変えた例

```
Statement stmt = con.prepareStatement("SELECT id, code FROM Table1");
ResultSet rs = stmt.getResultSet();
int id = rs.getint("id");
int code = rs.getInt("code:);
```

JPAではどうでしょうか。JPAではエンティティとテーブルはどちらか一方を作ると、もう一方は自動で作成できます。テーブルからエンティティを作るケースでは、テーブルが変更された後にエンティティクラスを再作成します。テーブルのデータ型が変わったカラムに関連付けられたフィールドは、自動生成によりデータ型が変わります。getterの戻り値やsetterの引数の型が変わるためコンパイルエラーにより検知でき、影響範囲がわかります。

テーブルやカラムの名前が変わっただけの場合には、エンティティクラスを再作成せず、関連付くエンティティクラスやフィールドにアノテーションを付与することで対応できます（図8.11）。

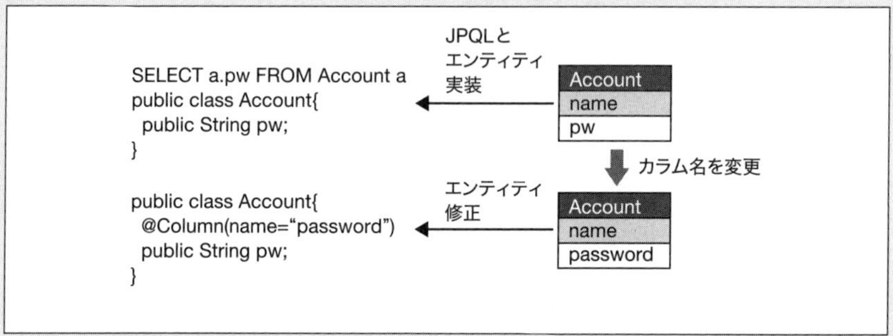

図8.11　JPAでテーブルとカラムの名前が変わったときの対処

テーブル名が変わったときは@Tableアノテーションでテーブル名を変更するだけでよく、カラム名が変わったときは@Columnアノテーションでカラム名を変更するだけになります。

このように、データベース上の変更に対してより柔軟に対応できるのもJPAの利点と言えます。

8.4 トランザクション

アプリケーションの実行中にデータを変更するには一貫性を持つ必要があります。一貫性とは、「行なわれた変更がすべて行なわれる」もしくは、「処理の途中で問題が発生した場合にはすべて行なわれない」のどちらかであることです。

ナレッジバンクでは、ナレッジにコメントするとナレッジの最終更新日時が更新されて検索結果の上位に表示され、ユーザーは新しくコメントされたナレッジに気づくことができます。コメント処理に一貫性を持たずに処理すると、「コメントは追加されてナレッジの更新日時は更新されない」「コメントは追加されずにナレッジの更新日時だけ更新される」という事態が発生して、コメントが追加されたことにユーザーが気づかなかったり、新しいコメントはないのに検索結果の上位に出てきてしまいます。ナレッジバンクでは一貫性を持って「更新しているためコメントの追加とナレッジの更新日時の更新の両方が行なわれる」もしくは、「両方とも行なわれない」のどちらかになります。

一貫性を保つにはトランザクションを使用します。Java EE環境ではEJBコンテナにより自動的に開始されるトランザクションとJava開発者が任意に開始するトランザクションがあります。コンテナによるトランザクションはEJBの開始時にトランザクションが開始、EJBの終了時にコミットされ、EJBの処理中に例外が発生し、EJBコンテナまで例外がスローされるとロールバックされます。基本的にビジネスロジックを担当するEJBをトランザクションの範囲とすることが多く、直接トランザクションを操作する機会は少なくなっています。

Javaアプリケーション開発者が直接トランザクションを使用するにはjavax.persistence.EntityTransactionインターフェースを使用します。

▶ トランザクションの取得

```
EntityTransaction transaction = em.getTransaction();
```

EntityTransactionオブジェクトはEntityManagerインターフェースのgetTransactionメソッドから取得します。

▶ EntityTransactionインターフェースの主なメソッド

```
public void begin();
public void commit();
```

```
public void rollback();
```

トランザクションを開始するにはEntityTransactionインターフェースのbeginメソッドを、トランザクション内の変更をデータベースへ反映させるにはcommitメソッド、問題が発生したときなどすべての変更を元に戻すにはrollbackメソッドを使用します。

▶ トランザクションが開始してない状態でコミットを実行した例

```
java.lang.IllegalStateException:
Exception Description: No transaction is currently active
```

commitやrollbackメソッドを実行するには事前にトランザクションが開始していなければなりません。トランザクションが開始していない状態でcommitやrollbackメソッドを実行すると例外が発生します。

8.5 キャッシュ

8.5.1 これまでのデータアクセス

Javaアプリケーションがデータベースから情報を取得し、その情報をアプリケーションで使うまでにはさまざまな処理が実行されます（図8.12）。

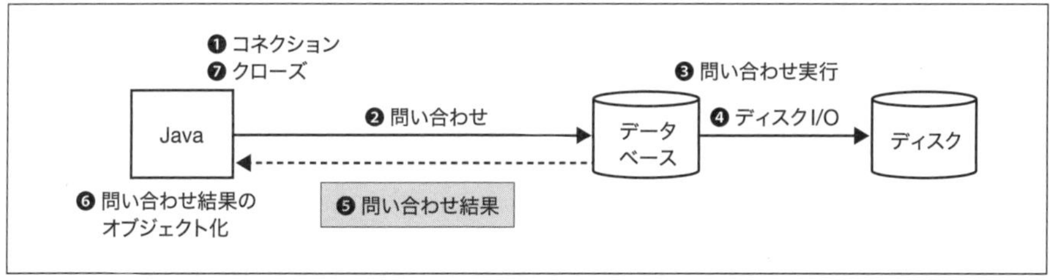

図8.12　データベースへのアクセス

大まかな処理の流れは、データベースへのコネクションを確立し（❶）、データベースへSQLを発行します（❷）。データベースは情報の検索／取得のためにSQLを解釈し（❸）、情報がメモリになければ自身が持つストレージからデータを読み込みます（❹）。データベースはSQLの結果を転送し（❺）、それを受け取ったJavaアプリケーションは問い合わせ結果からエンティティを作成します（❻）。Javaアプリケーションはデータベースコネクションが不要になるとコネクションをクローズします（❼）。

これらの処理はJavaアプリケーションとデータベースサーバー間のネットワーク通信、データベースサーバーでのストレージアクセスといったI/Oが含まれるため、非常に時間がかかります。ネットワークやストレージのI/O時間が長いとシステムのスループットやクライアントへのレスポンス時間に影響を与えます。

コネクションプール[3]を使うと、❶と❼の処理は、プールされているコネクションが足りていれば行なわず処理時間は短縮します。不足していて上限に達していなければ新規で確立され（❶の処理）、不足していて上限に達していると、コネクションプールへ返却されるのを待ちます。

【3】
たいていのアプリケーションサーバーにはコネクションプールを定義可能です。また、コネクションプールを利用するためのライブラリもオープンソースにはたくさんあります。

コネクションプールによりコネクションを再利用しても、❷〜❻の問い合わせに関する処理は実行中にネットワークとストレージにアクセスするため、やはり処理に時間がかかります。

図8.13は、複数の処理が同じデータベースへその都度アクセスしてナレッジを取得している例です[4]。

【4】
それぞれ取得している情報がまったく異なっていたり、そもそも処理Aが実行される回数が少ないのであれば、それほど問題になりませんが、もし高頻度に同じ情報を取得しているのであれば、もう少し効率化を考えたいところです。

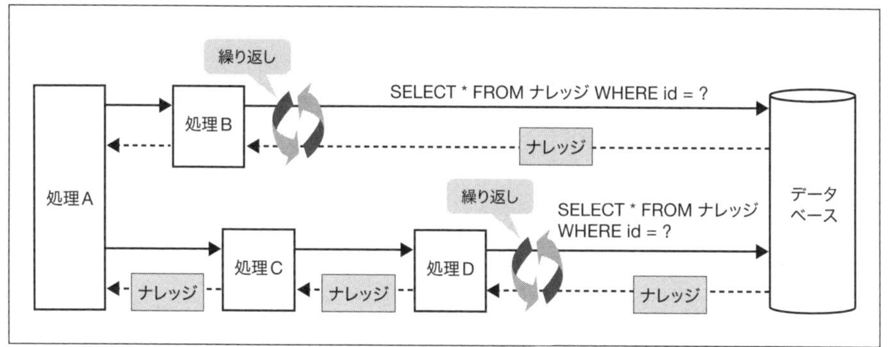

図8.13　必要になるたびにデータベースからデータを取得する

8.5.2 キャッシュを使用したデータアクセス

ネットワークとストレージのI/Oを減らす方法として、開発者自らがオブジェクトを再利用するようにキャッシュ機構を作成することが考えられます。

データベースから取得したデータを変数やフィールドとして処理が終わるまで保持して再利用することで、データベースへのアクセスを減らすようにアプリケーションを開発します（図8.14）。

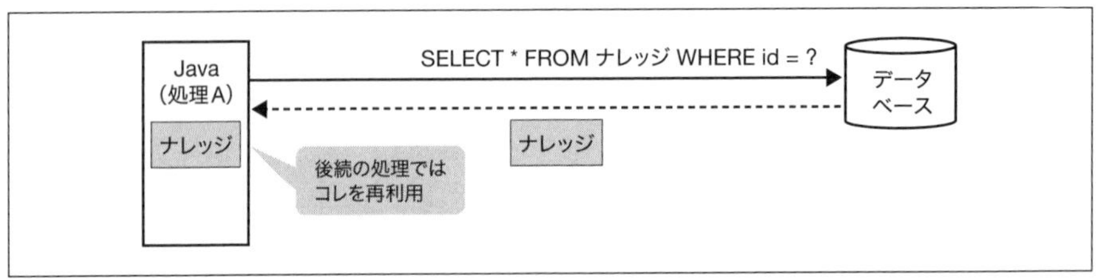

図8.14 オブジェクトを再利用する

開発者が自らキャッシュ機構を作り込む場合、キャッシュされたエンティティを使用する範囲を限定的にするため、処理全体でどのデータがどこで使用されているかを詳細に把握する必要があるほか、キャッシュされたデータを使用する処理まで引き渡さなければなりません（図8.15）。よって、自前でのキャッシュ機構の構築は調査も実装も困難です。

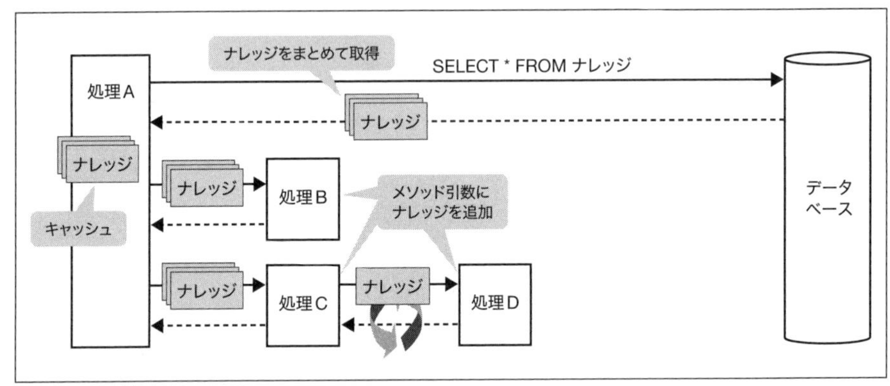

図8.15 自前の作り込みでキャッシュを引き回すのは難しい

8.5.3 JPAのキャッシュ

前述のように、自前でキャッシュ機構を作り込むのは非常に大変です。ですが、幸いJPAにはキャッシュ機能が含まれています。JPAではすべてのエンティティクラスがデフォルトでキャッシュされます。キャッシュの対象から外したい場合にはエンティティクラスに@Cacheableアノテーションを付与し、引数にfalseを指定します。

▶ キャッシュを無効にする

```
@Cacheable(false)
public class Knowledge{
}
```

JPAがエンティティオブジェクトをキャッシュすることで、データベースへのストレージやネットワークのI/Oを低減させることができます。また、Javaアプリケーション開発者はエンティティがキャッシュされている場合も、されてない場合も、エンティティオブジェクトの取得方法は変わりません。オブジェクトがキャッシュされていればキャッシュされているオブジェクトを返し、キャッシュされていなければデータベースへSQLを発行します（図8.16）。エンティティオブジェクトが使われている範囲の調査や、データの引き渡しなどを開発者が考える必要はなくなります。

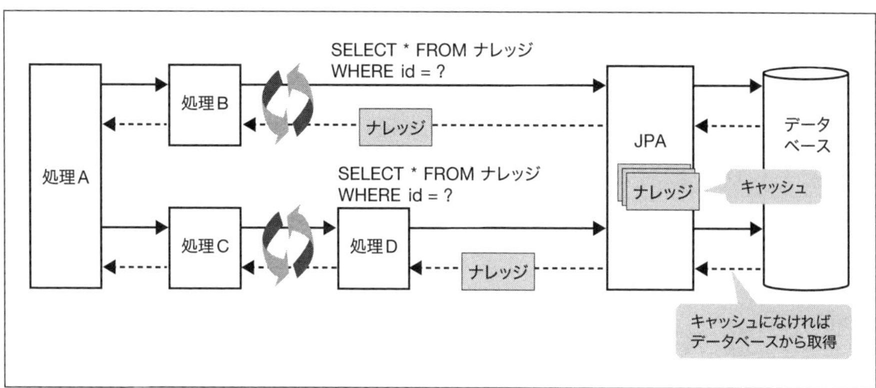

図8.16　データベースアクセスが減る仕組み

実際のアプリケーション開発では、複数のテーブルを結合するSQLがよく使われます。ここでもキャッシュが有効です（図8.17）。

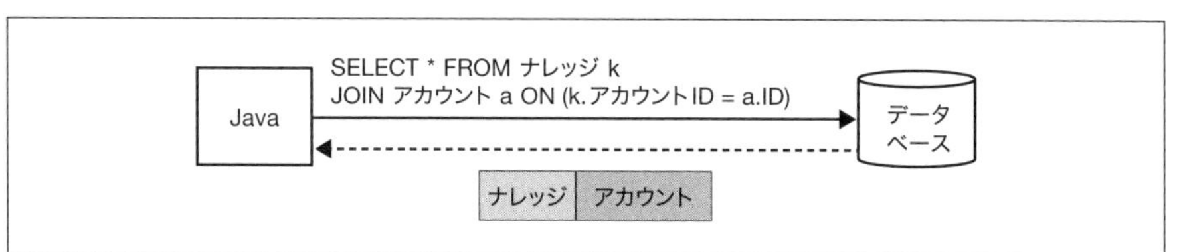

図8.17　複数のテーブルを結合するSQL

複数のテーブルを結合するとストレージから読み込む量が増え、SQLの実行には時間がかかります。多くのケースでは、結合したテーブルは、絞り込み条件や順序には使用せず、データを取得するためだけに結合されています。取得するデータ量が増えるとネットワークを流れるデータ量も増えるため通信に時間がかかります。

更新される頻度の少ないエンティティオブジェクトはキャッシュすることで、クエリで結合せずにキャッシュから読み込むことができます（図8.18）。

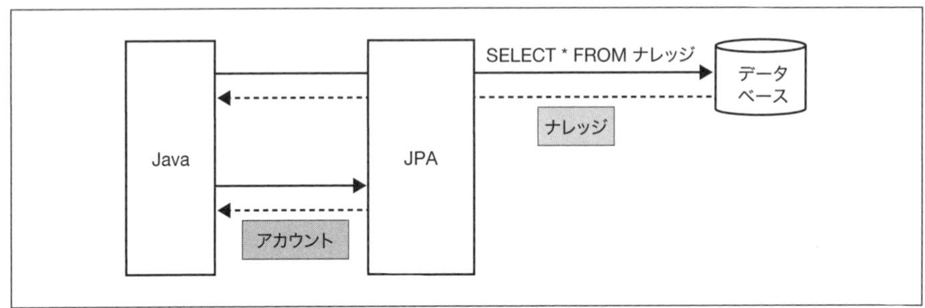

図8.18　アカウントマスタはキャッシュから取得する

これで、テーブルの結合数も減ることになります。これにより、データベースへの問い合わせから結合処理が消えてストレージやネットワークのI/Oを減り、データベースサーバーの負荷低減やシステムのスループットの向上、クライアントへのレスポンスタイムの短縮が見込めます。

8.5.4 キャッシュとヒープ

エンティティオブジェクトとそのキャッシュはJava VMのヒープ上に搭載されます。このため、キャッシュするエンティティオブジェクトが増えすぎてしまうとヒープを占有するためガーベジコレクション（GC）が起きやすくなってしまいます。GCが発生するとスループット低下とレスポンスタイムが増加します。ヒープの容量が不足するとOutOfMemoryErrorが発生し、JVMが停止します。すべてのエンティティをキャッシュすることでデータベースへのアクセスが最小となりますが、すべてのエンティティをキャッシュすると、ヒープ領域をキャッシュだけで占有してしまいかねません。ユーザーからのリクエストを処理するヒープ領域が不足して頻繁にGCが発生します。GC処理中はユーザーからのリクエスト処理が停止するため、リクエスト時間が延びたり、単位時間当たりの処理量（スループット）が低下してしまいます。

このため、キャッシュを利用する際にはメモリを無駄に使用しないよう、注意して使用していく必要があります。キャッシュを使用する戦略には3つの選択肢があります。

1. すべてのエンティティオブジェクトをキャッシュする
2. ホットなデータだけキャッシュする
3. キャッシュしない

レコード数が少ないテーブルではすべてをキャッシュする方向で検討します。逆にレコード数が多いテーブルはヒープにすべてのエンティティオブジェクトが収まらないため、最近使われているエンティティオブジェクト（ホットデータ）のみをキャッシュするよう検討します。

エンティティオブジェクトをすべてキャッシュする戦略では、エンティティオブジェクトがGC対象になりません。キャッシュ量が増えるとヒープ領域をどんどん使用していくため、OutOfMemoryErrorに注意してヒープサイズを指定します。エンティティオブジェクトをすべてキャッシュできるほど十分にヒープ領域のサイズがあればGCの発生頻度には影響を与えません。

ホットデータだけキャッシュする戦略では、使われなくなったエンティティオブジェクトはキャッシュから追い出します。キャッシュから追い出されたエンティティオブジェクトはGCの対象となります。この戦略ではヒープ領域にはキャッシュから追い出されたエンティティオブジェクトはヒープを占有し続けます。キャッシュアウトが多くなるとGC対象となるオブジェクトが増えるため、GCが多くなるので注意が必要です。

キャッシュに使用できるヒープサイズはヒープ領域のサイズとアプリケーションが使用するヒープサイズとの差に比例します。エンティティオブジェクトの総量がキャッシュに使用できるヒープサイズに比べ多い場合には、できるだけキャッシュアウトさせない実装にする必要があります。エンティティオブジェクトはLRU[5]によりキャッシュアウトします。処理対象をソートしてLRUによりエンティティオブジェクトがキャッシュアウトしないようにするといった工夫が必要です。

【5】
Least Recently Used（LRU）はリソースの割り当てを決定するアルゴリズムで、最近最も使われていないデータを最初に捨てるロジックのことです。

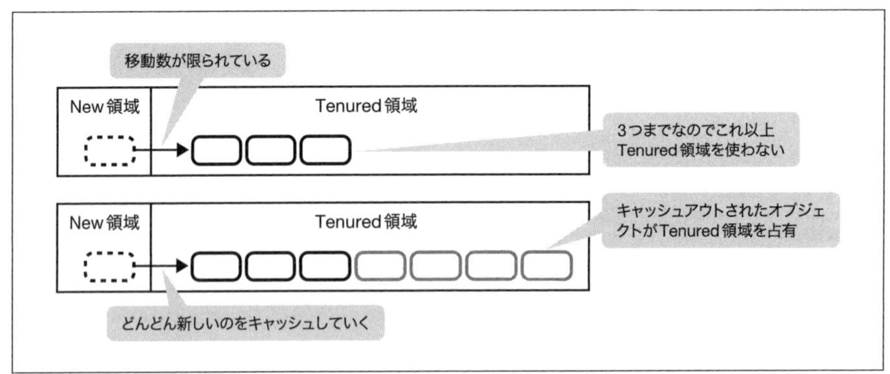

図8.19　キャッシュ戦略によるヒープの使用方法

COLUMN 複数アプリケーションによるデータ更新

複数のアプリケーションが同一のデータベースを更新する場合や、他のノードやデータベースでデータベースのデータが更新されることがあります。その更新はキャッシュされているエンティティには伝播されません。キャッシュされたエンティティオブジェクトとデータベースに整合性がとれなくなります。このような場合、データベースが自アプリケーション以外で更新されたことを検知して、自分のキャッシュを更新する仕組みの作成を検討するか、キャッシュをオフにする必要があります。

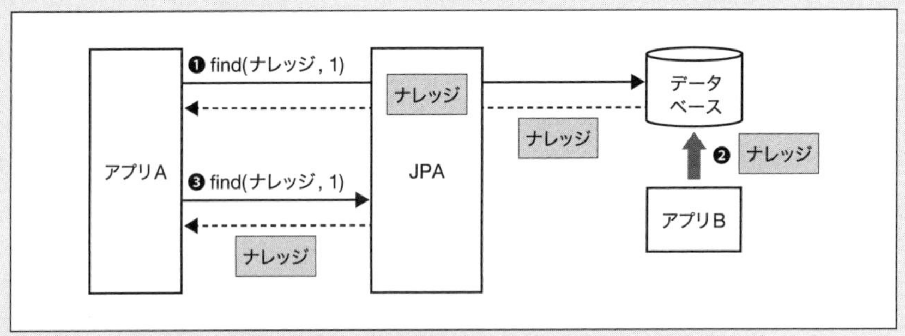

図8.20　データベースや他のインスタンスで更新される

8.5.5 プリロード

キャッシュを有効にしていても、エンティティオブジェクトは1回目の読み込み処理が行なわれるまではキャッシュに保存されていません。データベースへのアクセスが必要となり遅くなりますが、キャッシュの特性上これは仕方がないことです。エンティティオブジェクト全体がキャッシュに保存されるまで遅い状態が続き、エンティティオブジェクトがキャッシュされ始めると徐々に早くなっていきます。エンティティオブジェクトがキャッシュにすべて保存されていることを前提としてパフォーマンス要求を設定していると、その前提が崩れるとその性能を出すことができません。最悪のケースではリクエストが滞留してシステムが停止します。

JPAではこの問題に対して「プリロード」という方法で対処することができます。必要なエンティティオブジェクトはすべてデータベースから読み込んでおき、事前にキャッシュしておくことができます。

▶ プリロードの例

```
TypedQuery<Account> query = ➔
em.createQuery("SELECT a FROM Account a", Account.class);
List<Account> accountList = query.getResultList();
```

プリロードはEJBの@Startupなどを使用してアプリケーションの起動時に1回だけ実行するようにしてもよいですし、JSFやWebサービスを使用して外から初期化処理を起動できるようにしてもよいでしょう。

8.5.6 EclipseLink

GlassFishではJPAの実行エンジンとしてEclipseLinkを使用しています。ここで、EclipseLinkが持つキャッシュ機能について少し解説します。EclipseLinkにはエンティティキャッシュと問い合わせキャッシュの2種類があります。エンティティキャッシュはエンティティオブジェクトをキャッシュする機能です。どのようなエンティティでもキャッシュすることができます。エンティティクラスごとにキャッシュの有無やキャッシュするオブジェクトの個数が設定できます。一方で、問い合わせキャッシュはクエリの結果をキャッシュする機能で、クエリの結果が変わりにくい問い合わせに適しています。

本項ではJPAの規格にあるエンティティキャッシュに関するEclipseLinkの設定を紹介します。

EclipseLinkでは、キャッシュするエンティティオブジェクトの参照強度とキャッシュする数を指定できます。参照強度には参照方法の違いによってFULL、WEAK、SOFT、SOFT_WEAK、HARD_WEAK、CACHE（非推奨）、NONE（非推奨）があります。設定方法にはpersistence.xmlに指定する方法とエンティティクラスに@Cacheアノテーションを付与する方法があります。環境によって変わるものはpersistence.xmlに、変わらないものは@Cacheアノテーションに指定します。

それぞれのエンティティに対する設定はエンティティクラスにorg.eclipse.persistence.annotationsパッケージの@Cacheアノテーションを使用します。

▶ エンティティに設定する例

```
@Entity
@Cache(type = CacheType.FULL, size = 1000)
public class Account {
}
```

しかし、キャッシュ数やタイプはデータの量やヒープサイズなど状況によって異なるのでpersistence.xmlに記載したほうがよいでしょう。

▶ persistence.xmlへキャッシュの設定例

```
<properties>
  <property name="eclipselink.cache.type.Account" value="FULL"/>
  <property name="eclipselink.cache.size.Account" value="1000"/>
</properties>
```

参照強度の設定にはeclipselink.cache.type.defaultとeclipselink.cache.type.<エンティティ名>を使用します。

キャッシュサイズの設定には、eclipselink.cache.size.defaultとeclipselink.cache.size.<エンティティ名>を使用します。

8.6 永続化ユニット

第7章の「7.1.5 永続化ユニット」で述べたとおり、データベースへの接続に関しては、永続化（持続性）ユニットにて設定します。設定方法には、アプリケーションサーバーで定義されているデータソースの名前を指定する方法と、永続化プロバイダのプロパティとして接続先アドレスやユーザー名、パスワードなどを設定する方法との2種類があります（図8.21）。ナレッジバンクのアプリケーションではGlassFishで作成したデータソースを使ってデータベースへ接続します。どちらの方法を使用してもアプリケーションの実装には影響ありません。

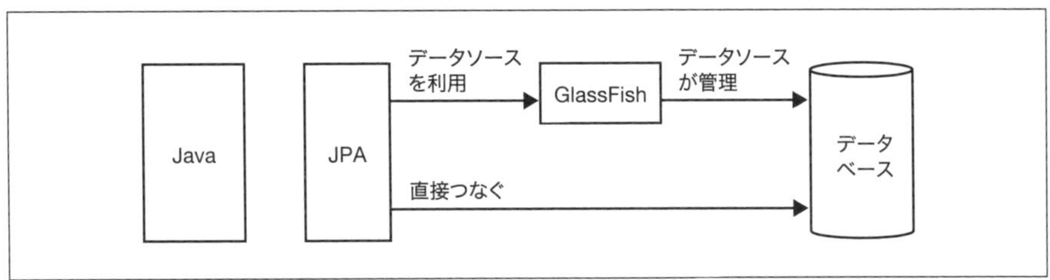

図8.21 データベースの接続設定

実際の開発現場では、開発環境、各種試験環境、本番環境など環境ごとにデータベースサーバーは異なり、環境ごとにデータベースサーバーの接続情報も異なります（図8.22）。JPAがデータベースとの接続を管理する方法では設定ファイルにデータベースの接続情報を記述します。開発環境用の設定ファイル、試験環境用の、本番環境用の設定ファイルなど環境によって設定ファイルが必要になってしまうため、アプリケーションのビルドが必要となり管理が大変になってしまいます。

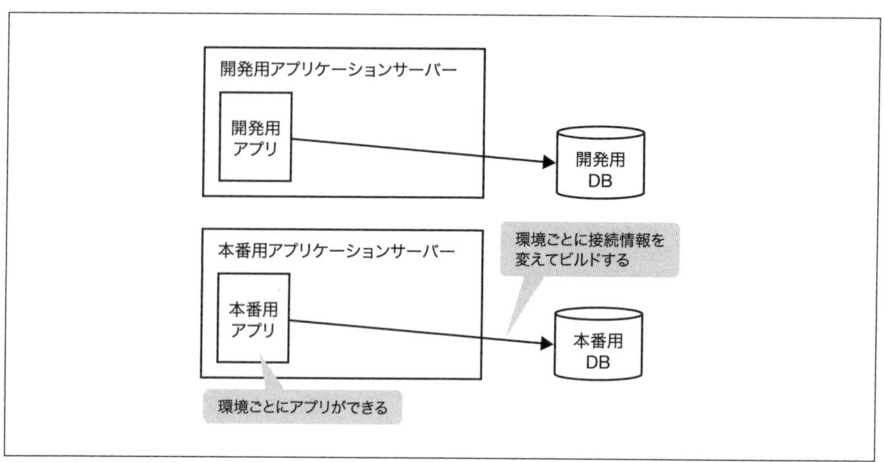

図8.22　開発環境ごとにデータベースサーバーは異なる

アプリケーションサーバー上で定義したデータソースを使用する方法では、アプリケーションサーバーが同一の名前でデータソースを提供すればよく、データソースの接続先はアプリケーションサーバーで設定します（図8.23）。この方法では環境ごとにアプリケーションのビルドは不要のため、こちらの方法を推奨します。

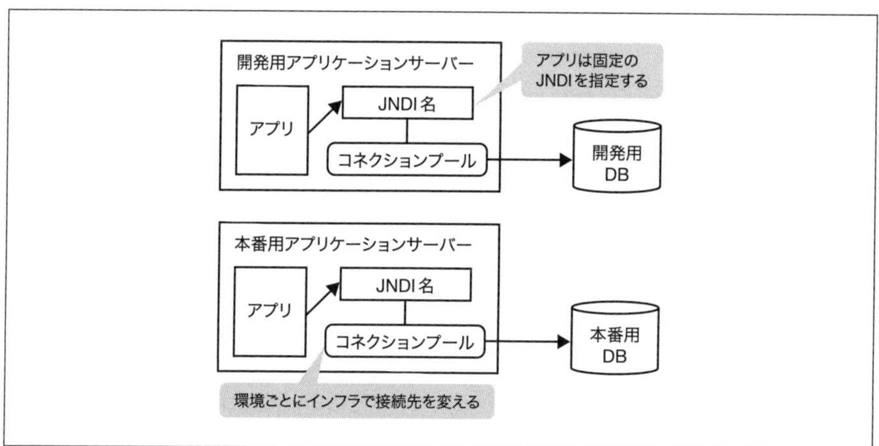

図8.23　設定ファイルとデータソース

GlassFishでのコネクションプールの作成、JNDIの作成や永続化ユニットの作成など環境構築については本章の最後にまとめています。

Java SEでJPAを使う

Java SEでJPAを使うには、JPAの実装であるjarファイルをクラスパスに追加、persistence.xmlを用意します。EJBコンテナがないのでEntityManagerの取得にDIが使えないため、EntityManagerFactory経由で取得します。

▶ Java EE以外でJPAを使う

```
EntityManagerFactory emf =
Persistence.createEntityManagerFactory("TestPU");
EntityManager em = emf.createEntityManager();
```

8.7 環境構築手順

ここまでJPAの使い方を紹介しました。ここからはJPAを使うアプリケーションを作成して動かすための環境構築方法を紹介します。環境の構築は図8.24の❶〜❹の作業をします。

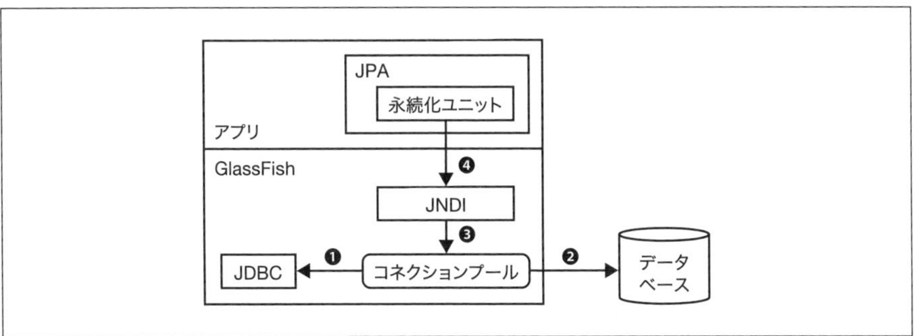

図8.24 環境構築の全体像と手順

まずはじめにGlassFishを起動する前に永続化先となるデータベースへの接続に必要なJDBCドライバのJARファイルをGlassFishのライブラリとして配置します（❶）。次にGlassFishを起動し、ブラウザでGlassFishの管理コンソールへ接続します。管理コンソールでは、GlassFishのコネクションプールを設定し（❷）、作成したコネクションプールをJNDIのリソースとして公開します（❸）。最後に永続化ユニットのデータソースの設定部分をJNDIリソースを使用して接続するように設定します（❹）。

8.7.1 JDBCドライバ

Javaアプリケーションがデータベースに接続するには、データベースの種類に合わせたJDBCドライバが必要です。しかし、GlassFishにはデータベースへ接続するためのJDBCドライバは含まれていません。各社が提供するデータベース用のJDBCドライバをダウンロードしてGlassFishに組み込む必要があります。

本書ではデータベースサーバーとしてローカルにインストール済みのOracle Database Express Edition 11g Release 2（以下、Oracle Database XE）を使用します。このデータベース用のJDBCドライバはOracle Databaseの他のエディションのJDBCドライバと同一です。以下のサイトからojdbc7.jarをダウンロードします。

- **Oracle JDBC**
  http://www.oracle.com/technetwork/database/features/jdbc/index.html

ダウンロードしたojdbc7.jar[6]をGlassFishのインストール先にあるglassfish\libディレクトリへコピーします。GlassFishを起動するとJDBCドライバが読み込まれた状態で起動します。

【6】執筆時はojdbc7.jarが最新版です。

8.7.2 コネクションプールの作成

コネクションプールとは、データベースの接続を事前に用意して、接続が必要になったら接続を貸し出す機能です。コネクションプールをリソースとしてJNDIへ登録し、JNDIからリソースを取得することでアプリケーションから使えるようになります。

コネクションプールの作成はGlassFishサーバーを起動してから管理コンソール上で行ないます（図8.25）。管理コンソールにログインし、左側のメニューから［JDBC Connection Pools］を選択します。

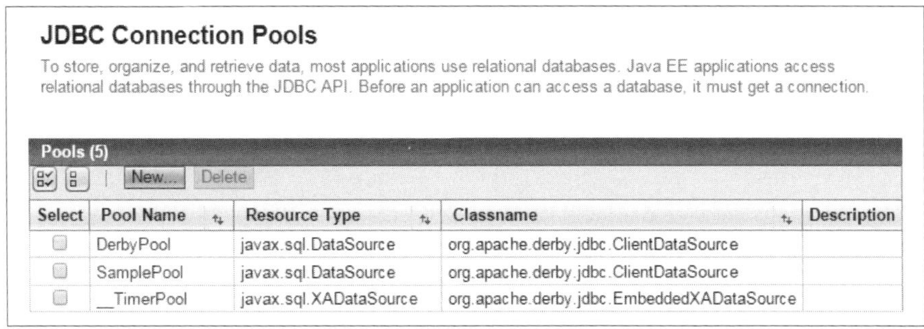

JDBC Connection Pools

To store, organize, and retrieve data, most applications use relational databases. Java EE applications access relational databases through the JDBC API. Before an application can access a database, it must get a connection.

Pools (5)

New... Delete

Select	Pool Name	Resource Type	Classname	Description
	DerbyPool	javax.sql.DataSource	org.apache.derby.jdbc.ClientDataSource	
	SamplePool	javax.sql.DataSource	org.apache.derby.jdbc.ClientDataSource	
	__TimerPool	javax.sql.XADataSource	org.apache.derby.jdbc.EmbeddedXADataSource	

図8.25 JDBCコネクションプール

GlassFishをインストールし終えた時点で、サンプルなどいくつかのコネクションプールがあります。これらのコネクションプールは残したまま、[New...] ボタンをクリックして新しくコネクションプールを作成します。コネクションプールの作成画面は2つのステップがあります。

1つ目の画面では、[Pool Name] に任意のコネクションプールの名前として「knowledgebankPool」を設定します (図8.26)。この名前は管理画面やJNDIへリソースを登録する際に使用しますが、アプリケーションには公開されません。

コネクションプールが使用するデータソースクラスが複数のインターフェースを継承している場合は [Resource Type] を指定します。これはJDBCドライバの実装によって異なります。今回使用しているOracle Databaseでは [javax.sql.DataSource] を選択します。

また、データベースドライバのベンダーを指定します。ここではOracle Databaseを使用するため [Database Driver Vendor] で接続先のデータベースである [Oracle] を選択します。設定が完了したら [Next] ボタンをクリックして次の画面へ遷移します。

New JDBC Connection Pool (Step 1 of 2)

Identify the general settings for the connection pool.

Next Cancel

* Indicates required field

General Settings

Pool Name: * knowledgebankPool

Resource Type: javax.sql.DataSource

Must be specified if the datasource class implements more than 1 of the interface.

Database Driver Vendor: Oracle

Select or enter a database driver vendor

Introspect: Enabled

If enabled, data source or driver implementation class names will enable introspection.

図8.26 新しいJDBCコネクションプールの作成 (ステップ1/2)

2つ目の画面に遷移すると、1画面目で選択したデータベースベンダーに合わせた［Datasource Classname］が選択されます（図8.27）。Oracle Databaseでは［oracle.jdbc.pool.OracleDataSource］が選択されています。この画面で設定する項目はデータベースベンダーごとに変わるので注意してください。

New JDBC Connection Pool (Step 2 of 2)　Previous　Finish　Cancel

Identify the general settings for the connection pool. Datasource Classname or Driver Classname must be specified for the connection pool.

* Indicates required field

General Settings

Pool Name:	knowledgebankPool
Resource Type:	javax.sql.DataSource
Database Driver Vendor:	Oracle
Datasource Classname:	oracle.jdbc.pool.OracleDataSource ▼ Select or enter vendor-specific classname that implements the DataSource and/or XADataSource APIs
Driver Classname:	▼ Select or enter vendor-specific classname that implements the java.sql.Driver interface.

図8.27　新しいJDBCコネクションプールの作成（ステップ2/2）

Oracle Databaseの場合は最低限、ユーザー、パスワード、URLを設定すると使用できるようになります。［Additional Properties］の［Name］列でUser、Password、URLの［Value］列をそれぞれ設定します（図8.28）。Oracle Database XEをローカルにインストールした場合、URLは「jdbc:oracle:thin:@localhost:1521:xe」になります。ユーザー、パスワードはデータベース構築時に設定したものを任意に設定してください。設定が完了したら［Finish］ボタンをクリックして、コネクションプールの一覧画面へ戻ります。

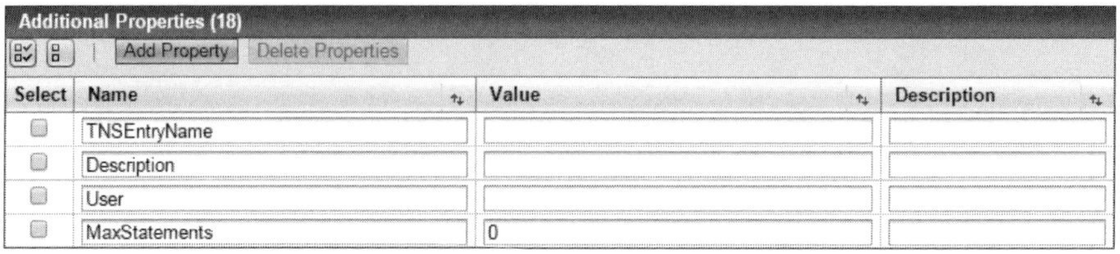

Additional Properties (18)

Add Property　Delete Properties

Select	Name	Value	Description
☐	TNSEntryName		
☐	Description		
☐	User		
☐	MaxStatements	0	

図8.28　コネクションプールのプロパティ

コネクションプールの一覧画面へ戻り、作成したknowledgebankPoolコネクションプールが追加されているのを確認します（図8.29）。作成したコネクションプールの

［Pool Name］列をクリックすると、編集画面へ移動できます。

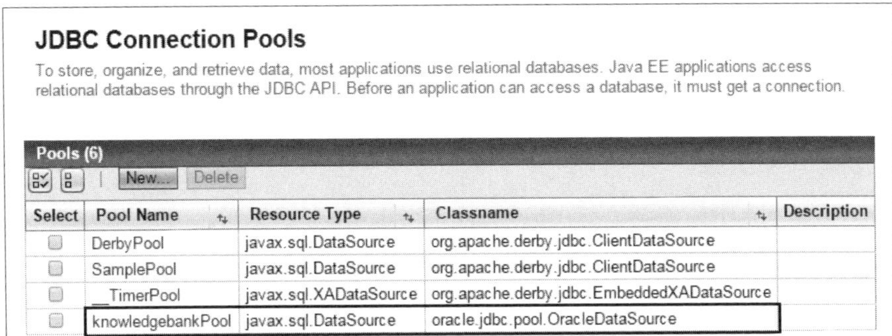

JDBC Connection Pools

To store, organize, and retrieve data, most applications use relational databases. Java EE applications access relational databases through the JDBC API. Before an application can access a database, it must get a connection.

Pools (6)

New... Delete

Select	Pool Name	Resource Type	Classname	Description
	DerbyPool	javax.sql.DataSource	org.apache.derby.jdbc.ClientDataSource	
	SamplePool	javax.sql.DataSource	org.apache.derby.jdbc.ClientDataSource	
	__TimerPool	javax.sql.XADataSource	org.apache.derby.jdbc.EmbeddedXADataSource	
	knowledgebankPool	javax.sql.DataSource	oracle.jdbc.pool.OracleDataSource	

図8.29　コネクションプール作成後の一覧

この編集画面では、設定した値でデータベースへ接続できるか確認できます（図8.30）。［Ping］ボタンをクリックしてみましょう。

図8.30　作成したコネクションプールの確認画面

無事に接続が行なわれた場合は［Ping Succeeded］が表示されます（図8.31）。この画面が表示されない場合は適宜問題を修正しましょう。

図8.31　Pingの成功画面

8.7.3 JDBCリソースの作成

コネクションプールをJPAから使えるようにするには、JDBCリソースとしてコネクションプールをJNDIに登録しなければなりません。左側のメニューから［JDBC Resources］を選択します。

サンプルなどのJDBCリソースがすでに登録されていますが、これらは残したまま［New］ボタンをクリックして新しくJDBCリソースを作成します（図8.32）。

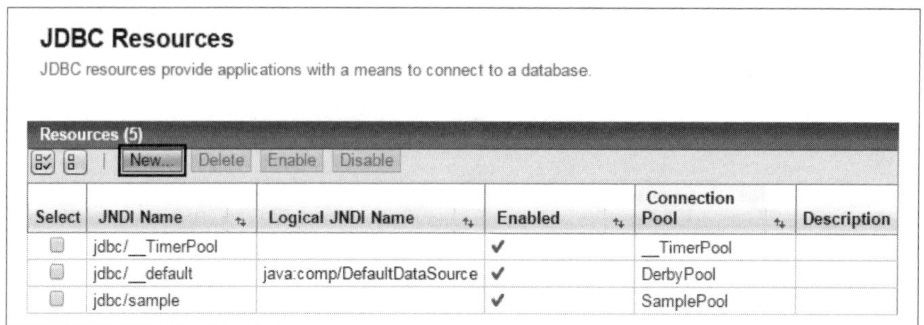
JDBC Resources

JDBC resources provide applications with a means to connect to a database.

Resources (5)

New... Delete Enable Disable

Select	JNDI Name	Logical JNDI Name	Enabled	Connection Pool	Description
☐	jdbc/__TimerPool		✔	__TimerPool	
☐	jdbc/__default	java:comp/DefaultDataSource	✔	DerbyPool	
☐	jdbc/sample		✔	SamplePool	

図8.32　JDBCリソース一覧

［JNDI Name］にアプリケーションから、ルックアップするJNDI名である「jdbc/eebook」を入力します（図8.33）。このJNDI名は持続性ユニットのところで利用します。［Pool Name］から、使用したいコネクションプールであるknowledgebankPoolを選択します。

New JDBC Resource

OK Cancel

Specify a unique JNDI name that identifies the JDBC resource you want to create. The name must contain only alphanumeric, underscore, dash, or dot characters.

JNDI Name: * jdbc/eebook

Pool Name: knowledgebankPool

Use the JDBC Connection Pools page to create new pools

Description:

Status: ✔ Enabled

Additional Properties (0)

Add Property Delete Properties

Select	Name	Value	Description
No items found.			

図8.33　新しいJDBCリソースの登録画面

JDBCリソースの一覧画面へ戻ったら、JNDI Nameがjdbc/eebookのJDBCリソースに追加されているのを確認します。GlassFishに関する設定はこれで終わりです。

JDBC Resources

JDBC resources provide applications with a means to connect to a database.

Resources (6)

New... Delete Enable Disable

Select	JNDI Name	Logical JNDI Name	Enabled	Connection Pool	Description
☐	jdbc/__TimerPool		✔	__TimerPool	
☐	jdbc/__default	java:comp/DefaultDataSource	✔	DerbyPool	
☐	jdbc/eebook		✔	knowledgebankPool	
☐	jdbc/sample		✔	SamplePool	

図8.34 新しいJDBCリソースが追加された一覧

8.7.4 持続性ユニットの作成

GlassFishの設定が終わったら、JPAで使用する持続性ユニット[7]の設定を行ないます。ナレッジバンクではすでに設定済みのためこの手順は不要ですが、新規のアプリケーションでJPAを使用する場合は設定が必要です。

［プロジェクト］の［ソース・パッケージ］（図8.35）を右クリックし、メニューから［新規］→［その他］を選択していくと［新規ファイル］ダイアログが表示されます。

図8.35 プロジェクト

左側の［カテゴリ］から［持続性］を選択し、右側の［ファイル・タイプ］から［持続性ユニット］を選択すると（図8.36）、［New持続性ユニット］ダイアログが表示されます。

【7】
持続性ユニットとは、これまでに説明した永続化ユニットのことです。

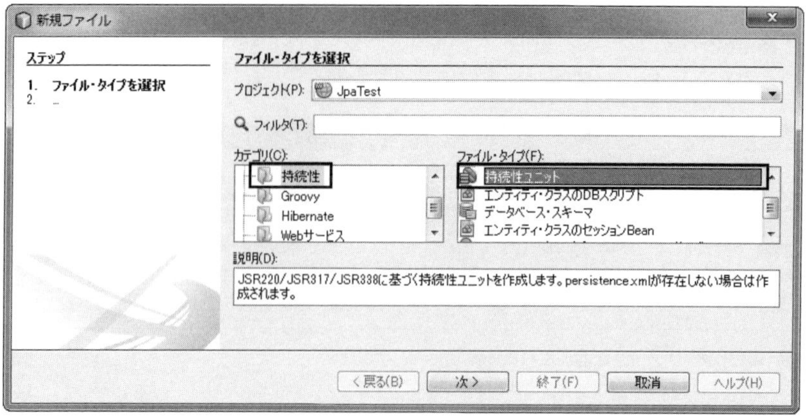

図8.36 ［新規ファイル］ダイアログ

［持続性ユニット名］に任意の名前を入力します（図8.37）。Java EEでは、この値を使用してEntityManagerを取得します。

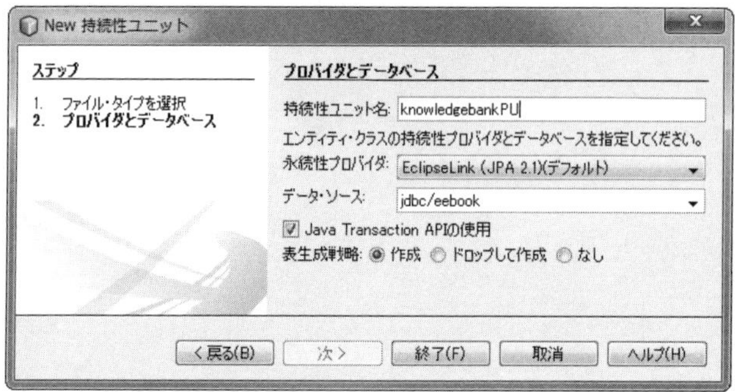

図8.37 ［New 持続性ユニット］ダイアログ

▶ 持続性ユニットを指定して取得されるEntityManager

```
@PersistenceContext(unitName = "knowledgebankPU")
private EntityManager em;
```

本書では「knowledgebankPU」という名前を入力しています。データソースは先ほどGlassFishの管理コンソールで使用したデータソースを選択します。他の値についてはデフォルトのままとします。［終了］ボタンをクリックすると、必要な設定やファイルが作成されます（図8.38）。

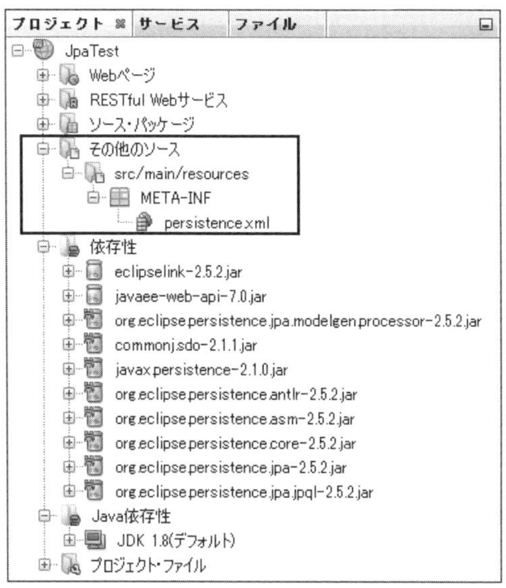

図8.38 持続性ユニット作成後のプロジェクト

その他のソースのsrc/main/resources/META-INFディレクトリにpersistence.xmlが作成されています。このファイルにJPAの設定を記述します。ここまででデータベースの設定は完了です。実際にエンティティを作成してデータベースとのやりとりを確認してみましょう。

8.8 アプリケーション開発手順

JPAを用いたアプリケーション開発において、開発者がやらなければいけないことは、主にエンティティの作成とクエリの作成です（図8.39）。ここではNetBeansを使ったエンティティの作成方法とJPQLの作成方法について紹介します。

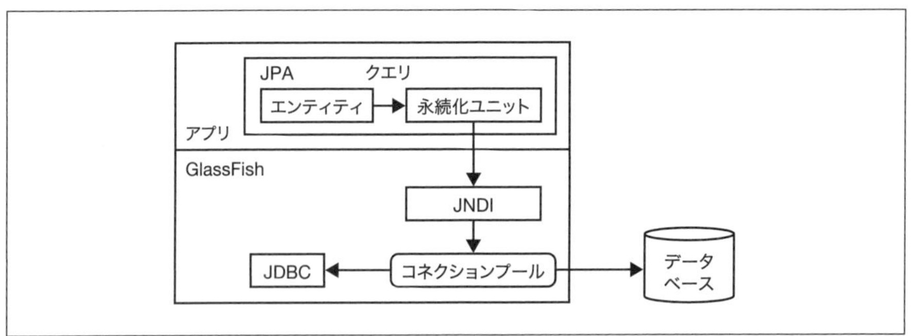

図8.39　アプリケーション開発の全体

8.8.1 エンティティの作成

［プロジェクト］の［ソースパッケージ］を右クリックし、［新規］→［その他］を選択していくと［新規ファイル］ダイアログが表示されます（図8.40）。2回目以降は［新規］のすぐ後に［エンティティ・クラス］が追加され、［新規ファイル］ダイアログでの設定は省略できます。

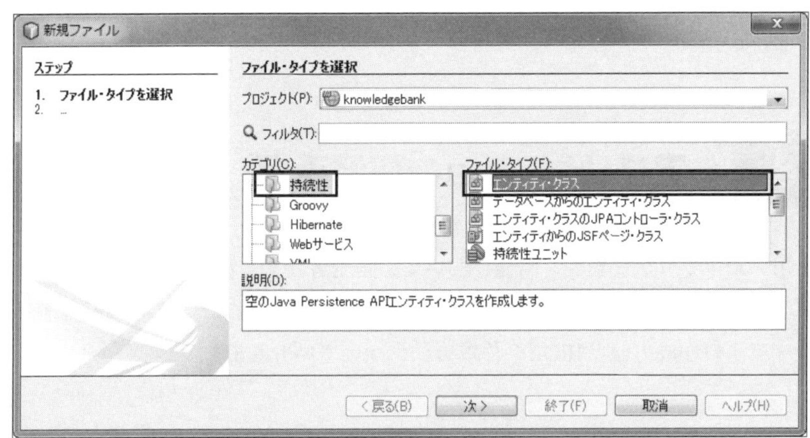

図8.40　［新規ファイル］ダイアログ

左側の［カテゴリ］から［持続性］を選択し、右側の［ファイル・タイプ］から［エンティティ・クラス］を選択すると、［Newエンティティ・クラス］ダイアログが表示されます。

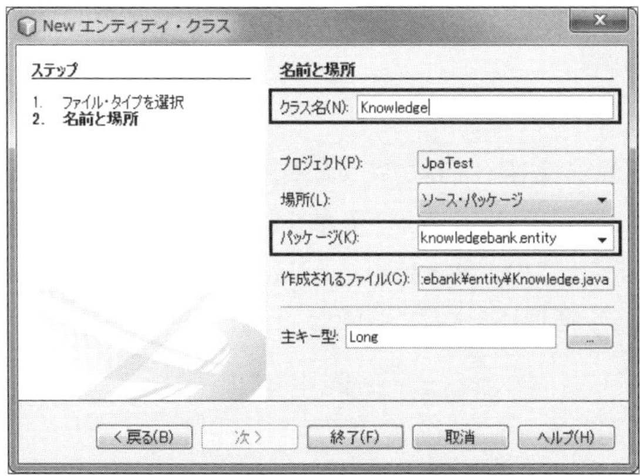

図8.41 [New エンティティ・クラス] ダイアログ

［クラス名］には作成するエンティティクラスを指定し、［パッケージ］にはエンティティクラスが含まれるパッケージを指定します。この例ではknowledgebank.entity.Knowledgeエンティティとしています。

これで［ソース・パッケージ］の指定したパッケージに、指定したエンティティが作成されます（図8.42）。

図8.42 エンティティ作成後のプロジェクト

8.8.2 JPQLの開発

JPQL文の開発中において、JPQL文を作ってはアプリを起動、直してはアプリを起動ということを繰り返していたら時間がいくらあっても足りません。NetBeansにはJPQL文の実行を試す機能があります。この機能を使用するにはpersistence.xmlを右クリックして［JPQL問合せの実行］を選択します。

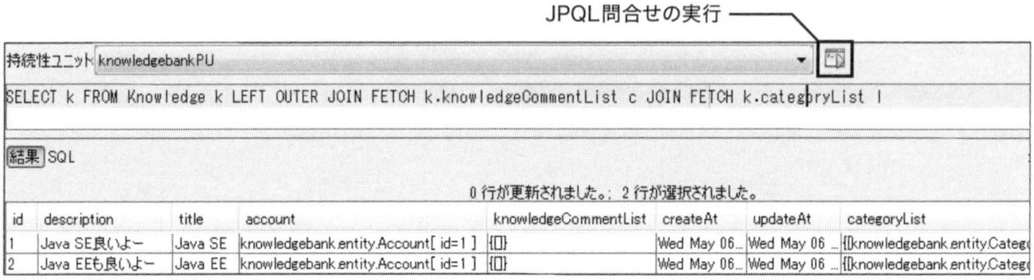

JPQL問合せの実行

持続性ユニット knowledgebankPU

SELECT k FROM Knowledge k LEFT OUTER JOIN FETCH k.knowledgeCommentList c JOIN FETCH k.categoryList

結果 SQL

0 行が更新されました。; 2 行が選択されました。

id	description	title	account	knowledgeCommentList	createAt	updateAt	categoryList
1	Java SE良いよー	Java SE	knowledgebank.entity.Account[id=1]	{[]}	Wed May 06...	Wed May 06 ...	{[knowledgebank.entity.Categ
2	Java EEも良いよー	Java EE	knowledgebank.entity.Account[id=1]	{[]}	Wed May 06...	Wed May 06 ...	{[knowledgebank.entity.Categ

図8.43　JPQL問合せの実行

上側にJPQL文を記述し、［JPQL問合せの実行］ボタンをクリックすると、下側に問い合わせ結果が表示されます。表示される内容はSELECT句に指定した内容だけではなく、リレーション先の情報のキーも表示されます。

8.9 まとめ

第7章、第8章では、JPAを用いたデータベース連携部分の開発手法についてみてきました。特に、以前JDBCを利用したことのある方にとっては、JPAを利用することで手続き的なコードを記述する量が減り、簡単に開発できるようになったことを実感していただけるでしょう。また、Hibernateなど外部ライブラリのO/Rマッパーを利用したことがある方にとっては、標準でここまで簡単にできるようになったことに驚かれるかもしれません。

企業システムにおいて、データベースとの連携は必須の技術です。JPAの目指すところは、できるだけデータベースのことを意識することなくプログラミングができることですが、より良いシステムを完成させるには、現実的にはデータベースの知識が必要になってくることもあるでしょう。データベースと上手く付き合いながら、積極的にJPAを活用してみてください。

Chapter

9

RESTful Webサービスの開発

本章では、Java EEでRESTful Webサービスを作成する方法を紹介します。RESTful Webサービスとはブラウザに限らず、さまざまなクライアントからHTTPを介してサーバーにアクセスすることで、情報を取得したり処理を実行したりするサービスのことです。

前章までは、ブラウザをクライアントとするWebアプリケーションの作成方法について紹介してきましたが、スマートフォンなどクライアントは多様化しています。また、複数のWebサーバーから取得した情報をまとめるなど、Webの用途も多様化しています。このような流れの中で、Webアプリケーションではなく、Webサービスが注目されています。本章では、特にRESTful Webサービスに着目し、RESTful Webサービス開発のために使われるJAX-RSについて紹介します。

9.1 Webサービスの基礎

9.1.1 Webサービスとは

サーバーで行なわれたなんらかの処理の結果をHTMLではなく、処理結果だけで返すものをWebサービスと呼びます。クライアントの多様化や、アプリケーション連携による多様化にともなって興隆してきた技術です。一方、今まで扱ってきたWebアプリケーションはブラウザからのリクエストにより、サーバーでなんらかの処理を行ない、その結果をHTMLで返します。HTMLでは、表示のための情報とサーバーの処理結果が一緒にまとまっています。

スマートフォンのネイティブアプリケーションからサーバーに処理をリクエストする場合、表示はネイティブアプリケーション側で行なうので、表示のための情報は必要ありません。サーバーの処理結果さえ取得できれば、あとはネイティブアプリケーションで表示できます。クライアントがブラウザの場合であっても、表示のための情報が不要なことがあります。たとえば、地図上にその地点での天気情報を表示するアプリケーションを考えてみましょう。地図情報と天気情報を、それぞれ別のサーバーから取得するとします。この場合、ブラウザ上で動作するJavaScriptが複数のサーバーにアクセスし、それらの情報を一括して表示します。ここで、サーバーから取得したいのは、地図を表示するHTMLではなく地図情報、天気を表示するHTMLではなく天気情報だけです。

Webサービスは、このように処理結果のみをクライアントに返却するのです。Webアプリケーションと Webサービスの違いを表9.1にまとめました（図9.1）。

表9.1 WebアプリケーションとWebサービス

種別	クライアント	レスポンス	説明
Webアプリケーション	Webブラウザ	HTML	表示の情報と処理結果の両方をサーバーから取得
Webサービス	アプリケーション全般	XML、JSONなど	処理結果だけを取得し、表示はアプリケーション側で行なう

Webサービスを実現するために使われる技術には、SOAPとRESTがあります。SOAPは信頼性を必要とする企業間でのWebサービスで多用されています。一方のRESTは一般に公開されているWebサービスでよく使用されています。特にRESTベースのWebサービスをRESTful Webサービスと呼びます。それぞれ性格が異なるため、使用目的によりSOAPとRESTを使い分けできます。SOAPとRESTについては次節で詳しく紹介します。

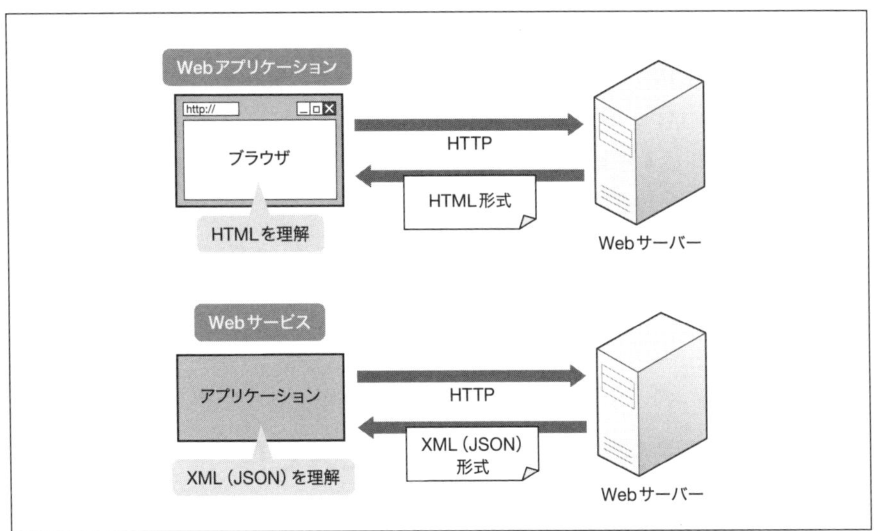

図9.1 WebアプリケーションとWebサービス

Webサービスの例

一般に公開しているWebサービスも多くあります。代表的なWebサービスを以下に示します。それぞれ、RESTful Webサービスも提供しています。

Google Webサービス
https://developers.google.com/products/?hl=ja
Googleが提供しているGoogle AdWords、Google Maps、Google Searchなどのサービス

Amazon Webサービス
http://www.amazon.co.jp/gp/feature.html?docId=451209
Amazonの各種プラットフォーム（クラウドサービス、商品データベース）などにアクセスするためのサービス

Twitter Webサービス
https://dev.twitter.com/overview/documentation
ツイートやタイムライン、ユーザープロフィール情報などを取得できるサービス

Java EEでも、SOAPとRESTを利用したWebサービスを作成するためのAPIを提供しています。SOAPを使用したWebサービスを作成するAPIがJAX-WS、RESTful Webサービスを作成するAPIがJAX-RSです。Java EE 7におけるJAX-WSのバージョンは2.2、JAX-RSのバージョンは2.0です。

JAX-WS 2.2の仕様はJSR 224（Java API for XML Web Services 2.2）で策定され、JAX-RS 2.0はJSR 339（The Java API for RESTful Web Services）で策定されました。JSR 339ではClient APIや非同期処理などの新機能が追加されています。

9.1.2 RESTful Webサービスとは

前述したように、RESTful WebサービスはRESTに則ったWebサービスです。RESTはREpresentational State Transferの略で、2000年にRoy Fielding氏により提唱された概念です。

Fielding氏はRESTであるための原則として、REST原則を提唱しています。以下にREST原則を示します。

REST原則

a. すべてのリソースに一意なアドレス（URI）を与える
b. 情報の操作にはあらかじめ定義された命令体系（統一インターフェースと言う）を使用する
c. プラットフォームに応じて複数の表現（データ形式）を使用する
d. セッションなどの状態管理を行なわず、ステートレスに通信する
e. アプリケーションはリンクによって、次の状態に遷移する

この原則のすべてに則る必要はありませんが、最低限a.とb.には準拠する必要があります。

通常のWebではHTMLやイメージなどのリソースにアクセスするためにURL（Uniform Resource Locator）を使用します。WebサービスではURLの上位概念であるURI（Uniform Resource Identifier）[1]を使用してリソースを特定できるようにします。これが上述のREST原則のa.に相当します。通常のWebでのリソースはHTMLなどのドキュメントやイメージなどですが、Webサービスではサービスもリソースとして扱います。

そして、URIで名前づけされたサービスに対してアクセスする際に、b.に示す、あらかじめ定義された命令体系を使用します。HTTPでは、GETやPOSTなどのHTTPメソッド[2]が、この命令系統に対応します。RESTで扱うプロトコルはHTTPに限定しませんが、大半のRESTful WebサービスはHTTPを使用しています。そこで、本書でもHTTPを使用した場合に限って説明していきます。リソースの処理に必要なパラメータは、URIの一部（パスやクエリ文字列）として指定します。

ここで示したように、RESTは比較的ゆるい制約のみで成り立ちます。制約がゆるいため、RESTを使用したWebサービスは容易に作成できます。

これに対し、より厳密にサービスを定義したのがSOAPです。SOAPではサービスのインターフェースを明確に定義し、そこでやりとりするデータも事前に取り決めます。定義が厳密であるため、SOAPによるWebサービスを作成するにはハードルが若干高くなります。しかし、その分、信頼性の高いWebサービスを実現できます。一般に公開しているWebサービスは容易に作ることを主眼としているため、多くのWebサービスがRESTを採用しています。その一方、企業間でやりとりを行なうWebサービスには、信頼性の高いSOAPが多く使用されています。RESTとSOAPでは目指す方向性が異なるため、一概にどちらがいいとは言えません。用途によってRESTと

【1】
URIとは、インターネット上におけるリソースの場所を示す記述方式です。リソースの“住所”です。

【2】
HTTPメソッドとは、情報をやりとりする際の方法のことです。

SOAPの使い分けが必要になります。

本書では、RESTによるWebサービスについて、解説をしていきます。

9.1.3 RESTとHTTP

ほとんどのRESTful WebサービスはHTTPを使用して実現しています。そこで、まずHTTPの特徴について紹介します。HTTPの特徴はJAX-RSでRESTful Webサービスを開発するときにも役立ちます。

■ リクエストとレスポンスの構成要素

Webは、クライアントとWebサーバーが、HTMLや画像などのデータをHTTPというプロトコルで送受信することで成り立っています。HTTPにおいて、クライアントとWebサーバーは、リクエストとレスポンスという"手紙"のようなもので情報をやりとりします。クライアントはWebサーバーにHTTPリクエストを送ります。WebサーバーはHTTPリクエストを受け取り、クライアントにHTTPレスポンスを返します。次から、HTTPのプロトコル上で送受信されるHTTPリクエストとHTTPレスポンスの構成を説明していきます。

まず、クライアントはサーバーに図9.2のようなHTTPリクエストを送信します。

HTTPリクエストは、リクエストライン、リクエストヘッダー、空行、メッセージボディで構成されます。リクエストラインは、実行するHTTPメソッド、URI、プロトコルからなります。リクエストヘッダーは、クライアントの情報や要求したい内容に関する情報を「フィールド名：内容」という形式で記述します。メッセージボディは、後述するPOSTメソッドなどでデータを送信する場合に、そのデータをHTML、XML、JSON、プレーンテキストなどで記述します。

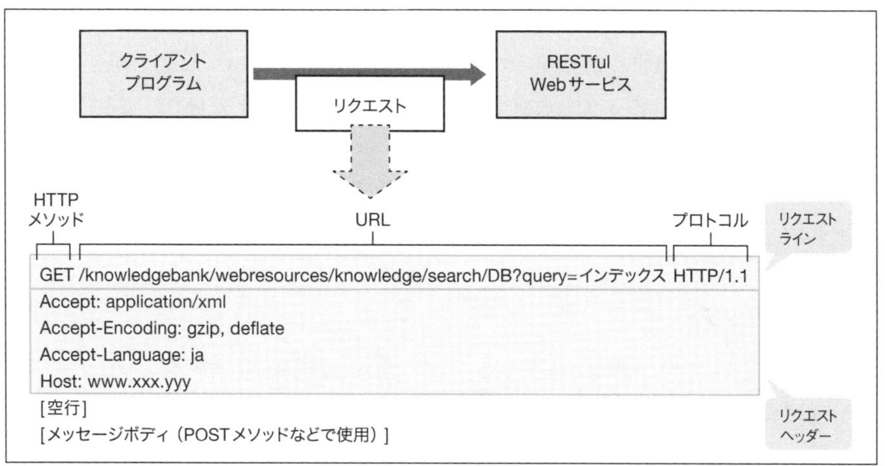

図9.2 リクエストの構成（一例）

リクエストを受け取ったサーバーはクライアントに図9.3のようなHTTPレスポンスを返します。

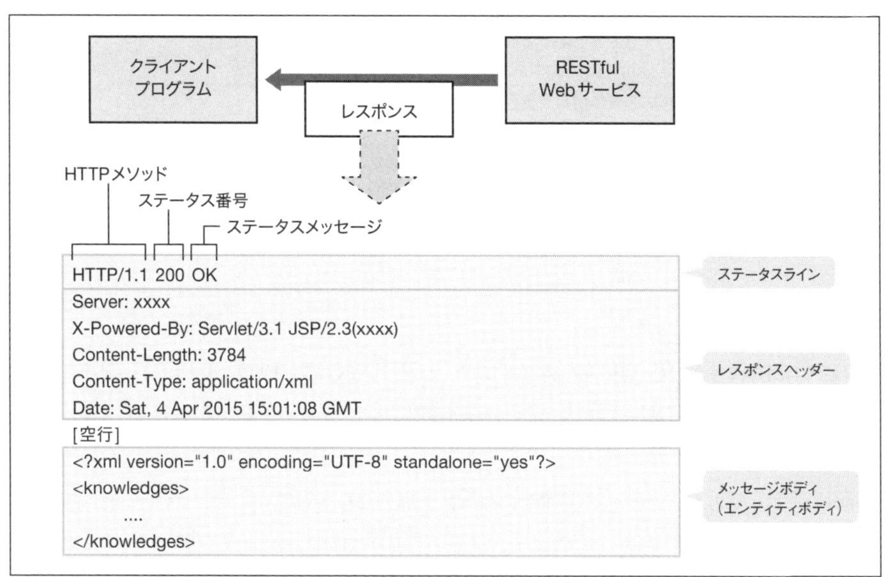

図9.3 レスポンスの構成（一例）

HTTPレスポンスは、ステータスライン、レスポンスヘッダー、空行、メッセージボディで構成されます。ステータスラインは、使用中のHTTPのバージョン、ステータス番号、ステータスメッセージからなります。レスポンスヘッダーは、サーバーの情報や応答内容に関する情報を「フィールド名：内容」という形式で記述します。メッセージボディは、データを送信する場合に、そのデータをHTML、XML、JSON、プレーンテキストなどで記述します。

メッセージボディはエンティティボディとも呼ばれ、両者はほぼ同じものを指しています[3]。

【3】
厳密には、転送するためにエンコードする前のメッセージボディの内容のことをエンティティボディと言います。

■ HTTP ヘッダー

HTTPヘッダーは、クライアントとサーバー間でやりとりするリクエストレスポンスに付加情報（メタデータ）を与える役割をします。RESTサービスにおいて最低限必要なHTTPヘッダーを4つ列挙します（表9.2）。

表9.2　主なHTTPヘッダー

ヘッダー	説明
Accept	クライアントが受け入れるエンティティボディのデータ形式をMIMEタイプ（text/plain、text/html、application/xmlといった形式）で指定 【例】Accept: application/xml
Content-Type	送信するエンティティボディのデータ形式をMIMEタイプで指定 【例】Content-Type: application/xml; charset=UTF-8
Authorization	認証に必要な情報を指定 【例】Authorization:Basic aGFueXVkYTpoYW55dWRh
Location	クライアントがリソースへアクセスするためのURIを指定 【例】Location:http://localhost:8080/knowledgebank/webresources/knowledge/123

■ HTTP メソッド

RESTで使用するHTTPのメソッドは主にGET、POST、PUT、DELETEです。それぞれ表9.2のように定義されています。基本的に表9.3に挙げているルールに従って開発します。

他にはHEADメソッド（メッセージボディ以外の、ステータスコードとレスポンスヘッダーのみを返却）、OPTIONSメソッド（利用可能なメソッドの問い合わせができる）などがありますが、あまり使用しません。

表9.3 主なHTTPメソッド

メソッド	説明	ルール	レスポンス
GET	リソースを取得する際に使用。CRUD操作ではREAD（SELECT文）のような働きをする	リクエストを送信してもリソースの状態を変化させてはいけない（これを「べき等」と呼ぶ）	リソースを取得できた場合は「200（OK）」のステータスコードを返却
POST	リソースを作成する際に使用。CRUD操作ではCREATE（INSERT文）のような働きをする。作成したいリソースをリクエストのメッセージボディに記述して送信する	唯一POSTメソッドを使用した際はリソースの状態を変化させてもかまわない（非べき等）。つまり複数回同じパラメータを持つPOSTメソッドのリクエストを送信したとしてもリソースの状態をその都度変化させることが許される	新しいリソースを作成した場合は「201（Created）」のステータスコードを返却。レスポンスのLocationヘッダーで作成したリソースへのアクセス先となるURIを通知する
PUT	リソースを更新（リソースが存在しない場合は作成）する際に使用。CRUD操作ではUPDATE（UPDATE文）のような働きをする。更新後のリソースの状態をメッセージボディに記述して送信する	PUTメソッドを使用した際は、何度同じリクエストを送信してもリソースの状態は不変（べき等）でなければならない。たとえば同じパラメータを持つPUTメソッドのリクエストを複数回送信して商品の個数を1ずつ減らす、というような操作は禁止されている	既存リソースを更新した場合は「200（OK）」のステータスコードとエンティティボディ、または「204（No Content）」のステータスコードのみを返却。新しいリソースを作成した場合はPOSTメソッド同様「201（Created）」のステータスコードを送る
DELETE	リソースを削除する際に使用。CRUD操作ではDELETE（DELETE文）のような働きをする	複数回同じリクエストを送信してもリソースの状態は常に同じ（べき等）でなければならない	既存リソースを削除した場合は「200（OK）」のステータスコードとエンティティボディ、または「204（No Content）」のステータスコードのみを返却

■ URI

リソースの場所を示すURIは次の構成をとります。RESTful WebサービスのURIは、利用者側がリソースを取得しやすいよう、容易に推測できるような直感的なものにする必要があります。

▶ URIの構成

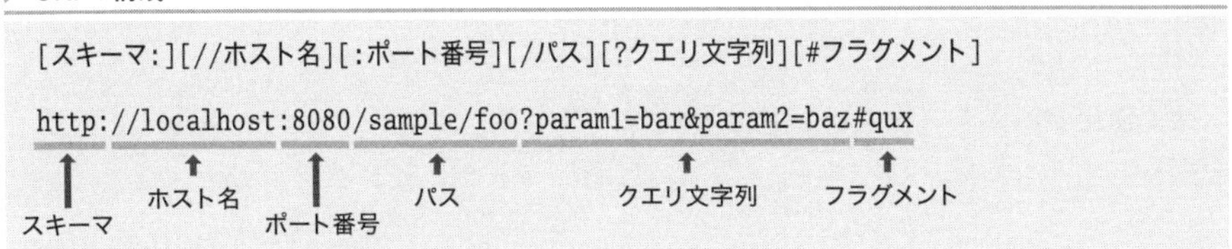

スキーマは、http、https（secure http）、ftpなどの通信プロトコルのことです。ホスト名とポート番号はリソースを提供するホストマシンの名前を示します。パスは、細

かくリソースの場所を指し示すもので「/（スラッシュ）」で区切って表記します。クエリ文字列はサーバーに渡すパラメータを指定します。「？」で始めて「名前＝値」のペアで記述します。ペア間は「&」で区切ります。フラグメントは問い合わせ対象となっている文書中の段落などの具体的な場所を示すもので「#」で始めます。

また、各パスセグメントには必要に応じて各パスに追加情報を与えるマトリックスパラメータというパラメータも指定できます。

▶ マトリックスパラメータ使用例

/パス[;マトリックスパラメータ]

```
http://localhost:8080/sample/foo;size=small/bar
```

マトリックスパラメータは「;」で開始し、「名前＝値」のペアで記述します。クエリ文字列はURIすべてを修飾するのに対し、マトリックスパラメータは特定のパスを修飾します。マトリックスパラメータは、クエリ文字列と違い、リソースの特定ではなく各パスを識別するために使います。

■ ステータスコード

HTTPでは、Webサービスからのレスポンスの意味を、ステータスコードという3桁の数字のコードで表現します。HTTPが使用するステータスコードは表9.4のとおりです。

表9.4　ステータスコード

ステータス番号	説明
100番台	情報。リクエストを受け取り、処理を継続することを示す
200番台	成功。リクエストを受け取り、理解したことを示す
300番台	リダイレクト。リクエストを完了するために追加で操作が必要であることを示す
400番台	クライアントエラー。クライアントからのリクエストに誤りがあることを示す
500番台	サーバーエラー。サーバーが適切なリクエストの処理に失敗したことを示す

よく使用するステータスコードは表9.5に示します。

表9.5 よく使用するステータスコード

ステータスコード	説明
200 OK	リクエストが成功したことを表わす。リクエストに応じた情報を返却する
301 Moved Permanently	リクエストしたリソースが移動されていることを表わす。Locationヘッダーで移動先のURIを示す
304 Not Modified	リクエストしたリソースは更新されていないことを表わす
403 Forbidden	リソースへのアクセスが禁止されていることを表わす
404 Not Found	リソースが見つからないことを表わす
500 Internal Server Error	サーバー内でエラーが発生しリクエストを処理できないことを表わす
503 Service Unavailable	サービスが利用不可能であることを表わす

9.2 JAX-RSの基本

9.2.1 JAX-RSとは

JAX-RSはRESTful Webサービスを容易に開発するためのAPIです。POJOにアノテーションを付加するだけでRESTful Webサービスを作成できることが特徴です。JAX-RSを使わずにRESTful Webサービスを開発する場合は、リクエストの各パラメータを読み込み、エンティティボディをアンマーシャル[4]するなどといった処理を1つ1つコーディングしなくてはなりません。JAX-RSはそれらをアノテーションで行なってくれます。単純なRESTサービスであれば以下のように記述できます。

[4] Javaオブジェクトを XML形式やJSON形式のデータに変換することをマーシャルと言います。逆にXML形式やJSON形式のデータをJavaオブジェクトに変換することをアンマーシャルと言います。

▶ RESTサービス記述例

```
@Path("/sample")
Public class SampleResource {
        @GET
        @Produces("text/plain")
        public String getRestSample() {
                return "Hello World!";
        }
}
```

http://[ホスト名]/[コンテキストルート]/[RESTful Webサービスルート]/sampleのURIに対してGETメソッドのリクエストを送信すると、「Hello World!」が返ってくるRESTサービス

JAX-RS 2.0仕様の参照実装はJersey（https://jersey.java.net/）です。JerseyはGlass Fishサーバーでも使われています。

JAX-RSでは、RESTful Webサービスの作成に必要なコーディングを簡略化するために、主に次の5つの機能を提供しています。各アノテーション、インターフェースの説明については後述します。

❶ HTTPメソッド／URIパターンとリソースメソッドとのバインド機能

Javaのクラスの各メソッドをHTTPメソッド／URIパターンにバインドするアノテーション（@GET、@POST、@PUT、@DELETE、@Pathなど）を用意しています。

❷ メッセージボディのデータ形式指定機能

HTTPコンテンツネゴシエーション（HTTPリクエストに応じて適したデータ形式のレスポンスを返却すること）を行なうためのアノテーション（@Produces、@Consumesなど）を用意しています。

❸ リクエスト情報のインジェクション機能

HTTPリクエストから情報を取り出し、引数などにインジェクションできるアノテーション（@PathParam、@QueryParam、@MatrixParamなど）を用意しています。

❹ リクエスト／レスポンスのメッセージボディの変換機能

HTTPリクエスト／レスポンスのメッセージボディをJavaで扱うデータ型のオブジェクトとHTTPで扱うデータ形式間で相互変換できるエンティティプロバイダ（メッセージボディ用のリーダーであるMessageBodyReaderとライターであるMessageBodyWriter）を用意しています。

❺ 例外のレスポンスマッピング機能

アプリケーションからスローされた（投げられた）例外を、HTTPステータスコードやメッセージボディにマッピングできる例外マッパー（ExceptionMapper）を用意しています。

これらの5つの機能の関連を図9.4に示します。

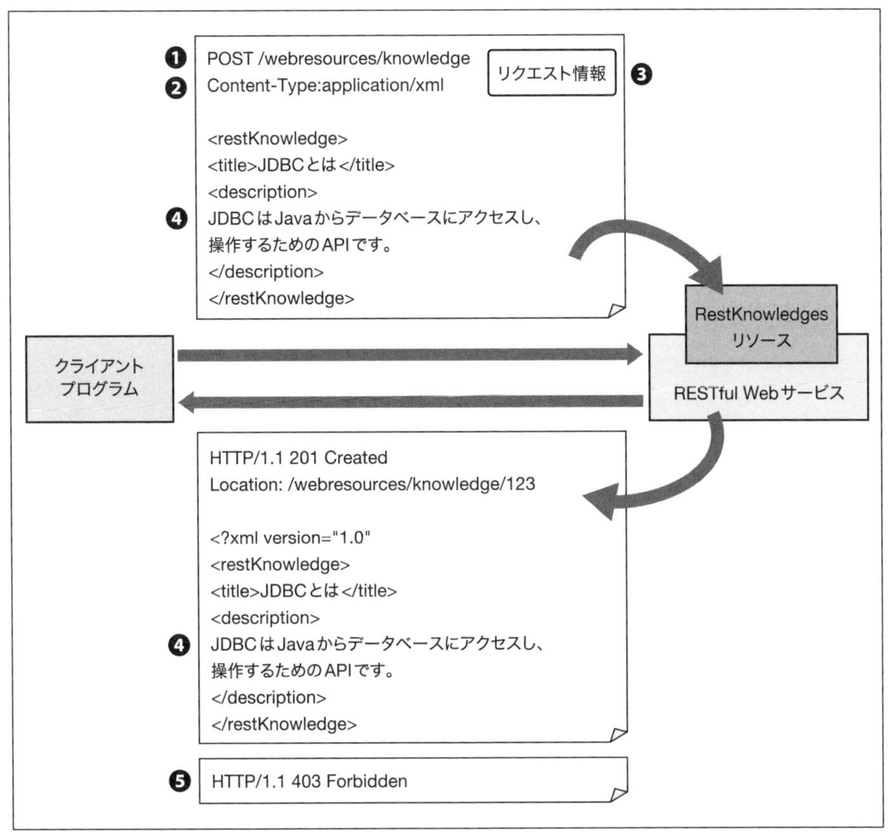

図9.4　JAX-RSの主な機能の全体像

JAX-RSでRESTful Webサービスを開発するには、少なくともApplicationサブクラスとRESTサービスクラスという2つのクラス（ファイル）が必要です（表9.6）。これらがRESTful Webサービスの本体になります。

表9.6　JAX-RSで最低限必要なクラス

クラス	説明
Applicationサブクラス	作成するリソースクラスをRESTful Webサービスとして公開するためのクラス
RESTサービスクラス（リソースクラス）	RESTful Webサービス本体を定義するためのクラス。JAX-RSでは1つ1つのリソースの操作を定義するクラスをリソースクラスと呼ぶ。リソースクラスはサーバー側のクラスで、クライアントが送信するリクエストで呼び出す処理を記述する

ナレッジバンクのRESTサービス内では、JAX-RSの上記機能とファイルを使用しています。

9.2.2 サンプルアプリケーションにおけるJAX-RSの機能

ここからはナレッジバンクをベースにJAX-RSの機能を紹介していきます。ナレッジバンクのWebアプリケーションではナレッジのCRUD操作をブラウザから行なう機能を提供しています。ブラウザから呼び出していたCRUD操作の機能を、RESTful Webサービスを受け口として提供するための実装方法を説明していきます（図9.5）。

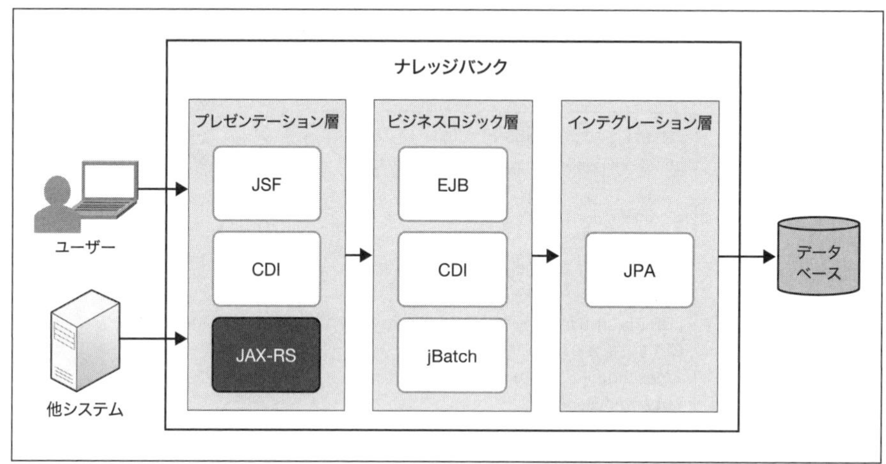

図9.5　ナレッジバンク全体像におけるRESTful Webサービスの位置づけ

ナレッジバンクのRESTful Webサービスの全体像は図9.6のようになります。また、ナレッジバンクのRESTful Webサービスが搭載する機能の一覧を表9.7に示しました。

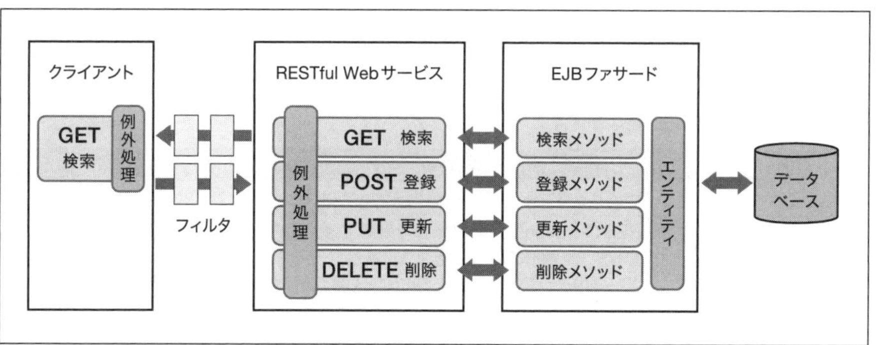

図9.6　ナレッジバンクRESTサービスの全体像

表9.7 ナレッジバンクのRESTful Webサービスに搭載する機能

機能	説明
ナレッジの検索 （GETメソッドによる操作）	「検索語」をクエリ文字列、「カテゴリ」をパスパラメータで指定するとXML形式かJSON形式でナレッジを取得できる
ナレッジの登録 （POSTメソッドによる操作）	エンティティボディに、ナレッジの「タイトル」と「詳細」をXML形式かJSON形式で記述してリクエストを送信すると、新規にナレッジを作成できる
ナレッジの更新 （PUTメソッドによる操作）	パスパラメータに既存ナレッジのIDを指定し、エンティティボディに、更新後のナレッジの「タイトル」と「詳細」をXML形式かJSON形式で記述してリクエストを送信すると、既存ナレッジを修正できる。指定したIDのナレッジが存在しない場合は新規にナレッジを作成する
ナレッジの削除 （DELETEメソッドによる操作）	パスパラメータに既存ナレッジのIDを指定すると、そのナレッジを削除できる
例外処理	リクエストに対してエラーが生じた場合は、エラー内容がレスポンスとして返却される
ナレッジバンククライアント （Client APIによるナレッジ呼び出し）	ナレッジバンクとは別に、RESTサービスのナレッジ検索機能を実行するクライアント用プログラムを用意している。コマンドプロンプト上で実行すると、ナレッジ取得結果がコマンドプロンプト上に表示される
ログ出力フィルタ	クライアントのリクエスト送信時、サーバーのリクエスト受信時（ナレッジ検索メソッドを呼び出す直前）、サーバーのレスポンス送信時（ナレッジ検索メソッドを呼び出した直後）、クライアントのレスポンス受信時にログが出力される

■ RESTful Webサービスに使用するファイル

ナレッジバンクにおいてRESTサービスの実装では、以下の4つのパッケージに含まれる9つのファイルを使用しています。

- パッケージ：knowledgebank/rest/service

  RESTサービスクラスに関するファイルを配置しています（表9.8）。

表9.8 パッケージ：knowledgebank/rest/service内のファイル

ファイル	説明
KnowledgeResource.java	RESTサービスクラス（リソースクラス）
ApplicationConfig.java	Applicationサブクラス
RestKnowledge.java	RESTサービス用DTO（検証機能あり）
KnowledgeParamBean.java	リクエストのパラメータを管理するクラス

- パッケージ：knowledgebank/rest/exception

  RESTサービスで使用する例外に関するファイルを配置しています（表9.9）。

表9.9　パッケージ：knowledgebank/rest/exception内のファイル

ファイル	説明
KnowledgeNotFoundException.java	新規例外クラス
KnowledgeNotFoundExceptionMapper.java	新規例外クラスをマッピングするクラス
ForbiddenExceptionMapper.java	既存のForbiddenException例外クラスをマッピングするクラス

- パッケージ：**knowledgebank/rest/filter**

  フィルタに関するファイルを配置しています（表9.10）。

表9.10　パッケージ：knowledgebank/rest/filter内のファイル

ファイル	説明
ServerSideLoggingFilter.java	サーバー側でログを出力するフィルタクラス
LoggingFeature.java	フィルタ適用メソッドを制御するクラス

RESTサービスを呼ぶクライアント側プログラムknowledgebank_clientでは、knowledgebank/rest/clientパッケージに含まれる3つのファイルを使用しています（表9.11）。

- パッケージ：**knowledgebank/rest/client**

  RESTサービスを呼び出すクライアントに関するファイルを配置しています。

表9.11　パッケージ：knowledgebank/rest/client内のファイル

ファイル	説明
KnowledgebankClient.java	RESTクライアントクラス
RestKnowledge.java	RESTサービス用DTO（検証機能なし）
ClientSideLoggingFilter.java	クライアント側でログを出力するフィルタクラス

次節からナレッジバンクのRESTサービス機能に用いているファイルに沿って、RESTful Webサービスの作成方法を説明します。以下の順で見ていきましょう。

- 認証方式を指定するweb.xml
- リクエスト／レスポンスのエンティティボディにマッピングするためのDTO（Data Transfer Object）[5]
- 作成したファイルをJAX-RSランタイムに通知するためのApplicationサブクラス
- RESTful Webサービスの実際の処理を記述するRESTサービスクラス
- 例外クラス

【5】
日本語に訳すと「データ転送オブジェクト」。プログラム間でデータを転送するために用意するオブジェクトのことです。

- RESTクライアント用プログラム
- リクエスト／レスポンスの送受信時に処理を追加するフィルタクラス

9.3 RESTful Webサービス作成のための事前準備

ナレッジバンクのRESTサービスを開発するために、事前準備として、認証方式の変更方法、データクラス（DTO）の作成方法、Applicationサブクラスの作成方法を説明していきます。

9.3.1 RESTful Webサービスの認証方式

通常、RESTful WebサービスではHTTPの仕様で規定されているBASIC認証やDIGEST認証をユーザーの認証方式として使用します。

ナレッジバンクのRESTサービス機能ではWebアプリケーション機能で採用しているFORM認証ではなくBASIC認証で認証を行ないます。BASIC認証はその名のとおり、HTTPにおいて最も基本的でシンプルなユーザー認証方式です。BASIC認証を使用するため、最初にweb.xmlを書き換えます[6]。BASIC認証において、クライアント側では送信するリクエストのAuthorizationヘッダーにbase64のエンコード方式でエンコーディングしたユーザー名とパスワード（「ユーザー名：パスワード」という形式にしてからエンコード）を指定します。

▶ Authorizationヘッダーの指定例

```
Authorization:Basic aGFueXVkYTpoYW55dWRh
```

このAuthorizationヘッダーの指定が存在しない、または認証に失敗した場合は、「401 Unauthorized」のステータスコードが返ります。

web.xmlを開き、以下の濃い網掛け部分を修正します。

[6]
通常Webアプリケーションと Webサービスを分離し、それぞれで認証方式を変更します。そのため、Webアプリケーション、WebサービスごとにWARでパッケージングし、EJBはJARでパッケージングして、全体をEARでまとめる構成になります。今回はサンプルアプリケーションなのですべてを1つのWARにパッケージングしています。

9

▶ web.xmlのセキュリティに関する部分

```
<security-constraint>
    <web-resource-collection>
        <web-resource-name>Basic Auth</web-resource-name>
        <url-pattern>/webresources/*</url-pattern>
    </web-resource-collection>
    <auth-constraint>
        <role-name>user</role-name>
        <role-name>admin</role-name>
    </auth-constraint>
</security-constraint>
<login-config>
    <auth-method>BASIC</auth-method>
    <realm-name>jdbc-realm</realm-name>
</login-config>
<security-role>
    <role-name>user</role-name>
</security-role>
<security-role>
    <role-name>admin</role-name>
</security-role>
```

<web-resource-name>要素は認証を設定するWebリソースの名前を指定します。<url-pattern>要素には、URLパターンで認証を設定するWebリソースを指定します。たとえば「/webresources/*」を指定すると、「http://localhost8080/knowledgebank/webresources/」配下に認証を設定できます。<auth-method>要素には、認証方式を指定します。BASIC認証を使うため「BASIC」を指定します。<realm-name>要素はログインに使用するレルム（同一の認証ルールを指定する範囲のこと）名を指定します。今回、ナレッジバンクはJDBCレルムを使用するため「jdbc-realm」を指定します。

9.3.2 データクラス（DTO）

クライアントとサーバー間でやりとりするリクエストとレスポンスのエンティティボディをJavaクラスとして扱うためにDTOを用意します（図9.7）。クライアントからナレッジの内容を受け取る、クライアントにナレッジの内容を提供するために、エンティティボディを使用します。

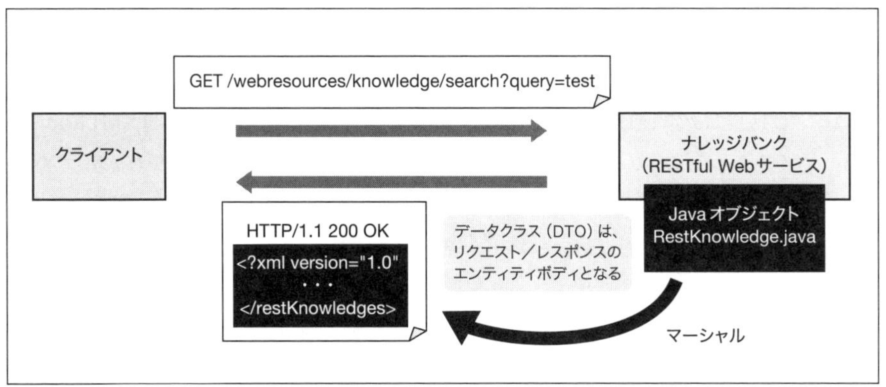

図9.7 DTOの位置づけ

ナレッジバンクではRestKnowledgeオブジェクトがDTOに該当します。

▶ DTO (RestKnowledge.java)

```
@XmlRootElement ← JAXB用アノテーション
public class RestKnowledge {
    private long id; // ID
    @NotNull ← Bean Validation用アノテーション
    private String title; // タイトル
    @NotNull
    private String description; // 詳細
    private String accountName; // アカウント名
    private List<String> categoryNameList; // カテゴリリスト

    public RestKnowledge() {
    }
    // KnowledgeエンティティをRestKnowledgeオブジェクトに変換するコンストラクタ
    public RestKnowledge(Knowledge knowledge){
        id = knowledge.getId();
        title = knowledge.getTitle();
        description = knowledge.getDescription();
        accountName = knowledge.getAccount().getName();
        categoryNameList = new ArrayList<>();
        for (Category category : knowledge.getCategoryList()) {
            categoryNameList.add(category.getName());
        }
    }
   // getter/setter
}
```

■ @XMLRootElementアノテーション

Javaオブジェクトをリクエスト／レスポンスのメッセージボディにマッピングするために、DTOには@XMLRootElementアノテーションを付加します。@XMLRootElementアノテーションは、Java オブジェクトとXMLの相互変換を行なうAPIであるJAXB（Java Architecture for XML Binding）が提供しているアノテーションです。JavaオブジェクトはそのままではXMLへマーシャルできません。そこで@XMLRootElementをクラスに付加するとJavaオブジェクトをXML形式にマーシャルした際の最上位要素であることをJAXBに通知でき、XML形式へ変換できるようになります。Javaオブジェクトを XMLにした際の要素名は、アノテーション内のname属性で指定します。指定しない場合はデフォルトでクラス名が要素名となります。

▶ @XmlRootElementアノテーションの要素名指定例

```
@XmlRootElement(name="KnowledgeElement")
```

DTOにはRESTサービスで公開するフィールドのみを定義します。今回はID、タイトル、詳細、アカウント名、カテゴリリストに対応するプロパティのみを定義しています。NULLを許容しないフィールドには@javax.validation.constraints.NotNullアノテーションを付加します。ナレッジバンクではナレッジ作成時にタイトルと詳細に対してNULLを許容しないため、それらのフィールドに@NotNullアノテーションを付加しています。JAX-RS 2.0ではビーンバリデーションのアノテーションが使えます。JPAで使用しているKnowledgeエンティティのフィールドをRestKnowledgeクラスのフィールドに詰め替えてからインスタンスを生成できるコンストラクタも定義しています。

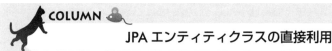

JPAエンティティクラスの直接利用

JPAで使用しているKnowledgeエンティティクラスをRESTサービスでも利用可能ですが、データベースに永続化するためのエンティティクラスをそのままJAX-RSのインターフェースとして使い回すことはあまり推奨しません。なぜなら、テーブル定義を外部に公開することになるためです。JAX-RSのインターフェースは外部システムに公開するため、エンティティクラスをそのまま使用してしまうと、テーブルの定義変更が直接外部システムに影響を与えてしまいます。それでもエンティティクラスを使い回さなくてはならない場合はXMLマーシャル時に競合が発生しないよう変換の対象外とするフィールドやプロパティにJAXBの@XmlTransientアノテーションを付加する必要があります。

9.3.3 Applicationサブクラス

作成するリソースクラスなどのJAX-RSで使用する一連のファイルをJAX-RSランタイムに通知するためにApplicationサブクラスをクラスパス上に配置します（図9.8）。このファイルの存在により、作成するリソースクラスをRESTful Webサービスとして公開できます。

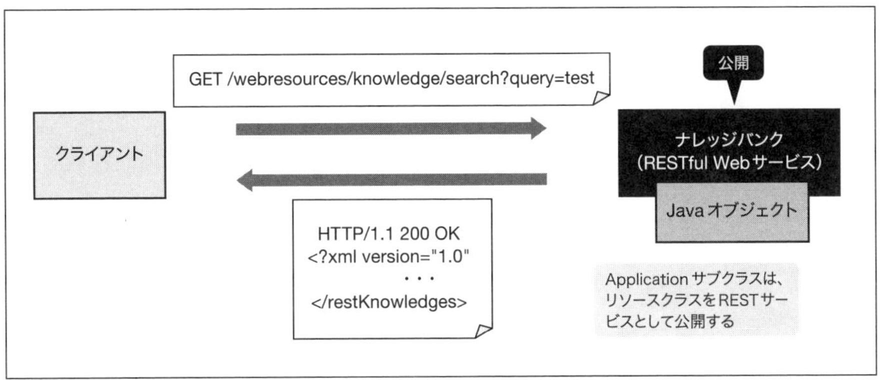

図9.8　Applicationサブクラスの位置づけ

ナレッジバンクではknowledgebank.rest.service.ApplicationConfigがApplicationサブクラスです。本サンプルでは次のように記述しています。

▶ Applicationサブクラス（ApplicationConfig.java）

```
@ApplicationPath("/webresources ")
public class ApplicationConfig extends Application {
}
```

Applicationサブクラスはjavax.ws.rs.core.Application抽象クラスを継承し、@javax.ws.rs.ApplicationPathアノテーションを付与したクラスです。Application抽象クラスはJAX-RSのアプリケーションのコンポーネントを定義する役割をします。@ApplicationPathアノテーションはRESTful Webサービスの最上位パスを定義し、サーブレットコンテナにApplicationサブクラスを通知する役割をします。

@ApplicationPathアノテーションに指定した値「/webresources」がJAX-RSで処理するRESTful Webサービスの最上位パス（以下の[RESTful Webサービスルート]に

該当）になります。JAX-RSは以下の構成のURIで処理を行ないます。

▶ Applicationサブクラス（ApplicationConfig.java）

```
http://[ホスト名]/[コンテキストルート]/[RESTful Webサービスルート]/[リソースURI]
```

ナレッジバンクのコンテキストルート[7]が/knowledgebankである場合、JAX-RSのRESTful Webサービスはhttp://[ホスト名]/knowledgebank/webresources/[リソースURI]でアクセスできます。

@ApplicationPathアノテーションをApplicationサブクラスに付加する代わりに別途web.xmlを用意し、ApplicationサブクラスGの登録とURIのパターン（今回は「/webresources」）を設定（サーブレットマッピング）する方法もあります。どちらかの方法でApplicationサブクラスをサーブレットコンテナに通知する必要があります。

【7】
NetBeansではプロジェクトを右クリックし、メニューから［プロパティ］を選択し、［カテゴリ］から［実行］を選択するとアプリケーションのコンテキストルート（コンテキストパス）が確認できます。

9.4 RESTサービスクラス（サーバー側）の作成

9.4.1 リソースクラスの構成要素

事前準備が終わったので、RESTful Webサービスで提供する処理を定義するRESTサービスクラスを作成します（図9.9）。RESTではすべてをリソースとして扱うため、リソースクラスとも呼ばれます。ナレッジバンクのリソースクラスはknowledgebank.rest.service.KnowledgeResourceです。

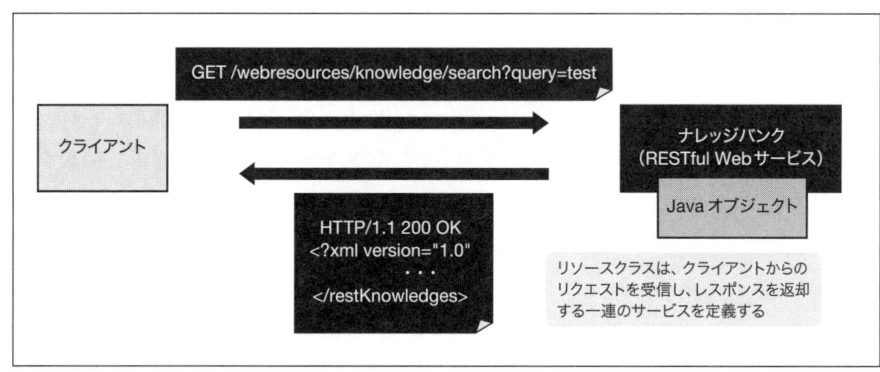

図9.9 RESTサービスクラスの位置づけ

1つ1つのリソースメソッドの処理を説明する前に、まずはリソースクラスの基本的な構成要素を先に説明します。

▶ リソースクラスの基本的構成要素

```
@RequestScoped
@Path("/knowledge") ❶
public class KnowledgeResource {

   @GET ❷
   @Path("{id}") ❶
   @Produces({"application/xml", "application/json"}) ❸
    public❼RestKnowledge retrieveKnowledge (@PathParam("id") int id) { ❹
      // 指定されたIDのナレッジをデータベースから取得
      Knowledge knowledge = knowledgeFacade.find(id);
      RestKnowledge restKnowledge = new RestKnowledge(knowledge);
      return restKnowledge;
   }

   @POST ❷
   @Consumes({"application/xml", "application/json"}) ❸
   public❼Response createKnowledge(@Valid RestKnowledge restKnowledge) { ❺
      //ナレッジを新規にデータベースへ登録 ❻
      Knowledge knowledge = new Knowledge();
      knowledge.setTitle(restKnowledge.getTitle());
      knowledge.setDescription(restKnowledge.getDescription());
      knowledgeFacade.create(knowledge);
      return Response.created(URI.create("/knowledge/" + knowledge.➡
getId())).build();
   }
}
```

リソースメソッド

リソースメソッド

リソースクラスをRESTful Webサービスとして明示するために、POJOに@Pathアノテーションを付加します。HTTPメソッドに対応したアノテーションを付加したpublicメソッドを定義すると、リソースメソッドになります。上記のリソースクラスのサンプルは@javax.enterprise.context.RequestScopedアノテーションを付加してCDIにしていますが、@javax.ejb.Statelessアノテーションを付加してEJBにすることも可能です。

2つのリソースメソッドには、それぞれ次の表9.12と表9.13のリクエストでアクセスすることを想定しています。

■ retrieveKnowledge メソッド

リクエストで取得したいナレッジのIDを指定すると、レスポンスとして希望したデータ形式で該当ナレッジを受け取ります（表9.12）。

表9.12　retrieveKnowledgeメソッドを呼ぶリクエスト

項目	値
HTTPメソッド	GET
エンドポイントURI	http://[ホスト名]/[コンテキストルート]/[RESTful Webサービスルート]/knowledge/{id}

■ createKnowledge メソッド

リクエストで新規に登録したいナレッジを指定すると、内部でナレッジが登録され、レスポンスとして、登録したナレッジへアクセスするためのURIを受け取ります（表9.13）。

表9.13　createKnowledgeメソッドを呼ぶリクエスト

項目	値
HTTPメソッド	POST
エンドポイントURI	http://[ホスト名]/[コンテキストルート]/[RESTful Webサービスルート]/knowledge

リソースクラスは基本的に次の7つの要素で構成します。各番号はソースコード上の番号と対応します。

❶ エンドポイントURIの設定
❷ HTTPメソッドとリソースメソッドのバインド
❸ メッセージボディのデータ形式指定
❹ リクエスト情報のインジェクション
❺ リクエストのメッセージボディの受け取り
❻ 入力チェック
❼ レスポンスの定義

9.4.2 ❶エンドポイントURIの設定

▶ エンドポイントURIの設定

```
@GET
@Path("{id}") ❶
@Produces({"application/xml", "application/json"})
 public RestKnowledge retrieveKnowledge (@PathParam(“id”) int id) {
```

■ リソースクラスの @Path アノテーション

POJOであるリソースクラスをRESTサービスとして明示するために、クラスに@Pathアノテーションを付加します。それによりサーバーから見たリソースクラスへの相対パスを設定でき、リソースクラスをURIで呼び出せるようになります。このリソースクラスは、/[コンテキストルート]/[RESTful Webサービスルート]/knowledgeのURIでアクセスできます。

■ リソースメソッドの @Path アノテーション

リソースクラス内のメソッド（リソースメソッド）に、メソッドを指し示す後続パス（サブリソースという）を設定する場合は@Pathアノテーションを付加します。1つ目のメソッドは/knowledge/{id}で呼び出せます。

テンプレートパラメータ

{id}はテンプレートパラメータです。テンプレートパラメータは「{」「}」内に1つ以上のアルファベットの文字列を指定します。@PathParamアノテーションの値にアルファベットの文字列を指定すると@PathParamを付加した引数に、マッチングしたパスの値をインジェクションできます。

正規表現

@Pathアノテーションは正規表現も使用できます。たとえば1つ以上の整数にマッチングさせる場合は以下のように記述します。

```
{id: \\d+}
```

idは値を受け取るための文字列です。値を受け取る文字列と正規表現は「:」で区切ります。「/」を含めて複数の後続パス（パスセグメント）にマッチングさせたい場合は以下のように記述します。以下の記述で/knowledgeに続くどのような文字列ともマッチングできます。

```
{id: .+}
```

9.4.3 ❷HTTPメソッドとリソースメソッドのバインド

▶ HTTPメソッドとリソースメソッドのバインド

```
@GET ❷
@Path("{id}")
@Produces({"application/xml", "application/json"})
public RestKnowledge retrieveKnowledge (@PathParam("id") int id) {
```

GET、POST、PUT、DELETEなどのHTTPメソッドで呼ばれる処理を記述するには各メソッドに対応した表9.14のアノテーションをメソッドに付加します。

表9.14　HTTPメソッドに対応したアノテーション

メソッド	アノテーション
GETメソッド	@javax.ws.rs.GET
PUTメソッド	@javax.ws.rs.PUT
POSTメソッド	@javax.ws.rs.POST
DELETEメソッド	@javax.ws.rs.DELETE
HEADメソッド	@javax.ws.rs.HEAD

例では、GETメソッド、POSTメソッドのリクエストに対する処理を記述しているため、それぞれ@GETアノテーション、@POSTアノテーションをメソッドに付加しています。

9.4.4 ❸メッセージボディのデータ形式指定

▶ メッセージボディのデータ形式指定

```
@GET
@Path("{id}")
@Produces({"application/xml", "application/json"}) ❸
```

```
    public RestKnowledge retrieveKnowledge (@PathParam("id") int id) {
```

クライアントへ返却するレスポンスにおけるメッセージボディのデータ形式を指定する場合は、@Producesアノテーションをメソッドに付加します。@Producesアノテーションを付加しない場合は、すべてのデータ形式に対応することを示します。1つ目のメソッドを呼び出すリクエストのAcceptヘッダーをMIMEタイプで"application/xml"とするとXML形式、"application/json"とするとJSON形式でレスポンスが受け取れることになります（図9.10）。Acceptヘッダーに両方を指定すると、2つのデータ形式に優先度（"Accept: application/xml; q=0.8, application/json"といった形式で品質係数が付けられる）を付けない限り、最初に指定したデータ形式で結果を受け取ります。@Producesアノテーションで指定していないデータ形式をAcceptヘッダーで指定した場合は、「406 Not Acceptable」のステータスコードが返ります。アノテーションでどちらか片方のデータ形式のみを指定することも可能です。

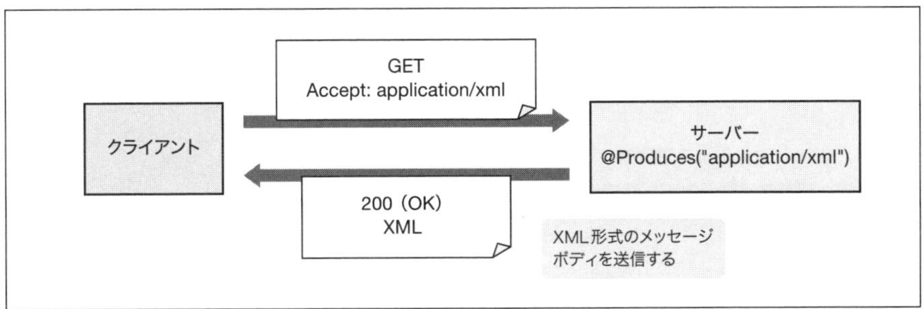

図9.10　@Producesアノテーションの動作

▶ **メッセージボディのデータ形式指定**

```
@POST
@Consumes({"application/xml", "application/json"})  ❸
public Response createKnowledge(@Valid RestKnowledge restKnowledge) {
```

リソースクラスが受け付けるリクエストにおけるメッセージボディのデータ形式を指定する場合は、@Consumesアノテーションをメソッドに付加します。createKnowledgeメソッドを呼び出すリクエストのContent-TypeヘッダーをMIMEタイプで"application/xml"とし、エンティティボディをXML形式で記述すると、メソッドがXML形式のエンティティボディを受け取ります（図9.11）。内部的には、XMLをJavaのオブジェクトにアンマーシャルして処理します。この例ではJSON形式でもエンティティボディを受け取れます。@Consumesアノテーションで指定していないデータ形式のメッセージボディを送信すると「415 Unsupported Media Type」のステータスコードが返ります。

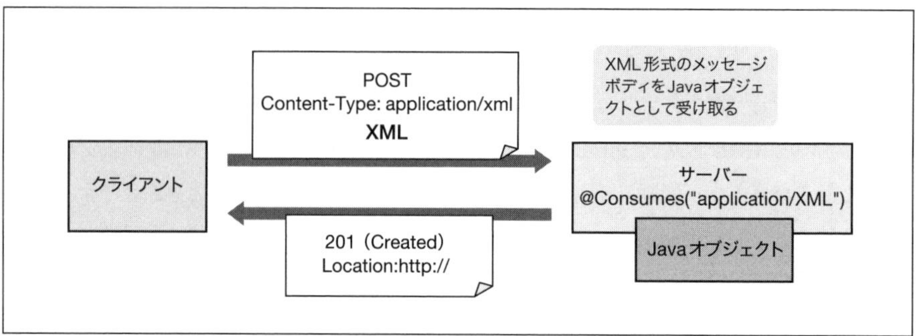

図9.11　@Consumesアノテーションの動作

例では@Producesアノテーション、@Consumesアノテーションに直接MIMEタイプを指定していますが、JAX-RSでは、それを抽象化するjavax.ws.rs.core.MediaTypeクラスを用意しています（表9.15）。これを指定することも可能です。

表9.15　MediaTypeクラスで定義している主な定数

定数	説明
APPLICATION_XML	"application/xml"を示す
APPLICATION_JSON	"application/json"を示す
TEXT_PLAIN	"text/plain"を示す
TEXT_HTML	"text/html"を示す
TEXT_XML	"text/xml"を示す

▶ javax.ws.rs.core.MediaTypeクラスによる指定例

```
@Produces({MediaType.APPLICATION_XML, MediaType.APPLICATION_JSON})
```

コンテンツネゴシエーション

クライアントがサーバーにリクエストを送信する際に、返してもらいたいメッセージボディのデータ形式やエンコード方式などをリクエストヘッダーで要求できます。これを「HTTPコンテンツネゴシエーション」と言います。コンテンツネゴシエーションはAcceptヘッダー

（Accept-Charsetヘッダー、Accept-Languageヘッダー、Accept-Encodingヘッダーなども含む）に要求するデータ形式を指定して行ないます。要求されたデータ形式をサーバーが提供できない場合は「406 Not Acceptable」のステータスコードをクライアントに返します。

▶ **コンテンツネゴシエーションを行なうリクエストヘッダー例**

```
Accept-Language: en-us, fr
Accept-Encoding: gzip, deflate
```

■ メッセージボディとJavaオブジェクトとのマッピング

JAX-RSでは、エンティティプロバイダという、リクエストおよびレスポンスのメッセージボディに指定したデータ形式を特定のJavaオブジェクトにマッピングする機能があります。エンティティプロバイダには、リクエストのメッセージボディをJavaオブジェクトにアンマーシャルするためのjavax.ws.rs.ext.MessageBodyReaderインターフェース、Javaオブジェクトをレスポンスのメッセージボディにマーシャルするためのjavax.ws.rs.ext.MessageBodyWriterインターフェースの2つがあります。

@Consumesアノテーションに指定したデータ形式を扱えるエンティティプロバイダ（MessageBodyReaderインターフェース実装クラス）が、メッセージボディをJavaオブジェクトに変換して読み込みます。@Producesアノテーションに指定したデータ形式を扱えるエンティティプロバイダ（MessageBodyWriterインターフェース実装クラス）が、Javaオブジェクトを当該のデータ形式に変換してメッセージボディへ書き出します。

エンティティプロバイダは、リクエストのContent-TypeヘッダーやAcceptヘッダーがMIMEタイプで"application/xml"または"application/json"の場合はJAXBに対応したJavaオブジェクトにマッピングします。"text/plain"の場合はString型、int型、boolean型など任意のデータ型に、"text/html"はString型にマッピングします。Content-Typeヘッダーに何も指定しない場合はデータ形式を"application/octet-stream"として扱い、内部ではInputStream型、byte型の配列にマッピングします。

上記のマッピング規則がJAX-RSの実装（今回はJersey）においてデフォルトで定まっていますが、別途MessageBodyReaderインターフェース、MessageBodyWriterインターフェースを実装すると、これ以外に独自のマッピング方法を定義できます。しかし、デフォルトのマッピング規則のみで十分であるケースが多いため、独自にエンティティプロバイダを作成する方法については説明を割愛します。

9.4.5 ❹リクエスト情報のインジェクション

▶ リクエスト情報のインジェクション

```
@GET
@Path("{id}")
@Produces({"application/xml", "application/json"})
public RestKnowledge retrieveKnowledge (@PathParam("id") int id) { ❹
```

リクエストURIのパスの一部分（パスセグメント）、クエリ文字列、ヘッダー、Cookie値などを取得するには各リソースメソッドの引数に@PathParam、@QueryParam、@HeaderParam、@CookieParamといったアノテーションを付加します。

次からJAX-RS 2.0で提供するリクエスト情報をインジェクションするアノテーションを説明します。これらのアノテーションはリソースメソッドの引数以外に、フィールド、setterメソッド、コンストラクタの引数に付加できます。リクエスト情報をインジェクション先のデータ型に変換できない場合は「404 Not Found」のステータスコードを返します。

■ @javax.ws.rs.PathParam アノテーション

URIテンプレートパラメータの値を取得します。@Pathアノテーションで指定したURIパスパラメータ名に対応する値を対象にインジェクションします。

URI例　`http://sample.com/rest/foo/bar/baz`

▶ Javaコード

```
@Path("/bar/{param}")
public String getSample (@PathParam("param") String param){ ・・・ }
```

paramには「baz」をインジェクションする

■ @javax.ws.rs.QueryParam アノテーション

URIのクエリ文字列の値を取得します。指定した名前に対応する値を対象にインジェクションします。

URI例　`http://sample.com/rest/foo/bar/baz?param1=aaa¶m2=bbb`

▶ Javaコード

```
@Path("/bar/baz")
public String getSample(@QueryParam("param1") String param) { ・・・ }
```

paramには「aaa」をインジェクションする

■ @javax.ws.rs.MatrixParam アノテーション

URIのマトリックスパラメータの値を取得します。指定した名前に対応する値を対象にインジェクションします。

URI例　http://sample.com/rest/foo/bar;**param=aaa**/baz

▶ Javaコード

```
@Path("/bar/baz")
Public String getSample(@MatrixParam("param") String param) { ・・・ }
```

paramには「aaa」をインジェクションする

■ @javax.ws.rs.FormParam アノテーション

HTMLのフォーム（タグでは<form>）から送信された情報を取得します。タグ中のname属性で指定した値をキーにしてフォームに入力された値を対象にインジェクションします。

▶ HTML例

```
<form action="http://sample.com/foo/bar/baz" method="post">
  名前：<input type="text" name="name"/><br/>
  住所：<input type="text" name="address"/><br/>
<input type="submit" value="send"/>
</form>
```

▶ Javaコード

```
@Path("/bar/baz")
Public void createSample (@FormParam("name") String name,
                @FormParam("address") String address) { ・・・ }
```

nameには1つ目のテキストボックス「name」に入った値をインジェクションする

addressには2つ目のテキストボックス「address」に入った値をインジェクションする

■ @javax.ws.rs.HeaderParam アノテーション

リクエストヘッダーから値を取得します。指定したリクエストヘッダー名に対応する値を対象にインジェクションします。

▶ リクエストヘッダー例

```
Accept-Language: ja
Connection: keep-alive
Host: www.xxx.yyy
User-Agent: Mozilla/5.0 (xxxxxx)
```

▶ Javaコード

userAgentには「Mozilla/5.0 (xxxxxx)」をインジェクションする

```
public String getSample(@HeaderParam("User-Agent") String userAgent) { … }
```

■ @javax.ws.rs.CookieParam アノテーション

リクエストのCookieヘッダーから値を取得します。指定したCookieヘッダー名に対応する値を対象にインジェクションします。

▶ Cookieヘッダー例

```
userId: aaa
```

▶ Javaコード

userIdには「aaa」をインジェクションする

```
Public String getSample(@CookieParam("userId") String userId) { … }
```

■ @javax.ws.rs.core.Context アノテーション

リクエストURIやリクエストヘッダー、セキュリティ情報などのコンテキスト情報を取得する汎用的なアノテーションです。javax.ws.rs.core.UriInfo型の引数にリクエストURIの情報をインジェクションする際によく使用します。UriInfoは、リクエストのURI情報にアクセスするためのインターフェースです。getPathParametersメソッドで、@Pathの指定にマッチングしたパスパラメータのマップを受け取り、マップのgetFirstメソッドで、引数に指定したキーに最初に合致した値を取得できます。getQueryParametersメソッドでは、クエリ文字列のマップを受け取れます。

URI例 `http://sample.com/rest/foo/bar/baz?param1=aaa¶m2=bbb`

▶ Javaコード

```
@Path("/bar/{param}")
public String getSample(@Context UriInfo uriInfo){
  String param = uriInfo.getPathParameters().getFirst("param");
  String param1 = uriInfo.getQueryParameters().getFirst("param1");
```

uriInfoにはUriInfoインスタンスをインジェクションする

paramには「baz」が入り、param1には「aaa」が入る

javax.ws.rs.core.HttpHeaders型の引数にリクエストヘッダーの情報をインジェクションする場合は次のように記述します。

▶ リクエストヘッダー例

```
Accept: application/json
```

▶ Javaコード

```
public String getSample(@Context HttpHeaders httpHeaders){
  String accept = httpHeaders.getRequestHeader("Accept").get(0);
```

httpHeadersにはHttpHeadersインスタンスをインジェクションする

acceptには「application/json」が入る

■ @javax.ws.rs.BeanParam アノテーション

リクエストのパラメーター一式をビーンとして取得します。パスセグメント、クエリ文字列、マトリックスパラメータなど上記の各種アノテーションで取得できるあらゆる情報を1つのビーンに集約して管理します。リソースメソッド内でビーンから適宜必要な情報にアクセスできます。

▶ ビーンのJavaコード（ParamBean.java）

```
public class ParamBean{
  @PathParam("{id}")
  public int id;
  @QueryParam("param")
  public String param;
}
```

URI例　http://sample.com/rest/foo/bar/11?param=aaa

▶ リソースクラス内Javaコード

```
@Path("/bar/{id}")
Public String getSample(@BeanParam ParamBean paramBean){
  int id = paramBean.id;
  String param = paramBean.param;
}
```

idには「11」が入り、paramには「aaa」が入る

@javax.ws.rs.DefaultValue アノテーション

対象に値が入らなかった場合にインジェクションするデフォルト値を指定するアノテーションです。通常、パラメータが存在しない場合には、デフォルトでは対象にnull（参照型の場合）、0（プリミティブ型の場合）がインジェクションされますが、これを変更する際に使用します。

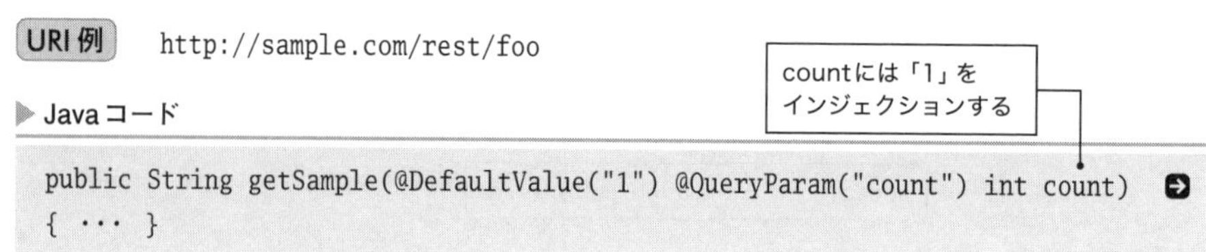

URI例　http://sample.com/rest/foo

▶ Javaコード

```
public String getSample(@DefaultValue("1") @QueryParam("count") int count) ➡
{ ··· }
```


9.4.6 ❺リクエストのメッセージボディの受け取り

▶ リクエストのメッセージボディの受け取り

```
@POST
@Consumes({"application/xml", "application/json"})
public Response createKnowledge(@Valid RestKnowledge restKnowledge) { ❺
```

❹で挙げたアノテーションを付加しない引数（エンティティパラメータと呼ぶ）を用意するとリクエストのメッセージボディを受け取れます。逆にメッセージボディを受け取る引数以外の引数にはすべて❹のアノテーションが必要です。createKnowledgeメソッドではエンティティプロバイダ（MessageBodyReaderインターフェース実装クラス）がリクエストのメッセージボディ上のXML（またはJSON）を読み込み、Javaオブジェクト（RestKnowledgeオブジェクト）に変換します。

9.4.7 ❻入力チェック

▶入力チェック

```
@POST
@Consumes({"application/xml", "application/json"})
public Response createKnowledge(@Valid RestKnowledge restKnowledge) {
                                  ❻
```

第2章で説明したBean Validationが、JAX-RS 2.0から使用できるようになりました。Bean Validationのアノテーションをリソースクラス自体、リソースクラスのフィールド、リソースメソッド、リソースメソッドの引数に付加するとバリデーションが行なえます。リソースメソッドに付加すると戻り値をバリデーションできます。メソッドの引数に指定する場合は以下のように記述します。

▶Bean Validation使用例

```
@GET
Public Test getTest(@NotNull @QueryParam(“test”) String test){・・・}
```

リクエストのメッセージボディにマッピングしているJavaオブジェクトをバリデーションするには@Validアノテーションを使用します。@ValidアノテーションでJavaオブジェクト内部のフィールドに付加しているBean Validationのアノテーションを有効化できます。

バリデーションエラー時は、状況に応じて、「400 Bad Request」または「500 Internal Server Error」のステータスコードが返ります。

9.4.8 ❼レスポンスの定義

▶レスポンスの定義

```
@POST
@Consumes({"application/xml", "application/json"})
public❼Response createKnowledge(@Valid RestKnowledge restKnowledge) {
```

クライアントに返却するレスポンスはメソッドの戻り値にします。JAX-RSではレスポンス用にレスポンスの各種構成要素を詰め込んだjavax.ws.rs.core.Responseクラスを用意しています。レスポンスヘッダーを指定したり、レスポンスのステータスコードを設定したり、クライアントに返却するレスポンスの内容を細かく指定するときに使います。Responseクラスには、たとえばレスポンスにLocationヘッダーを設定するcreatedメソッド、「200 OK」のステータスコードをセットするokメソッド、任意のステータスコードを設定するstatusメソッドなどがあります。それぞれメソッドを呼び出すと、Response.ResponseBuilderクラスが返されます。最後にbuildメソッドでResponseオブジェクトを生成します。

▶ createdメソッド使用例

```
return Response.created(URI.create("/knowledge/" +knowledge.➡
getId())).build();
```

▶ statusメソッド使用例

```
return Response.status(Response.Status.NOT_FOUND).entity("結果が取得できません➡
でした").build();
```

レスポンスの生成方法については、「9.5.2 ナレッジの登録（POSTメソッドによる操作）」の「レスポンスオブジェクトの生成方法」でも説明します。

一方、レスポンスのメッセージボディのみを指定するときは、Response型以外のオブジェクトを戻り値にします。戻り値にしたオブジェクトは、エンティティプロバイダ（MessageBodyWriterインターフェース実装クラス）がリクエストのAcceptヘッダーに指定されているデータ形式に変換し、レスポンスのメッセージボディに書き出します。

成功時のレスポンスにメッセージボディが含まれている場合は返却するステータスコードは「200 OK」となり、メッセージボディが含まれていない場合は「204 No Content」となります。

9.5 HTTPメソッドに応じた処理

JAX-RSの機能を、ナレッジバンクのリソースクラスであるknowledgebank.rest.service.KnowledgeResourceを例に解説します。次から、4つのHTTPメソッドにバインドされるリソースメソッドの処理の一例を見ていきましょう。

9.5.1 ナレッジの検索（GETメソッドによる操作）

検索語とカテゴリを指定してナレッジを検索するサービスを提供するためにretrieveKnowledgeリソースメソッドを用意しています。リクエストURI中のクエリ文字列で検索語を指定し、パスの一部でカテゴリを指定してナレッジ検索を行ないます。ナレッジのカテゴリ数は可変であるためパスセグメントでカテゴリを指定できるようにしています。

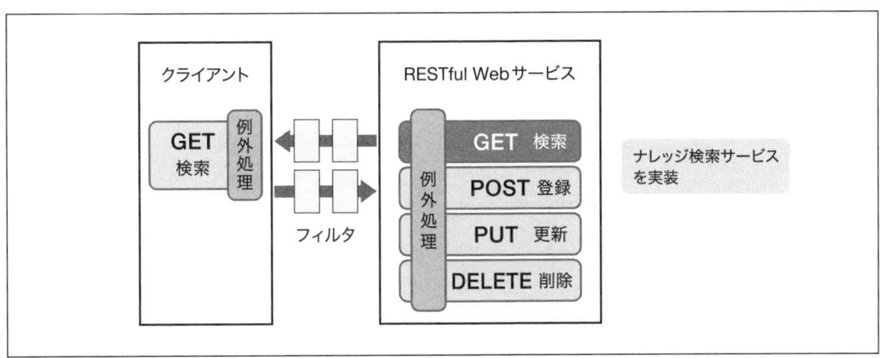

図9.12　RESTサービス全体における位置づけ

retrieveKnowledgeリソースメソッドは表9.16に挙げているパラメータを持つリクエストで呼び出せます。BASIC認証を採用しているためリクエストにAuthorizationヘッダーを追加します。

表9.16　retrieveKnowledgeリソースメソッドを呼ぶリクエスト

項目	値
HTTPメソッド	GET
エンドポイントURI（例）	http://localhost8080/knowledgebank/webresources/knowledge/search/Java?query=GC http://[ホスト名]/knowledgebank/webresources/knowledge/search[/[検索カテゴリ1]/[検索カテゴリ2]/..][?query=[検索語]]
Acceptヘッダー	application/xmlまたはapplication/json
Authorizationヘッダー（例）	Basic aGFueXVkYTpoYW55dWRh Basic[スペース][base64でエンコードした"ユーザーID: パスワード"]
メッセージボディ	なし

ソースコードは、以下のとおりです。ソースコード上の各番号は、後続の説明中の番号と対応します。

▶ GETメソッドでナレッジを検索するリソースメソッド（KnowledgeResource.java）

```
    @GET
❶  @Path("/search{category:.*}")
❷  @Produces({"application/xml", "application/json"})
    public List<RestKnowledge> retrieveKnowledge(@BeanParam ➡
KnowledgeParamBean param) {
        // 検索語を取得
❸      String searchString = param.getSearchString();
        // カテゴリ用パスセグメントを取得
❹      List<PathSegment> categoryPathList = param.getCategoryPathList();
        List<String> categoryStringList = categoryPathList.stream()
                .map(PathSegment::toString).collect(Collectors.toList());
        // ナレッジバンク上のカテゴリリストを取得
❺      List<Category> categoryList = categoryFacade.findAll();
        // カテゴリのパスセグメントに対応したCategoryインスタンスで検索用カテゴリリス➡
トを作成
        List<Category> selectedCategoryList = categoryList.stream()
                .filter(category -> categoryStringList.contains(category.➡
getName())).collect(Collectors.toList());
        // ナレッジを検索
❻      List<Knowledge> resultKnowledgeList
                = searchKnowledgeFacade.searchKnowledge(searchString, ➡
selectedCategoryList);
❼      if (resultKnowledgeList.isEmpty()) {
            throw new KnowledgeNotFoundException("ナレッジが見つかりませんでした");
        }
        // JPA用KnowledgeエンティティのリストをREST用RestKnowledgeインスタンスのリス➡
トに変換
❽      List<RestKnowledge> resultRestKnowledgeList = resultKnowledgeList.➡
stream()
                .map(knowledge -> new RestKnowledge(knowledge))
                .collect(Collectors.toList());
        return resultRestKnowledgeList;
    }
```

❶ @Pathアノテーションのテンプレートパラメータに正規表現「.*」を指定して、複数のパスセグメント中の文字列を受け取れるようにしています。

❷ 検索結果のナレッジをXML形式、JSON形式両方で提供できるよう@Producesアノテーションには2つのデータ形式を指定しています。リクエストのAcceptヘッダーを「application/xml」とするとXML形式、「application/json」とすると

JSON形式となって検索結果のナレッジがレスポンスのメッセージボディに出力されます。

❸ リクエストURIのクエリ文字列のキー「query」の値として指定している検索語を取得するために、リクエストパラメータを管理しているビーンクラスであるknowledgebank.rest.service.KnowledgeParamBean（次の「リクエストパラメータ管理用ビーン」で説明）のgetterを呼び出しています。表9.16のリクエストを送信すると、クエリ文字列のキー「query」の値「GC」を受け取ります。検索語を「GC」に設定します。

❹ ナレッジを絞り込むカテゴリは、リクエストURIのパスセグメントに指定しています。KnowledgeParamBeanのgetterを呼び出し、テンプレートパラメータの正規表現にマッチングしたパスセグメントのオブジェクトが格納されたList<PathSegment>型オブジェクトを得ます。表9.16のリクエストを送信すると、パスセグメントの「Java」をリストで受け取ります。検索カテゴリを「Java」に設定します。

❺ ナレッジ検索に必要なCategoryインスタンスのリストを作成するため、取得したパスセグメントの文字列を使って文字列に対応したCategoryインスタンスを取得しています[8]。

❻ SearchKnowledgeFacadeクラスのsearchKnowledgeメソッドの引数として、検索語の「GC」、検索カテゴリのリストをセットしてナレッジを検索します。

❼ ナレッジが1件も取得できなかった場合は、エラーをクライアントに通知するため、KnowledgeNotFoundExceptionクラスという独自作成例外をスローしています。例外については後述します。

❽ 最後に、取得したKnowledgeエンティティのリストをRESTサービス用に用意したRestKnowledgeインスタンスのリストに変換してクライアントに返します。RestKnowledgeクラスのコンストラクタ内でKnowledgeエンティティのフィールドをRestKnowledgeインスタンスのフィールドに詰め替えています。

【8】
ナレッジバンクではCategorySessionクラス、LoginSessionクラスでセッション情報を保持していますがRESTはステートレスであることを原則としているため、セッション情報を使っていません。

■ リクエストパラメータ管理用ビーン（上記❸❹で使用）

パスパラメータ、クエリパラメータなどメソッドで必要となるリクエストのパラメータが増える場合はリクエストパラメータ管理用ビーンを作成し、リクエストの情報をビーンに集約します。必要なリクエストの情報は@BeanParamアノテーションでビーンをメソッドの引数にインジェクションして取得します。この方法により引数の可読性の低下を防ぎます。

ナレッジバンクではknowledgebank.rest.service.KnowledgeParamBeanがリクエストパラメータを管理するビーンクラスです。POJOで書かれた下記のようなクラスのフィールドにリクエストの情報をインジェクションするための各種アノテーションを付加します。

▶ リクエストのパラメータ管理用ビーン (KnowledgeParamBean.java)

```
public class KnowledgeParamBean {
    @PathParam("id")
    private Long id;
    @QueryParam("query")
    private String searchString;
    @PathParam("category")
    private List<PathSegment> categoryPathList;
    @Context
    private UriInfo uriInfo;
    @Context
    private SecurityContext securityContext;
   // getter/setter
}
```

ナレッジバンクではすべてのリソースメソッドの引数にKnowledgeParamBeanクラスを使っています。

■ RESTサービスの呼び出し

retrieveKnowledgeリソースメソッドをクライアントからリクエストを送信して呼び出してみます。ナレッジバンクはNetBeans上で［実行］ボタンをクリックしてデプロイしておきます。GETメソッドを実行するだけであればWebブラウザをクライアントにして直接エンドポイントURIにアクセスして処理を実行できます。今回は他のHTTPメソッドも実行するためコマンドラインからcurlコマンドでリクエストを送信します。

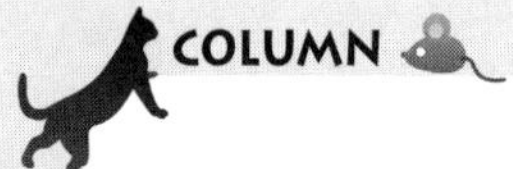

curlコマンド

curlはURLを指定してデータを送受信するためのコマンドです。Windowsユーザーの場合、デフォルトではcurlコマンドが使用できないため以下のサイトからcURLのzipファイルをダウンロードしてパスを通しておきます。また、コマンドプロンプトはデフォルトで文字コードがshift_jisに設定されているため「chcp 65001」コマンドで文字コードをUTF-8

に変更し（shift_jisに戻す場合は「chcp 932」コマンド）、フォントも日本語対応フォントに変更します。

また、送信するデータ量が多くなったりする場合には、メッセージボディの内容を外部ファイルに記述し、ファイルを「@外部ファイルパス」で指定してリクエストを送信することも可能です。レスポンスの出力先も「> 外部ファイルパス」で外部ファイルを指定できます。

▶ curlコマンドの標準入力、標準出力に外部ファイルを指定する例

```
curl -v -u suzuki:suzuki -X POST --data-binary @input.txt -H "Accept: ➡
application/xml" -H "Content-Type: application/json; charset=utf-8" ➡
> output.txt
```

cURLダウンロードサイト http://curl.haxx.se/download.html

cURLコマンドの使用方法は、「curl Man Page」(http://curl.haxx.se/docs/manpage.html) などを参考にしてください。

■ retrieveKnowledgeリソースメソッドの実行

メソッドを呼び出して結果を確かめるために、コマンドラインからcurlコマンドでGETメソッドのリクエストを送信します。リクエスト／レスポンスヘッダーは、-vオプションを使うと表示できます。BASIC認証は、-uオプションでユーザーIDとパスワードを[ユーザーID]:[パスワード]という形式で指定することで行なえます[9]。以下は1行で記述します。

[9] ユーザー名、パスワードをbase64でエンコードし、それをAuthorizationヘッダーに指定してもかまいません。

▶ retrieveKnowledgeリソースメソッドを呼び出すコマンド例

```
curl -v -u suzuki:suzuki -X GET -H "Accept: application/xml" ➡
http://localhost:8080/knowledgebank/webresources/knowledge/search/➡
Java?query=GC
```

▶ ナレッジ取得結果例（XML形式） ※リクエストは省略しています。

```
< HTTP/1.1 200 OK
< Server: GlassFish Server Open Source Edition 4.1
< X-Powered-By: Servlet/3.1 JSP/2.3 (GlassFish Server Open Source Edition ➡
4.1 Java/Oracle Corporation/1.8)
< Content-Type: application/xml
< Date: Wed, 06 May 2015 12:57:17 GMT
< Content-Length: 523
<
```

```
<?xml version="1.0" encoding="UTF-8" standalone="yes"?><restKnowledges>➡
<restKnowledge><accountName>
鈴木花子</accountName><categoryNameList>Java</categoryNameList><description> ➡
javaコマンド実行時に以下のパラメータを指定します。-Xloggc:/var/log/gc.log //ログ出力先➡
-XX:+PrintGCDetails //詳細なログを出力 -XX:+PrintGCDateStamps //タイムスタンプを出➡
力</description><id>57802</id><title>GCログの出力方法</title></restKnowledge><➡
/restKnowledges>
```

ナレッジの検索結果がXML形式で返ってきます。Acceptヘッダーを"application/json"とする（-H "Accept: application/json"）とJSON形式で結果が返ってきます。

▶ ナレッジ取得結果例（JSON形式）

```
< HTTP/1.1 200 OK
< Server: GlassFish Server Open Source Edition 4.1
< X-Powered-By: Servlet/3.1 JSP/2.3 (GlassFish Server Open Source Edition ➡
4.1 Java/Oracle Corporation/1.8)
< Content-Type: application/json
< Date: Wed, 06 May 2015 12:57:17 GMT
< Content-Length: 357
<
[{"accountName":"鈴木花子","categoryNameList":["Java"],"description":"java ➡
コマンド実行時に以下のパラメータを指定します。-Xloggc:/var/log/gc.log //ログ出力先 ➡
-XX:+PrintGCDetails //詳細なログを出力 -XX:+PrintGCDateStamps //タイムスタンプ ➡
を出力","id":57802,"title":"GCログの出力方法"}]
```

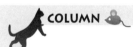

COLUMN

Dev HTTP Client

RESTful Webサービスのクライアントとして Google Chromeアプリケーションである「Dev HTTP Client」を使用するとさまざまなHTTPリクエストを容易に発行できます。特にWindowsユーザーの場合、コマンドプロンプトで文字コードをUTF-8に変更して日本語の入出力を行なおうとすると不都合が生じることが多いため、Dev HTTP Clientの利用をおすすめします。使用方法など詳細は割愛しますが、Chromeウェブストアから簡単に入手できるので試してみるとよいでしょう。

9.5.2 ナレッジの登録(POSTメソッドによる操作)

サンプルアプリケーションでは、外部プログラムからナレッジを新規登録するサービスを提供するために、createKnowledgeリソースメソッドを用意しています。リクエストのメッセージボディにXML形式(またはJSON形式)でナレッジの「タイトル」と「詳細」を記述して送信すると、その内容で新規にナレッジをデータベースに登録します。

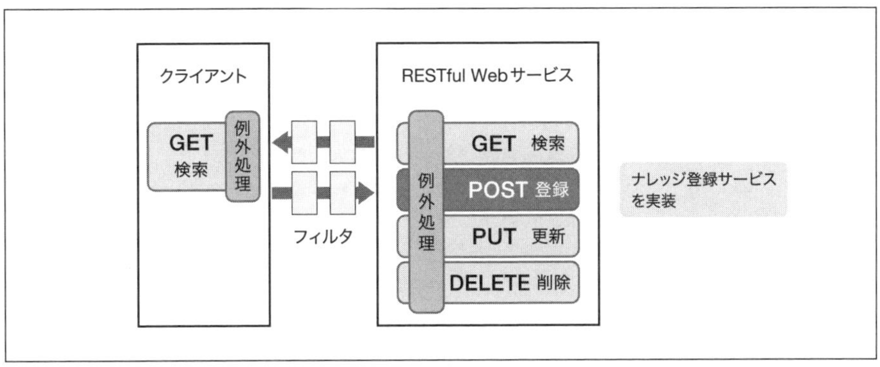

図9.13 RESTサービス全体における位置づけ

createKnowledgeリソースメソッドは、表9.17に挙げているパラメータを持つリクエストで呼び出せます。

表9.17 createKnowledgeリソースメソッドを呼ぶリクエスト

項目	値
HTTPメソッド	POST
エンドポイントURI	http//localhost8080/knowledgebank/webresources/knowledge
Acceptヘッダー	application/xmlまたはapplication/json
Content-Typeヘッダー	application/xml; charset=utf-8またはapplication/json; charset=utf-8
Authorizationヘッダー(例)	Basic aGFueXVkYTpoYW55dWRh Basic[スペース][base64 でエンコードした" ユーザーID: パスワード"]
メッセージボディ(例)	<restKnowledge> <title>JDBCとは</title> <description> JDBCはJavaからデータベースにアクセスし、操作するためのAPIです。 </description> </restKnowledge>

ソースコードは、以下のとおりです。ソースコード上の各番号は、後続の説明中の番号と対応します。

▶ POSTメソッドでナレッジを登録するリソースメソッド（KnowledgeResource.java）

```
    @POST
    @Consumes({"application/xml", "application/json"})
    public Response createKnowledge(@BeanParam KnowledgeParamBean param,
        ❶ @Valid RestKnowledge restKnowledge) {
❷       Account account = accountFacade
                .findByUserId(param.getSecurityContext().getUserPrincipal().➡
getName());
        Knowledge knowledge = new Knowledge();
        // REST用RestKnowledge型インスタンスから JPA用Knowledgeエンティティへフィー➡
ルドの値を詰め替える
      ❸ knowledge.setTitle(restKnowledge.getTitle());
        knowledge.setDescription(restKnowledge.getDescription());
        knowledge.setAccount(account);
        // ナレッジを登録
        knowledgeFacade.create(knowledge);
❹       Long knowledgeId = knowledge.getId();
        restKnowledge.setId(knowledgeId);
        restKnowledge.setAccountName(account.getName());
        // リクエストURIの絶対パスをUriBuilder型で取得
        UriBuilder uriBuilder = param.getUriInfo().getRequestUriBuilder();
        // リクエストURIの後続パスにナレッジのIDを付加して新規登録ナレッジへアクセスでき➡
るURIを生成
        URI newUri = uriBuilder.path(knowledgeId.toString()).build();
      ❺ return Response.created(newUri).entity(restKnowledge).build();
    }
```

❶ リクエストのメッセージボディに、新規に登録するナレッジの「タイトル」と「詳細」が指定されているかを検証するために@Validアノテーションを RestKnowledge型の引数に付加しています。@Validアノテーションで Bean Validationのアノテーションを有効にします。RESTサービス用ナレッジのDTOでは「タイトル」と「詳細」に対応したフィールドに@NotNullアノテーションを付加していました。「タイトル」「詳細」のどちらか片方でも内容が指定されていない場合、「400 Bad Request」が返されます。

❷ メソッド内では、ナレッジの新規登録にユーザーのアカウント情報（Accountエンティティ）が必要であるため取得します。

❸ リクエストのメッセージボディにマッピングされているRestKnowledgeクラスはそのままでは永続化できません。そのため「タイトル」「詳細」にあたるフィールドの値をKnowledgeエンティティに詰め替えます。アカウント情報もセットしてナレッジをデータベースに永続化します。
❹ 永続化したナレッジのIDを取得し、IDを使用して新規に作成したナレッジにアクセスするためのURIを生成します。
❺ POSTメソッドのルールに従って、Responseクラスのcreatedメソッドで、レスポンスのLocationヘッダーには作成したナレッジへアクセスするためのURIをセットしています。

セキュリティ情報へのアクセス（上記❷に該当）

JAX-RSではリクエストに関するセキュリティ情報にアクセスするための機能を提供しています。ユーザーのロールやプリンシパル（ユーザーIDであり、リクエストを送信しているユーザー自身を指す）にアクセスするにはjavax.ws.rs.core.SecurityContextインターフェースを使用します。SecurityContextはリクエストに関するセキュリティ情報にアクセスするためのインターフェースで、@Contextアノテーションでインジェクションしてインスタンスを取得します。isUserInRoleメソッドでユーザーのロールを判断したり、getUserPrincipalメソッドでユーザーのプリンシパル（javax.security.Principalインターフェース）を取得したりできます。

▶ ユーザーのプリンシパル取得部分（KnowledgeResource.java）

```
Account account = accountFacade.findByUserId(param.getSecurityContext().➡
getUserPrincipal().getName());
```

URIの生成方法（上記❹に該当）

JAX-RSではURIを表わすURIクラス、URIを構築するためのUriBuilderクラスを用意しています。@Contextアノテーションでインジェクションして取得するUriInfo型インスタンスからgetRequestUriBuilderメソッドでリクエストURIの絶対パスをUriBuilder型で取得します。

▶ UriBuilderインスタンスの取得部分（KnowledgeResource.java）

```
UriBuilder uriBuilder = param.getUriInfo().getRequestUriBuilder();
```

次にリクエストURIをカスタマイズします。UriBuilderクラスのpathメソッドは、UriBuilderの持つパスに引数で与えた文字列のパスセグメントを連結して新しいUriBuilderを返します。最後にbuildメソッドでURIインスタンスを取得します。KnowledgeResource.javaでは後続パスとしてナレッジのIDを付加して作成ナレッジへアクセスするURIを生成しています。

▶ URIインスタンスの取得部分（KnowledgeResource.java）

```
URI newUri = uriBuilder.path(knowledgeId.toString()).build();
```

■ レスポンスインスタンスの生成方法（上記❺に該当）

Locationヘッダーに新規に生成したリソースへアクセスするためのURIを設定する場合は、Responseクラスのcreatedメソッドに URIインスタンスを引数で渡して呼び出します。createdメソッドはURIをLocationヘッダーに設定し、「201（Created）」のステータスコードを含んだResponse.ResponseBuilderインスタンスを返します。Response.ResponseBuilderはResponseインスタンスを生成するファクトリクラスです。返却するレスポンスの状態を保持し、最後にbuildメソッドでResponseインスタンスを生成します。Response.ResponseBuilderのentityメソッドの引数にレスポンスのメッセージボディの内容をセットしてメソッドを呼び出すと、メッセージボディに内容を書き出したResponse.ResponseBuilderを再度返します。最後にResponse.ResponseBuilderのbuildメソッドでResponseインスタンスを取得します。

▶ Responseインスタンスの取得部分（KnowledgeResource.java）

```
return Response.created(newUri).entity(Restknowledge).build();
```

■ createKnowledgeリソースメソッドの実行

createKnowledgeリソースメソッドを呼び出し、実際にナレッジの登録を行なうためにコマンドラインからcurlコマンドでPOSTメソッドのリクエストを送信してみましょう。以下を1行で記述します。

▶ createKnowledgeリソースメソッドを呼び出すコマンド例（XML形式）

```
curl -v -u suzuki:suzuki -X POST --data-binary "<restKnowledge><title>JDBC➡
とは</title>
<description>JDBCはJavaからデータベースにアクセスし、操作するためのAPIです。</➡
```

```
description>
</restKnowledge>" -H "Accept: application/xml" -H "Content-Type: ➡
application/xml; charset=utf-8"
http://localhost:8080/knowledgebank/webresources/knowledge
```

▶ createKnowledgeリソースメソッドを呼び出すコマンド例(JSON形式)

```
curl -v -u suzuki:suzuki -X POST --data-binary "{\"title\":\ "JDBCとは\"➡
,\"description\":\ " JDBCはJavaからデータベースにアクセスし、操作するためのAPIで➡
す。\"}" -H "Accept: application/xml" -H "Content-Type: application/json; ➡
charset=utf-8" http://localhost:8080/knowledgebank/webresources/knowledge
```

▶ ナレッジ登録結果例

```
< HTTP/1.1 201 Created
< Server: GlassFish Server Open Source Edition 4.1
< X-Powered-By: Servlet/3.1 JSP/2.3 (GlassFish Server Open Source Edition ➡
4.1 Java/Oracle Corporation/1.8)
< Location: http://localhost:8080/knowledgebank/webresources/knowledge/54451
< Content-Type: application/xml
< Date: Wed, 06 May 2015 13:16:14 GMT
< Content-Length: 243
<
<?xml version="1.0" encoding="UTF-8" standalone="yes"?><restKnowledge><acc➡
ountName>鈴木花子</accountName><description> JDBCはJavaからデータベースにアクセス➡
し、操作するためのAPIです。</description><id>123</id><title> JDBCとは</title></➡
restKnowledge>
```

ナレッジがデータベースに登録されます。

9.5.3 ナレッジの更新(PUTメソッドによる操作)

サンプルアプリケーションは、外部プログラムから既存ナレッジを更新するサービスを提供するために、editKnowledgeリソースメソッドを用意しています。エンドポイントURIの最下位パスに更新するナレッジのIDを指定し、メッセージボディにXML形式(またはJSON形式)でナレッジの「タイトル」と「詳細」を記述して送信すると、その内容で既存ナレッジを更新します。指定されたIDのナレッジが存在しない場合は新規にナレッジを登録します。

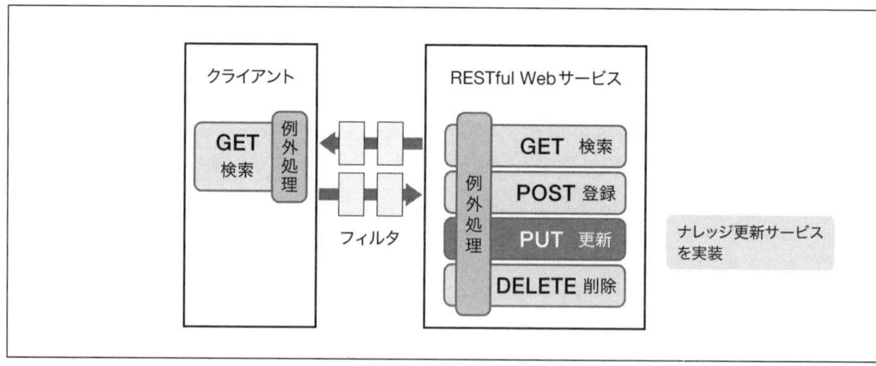

図9.14　RESTサービス全体における位置づけ

editKnowledgeリソースメソッドは表9.18のパラメータを持つリクエストで呼び出せます。

表9.18　editKnowledgeリソースメソッドを呼ぶリクエスト

項目	値
HTTPメソッド	PUT
エンドポイントURI（例）	http://localhost:8080/knowledgebank/webresources/knowledge/123 http://[ホスト名]/knowledgebank/webresources/knowledge/[ナレッジID]
Content-Typeヘッダー	application/xml; charset=utf-8またはapplication/json; charset=utf-8
Authorizationヘッダー（例）	Basic aGFueXVkYTpoYW55dWRh Basic[スペース][base64でエンコードした"ユーザーID: パスワード"]
メッセージボディ（例）	<restKnowledge> <title> JDBCとは</title> <description> JDBCはJavaからデータベースにアクセスし、操作するためのAPIです。Java EEではJPAを使います。 </description> </restKnowledge>

ソースコードは以下のとおりです。ソースコード上の各番号は、後続の説明中の番号と対応します。

▶PUTメソッドでナレッジを更新するリソースメソッド（KnowledgeResource.java）

```
@PUT
@Path("/{id}")
@Consumes({"application/xml", "application/json"})
public void editKnowledge(@BeanParam KnowledgeParamBean param,
       ❻
```

```
            @Valid RestKnowledge restKnowledge) {
❶        Account account = accountFacade
                .findByUserId(param.getSecurityContext().getUserPrincipal().➡
getName());
        Knowledge knowledge = null;
❷        try {
            // ナレッジを検索
            knowledge = knowledgeFacade.find(param.getId());
        } catch (EJBException e) {
        }
        if (knowledge != null) {
            // 該当idのナレッジがあれば更新
            // ユーザーが操作対象ナレッジの投稿者であるかを確認
❸            if (account.getId() != knowledge.getAccount().getId()) {
                throw new ForbiddenException("ナレッジの投稿者しかナレッジの➡
更新ができません。");
            }
❹            knowledge.setTitle(restKnowledge.getTitle());
            knowledge.setDescription(restKnowledge.getDescription());
            // ナレッジを更新
            knowledgeFacade.edit(knowledge);
        } else {
            // 該当idのナレッジがないなら新規作成
❺            knowledge = new Knowledge();
            knowledge.setId(param.getId());
            knowledge.setTitle(restKnowledge.getTitle());
            knowledge.setDescription(restKnowledge.getDescription());
            knowledge.setAccount(account);
            // ナレッジを登録
            knowledgeFacade.create(knowledge);
        }
    }
```

❶ ユーザーがナレッジの投稿者であるかを確認したり、新規にナレッジを作成したりするために使用するアカウント情報を最初に取得しています。

❷ IDで指定されたナレッジを更新する前に、ナレッジの存在を確認します。リクエストURIの最下位パスで受け取ったIDを使ってナレッジを検索します。KnowledgeFacadeクラスのfindメソッドは、第7章「データアクセス層の開発——JPAの基本」で扱ったQueryインターフェースのgetSingleResultメソッドを呼び出しています。

❸ ナレッジの更新はナレッジの投稿者しか行なえないため、指定されたナレッジが存在していた場合、ログインしたユーザーが当該ナレッジの投稿者であるかを確認します。ログインユーザーとナレッジの投稿者が異なる場合にはJAX-RSのForbiddenExceptionをスローし、ユーザーにエラーを通知します。

❹ ログインユーザーがナレッジの投稿者であった場合、リクエストのメッセージボディにマッピングされているRestKnowledgeクラスから「タイトル」と「詳細」にあたるフィールドの値を取得して既存のKnowledgeエンティティのフィールド値を書き換えます。最後に「タイトル」「詳細」を変更したKnowledgeエンティティで既存ナレッジを更新しています。

❺ 指定されたナレッジが存在しなかった場合は、指定されたIDを持つナレッジを新規に作成し、ナレッジをデータベースに永続化します。

❻ メソッドの戻り値はvoid型にすることで、クライアントに返却するステータスコードを「204 No Content」としています。

■ editKnowledgeリソースメソッドの実行

editKnowledgeリソースメソッドを呼び出し、実際にナレッジの更新を行なってみましょう。そのために、コマンドラインからcurlコマンドでPUTメソッドのリクエストを送信してみます。以下を1行で記述します。

▶ editKnowledgeリソースメソッドを呼び出すコマンド例

```
curl -v -u suzuki:suzuki -X PUT --data-binary "<restKnowledge><title>JDBC ➔
とは</title><description>
JDBCはJavaからデータベースにアクセスし、操作するためのAPIです。Java EEではJPAを使いま ➔
す。</description></restKnowledge>" -H "Content-Type: application/xml; ➔
charset=UTF-8"
http://localhost:8080/knowledgebank/webresources/knowledge/123
```

▶ ナレッジ更新結果例

```
< HTTP/1.1 204 No Content
< Server: GlassFish Server Open Source Edition 4.1
< X-Powered-By: Servlet/3.1 JSP/2.3 (GlassFish Server Open Source Edition ➔
4.1 Java/Oracle Corporation/1.8)
< Pragma: No-cache
< Cache-Control: no-cache
< Expires: Thu, 01 Jan 1970 09:00:00 JST
< Date: Wed, 06 May 2015 13:51:53 GMT
```

データベースにあるナレッジが更新されていることが確認できます。

9.5.4 ナレッジの削除（DELETEメソッドによる操作）

外部プログラムから既存ナレッジを削除するサービスを提供するため、removeKnowledgeリソースメソッドを用意しています。エンドポイントURIの最下位パスに削除するナレッジのIDを指定すると該当ナレッジを削除します。

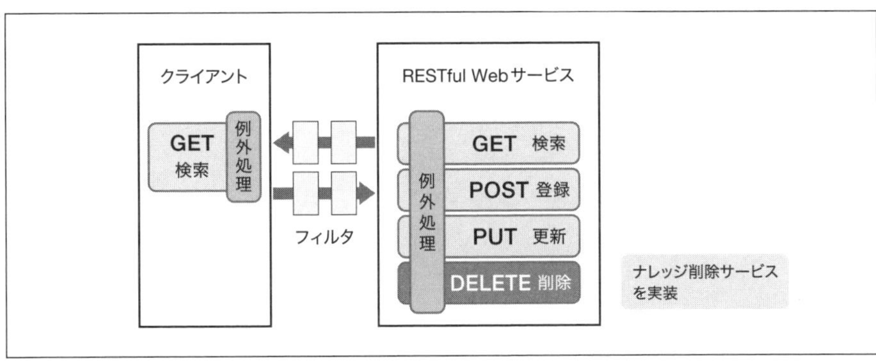

図9.15 RESTサービス全体における位置づけ

removeKnowledgeリソースメソッドは表9.19のパラメータを持つリクエストで呼び出せます。

表9.19 removeKnowledgeリソースメソッドを呼ぶリクエスト

項目	値
HTTPメソッド	DELETE
エンドポイントURI（例）	http://localhost8080/knowledgebank/webresources/knowledge/123 http://[ホスト名]/knowledgebank/webresources/knowledge/[ナレッジID]
Authorizationヘッダー（例）	Basic aGFueXVkYTpoYW55dWRh Basic[スペース][base64でエンコードした"ユーザーID:パスワード"]
メッセージボディ	なし

ソースコードは、以下のとおりです。ソースコード上の各番号は、後続の説明中の番号と対応します。

▶ DELETEメソッドでナレッジを削除するリソースメソッド（KnowledgeResource.java）

```
    @DELETE
    @Path("/{id}")
    public void removeKnowledge(@BeanParam KnowledgeParamBean param) {
        Account account = accountFacade
.findByUserId(param.getSecurityContext().getUserPrincipal().getName());
        Knowledge knowledge = null;
❶        try {
            //指定したIDを持つナレッジの有無を確認
            knowledge = knowledgeFacade.find(param.getId());
        } catch (EJBException e) {
            throw new KnowledgeNotFoundException("指定したIDを持つナレッジがあり➡
ません。");
        }
        // ユーザーが操作対象ナレッジの投稿者であるかを確認
❷        if (account.getId() != knowledge.getAccount().getId()) {
            throw new ForbiddenException("ナレッジの投稿者しかナレッジの削除ができ➡
ません。");
        }
        // ナレッジを削除
      ❸ knowledgeFacade.remove(knowledge);
    }
```

❶ 指定されたIDを持つナレッジの有無を確認し、ナレッジが存在しない場合はユーザーにそれを伝えるために独自作成例外のKnowledgeNotFoundExceptionをスローしています。

❷ ナレッジが存在している場合は、ユーザーが該当ナレッジの投稿者であることを確認します。

❸ 最後に該当ナレッジを削除します。

■ removeKnowledgeリソースメソッドの実行

removeKnowledgeリソースメソッドを呼び出し、既存ナレッジの削除を行なうためにコマンドラインからcurlコマンドでDELETEメソッドのリクエストを送信してみましょう。以下を1行で記述します。

▶ removeKnowledgeリソースメソッドを呼び出すコマンド例

```
curl -v -u suzuki:suzuki -X DELETE ➡
http://localhost:8080/knowledgebank/webresources/knowledge/123
```

▶ ナレッジ削除結果例

```
< HTTP/1.1 204 No Content
< Server: GlassFish Server Open Source Edition 4.1
< X-Powered-By: Servlet/3.1 JSP/2.3 (GlassFish Server Open Source Edition ➔
4.1 Java/Oracle Corporation/1.8)
< Pragma: No-cache
< Cache-Control: no-cache
< Expires: Thu, 01 Jan 1970 09:00:00 JST
< Date: Wed, 06 May 2015 13:53:30 GMT
```

これで、データベース上のナレッジが削除されていることが確認できます。

9.5.5 例外クラス

レスポンスによってクライアントにエラーを通知する場合は、JAX-RSの例外クラスを使います。ここではJAX-RS 2.0で使用できる例外クラス、JAX-RS以外の例外までもHTTPレスポンスに変換できる例外マッパーについて説明します。

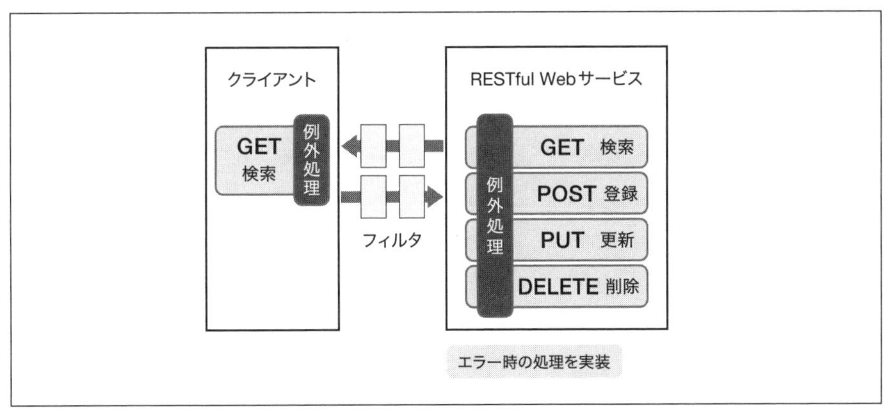

図9.16 RESTサービス全体における位置づけ

■ JAX-RS 2.0の例外体系

JAX-RSでは非チェック例外であるWebApplicationExceptionを用意しています。WebApplicationExceptionはコンストラクタにステータスコードのパラメータを指定すると、アプリケーションからスローされた際に、ステータスコードを含んだResponse

インスタンスをクライアントに返します。コンストラクタ実行時になにも指定しなかった場合は「500 Internal Server Error」のステータスコードを含むResponseインスタンスを返します。

▶ WebApplicationExceptionの使用例

```
if (knowledge == null) {
    throw new WebApplicationException(Response.Status.NOT_FOUND);
}
```

JAX-RS 2.0ではWebApplicationExceptionを継承した、クライアントエラーを示すClientErrorException、サーバーエラーを示すServerErrorExceptionといった例外クラスが追加されました。ClientErrorExceptionのサブクラスはスローされると400番台（クライアントエラー）のステータスコードを返します。一方、ServerErrorExceptionのサブクラスはスローされると500番台（サーバーエラー）のステータスコードを返します。表9.20、表9.21はすべて新たにjavax.ws.rsパッケージで提供している例外クラスです。

表9.20　ClientErrorExceptionを継承した例外クラス

例外クラス	ステータス番号	説明
BadRequestException	400	リクエストに誤りがあった際にスローされる
NotAuthorizedException	401	認証に失敗した際にスローされる
ForbiddenException	403	アクセスが許可されていない際にスローされる
NotFoundException	404	リソースが見つからない際にスローされる。主にクライアント側がリクエストURIを誤ってしまい、リソースメソッドが見つからなかった場合などに返却される
NotAllowedException	405	リクエストしたHTTPメソッドがサポートされていない際にスローされる
NotAcceptableException	406	クライアント側がリクエストしたデータ形式がサポートされていない際にスローされる
NotSupportedException	415	クライアントが送信したデータ形式をサポートしていない際にスローされる

表9.21　ServerErrorExceptionを継承した例外クラス

例外クラス	ステータス番号	説明
InternalServerErrorException	500	一般的なサーバーエラーが発生した際にスローされる
ServiceUnavailableException	503	サーバーが一時的に使用不可能な場合や、アクセスが集中している場合にスローされる

ナレッジバンクでは、ナレッジの更新／削除メソッドにおいてユーザーが操作対象ナレッジの投稿者でなかった場合にForbiddenExceptionをスローしてクライアントにエラーを通知しています。

■ 独自例外の作成

JAX-RSでは、クライアントにエラー情報をレスポンスとして通知するためにJAX-RS以外の例外をHTTPレスポンス（Responseインスタンス）に変換する例外マッパーを提供しています。アプリケーションからスローされる例外は、ExceptionMapperインターフェースでレスポンスにマッピングできます。

独自例外をスローする場合は、例外クラスと例外マッパーを作成します。ナレッジバンクでは、ナレッジを検索するリソースメソッドでナレッジがヒットしなかった場合にKnowledgeNotFoundExceptionという独自作成例外をスローしています。ナレッジ取得失敗エラーの情報をレスポンスのメッセージボディに追加してクライアントに返却するために例外クラスを用意しています。

▶ retrieveKnowledgeリソースメソッドでの例外スロー部分（KnowledgeResource.java）

```
throw new KnowledgeNotFoundException("ナレッジが見つかりませんでした");
```

例外クラスであるknowledgebank.rest.exception.KnowledgeNotFoundExceptionを見てみましょう。

▶ 例外クラス（KnowledgeNotFoundException.java）

```
public class KnowledgeNotFoundException extends RuntimeException{
   public KnowledgeNotFoundException(String s){
      super(s);
   }
}
```

例外クラスを作成する場合は、上記のようにRuntimeExceptionクラスを継承してコンストラクタを定義するだけです。

次に例外マッパーであるknowledgebank.rest.exception.KnowledgeNotFoundExceptionMapperを確認してください。ソースコード上の各番号は、後続の説明上の各番号と対応します。

9

▶ 例外マッパークラス（KnowledgeNotFoundExceptionMapper.java）

```
@Provider ❶
public class KnowledgeNotFoundExceptionMapper implements ExceptionMapper ➡
<KnowledgeNotFoundException>{
    @Override
❷   public Response toResponse(KnowledgeNotFoundException exception) {
    ❸   return Response.status(Response.Status.NOT_FOUND)
            ❹   .entity(exception.getMessage())
                .type("text/plain").build();
    }
}
```

KnowledgeNotFoundExceptionがアプリケーションのソースコードからスローされると、JAX-RSは例外を捕捉し、toResponseメソッドを呼び出してResponseインスタンスをクライアントに返します。このようにして、ナレッジの取得失敗エラーをユーザーに通知できます。

❶ 例外マッパークラスは、JAX-RSランタイムに認識させるために@Providerアノテーションを付加しExceptionMapperを実装します。JAX-RSはExceptionMapperのジェネリクスを使用してスローされた例外とのマッチングをします。
❷ toResponseメソッドはスローされた例外を引数として受け取ります。
❸ HTTPレスポンスをResponseインスタンスで作成して返します。今回は「404 Not Found」のステータスコードをクライアントに返すため、Responseクラスのstatusメソッドの引数に、Response.Status.NOT_FOUNDのパラメータを渡します。statusメソッドではResponse.ResponseBuilderインスタンスが返却されます。
❹ 残りは、Response.ResponseBuilderクラスのentityメソッドにエンティティボディにマッピングしたいインスタンスを引数で渡し、typeメソッドでエンティティボディのContent-Typeを"text/plain"（プレーンテキスト）に指定します。最後にResponseインスタンスを生成するためにbuildメソッドを呼び出します。

Response.Status列挙型では、表9.22のような定数を用意しています。

表9.22　Response.Status列挙型の定数

列挙定数	対応するステータスコード
OK	200 OK
CREATED	201 Created
NO_CONTENT	204 No Content
MOVED_PERMANENTLY	301 Moved Permanently
UNAUTHORIZED	401 Unauthorized
FORBIDDEN	403 Forbidden
NOT_FOUND	404 Not Found

curlコマンドでヒットしない検索語を指定してGETメソッドのリクエストを送信すると、「404 Not Found」のステータスコードとエラーメッセージがレスポンスとして返されることを確かめてみましょう。

▶ KnowledgeNotFoundExceptionをスローするコマンド例

```
curl -v -u suzuki:suzuki -X GET -H "Accept: application/xml"
http://localhost:8080/knowledgebank/webresources/knowledge/search?query=hoge
```

▶ ナレッジ検索エラー例

```
< HTTP/1.1 404 Not Found
< Server: GlassFish Server Open Source Edition 4.1
< X-Powered-By: Servlet/3.1 JSP/2.3 (GlassFish Server Open Source Edition ➔
4.1 Java/Oracle Corporation/1.8)
< Content-Type: text/plain
< Date: Wed, 06 May 2015 15:41:32 GMT
< Content-Length: 90
<
ナレッジが見つかりませんでした
```

■ 標準提供例外のマッピング

カスタマイズしたレスポンスに、標準提供の例外をマッピングする場合も例外マッパーを使用します。ナレッジの更新／削除メソッドにおいてユーザーが操作対象ナレッジの投稿者でなかった場合にはJAX-RS標準提供のForbiddenExceptionクラスをスローしています。

▶ ForbiddenExceptionスロー部分（KnowledgeResource.java）

```
if (account.getId() != knowledge.getAccount().getId()) {
        throw new ForbiddenException("ナレッジの投稿者しかナレッジの更新ができ➡
ません。");
}
```

ForbiddenExceptionは、デフォルトではステータスコードのみを含んだResponseインスタンスをクライアント側に返します。ナレッジバンクでは、独自で作成したエラーメッセージをレスポンスのメッセージボディに追加してクライアントに通知するため、ForbiddenExceptionを拡張しています。このようにデフォルト例外を拡張する場合は例外マッパーを使用して、例外クラスをレスポンスにマッピングします。

knowledgebank.rest.exception.ForbiddenExceptionMapperはForbiddenExceptionを、エラーメッセージをメッセージボディに出力するレスポンスにマッピングする例外マッパーです。内容はknowledgebank.rest.exception.KnowledgeNotFoundExceptionMapperとほぼ同じです。

▶ 例外マッパークラス（ForbiddenExceptionMapper.java）

```
@Provider
public class ForbiddenExceptionMapper implements ExceptionMapper➡
<ForbiddenException>{
   @Override
   public Response toResponse(ForbiddenException exception){
            return Response.status(Response.Status.FORBIDDEN)
             .entity(exception.getMessage())
             .type("text/plain").build();
   }
}
```

以上でForbiddenExceptionがアプリケーションからスローされた場合、例外はカスタマイズしたレスポンスとしてクライアントに返却されます。

curlコマンドで、操作対象ナレッジの投稿者でないユーザーとしてDELETEメソッドを実行してみましょう。「403 Forbidden」のステータスコードとエラーメッセージがレスポンスとして返却されることを確認できます。

▶ 認可エラー例

```
< HTTP/1.1 403 Forbidden
```

```
< Server: GlassFish Server Open Source Edition 4.1
< X-Powered-By: Servlet/3.1 JSP/2.3 (GlassFish Server Open Source Edition ➡
4.1 Java/Oracle Corporation/1.8)
< Content-Type: text/plain
< Date: Wed, 06 May 2015 15:45:56 GMT
< Content-Length: 33
<
ナレッジの投稿者しかナレッジの削除ができません。
```

9.6 RESTクライアントクラス（クライアント側）の作成

JAX-RS 2.0では、RESTful Webサービスのクライアント側プログラムを実装できるClient APIを提供しています。前節まで、RESTサービスはcurlコマンドを使ってコマンドプロンプトから手動で呼び出していました。本節では、Client APIを使用してアプリケーションプログラムからRESTサービスを呼び出す方法を説明します。

JAX-RS 1.1までは、クライアント側プログラムの実装には、RESTEasy、Jerseyといったサードパーティ製のクライアントフレームワークを使用する必要がありました。しかしJAX-RS 2.0では標準仕様としてClient APIを提供しているので、標準機能だけでRESTful Webサービスを呼び出すクライアント側プログラムを作成できるようになりました。

クライアントクラスの作成方法の説明にナレッジ検索機能（KnowledgeResourceクラスのretrieveKnowledgeリソースメソッド）を実行するナレッジバンククライアントを使います。

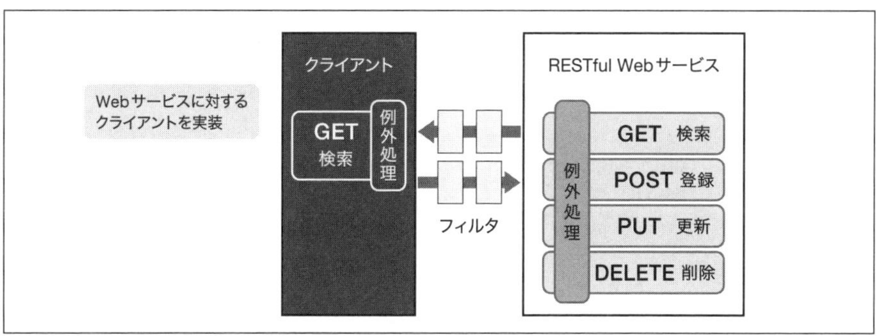

図9.17　RESTサービス全体における位置づけ

ナレッジバンクとは別に用意しているクライアント用Java SEプログラムknowledge_clientを見ていきます（表9.23）。

表9.23 knowledge_clientの情報

項目	説明
プロジェクト	Javaアプリケーション
アプリケーション名	knowledgebank_client
メインクラス名	knowledgebank.rest.client.KnowledgebankClient
ライブラリ	JAX-RS 2.0、Jersey2.5.1（JAX-RS参照実装）

以下の順で見ていきます。

- データクラス（DTO）
- RESTクライアントクラス

9.6.1 データクラス（DTO）

まずはRESTful Webサービスのクライアントを開発する場合、必須の事前準備としてデータクラス（DTO）を作成します。

クライアント側ではRestKnowledgeクラスを結果として受け取るためナレッジバンク本体のRestKnowledge.javaと同じプロパティを定義したRestKnowledge.javaを用意しています。ナレッジバンク本体との違いは「タイトル」と「詳細」のフィードにある検証用@NotNullアノテーションがない点、Knowledgeエンティティを変換するためのコンストラクタがない点です。

9.6.2 RESTクライアントクラス

続いて、本体のRESTクライアントクラスを作成します。

■ 簡単な使用例

最初にClient APIの簡単な使用例を見てみましょう。KnowledgeResourceリソースクラスのretrieveKnowledgeリソースメソッド、createKnowledgeリソースメソッドを

Client APIを使って呼び出すとします。その場合は次のように記述します（ソースの可読性を上げるため例外処理は省略しています）。以下はretrieveKnowledgeリソースメソッドを呼び出すメソッドです。ソースコード上の各番号は、後続の説明中の番号と対応します。

▶ クライアントクラスの基本構成要素（GETメソッドの場合）

```
    public List<RestKnowledge> callRetrieveKnowledge() {
        ❶ Client client = ClientBuilder.newClient();
❷          WebTarget webTarget
 = client.target("http://localhost:8080/knowledgebank/webresources/knowledge")
                        .path("search");
        ❸ List<RestKnowledge> restKnowledgeList = webTarget
                    .request(MediaType.APPLICATION_XML)
        ❹           .get(new GenericType<List<RestKnowledge>>() {
                    });
           client.close();
           return restKnowledgeList;
    }
```

JAX-RSのClient APIでは以下の手順でリソースクラスを呼び出します。

❶ javax.ws.rs.client.Client型のインスタンスをjavax.ws.rs.client.ClientBuilderクラスのnewClientメソッドで取得します（ClientBuilderクラスのnewBuilderメソッドを使うと、Clientオブジェクトになんらかの初期設定を行なったあとで生成できます）。

❷ Clientインターフェースのtargetメソッドの引数にリクエストURIを渡し、ターゲットとなるURIに相当するjavax.ws.rs.client.WebTarget型のインスタンスを取得します。WebTargetインターフェースはpathメソッドで後続パスを指定できます。

❸ WebTargetインターフェースのrequestメソッドの引数に、リクエストのAcceptヘッダーに指定したいデータ形式のパラメータを渡して実行し、javax.ws.rs.client.Invocation.Builder型のインスタンスを取得します。

❹ Invocation.BuilderインターフェースのスーパーインターフェースであるSyncInvokerのgetメソッド、postメソッド、putメソッド、deleteメソッド（各HTTPメソッドに対応したメソッド）などを実行してリクエストを送信します。引数には返却されるレスポンスのデータ型を指定できます。javax.ws.rs.core.GenericType<T>クラスでジェネリクスを使ったエンティティボディのデータ型を示せます。

9

POSTメソッドで呼び出されるcreateKnowledgeリソースメソッドを実行する場合は、以下のように記述します。ソースコード上の各番号は、後続の説明中の番号と対応します。

▶ クライアントクラスの基本構成要素（POSTメソッドの場合）

```
    public void callCreateKnowledge (RestKnowledge restKnowledge) {
        Client client = ClientBuilder.newClient();
        Response response
                = client.target("http://localhost:8080/knowledgebank/➡
webresources/knowledge")
                .request()
❶               .post(Entity.entity(restKnowledge, "application/xml; ➡
charset=UTF-8"), Response.class);
        if (response.getStatus() == Response.Status.CREATED.getStatusCode➡
()) {        ❷
            System.out.println("ナレッジを登録しました。");
        } else {
            System.out.println("ナレッジ登録に失敗しました。");
        }
        response.close();
        client.close();
    }
```

❶ Invocation.Builderインターフェースのpostメソッドでは、第1引数に送信するリクエストのエンティティボディ、第2引数にレスポンスのデータ型を指定します。エンティティボディを生成するにはEntityクラスのentityメソッドを使います。第1引数にエンティティボディにしたいJavaオブジェクト、第2引数にContent-Typeヘッダーに指定したい値をセットします。

❷ クライアント側でも、RESTサービスクラスで説明したjavax.ws.rs.core.Responseクラスを使用します。Responseクラスは、レスポンスのエンティティボディをJavaオブジェクトとして取得するgetEntityメソッド、ステータスコードを得るgetStatusメソッド、レスポンスヘッダーのマップを取得するgetMetadataメソッドもあります。

Client APIでは上記の流れをメソッドチェーンで記述できます。Client APIで主に使用するインターフェースは以下のとおりです。

- **javax.ws.rs.client.Clientインターフェース**
  RESTful Webサービスの各リソースに対してリクエストを送信するクライアントに相当します。ClientBuilderクラスで取得できます。Configurableインターフェースを継承しており、後述するフィルタやインターセプタをregisterメソッドで登録できます。このオブジェクトは生成と廃棄に高負荷がかかるので、アプリケーション内で生成する数は最低限に抑えるようにします。最後に必ずcloseメソッドを呼ぶようにします。
- **javax.ws.rs.client.WebTargetインターフェース**
  呼び出すURIを示すインターフェースです。Clientインターフェースのtargetメソッドで生成します。Configurableインターフェースを継承しており、WebTargetごとにフィルタやインターセプタをregisterメソッドで登録できます。pathメソッドで後続パスを追加したりqueryParamメソッド（次のセクション「ナレッジバンククライアントにおける処理」で使用）でクエリ文字列をパスに追加したりできます。requestメソッドでリクエストの構築を開始します。
- **javax.ws.rs.client.Invocation.Builderインターフェース**
  リクエストヘッダーを設定し、各種HTTPメソッドを実行するインターフェースです。WebTargetインターフェースのrequestメソッドで生成します。headerメソッドでHTTPヘッダーを設定できます。

▶ javax.ws.rs.client.Invocation.Builderインターフェースheaderメソッドの使用例

```
        List<RestKnowledge> restKnowledgeList = webTarget
                .request(MediaType.APPLICATION_XML)
                .header("Foo", "bar")  // リクエストヘッダー"Foo: bar"を設定
                .get(new GenericType<List<RestKnowledge>>() {
                });
```

SyncInvokerインターフェースを実装しており、各種HTTPメソッドに対応したget、post、put、deleteの各メソッドをレスポンスのデータ型を引数に渡して実行できます。ジェネリクスを使ったリストをデータ型に指定する場合は、javax.ws.rs.core.GenericType<T>クラスのインスタンスを引数に渡します。

■ ナレッジバンククライアントにおける処理

knowledgebank.rest.client.KnowledgebankClientがナレッジバンクRESTサービスのクライアント用クラスです。ナレッジバンクの検索機能は「検索語」と「カテゴリ」

でナレッジを取得するというものでした。クライアントプログラムでは、ナレッジ検索に必要な「検索語」と「カテゴリ」をコマンドラインから受け取り、ナレッジの検索結果もコマンドライン上に出力します。

以下のmainメソッドはKnowledgeResourceクラスのretrieveKnowledgeリソースメソッドをClient APIで呼び出します。ソースコード上の各番号は、後続の説明中の番号と対応します。

▶ RESTクライアントクラスのmainメソッド（KnowledgebankClient.java）

```
    public static void main(String args[]) {
        Client client = ClientBuilder.newClient();
        try {
            Console con = System.console();
            // ユーザーIDとパスワードをコマンドラインから取得
            String userId = con.readLine("ユーザーIDは：");
            char[] passCharArr = con.readPassword("パスワードは：");
            String password = new String(passCharArr);
            // クライアントにBASIC認証用クラスを登録
❶           client.register(HttpAuthenticationFeature.basic(userId, ➡
password));
❷           WebTarget webTarget
= client.target("http://localhost:8080/knowledgebank/webresources/➡
knowledge");
            webTarget = webTarget.path("search");
            String searchString = con.readLine("検索語は：");
            String categoryString = null;
            while (!(categoryString = con.readLine("カテゴリは：")).isEmpty()) {
                // カテゴリを後続パスに指定
              ❷ webTarget = webTarget.path(categoryString);
            }
            // 検索語をクエリ文字列に指定
          ❸ webTarget = webTarget.queryParam("query", searchString);
            // リクエストを送信
          ❹ List<RestKnowledge> restKnowledgeList = webTarget
                    .register(ClientSideLoggingFilter.class)
                    .request(MediaType.APPLICATION_XML)
                    .get(new GenericType<List<RestKnowledge>>() {
                    });
            System.out.println("===検索結果===");
            restKnowledgeList.stream().forEach(restKnowledge ->{
                System.out.println("タイトル：" + restKnowledge.getTitle());
```

```
                System.out.println("投稿者：" + restKnowledge.➡
getAccountName());
                System.out.println("=============");
            });
        } catch (NotAuthorizedException e){
            System.out.println("ユーザーIDまたはパスワードが違います");
        } catch (NotFoundException e) {
            System.out.println("ナレッジが見つかりませんでした");
        } catch (Exception e) {
            System.out.println(e.getMessage());
            e.printStackTrace();
        } finally {
            client.close();
        }
    }
```

❶ クライアント側でBASIC認証を行なう場合はサードパーティ製ライブラリを使います。これは標準仕様では提供されていないためです。今回はGlassFishサーバーを使っているため、Jerseyのorg.glassfish.jersey.client.authentication.HttpAuthenticationFeatureクラスを使用します。basicメソッドの第1引数にユーザーID、第2引数にパスワードを指定して実行するとBASIC認証が行なえます。BASIC認証用クラスを登録するためにClientインターフェースが継承しているConfigurableインターフェースのregisterメソッドを使っています。

❷ 次にtargetメソッドとpathメソッドでターゲットとなるURIを示すWebTargetインスタンスを生成します。コマンドラインからの入力がなくなる（文字入力せずにEnterキーが押される）まで取得した「カテゴリ」の文字列は、取得するたびにWebTargetインターフェースのpathメソッドで後続パスとして連結していきます。

❸「検索語」の文字列は、queryParamメソッドでクエリ文字列として連結します。

❹ registerメソッドで、WebTargetに登録したい独自作成フィルタを追加します（フィルタについては次節で説明）。requestメソッドでAcceptヘッダーを「application/xml」に設定します。最後にgetメソッドの引数に、レスポンスとして受け取るデータ型としてList<RestKnowledge>型を指定します。

レスポンスとして受け取ったrestKnowledgeList内RestKnowledgeインスタンスの「タイトル」と「投稿者」はコマンドラインに出力しています。

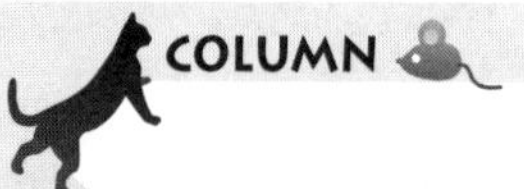

クライアント側の認証

今回、glassfishにはJerseyが含まれているためJerseyのHttpAuthenticationFeatureクラスをBASIC認証に使います。JBossを使う場合はRESTEasyのorg.jboss.resteasy.client.jaxrs.BasicAuthenticationクラスを使います。また、別の方法としてbase64でエンコードしたユーザーIDとパスワードを指定したAuthorizationヘッダーを追加してもBASIC認証は可能です。

■ ナレッジバンククライアントの実行

実際にコマンドラインからクライアントプログラムを実行してみましょう。NetBeansでプロジェクトをビルドした後、コマンドラインで以下のコマンドを実行します。

▶ クライアントクラス実行例　※フィルタでのログ出力は省略しています。

```
> cd [knowledgebank_clientまでのパス]/knowledgebank_client/dist
> java -jar knowledgebank_client.jar
```

▶ 実行結果

```
ユーザーIDは：suzuki
パスワードは：
検索語は：GC
カテゴリは：Java
カテゴリは：
===検索結果===
タイトル：GCログの出力方法
投稿者：鈴木花子
=============
```

9.7 メッセージフィルタクラス

9.7.1 メッセージフィルタとエンティティインターセプタ

JAX-RS 2.0では、新たにリクエスト／レスポンスヘッダーの編集などに使用するメッセージフィルタ、エンティティボディの編集に使用するエンティティインターセプタを提供しています。両者は表9.24のような違いがあります。

表9.24　メッセージフィルタとエンティティインターセプタ

	用途	適用可能タイミング
メッセージフィルタ	主にヘッダーの変更。 ログ出力、認証、リクエストヘッダーレスポンスヘッダーの変更など	サーバーのリクエスト受信時 (サーバーのリソースメソッド実行直前) 【ContainerRequestFilter使用】
		サーバーのレスポンス送信時 (サーバーのリソースメソッド実行直後) 【ContainerResponseFilter使用】
		クライアントのリクエスト送信時 【ClientRequestFilter使用】
		クライアントのレスポンス受信時 【ClientResponseFilter使用】
エンティティインターセプタ	主にエンティティボディの変更。 メッセージボディの圧縮、暗号化など	MessageBodyReaderがリクエスト／レスポンスのメッセージボディを読み込むとき 【ReaderInterceptor使用】
		MessageBodyWriterがリクエスト／レスポンスのメッセージボディを書き出すとき 【WriterInterceptor使用】

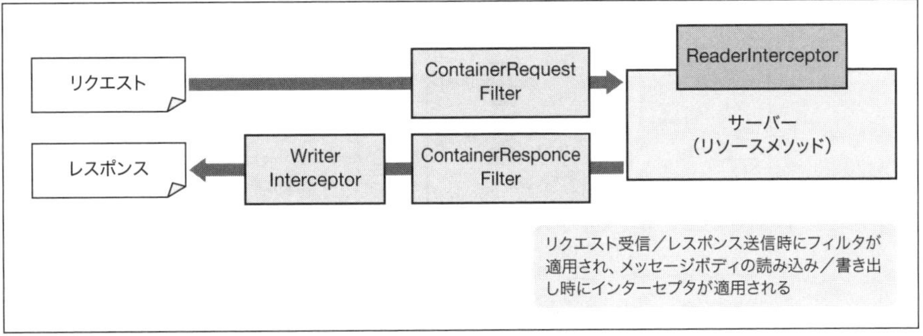

図9.18　サーバー側フィルタ／インターセプタ適用タイミング

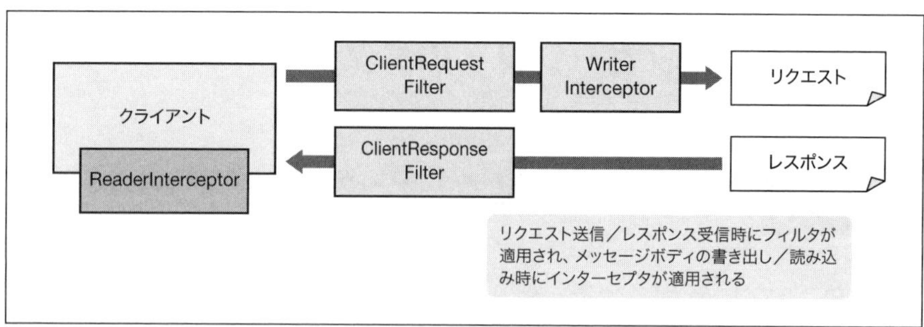

図9.19 クライアント側フィルタ/インターセプタ適用タイミング

【10】
エンティティインターセプタについてはJSR 339の「6.3 Entity Interceptors」を確認してください。

本節ではメッセージフィルタについて説明します[10]。ナレッジバンクでは、ナレッジバンク本体RESTサービスがリクエストを受信するとき(ナレッジ検索リソースメソッドが呼ばれる直前)、レスポンスを送信するとき(ナレッジ検索リソースメソッドが呼ばれた直後)、ナレッジバンククライアントがリクエストを送信するとき、レスポンスを受信するときの4つのタイミングでログを出力するメッセージフィルタを実装しています。

9.7.2 サーバー側フィルタ

まずは、サーバー側フィルタの実装方法をknowledgebank.rest.filter.ServerSideLoggingFilterを例に見ていきます。ナレッジバンクのRESTful Webサービス側でログを出力するフィルタクラスです。ソースコード上の各番号は、後続の説明中の番号と対応します。

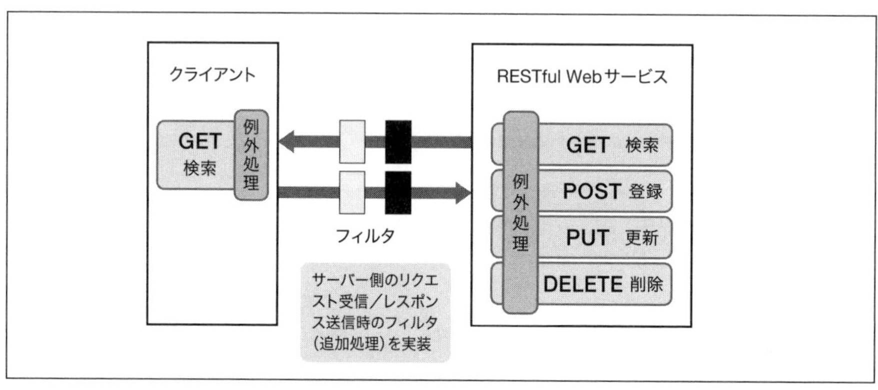

図9.20 RESTサービス全体における位置づけ

▶ サーバー側フィルタクラス（ServerSideLoggingFilter.java）

```
@Provider ❶                                        ❶
public class ServerSideLoggingFilter implements ContainerRequestFilter, ➡
ContainerResponseFilter {
    static final Logger logger = Logger.getLogger(KnowledgeResource.class.➡
getName());
    // ContainerRequestFilter,のメソッドを実装
❷   @Override
    public void filter(ContainerRequestContext requestContext) throws ➡
IOException {
        logger.log(Level.INFO,
"サーバーが{0}メソッドのリクエストを受信しました。", requestContext.getMethod());
    }
    // ContainerResponseFilterのメソッドを実装
❷   @Override
    public void filter(ContainerRequestContext requestContext,
ContainerResponseContext responseContext) throws IOException {
        logger.log(Level.INFO, "サーバーがレスポンスを送信しました。");
    }
}
```

❶ JAX-RSのランタイムに通知するために、サーバーフィルタクラスも@Providerアノテーションを付加してクラスパス上に配置します。ContainerRequestFilterインターフェースを実装すると、サーバーがリクエストを受信するとき（厳密にはリソースメソッド実行直前）に処理を追加できます。ContainerResponseFilterインターフェースを実装すると、サーバーがレスポンスを送信するとき（厳密にはリソースメソッド実行直後）に処理を追加できます。

❷ それぞれオーバーライドするfilterメソッド内でフィルタ適用タイミングに実行したい処理を記述します。

JAX-RSではサーバー側のフィルタとして、リソースメソッド実行直前に処理を追加できるContainerRequestFilter、リソースメソッド実行直後に処理を追加できるContainerResponseFilterの2つのインターフェースを提供しています。適用したいタイミングに応じてこれらのインターフェースを実装することでサーバーフィルタクラスにできます。主にリクエスト／レスポンスヘッダーを参照したり変更したりする用途に使います。

▶ サーバーのリクエスト受信時に適用するフィルタ用インターフェース

```
public interface ContainerRequestFilter {
    void filter(ContainerRequestContext requestContext) throws IOException;
}
```

▶ サーバーのレスポンス送信時に適用するフィルタ用インターフェース

```
public interface ContainerResponseFilter {
    void filter(ContainerRequestContext requestContext,
        ContainerResponseContext responseContext) throws IOException;
}
```

それぞれサーバーフィルタクラスでfilterメソッドをオーバーライドします。filterメソッドの引数で指定されているのは、以下の2つのインターフェースです。

- **javax.ws.rs.container.ContainerRequestContextインターフェース**
  フィルタ内で使用するリクエストに関する情報（リクエストのURI、ヘッダー、メッセージボディなど）を提供するインターフェースです。getHeadersメソッドでリクエストヘッダー一式を取得（返却されるMultivaluedMapのputSingleメソッドで値を設定）、getHeaderStringメソッドで指定したヘッダーの値を取得できます。
- **javax.ws.rs.container.ContainerResponseContextインターフェース**
  フィルタ内で使用するレスポンスに関する情報（ヘッダー、メッセージボディなど）を提供するインターフェースです。ContainerRequestContextで説明したメソッドに加え、getStringHeadersメソッドでヘッダー一式をString型で取得できます。

@PreMatchingアノテーション

特にサーバーリクエストフィルタに@PreMatchingアノテーションを付加すると、HTTPリクエストとのマッチング（リクエストから呼び出すリソースメソッドを探すこと）を行なう前に各リソースメソッドが実行されます。これは、リソースメソッドとリクエストのマッチングに使用する情報（URIやHTTPメソッド）を変更し、呼び出すリソースメソッドを制御したいときに使用します。ContainerRequestFilterは実行するリソースメソッドが決まった後にフィルタの処理を行なうためリクエストのURIやHTTPメソッドを変更できませんが、@PreMatchingアノテーションの使用で可能になります。

▶ @PreMatchingアノテーション使用例

```
@PreMatching
@Provider
public class ServerSideLoggingFilter implements ➔
ContainerRequestFilter, ContainerResponseFilter {・・・}
```

■ サーバー側フィルタ適用メソッドの制限方法

サーバー側のフィルタはデフォルトではすべてのリソースメソッドに適用されますが、特定のリソースメソッドのみに適用箇所を制限することもできます。適用箇所を制限する方法にはjavax.ws.rs.container.DynamicFeatureインターフェース実装クラス内で適用対象リソースにフィルタを登録する方法、@javax.ws.rs.NameBindingアノテーションを付加した独自作成アノテーションで適用対象リソースとフィルタとをバインドする方法の2種類があります。リソースクラス／リソースメソッドを参照する場合はDynamicFeatureインターフェースを使うことを推奨します。ナレッジバンクではこちらを採用しています。

■（1）DynamicFeatureインターフェースを使用する方法

ナレッジバンクではサーバー側フィルタの適用対象をナレッジ検索リソースメソッドに制限するために、DynamicFeatureインターフェース実装クラスであるknowledgebank.rest.filter.LoggingFeatureを用意しています。

▶ DynamicFeature使用例（LoggingFeature.java）

```
@Provider
public class LoggingFeature implements DynamicFeature {
    @Override
    public void configure(ResourceInfo ri, FeatureContext fc) {
        if (ri.getResourceClass().equals(KnowledgeResource.class)
                && ri.getResourceMethod().isAnnotationPresent (GET.class)) {
            fc.register(ServerSideLoggingFilter.class);
        }
    }
}
```

DynamicFeatureインターフェースのconfigureメソッド内でフィルタを適用するメ

ソッドを制御します。configureメソッドは、各リソースメソッドがデプロイされるたびに一度だけ呼ばれるコールバックメソッドです。configureメソッドの中で対象となるリソースにFeatureContextインターフェースのregisterメソッドで適用するフィルタやインターセプタを登録します。以降は当該のリソースメソッドが呼ばれるたびにフィルタが実行されます。configureメソッドの引数で指定されているのは、以下の2つのインターフェースです。

- **javax.ws.rs.container.ResourceInfoインターフェース**
  リクエストでマッチングしたリソースクラスやリソースメソッドへアクセスするためのインターフェースです。getResourceClassでリソースクラスを取得、getResourceMethodでリソースメソッドを取得できます。
- **javax.ws.rs.core.FeatureContextインターフェース**
  フィルタやインターセプタを登録するregisterメソッドを持つConfigurableインターフェースを拡張したインターフェースです。

■（2）@NameBindingアノテーションを使用する方法

@NameBindingアノテーションを付加した独自作成アノテーションで適用対象クラス／メソッドとフィルタとをバインドし、サーバー側フィルタの適用対象を制御する方法もあります。

以下のようにカスタムアノテーションを作成します。このとき@NameBindingアノテーションを付加します。

▶フィルタの適用対象を示すアノテーション例

```
@NameBinding
@Target({ElementType.METHOD, ElementType.TYPE})
@Retention(RetentionPolicy.RUNTIME)
public @interface Logging {}
```

カスタムアノテーションは対象となるフィルタと、フィルタを適用したいリソースクラス／リソースメソッドにそれぞれ付加して、両者をバインドします。

▶フィルタ側への適用例

```
@Logging
@Provider
```

```
public class ServerSideLoggingFilter implements ContainerRequestFilter, ➡
ContainerResponseFilter {
    // フィルタによる処理
}
```

▶ RESTリソースメソッドへの適用例

```
    @Logging
    @GET
    @Path("/search/{category:.+}")
    @Produces({"application/xml", "application/json"})
    public List<RestKnowledge> retrieveKnowledgeByCategoryQuery(
        @BeanParam KnowledgeParamBean param) {
        // リソースメソッドの処理
    }
```

上記の例では、独自作成アノテーションでフィルタ適用対象リソースとフィルタとをバインドしています。これらの方法では、リソースクラスやリソースメソッドの情報にアクセスする場合に、フィルタクラス内にリソース情報（ResourceInfoクラス）をインジェクションする必要があります。リソース活用を効率化するには、リソース情報へのアクセスはDynamicFeatureインターフェースのconfigureメソッドの引数にあるResourceInfoクラスを使うとよいでしょう。

最後に、サーバー側フィルタによるログ出力を確かめるためにcurlコマンドでナレッジ検索リソースメソッドを呼び出してみましょう。

▶ コンソールでのログ出力例

```
情報:   サーバーがGETメソッドのリクエストを受信しました。
情報:   サーバーがレスポンスを送信しました。
```

9.7.3 クライアント側フィルタ

クライアント側フィルタの実装方法をknowledgebank.rest.client.ClientSideLoggingFilterを例に見ていきます。実装するのは、クライアントのリクエスト送信時、レスポンス受信時にログを出力するためのフィルタです。ソースコード上の各番号は、後続の説明中の番号と対応します。

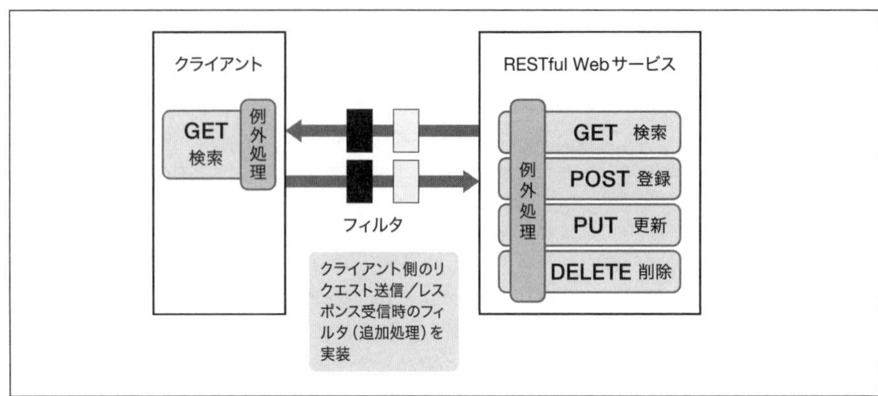

図9.21　RESTサービス全体における位置づけ

▶ クライアント側フィルタクラス（ClientSideLoggingFilter.java）

```
@Provider ❶
public class ClientSideLoggingFilter implements ClientRequestFilter, ➡
ClientResponseFilter {
    static final Logger logger = Logger.getLogger(KnowledgebankClient.➡
class.getName());
    // ClientRequestFilterのメソッドを実装
❷   @Override
    public void filter(ClientRequestContext requestContext) throws ➡
IOException {
        logger.log(Level.INFO, "リクエストを送信しました。");
    }
    // ClientResponseFilterのメソッドを実装
❷   @Override
    public void filter(ClientRequestContext requestContext, ➡
ClientResponseContext responseContext) throws IOException {
        logger.log(Level.INFO, "レスポンスを受信します。");
    }
}
```

❶ クライアントフィルタクラスにも@Providerアノテーションを付加します。ClientRequestFilterインターフェースを実装すると、クライアントがリクエストを受信するときに処理を追加できます。ClientResponseFilterインターフェースを実装すると、クライアントがレスポンスを送信するときに処理を追加できます。

❷ それぞれオーバーライドするfilterメソッド内でフィルタ適用タイミングに実行したい処理を記述しています。

JAX-RSではクライアント側のフィルタとしてClientRequestFilterとClientResponseFilterを提供しています。ClientRequestFilterはリクエスト送信時に処理を追加し、ClientResponseFilterはレスポンス受信時に処理を追加します。クライアント側も適用したいタイミングに応じてこれらのインターフェースを実装することでクライアントフィルタクラスにできます。クライアント側でリクエスト／レスポンスヘッダーを参照したり変更したりするときなどに使います。

▶ クライアントのリクエスト送信時に適用するフィルタ用インターフェース

```
public interface ClientRequestFilter {
    void filter(ClientRequestContext requestContext) throws IOException;
}
```

▶ クライアントのレスポンス受信時に適用するフィルタ用インターフェース

```
public interface ClientResponseFilter {
    void filter(ClientRequestContext requestContext,
        ClientResponseContext responseContext) throws IOException;
}
```

それぞれクライアントフィルタクラスでfilterメソッドをオーバーライドします。filterメソッドの引数で指定されているのは、以下の2つのインターフェースです。

- **javax.ws.rs.client.ClientRequestContextインターフェース**
  フィルタ内で使用するリクエストに関する情報（リクエストのURI、ヘッダー、メッセージボディなど）を提供するインターフェースです。getHeadersメソッドでリクエストヘッダー一式を取得（返却されるMultivaluedMapのputSingleメソッドで値を設定）、getStringHeadersメソッドでヘッダー一式をString型で取得、getHeaderStringメソッドで指定したヘッダーの値を取得できます。
- **javax.ws.rs.client.ClientResponseContextインターフェース**
  フィルタ内で使用するレスポンスに関する情報（ヘッダー、メッセージボディなど）を提供するインターフェースです。getStringHeadersメソッド以外のClientRequestContextで説明したメソッドが使えます。

■ クライアントフィルタの適用方法

クライアントフィルタをクライアントに適用するにはClientBuilderクラス、Clientクラス、WebTargetインターフェースなどが共通で継承しているConfigurableインターフェースのregisterメソッドを使用します。registerメソッドの引数に作成したフィルタクラスを渡してフィルタを登録します[11]。knowledgebank.rest.client.KnowledgebankClientでは、以下のようにフィルタを登録しています。

【11】
エンティティインターセプタも同様にConfigurableインターフェースのregisterメソッドを利用します。

▶ ナレッジクライアントのフィルタ適用部分（KnowledgebankClient.java）

```
webTarget = webTarget.queryParam("query", searchString);
          List<RestKnowledge> restKnowledgeList = webTarget
                 .register(ClientSideLoggingFilter.class)
                 .request(MediaType.APPLICATION_XML)
                 .get(new GenericType<List<RestKnowledge>>() {
                 });
```

フィルタは登録する対象によって適用範囲が変わります。クライアントのリクエスト送信時／レスポンス受信時すべてに対してフィルタを適用する場合は、Clientクラス自体にregisterメソッドでフィルタを登録します。

▶ Clientクラス自体へのフィルタ適用例

```
Client client = ClientBuilder.newClient().register➔
(ClientSideLoggingFilter.class);
```

リクエスト／レスポンスをやりとりするエンドポイントURI（リソースメソッド）単位でフィルタを適用する場合は、ナレッジバンククライアントのようにWebTargetクラスにregisterメソッドでフィルタを登録します。エンドポイントURIごとに異なるフィルタ（インターセプタも同様）を適用できるので、たとえばエンドポイントごとにセキュリティ要件が異なっていた場合にフィルタを使い分けて対応できます。

クライアント側フィルタによるログ出力を確かめるためにクライアントプログラムを実行してみましょう。

▶ コマンドラインでのログ出力例

```
5 07, 2015 1:02:57 午前 knowledgebank.rest.client.ClientSideLoggingFilter filter
情報: リクエストを送信しました。
5 07, 2015 1:02:57 午前 knowledgebank.rest.client.ClientSideLoggingFilter filter
情報: レスポンスを受信します。
```

9.8 まとめ

本章ではRESTful Webサービスの開発で使われるAPIであるJAX-RSについて説明しました。JAX-RSは数々のアノテーションで容易にRESTful Webサービスを作成できます。ここでは、RESTful WebサービスのコアとなるRESTサービスクラス、例外クラス、RESTクライアントクラス、メッセージフィルタの作成方法などを紹介しました。また、本書では扱えませんでしたが、JAX-RS 2.0では上記に加えエンティティインターセプタによるエンティティボディの加工、非同期処理ができるようになりました。これらの技術について興味のある方は、仕様（JSR 339の「6.3 Entity Interceptors」「8 Asynchronous Processing」など）を確認してみるとよいでしょう。

Chapter

10

バッチアプリケーションの開発

Java EE 7では、Javaにおけるバッチ処理の標準化仕様が盛り込まれました。この仕様はJSR 352（Batch Applications for the Java Platform）で規定されており、通称「jBatch」と呼ばれています。本書でもこれ以降、jBatch[1]と呼ぶことにします。本章ではこのjBatchを利用して、最初に簡単な例を挙げた後、ナレッジバンクのバッチアプリケーションを開発していきます。

【1】
jBatchはJava EE仕様の一部ですが、必要なライブラリを追加すればJava SE環境でも実行可能です。ただし実際には、効率の面からCDIやJPAなどと組み合わせて実装し、Java EEコンテナ上で実行するのが現実的と言えるでしょう。

10.1 jBatchの基本

10.1.1 バッチ処理とその特徴

そもそも**バッチ処理**とは一体どのようなものでしょうか。

バッチ処理とは、複数のデータや複数の処理を一括して実行する方式のことです。一方、Webブラウザなどの画面を介して入力と応答が繰り返される処理を**リアルタイム処理**または**オンライン処理**と呼びます。

バッチ処理には、これまで見てきたようなリアルタイム処理と比べて、以下の特徴があります。

- 一度に多くのデータが処理される
- 実行時間が長い
- 非対話型（人間による画面での入出力操作を伴わない）
- リクエストに従って起動されることよりも、実行する時刻を指定して起動されることが多い

バッチ処理の例としては、大量のデータ集計や大量の印刷などが挙げられます（図10.1）。こういった業務をコンピュータに任せることにより、単なる省力化だけではなく、人間が処理したのでは到底かなわないような速度と正確さで、大量の仕事を繰り返し実行することができるようになります。

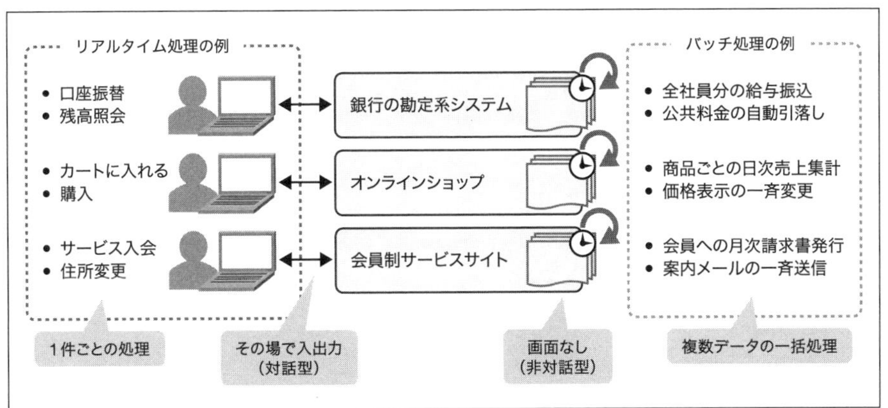

図10.1 リアルタイム処理とバッチ処理との違いと特徴

10.1.2 jBatchとは

jBatchは、前項で述べたような特徴を持つバッチ処理をJava言語で実装するためのフレームワークです。業務システムにおけるバッチ処理には、全体的な処理の流れや設計時に考慮すべきポイントなど、時代や言語を問わない共通点が多く見られます。jBatchは、こうした業務システムのバッチ処理に求められる要素を盛り込んだ「以前から培われているひな形」を標準として提供します。もちろん、jBatchを利用しなくてもJavaでバッチ処理を実装することはできます。しかしこれを活用することにより、理解が容易で考慮漏れの少ないバッチ処理を効率よく作成することができるようになります。

■ jBatchの機能と構成要素

jBatchが提供する機能と、それを実現する構成要素を示したものが表10.1です。

jBatchにおけるバッチ処理は、大まかに言うと「ジョブ」と「ステップ」とで構成されます（図10.2）。ジョブには全体の流れを記述し、ステップに個々の処理を実装することにより、一連の業務を実現します。ジョブとステップの分離[2]により、業務の変更に対して柔軟に対応できるような仕組みになっています。

【2】
jBatchのアーキテクチャはオープンソースのSpring Batchから多くを受け継いでいますが、ジョブとステップの分離は、メインフレームの時代から引き継がれているものです。メインフレームでは、全体の流れはジョブとしてJCLによって記述され、業務ロジックはステップとしてCOBOLやPL/Iなどの言語で記述されたプログラムを用いて実装されます。

表10.1　jBatchの機能と構成要素

機能	構成要素
処理の順序制御	**ジョブ**
逐次処理	フロー
並列処理	スプリット
条件分岐	デシジョン
正常終了／異常終了／中断	遷移要素
異常発生時の再試行	リトライ
異常発生時のデータ読み飛ばし	スキップ
全体の実行制御	ジョブオペレータ
実装のテンプレート提供	**ステップ**
複数データの逐次処理	チャンク
単機能処理	バッチレット
複数データの並行処理	ステップ・パーティショニング
補助機能	
処理前後のイベント処理	リスナ
状態保持	ジョブリポジトリ、コンテキスト
状態確認	メトリック

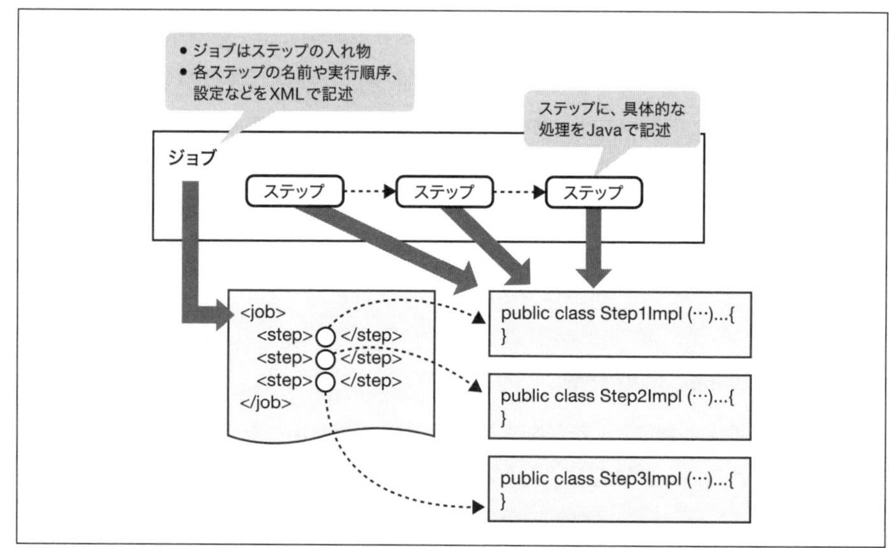

図10.2　ジョブとステップの関係

jBatchには「ジョブ」と「ステップ」以外に、いくつかの補助的な機能があります。ジョブやステップの開始直前または終了直後に処理を差し込むための「リスナ」や、ジョブやステップの状態を永続的に保持する「ジョブリポジトリ」、一時的に保持する

「コンテキスト」、そして統計的な情報を確認するための「メトリック」です。

これらの構成要素がどのようなものなのか、順番に見ていきましょう。

10.1.3 ジョブ

ジョブはステップの入れ物です。1つのジョブの中には、1つ以上のステップが必要です。通常は複数のステップを順番に（または並列に）実行させることにより、業務的にまとまった意味のある1つのバッチ処理を構成します。

ジョブはXMLで記述します。XMLファイルの中で、各ステップの呼び出し先クラス名と実行順序を記述します。また、必要に応じてジョブ全体や各ステップに対する設定、エラー発生時の挙動なども記述します。記述のルールを示した仕様は、JSL（Job Specification Language）と呼ばれます。また、ジョブを記述したXMLファイルは**Job XMLファイル**と呼ばれます。

JSLには、処理の実行順序を制御するため、以下のXML要素が用意されています。

- フロー（flow）
- スプリット（split）
- デシジョン（decision）
- 遷移要素（Transition Elements）

それぞれの概念を図示すると、図10.3の例のようになります。

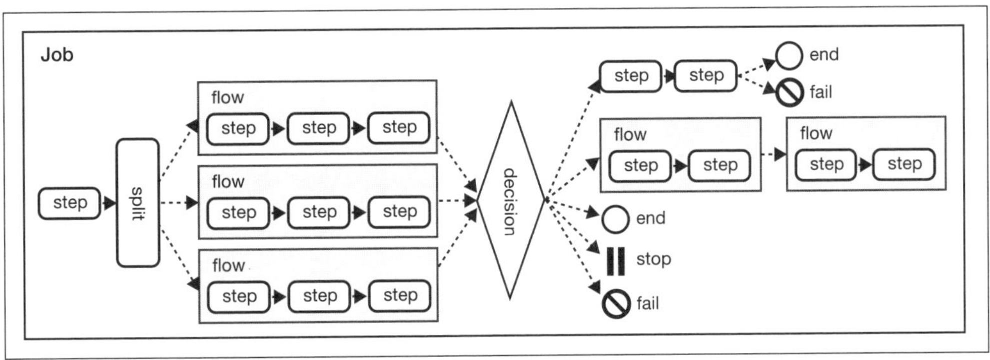

図10.3 処理の実行順序を制御するジョブのXML要素

■ フロー

【3】
フローには、ステップだけではなく、後述するスプリット、デシジョンや更なるフローも含めることができます。

フロー（flow）とは、複数のステップ[3]をまとめる要素です。フローの中にあるステップは、次の遷移先が同じフローの中に制限され、フローの外のステップや別のフロー内のステップへと遷移することはできません。フローの次に、単独のステップや別のフローを続けることは可能です。フローは、次に説明するスプリットの実行単位となります。単に複数のステップを順番に続けたいだけの場合は、必ずしもフローでまとめる必要はありません。

■ スプリット

スプリット（split）を定義すると、複数のフローを同時に実行させることができます。スプリットの子要素として記述されたフローにはそれぞれ別のスレッドが割り当てられ、並列に実行されます（逆に言うと、通常のステップやフローは、単一のスレッドでしか実行されません）。スプリットを上手に利用することにより、多数のCPUやコアを搭載する昨今のサーバーマシンのリソースを有効活用し、システム全体のバッチ処理時間の短縮を図ることができます。

■ デシジョン

デシジョン（decision）とは、ジョブ内部において次の遷移先を細かくカスタマイズするための機能です。デシジョンの本体はJavaのクラスであり、直前の各ステップの終了状態を入力情報として、次の遷移先を決定するための判断ロジックを実装することができます。判断の結果として指定される遷移先は、次に説明する**遷移要素**を用いて記述します。

■ 遷移要素

遷移要素（Transition Element）には、全部で4つの種類があります。1つは次の遷移先を指定してジョブを続行させる"next"で、遷移先にはステップ、フロー、スプリット、デシジョンが指定できます。あとの3つはジョブを止めるための"end"（正常終了）、"stop"（中断）、"fail"（異常終了）です。

この遷移要素は、デシジョンの次だけではなくステップやフロー、スプリットの一部として、XMLの子要素の形でも記述できます。

■ リトライとスキップ

ジョブの実行中に、なんらかの問題が発生することがあります。考えられる問題の種類はさまざまで、「ネットワークの混雑により所定の時間内に応答が得られなかった」など、環境に依存する一時的な問題かもしれませんし、「想定していたフォーマットとは異なる形式のデータが混入していた」など、データに依存する問題かもしれません。いずれにしても、ジョブはその時点で停止せざるを得ません。

問題が発生するたびにジョブを停止して人間が介入し、「単に再度実行すればよいのか？」「問題のデータを取り除かなければならないのか？」などの判断を行なうようでは、省力化／高速化のメリットが大きく低減してしまいます。

jBatchには、想定される問題に対してあらかじめ対応を決めておくことにより、ジョブの自動的な続行を促進する機能が用意されています。これには**リトライ**と**スキップ**の2種類があります。

- **リトライ**：チャンク型ステップの処理中に特定の例外が発生した場合に、再度そのデータの処理を試みる
- **スキップ**：チャンク型ステップの処理中に特定の例外が発生した場合に、データを飛ばして次に進む

具体的には、リトライもしくはスキップ対象の例外クラスの名前をJob XMLの中に定義します。

■ ジョブオペレータ

ジョブがいったん始まったあとの順序制御はJob XMLの記述に従いますが、ジョブ自体の開始や停止などの全体的な制御は、ジョブオペレータを用います。

ジョブオペレータの実体は、jBatchのAPIの中で定義されているjavax.batch.operations.JobOperatorインターフェースです。ここにはstart()、stop()、restart()などのメソッドが用意されています。インターフェースなので実装が必要ですが、これは自分で実装するのではなく、jBatchのコンテナ（アプリケーションサーバー）が提供しているものを利用します。

ジョブオペレータの呼び出し方法

jBatchには、ジョブオペレータの呼び出し方に関する規定はありません。つまり、jBatchの仕様には、JAX-RSのClient APIやEJBのリモート呼び出しのような「どうやっ

10

てコンテナ（自分が稼働しているJVM）の外側から呼び出されるのか」といった方式については定められていません。そのため、ジョブオペレータを呼び出すコードが含まれるクラスを作成し、それをJAX-RSやJSF、EJBとして実行するのが一般的です。

また、本章の冒頭で、バッチ処理の特徴として「実行する時刻を指定して起動されることが多い」という点を挙げましたが、jBatchの仕様には、バッチを決まった時間に起動する方式に関する規定や、それを実現するAPIも含まれていません。

この部分に関しては、いわゆる**ジョブスケジューラ**と呼ばれるアプリケーションと連携させる方式が一般的です。UNIXやLinuxであれば**cron**、Windowsであれば**タスクスケジューラ**が標準で利用できます。また、より複雑で大規模なバッチシステム向けに、いろいろな機能を付加したジョブスケジューラ製品[4]も市販されています。それ以外に、EJBのタイマーサービスを利用する方法なども考えられます。

【4】
ジョブスケジューラ製品の中には、複数のジョブをつなぎ合わせた「ジョブネット」を定義することが可能なものもあります。処理の順序をジョブの内部で制御するのか、ジョブネットで制御するのかは、要件に応じて使い分ける必要があります。

さらに、ジョブを臨時で実行したい場合や、なんらかの異常が発生し、人間が介入して原因を取り除いたあとに再実行する場合は**リクエストに従って起動する**ことになります（これを「アドホックな実行」と呼びます)。そういった場合には、画面などのユーザーインターフェースがあると便利ですが、この点に関してもjBatchには規定がありません。

実際のバッチシステム構築時には、こういった点をふまえてジョブオペレータの呼び出し方法を検討する必要があります。図10.4は、さまざまな呼び出し経路を例示したものです。

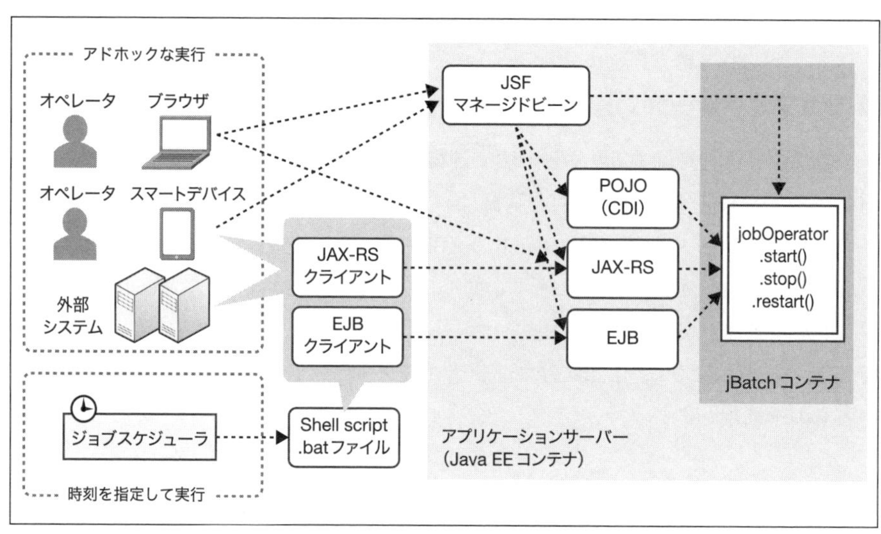

図10.4 ジョブオペレータの呼び出し経路の例

なおJobOperatorインターフェースには、情報取得の窓口としての役割もあります。現在実行中のジョブや、実行が完了したジョブに関する情報を取得するためのメソッドもいくつか用意されています。

10.1.4 ステップ

ステップは、バッチ内部の個々の処理を実装する部分です。ステップの実体は、jBatchのAPIの中で定義されているJavaのインターフェースであり、実装のテンプレートを提供しています。ステップには「チャンク型」と「バッチレット型」の2種類があります。チャンク型は複数のデータを逐次的に処理するために使われ、バッチレット型は単体で完結する処理で使われます。

■ チャンク型のステップ

チャンク型のステップは、「データを読み込み」「計算や加工などなんらかの処理を行なって」「結果をデータとして保存する」といった一連の流れを繰り返すような処理で用いられます。こういった処理は、非常に多くのバッチに共通するものです。

チャンク型のステップは、以下の3つのパートで構成されています。

① ItemReader：データの読み込みに対応
② ItemProcessor：データの加工などの処理に対応
③ ItemWriter：データの書き込みに対応

各パートごとにJavaのインターフェースが用意されており、開発者はそれらを実装（implements）します。具体的な処理の内容についてはjBatchとしての決まりはなく、システム要件に応じて自由に実装できます。

3つのパートは、以下のような順番で呼び出されます。まず①ItemReaderが呼び出されます。ここで入力となるデータ（Item）をデータベースやファイルから読み込む処理を行ないます。次に②ItemProcessorが呼び出されItemProcessorには読み込まれた1件のItemが渡されるので、加工や集計などの処理を行なうようにします。最後の③ItemWriterは1件ごとには呼び出されず、指定された回数[5]に達するまではItemReaderによる読み込みとItemProcessorによる処理が繰り返されます。指定の回数に達して初めてItemWriterが呼び出され、これまでの結果がまとめてデータベース

[5] Job XMLの中で、job要素のitem-countという属性で指定します。デフォルトは10回です。

やファイルに保存されます。

呼び出し順序を図にすると、図10.5のようになります。

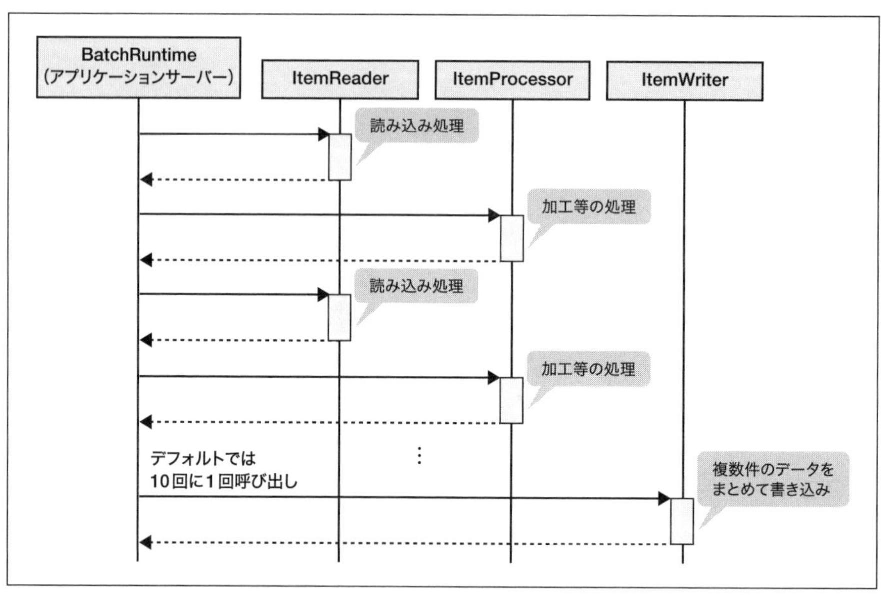

図10.5　チャンク型ステップの呼び出し順序

バッチ処理では、何万件という大量のデータを扱うことがよくあります。多くの場合、処理の結果は記録媒体に保存されますが、大量データを扱う処理では、処理結果を1件ずつ保存するのではなく、ある程度まとめて行なったほうが性能面で効率的です。極端なことを言えば、大量のデータ処理結果を最後に一度だけまとめて保存するのが最も効率が良いのかもしれません。しかし、もし仮に処理の途中でなんらかの障害が発生し、ジョブが中断してしまった場合は、処理結果が保存されていないためその処理を最初からやり直すことになります。このような性能上の効率と、障害発生時のやり直しのリスクとの兼ね合いを図るため、チャンク型のステップは、データをある程度の「かたまり」に分割し（このかたまりのことを「チャンク」と呼びます）、定期的に書き込み処理を呼び出すようになっているのです。

チャンク型ステップの呼び出し順序は上記のとおりですが、実はItemProcessorは省略可能です。省略した場合は、ItemReaderの読み込みが所定の回数だけ繰り返された後、ItemWriterに制御が渡ります。また、1つのチャンク型ステップの中に、複数のItemReaderやItemProcessor、ItemWriterを定義することはできません。

■ バッチレット型のステップ

バッチレット型のステップは、データの加工や計算を1件ずつ繰り返すような処理ではなく、データに依存しない処理や、コマンド実行などの処理を担います。たとえば、ディレクトリ作成やファイルの圧縮、送受信処理などの処理です。一般的にチャンク型の処理よりも処理時間が短く、内容も単純です。「タスク志向のステップ」と呼ばれる場合もあります。

jBatchにはこの他に、ステップの内部を並列実行する機能（ステップパーティショニング）もありますが、本書では扱いません。

10.1.5 補助機能

■ リスナ

リスナを用いることにより、バッチ処理の進行に応じた特定のタイミングで任意の処理を実行することができます。「特定のタイミング」には、たとえばジョブやステップの開始および終了、リトライやスキップの発生などがあります。

リスナの実体は、jBatchのAPIの中で定義されているJavaのインターフェース群で（表10.2）タイミングに応じて呼び出されるメソッドが用意されています（図10.6）。開発者は該当のタイミングに実行させたいコードを実装したクラスを作成します。

表10.2　リスナ設置可能箇所と該当するインターフェース

リスナ設置可能箇所	インターフェース名
ジョブの開始直前、終了直後	JobListener
ステップの開始直前、終了直後	StepListener
チャンクの処理直前、処理直後、エラー発生時	ChunkListener
チャンクの各要素の処理直前・処理直後、エラー発生時	ItemReadListener
	ItemProcessListener
	ItemWriteListener
チャンクの各要素でのリトライ発生時	RetryReadListener
	RetryProcessListener
	RetryWriteListener
チャンクの各要素でのスキップ発生時	SkipReadListener
	SkipProcessListener
	SkipWriteListener

10

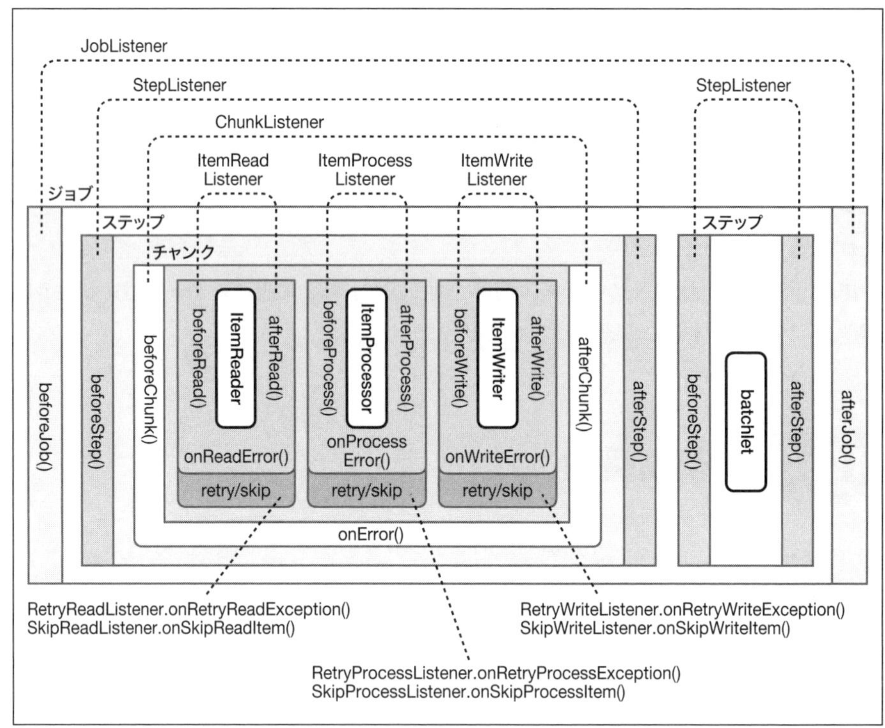

図10.6　リスナのメソッド

リスナの設置は任意です。設置したい場合は、リスナのクラス名をJob XMLの中で記述します。

活用方法としては、たとえばスキップが発生した場合に、そのタイミングで処理中であった（おそらくなんらかの問題があるであろう）スキップ対象のレコードをログに出力する、などがあります。

■ ジョブリポジトリ

実行中のジョブの情報や、実行が終わったジョブに関する情報は、**ジョブリポジトリ**に保存されます。jBatchの仕様では、保存先や保存期間などに関する規定は特にありませんが、通常はコンテナ内部で保持しているデータベースなどに永続化され、アプリケーションサーバーを停止・再起動したあとでも過去の情報にアクセスできるのが一般的です。

なおjBatchのAPIには、ジョブリポジトリそのものを表現するようなクラスやインターフェースは用意されていません。情報の更新はコンテナによって自動的に行なわれ、情報の取得は、前述のジョブオペレータや、後述するコンテキスト、メトリックのAPIを利用します。

■ コンテキスト

コンテキストには**ジョブコンテキスト**と**ステップコンテキスト**の2種類があります。それぞれ、実行中のジョブやステップに関する情報を提供する役割を担います。提供される情報としては、名前やID、ステータスなどがあります。また、必要に応じて任意の情報を保持させることも可能です。コンテキストへのアクセスには、jBatchのAPIにあるJobContext、StepContextインターフェースを経由して行ないます。

■ メトリック

チャンク型のステップに対して、実行時の統計情報を提供するのが**メトリック**です。提供される情報は、読み取りレコード数、書き込みレコード数、スキップが発生した数など、処理量に関するものです。

メトリックへのアクセスには、jBatchのAPIにあるMetricインターフェースを経由して行ないます。

10.2 jBatchの利用——基本編

まずはシンプルな構造のものを例に、実際のジョブを作成してみましょう。チャンク型のステップと、バッチレット型のステップが1つずつあり、単純にログを出力するだけのジョブを作成してみます。ソースファイルの構成は表10.3のとおりです。

表10.3 サンプルアプリケーションのソース一覧

役割	名前
Job XML ファイル	META-INF/batch-jobs/SimpleBatch.xml
ItemReaderの実装	sb.chunk.SimpleReader.java
ItemProcessorの実装	sb.chunk.SimpleProcessor.java
ItemWriterの実装	sb.chunk.SimpleWriter.java
Batchletの実装	sb.batchlet.SimpleBatchlet.java
ジョブオペレータの呼び出し[6]	sb.SimpleBatchResource.java
RESTアプリケーションの登録	sb.SimpleBatchApplication.java

【6】
このサンプルでは、jax-rsを用いて呼び出します

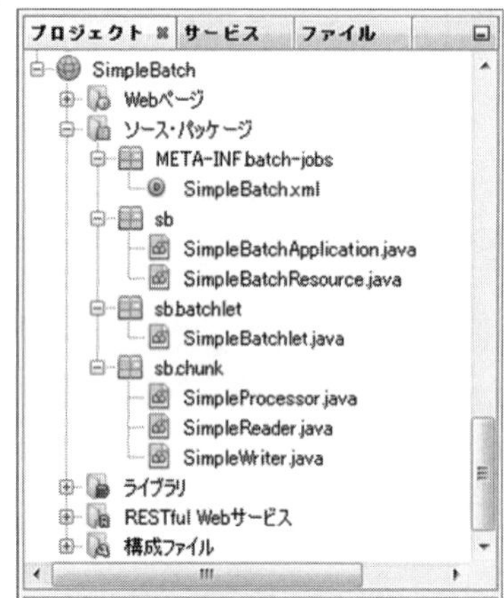

図10.7　サンプルアプリケーションのNetBeansプロジェクトウィンドウ

以下の順序で見ていきます。

- Job XMLの実装
- チャンク型ステップの実装
- バッチレット型ステップの実装
- ジョブ実行部分の実装
- 実行結果の確認

10.2.1 Job XMLの実装

まず、バッチ全体を表わすJob XMLを作成します。ファイル名から拡張子を取り除いた部分が、そのままジョブの名前となります。ジョブの名前は、ジョブ実行時にJobOperatorクラスのメソッドに渡す形で利用されます。

Job XMLファイル[7]の内容は以下のようになります。

【7】
NetBeansのMavenプロジェクトでJob XMLを作成する場合は、プロジェクトウィンドウから［その他のソース］を選択し、「src/main/resources」→「META-INF」の中（JPAのpersistence.xmlがある場所）に「batch-jobs」というフォルダを新規に作成し、その配下に新規のXMLドキュメントを作成します。

▶ SimpleBatch.xml

```
<?xml version="1.0" encoding="UTF-8"?>
<job id="SimpleBatch"
    xmlns="http://xmlns.jcp.org/xml/ns/javaee"
    version="1.0">
```

```
    <step id="FirstStep" next="SecondStep">
      <chunk item-count="3">
        <reader    ref="SimpleReader" />
        <processor ref="SimpleProcessor" />
        <writer    ref="SimpleWriter" />
      </chunk>
    </step>

    <step id="SecondStep">
        <batchlet ref="SimpleBatchlet" />
    </step>
</job>
```

■ job要素

jobは、最も上位の要素（ルート要素）となります。この要素に記述できる属性は表10.4のとおりです。

表10.4　job要素の属性

属性	概要	任意／必須	指定可能な値	デフォルト値
id	ジョブの名前を指定	必須	文字列	–
restartable	再実行が可能かどうかを指定	任意	true、false	true

idは必須の属性です。名前は任意ですが、特に理由がない限り、ファイル名と同じ、つまりジョブの名前にしておくのがよいでしょう。

restartableは、例外発生などによりジョブが失敗してしまった場合や、意図的にジョブを中断させたあとなどに、そのジョブを再実行することが可能かどうかを指定します。デフォルトはtrue（再実行可能）です。前述のとおりjBatchの仕様では、なんらかの理由で止まってしまったジョブの途中再開ができるように配慮されています。しかし処理の特性や実装上の都合などで、途中からではなく最初からやり直さないといけない性質のジョブに対しては、ここでfalseを指定することにより、明示的に再実行を禁止することができます。

また、job要素には他にも2つの属性が記されています。xmlns属性[8]とversion属性[9]です。これらはjBatchの仕様というよりも、XML文書のルートエレメントに特有の属性となります。

【8】
xmlns属性は、ネームスペースを指定します。Java EE 7で用いられるネームスペースは、本項の例のとおり http://xmlns.jcp.org/xml/ns/javaee を指定することになっています。

【9】
version属性は、Job XMLの仕様のバージョンを指定します。Java EE 7のjBatchにおけるバージョンは1.0です。

10

■ step要素

step要素はjobの子要素で、ステップに関する設定を行ないます。jobには複数のstepを含めることが可能です。step要素に記述できる主な属性は表10.5のとおりです。

表10.5　step要素の属性

属性	概要	任意／必須	指定可能な値	デフォルト値
id	ステップの名前を指定	必須	文字列	−
start-limit	実行／再実行の最大試行回数を指定	任意	数値（""が必要）	0（上限なし）
next	次の実行要素の名前を指定	任意	文字列	−

idは必須の属性です。Job XMLの主要な機能の1つに実行順序の制御がありますが、「次にどのステップを実行するか」を指定する際にidを用います。

start-limit属性は、この例では登場しませんが、再実行できる回数の上限を指定できるものです。初回実行もカウントの中に含まれます。再実行回数がこの指定を上回った場合は、ジョブは失敗状態になります。デフォルト値は0で、0の場合は「上限なし」と解釈されます。なお、値として許されるのは数値のみなのですが、記述上はダブルクォートが必要です。

next属性は、このステップが終了したあとに実行される要素（別のステップ、スプリット、フロー、デシジョン）のidを指定します。なお、一度実行したステップを再度指定するなどでループ状の遷移を形成することはできないので注意してください。

前述のとおり、ステップには「チャンク形式」と「バッチレット形式」があるので、それぞれの詳細をstepの子要素として設定します。

■ chunk要素

chunk要素はstepの子要素で、チャンクに関する設定を行ないます。最初にチャンク全体に関わる設定を属性として記述し、次にItemReader、ItemProcessor、ItemWriterを子要素として記述します。

チャンク全体に関わる設定とは、具体的にはチェックポイントとスキップ、リトライに関する設定です。これらについては次項の「checkpoint」のセクションで説明します。

先に子要素のほうを見ていきましょう。今回の例では以下のように記述されています。

```
<chunk item-count="3">
    <reader    ref="SimpleReader" />
    <processor ref="SimpleProcessor" />
    <writer    ref="SimpleWriter" />
</chunk>
```

reader要素には、"ref"属性でItemReaderとなるクラスの名前を記述します。この要素にはこれ以外に記述できる属性はありません。"ref"属性で指定するクラス名は、パッケージ名までを含めた完全修飾名を記述するか、あるいはCDIを利用して、クラスに対して@Namedアノテーションで指定した名前のどちらかを記述します。

同様に、processor要素にはref属性でItemProcessorとなるクラスの名前を、writer要素にはItemWriterとなるクラスの名前を記述します。

■ batchlet要素

batchlet要素はstepの子要素で、バッチレットに関する設定を行ないます。batchlet要素も、チャンクの各パートを構成している要素と同じです。ref属性にbatchletとなるクラスの名前を指定します。これ以外に指定可能な属性はありません。

以上でJob XMLの説明は終わりです。次にチャンク型ステップの実装を説明します。

10.2.2 チャンク型ステップの実装

■ ItemReaderの実装

ItemReaderは、チャンク型ステップで加工や計算を行なうための情報をデータベースやファイルなどから読み込みます。ItemReaderクラスは、javax.batch.api.chunk.ItemReaderインターフェースを実装する形で作成します。このインターフェースで規定されているメソッドは以下の4つです。

- open()
- close()
- readItem()
- checkpointInfo()

▶ SimpleReader.java

```
package sb.chunk;
【import文は省略】

@Dependent
@Named("SimpleReader")
public class SimpleReader implements ItemReader {
    private int count = 1;

    @Override
    public void open(Serializable checkpoint) throws Exception {
        Logger.getGlobal().log(Level.INFO, "[SimpleReader] open()");
    }

    @Override
    public Object readItem() throws Exception {
        Logger.getGlobal().log(Level.INFO, ➔
"[SimpleReader] readItem() : count = {0}", count);
        if (count <= 7) {
            return "data" + count++;
        }
        return null;
    }

    @Override
    public Serializable checkpointInfo() throws Exception {
        Logger.getGlobal().log(Level.INFO, "[SimpleReader] ➔
checkpointInfo()");
        return null;
    }

    @Override
    public void close() throws Exception {
        Logger.getGlobal().log(Level.INFO, "[SimpleReader] close()");
    }
}
```

冒頭のクラス宣言部分にある@Dependentと@Namedアノテーションにより、CDIの利用が可能になっています。これにより、Job XMLのreader要素にあるref="SimpleReader"と、@Namedで指定されている"SimpleReader"とが紐付けられています。

open()

open()は、情報が格納されているリソース（データベースやファイルなど）を開く処理を実装するためのメソッドです。引数が1つあり、これはチェックポイントの情報です。チェックポイントについては次ページのcheckpointInfo()の解説で後述します。戻り値はありません。

readItem()

readItem()は、open()で開いたリソースからレコードを1件ずつ読み取る処理を実装するためのメソッドです。引数はなく、戻り値はObject型です。この戻り値がそのままItemProcessorに渡されます。読み取るべきレコードがなくなった場合は、戻り値にnullを設定します。これにより、ItemProcessorへレコードが引き渡されなくなります。

この例は単にログを出力するだけのサンプルなので、特にどこかからデータを読み込むのではなく、1回目は"data1"、2回目は"data2"というように、簡単な文字列を自分で生成しています。繰り返し回数を7回にしているのは、チャンク内部の制御の移り変わりを理解しやすくするためです。これは後ほどログを見ながら確認していきます。

次にcheckpointInfo()を解説しますが、このメソッドの役割を理解するには、まず「そもそもチェックポイントとはなにか」を理解する必要があるでしょう。

■ checkpoint

チェックポイントとは、「チャンクの“ひとかたまり”を処理するタイミング」ととらえるとわかりやすいでしょう。チェックポイントが到来したら、まずItemWriterのwriteItem()が呼び出されます。このメソッドにて、前回のチェックポイントから今回のチェックポイントまでの間に処理されたアイテムが“ひとかたまり”として処理されます。その後、ItemReaderとItemWriterのcheckpointInfo()が呼ばれ、実装されている処理が実行されたあと、最後にトランザクションがコミットされます。

チェックポイントの到来間隔は、JobXMLのchunk要素の属性として指定します。指定できる項目は表10.6のとおりです。

表10.6 chunk要素の属性

属性	概要	任意／必須	指定可能な値	デフォルト値
checkpoint-policy	チェックポイントのカスタマイズ有無を指定	任意	"item"もしくは"custom"	Item
item-count	チェックポイントの呼び出し間隔となる件数を指定	任意	数値（""が必要）	10
time-limit	チェックポイントの呼び出し間隔となる秒数を指定	任意	数値（""が必要）	0（期限なし）

checkpoint-policyは、チェックポイントの到来間隔や挙動をカスタマイズするか否かを指定します。間隔を均等にしたくない場合や、チェックポイントのタイミングで何か特別な処理をさせたい場合などはカスタマイズを利用します。カスタマイズする場合は、javax.batch.api.chunk.CheckpointAlgorithmインターフェースを実装したクラスを用意し、Job XMLの中で指定します。カスタマイズの詳細については、本書では割愛します。カスタマイズしない場合、チェックポイントの到来間隔はitem-countとtime-limitの指定に従います。

item-countでは、「何件のItemを処理するたびに、チェックポイントにするか」を指定します。これは「処理するチャンク（かたまり）の数」と言い換えることもできます。デフォルトは10件です。今回の例ではitem-count="3"を指定[10]しています。

【10】
これは少量のテストデータでも動きを確認しやすくするためで、アプリケーションとしてこの数値に意味はありません。

time-limitでは、「前回のチェックポイントから、何秒経過したら次のチェックポイントにするか」を指定します。デフォルトは0で、0が指定された場合は期限なしと解釈されます。

item-countとtime-limitとの両方を指定した場合、どちらか先に条件を満たしたタイミングでチェックポイントとなります。また、checkpoint-policyに"custom"を指定した場合、item-countとtime-limitの設定値は無視されます。

checkpointInfo()

checkpointInfo()は、処理の途中経過を記録するためのメソッドです。checkpointInfo()の戻り値は、コンテナが内部で保持しているデータストア[11]に永続化されます。永続化されることから、戻り値はSerializableインターフェースを実装したクラスである必要があります。

【11】
GlassFishの場合は、DefaultManagedExecutorService配下のデータベースに保存されています。GLASSFISH_HOME/glassfish/lib/install/databases配下に、CREATE TABLE文が含まれるSQLスクリプトが格納されているので、興味があれば覗いてみるとよいでしょう。

永続化された情報は、open()の引数として渡されます。初回起動時、もしくはチェックポイントの到来前に終了してしまったバッチの再実行時、あるいはcheckpointInfo()の戻り値としてnullを返していた場合は、この値はNULLとなります。もし一度でもチェックポイントが到来しており、checkpointInfo()でNULL以外の値を返していた場合は、再実行時のopen()の引数にその値がセットされます。

今回の例では全体の動きをつかむことを優先するため、このメソッドでは単純にNULLを返すようにしています。活用例は、本章の後半にてナレッジバンクのサンプルをもとに解説します。

close()

close()は、open()でアクセスしたリソースを閉じる処理を記述するためのメソッドです。

Java SE 7より導入されたtry-with-resources構文により、多くのリソースは明示的にクローズ処理を記述しなくても済むようになりました。しかしこの構文はtry節の中でリソースへのアクセスが完結するような処理向けのものなので、残念ながらjBatchでは利用できません。このため、開いたリソースはこのメソッドで確実に閉じるようにします。チャンク型のステップの実行途中で例外が発生し、処理が停止する場合においても、close()は必ず呼び出されるようアプリケーションサーバー側で制御されています。

10.2.3 ItemProcessorの実装

ItemProcessorは、ItemReaderにて読み込まれた情報を1件ずつ受け取り、加工や計算などの処理をする役割を担います。このクラスは、javax.batch.api.chunk.ItemProcessorインターフェースを実装する形で作成します。このインターフェースで規定されているメソッドは以下の1つだけです。

- processItem()

▶ SimpleProcessor.java

```
package sb.chunk;
// import文は省略

@Dependent
@Named("SimpleProcessor")
public class SimpleProcessor implements ItemProcessor {

    @Override
    public Object processItem(Object item) throws Exception {
        Logger.getGlobal().log(Level.INFO,
```

```
"[SimpleProcessor] processItem() : {0}", item);
            return item;
        }
}
```

冒頭のクラス宣言部分には、ItemReaderと同様のアノテーションが付与されています。それぞれの意味や機能は同じです。

processItem()

processItem()は、ItemProcessorで実装するべき唯一のメソッドです。引数は1つのみで、これはItemReaderのreadItem()で戻り値として設定された情報です。型はObject型なのですが、ジェネリクスは残念ながら使えないため、値を取り出す際に適切な型にキャストする必要があります。戻り値は、ItemWriterのwriteItem()に渡す情報です。

前述のとおり、チェックポイントが到来するまでwriteItem()は呼び出されず、ItemReaderのreadItem()に制御が戻ります。そのため、それまでこの戻り値はアプリケーションサーバーの中で内部的にバッファリング（保持）されています。もし仮に、前回のチェックポイントから数件を処理した後、次のチェックポイントをむかえる前にハンドリング不可能なエラーが発生した場合は、トランザクションはロールバックされ、内部的に保持していた情報もクリアされます。再実行した場合は、前回のチェックポイント時点、具体的にはItemReaderのcheckPointInfo()で記録された箇所から再開されるため、クリアされても問題ありません。

10.2.4 ItemWriterの実装

ItemWriterは、このステップで加工や計算を行なった結果をデータベースやファイルなどへ書き出す役割を担います。このクラスは、javax.batch.api.chunk.ItemWriterインターフェースを実装する形で作成します。このインターフェースで規定されているメソッドは以下の4つです。

- open()
- close()
- writeItem()

- checkpointInfo()

▶ SimpleWriter.java

```
package sb.chunk;
// import文は省略

@Dependent
@Named("SimpleWriter")
public class SimpleWriter implements ItemWriter {

    @Override
    public void open(Serializable checkpoint) throws Exception {
        Logger.getGlobal().log(Level.INFO, "[SimpleWriter] open()");
    }

    @Override
    public void close() throws Exception {
        Logger.getGlobal().log(Level.INFO, "[SimpleWriter] close()");
    }

    @Override
    public void writeItems(List<Object> items) throws Exception {
        Logger.getGlobal().log(Level.INFO, "[SimpleWriter] writeItems() : ➡
{0}", items);
    }

    @Override
    public Serializable checkpointInfo() throws Exception {
        Logger.getGlobal().log(Level.INFO, "[SimpleWriter] ➡
checkPointInfo()");
        return null;
    }
}
```

メソッドの構成はItemReaderとほぼ同じです。違いはreadItem()の代わりにwriteItem()がある点だけで、その他については名前も機能もItemReaderと同様です。writerItem()は、その名が示すとおり、情報を書き出す処理を記述するためのメソッドであり、ちょうどItemReaderのreadItem()と反対の位置づけになっています。

writeItem()

writeItem()は、ItemProcessorのprocessItem()で処理した結果を受け取り、データベースやファイルに書き出す処理を実装するためのメソッドです。チェックポイントのタイミングで呼び出されるため、複数件のアイテムがObject型のList形式で渡されます。

少々長くなりましたが、チャンク型ステップの解説は以上です。次のステップはバッチレット形式になります。

10.2.5 バッチレット型ステップの実装

■ バッチレットの用途

バッチレットは、単体のタスクを担うステップです。これまで見てきたチャンク型のステップは、処理の流れが決められており、3つのクラスが協調して動作していましたが、バッチレットの実体は1つのクラスのみで、動作もステップに差しかかったら単にそのクラスが呼び出されるだけです。クラス内部は比較的自由に実装することができるため、技術的には複数の機能を持たせたり複雑な処理を行なわせたりすることも可能ですが、ジョブをわかりやすく保守性の高い状態に保つためには、1つのバッチレットが担うのは1機能までとするのがよいでしょう。

■ Batchletの実装

Batchletは、javax.batch.api.Batchletインターフェースを実装する形で作成します。このインターフェースで規定されているメソッドは以下の2つです。

- process()
- stop()

▶ SimpleBatchlet.java

```
package sb.batchlet;
// import文は省略

@Dependent
```

```
@Named("SimpleBatchlet")
public class SimpleBatchlet implements Batchlet {

    @Override
    public String process() throws Exception {
        Logger.getGlobal().log(Level.INFO, "[SimpleBatchlet] process()");
        return "SUCCESS";
    }

    @Override
    public void stop() throws Exception {
        Logger.getGlobal().log(Level.INFO, "[SimpleBatchlet] stop()");
    }
}
```

冒頭のクラス宣言部分には、これまで見てきたItemReaderなどのクラスと同じアノテーションが付与されています。それぞれの意味や機能は同じです。

process()

process()は、このバッチレットが担う機能を実装するためのメソッドです。Job XMLでこのバッチレットに差しかかったタイミングで呼び出されます。引数はなく、戻り値はString型です。戻り値に指定した文字列は、このステップの「終了ステータス」としてコンテナに解釈されます。終了ステータスとはなにかについては、次のナレッジバンクの例で詳述します。

stop()

stop()は、このバッチレットの処理中（つまりprocess()の実行中）に、ジョブ全体の中断[12]が指示された場合に呼び出されるメソッドです。注意が必要なのは、ジョブ全体の中断が指示されても、process()の処理が中断される保証はないという点です[13]。このメソッドは、process()を実行しているスレッドとは別のスレッドで実行されます。process()の処理に直接的に割り込むことはできませんが、必要に応じて中断時に特有の処理を記述します。

【12】
JobOperatorクラスのstop()メソッドにより指示します。ナレッジバンクの例のところで詳述します。

【13】
筆者が手元で試した限り、process()は最後まで処理されました。

10.2.6 ジョブ実行部分の実装

■ ジョブの開始方法

ジョブの実行制御にはジョブオペレータを利用します。具体的には、javax.batch.operations.JobOperatorインターフェースを用いて指示します。

▶ ジョブ実行の例

```
Properties p = new Properties();
  ...
JobOperator jo = BatchRuntime.getJobOperator();
long jobExecId = jo.start ("SimpleBatch" , p);
```

JobOperatorインターフェースは自分で実装するのではなく、BatchRuntimeクラスのgetJobOperator()メソッド経由でコンテナから取得します。JobOperatorのstart()は、ジョブの開始を指示するメソッドです。なおJobOperatorには、start()の他にも、中断を指示するstop()や、再開を指示するrestart()といったメソッドがあります。

start()の引数は2つあり、第1引数には、実行対象のジョブのJob XMLの名前を指定します。第2引数には、ジョブのプロパティを指定します。ここで指定したプロパティは、Job XMLの中や、ジョブを構成するクラスの中で取得可能です。

返り値は、ジョブの実行を表現するJobExecutionのIdです。JobExecutionについては次で説明します。

■ JobInstanceとJobExecution

最初にジョブを実行すると、コンテナの内部ではJobInstanceとJobExecutionとの2つのインスタンスが生成されます。JobInstanceはジョブの1回分を表現しています。一方JobExecutionは、ジョブの実行そのものを表現しています。

この説明だけではわかりづらいので、例を挙げてみましょう。図10.8は、JobInstanceとJobExecutionとの関係を示したものです。

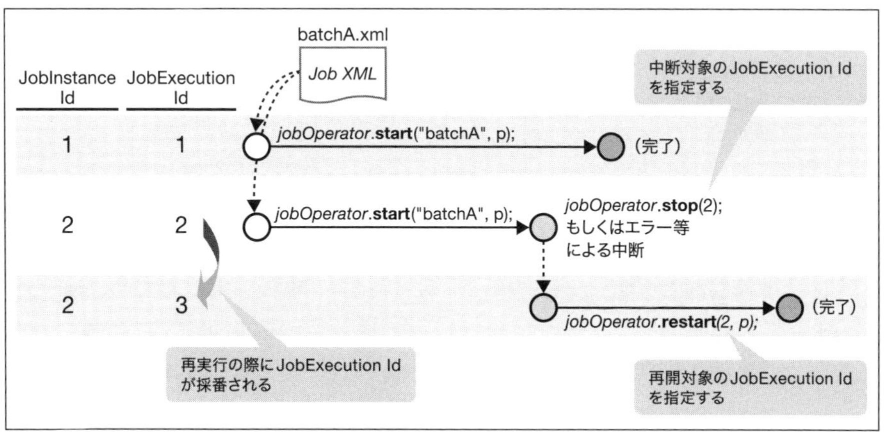

図10.8　JobInstanceとJobExecutionとの関係

最初のジョブ実行時には、JobInstanceもJobExecutionも生成され、それぞれにIdが振られます。ジョブが正常に完了すればよいのですが、エラーにより中断したり、stop()により明示的に中断が指示されたりした場合は、そのジョブに対してrestart()で再開を指示できます。この場合、再開前のJobInstanceに対して、別のJobExecutionのインスタンスが生成されます。

こうした各ジョブの状態や履歴に関する情報は、実行中のチェックポイントの情報などと同様に、ジョブリポジトリに保存されます。

なお、JobOperatorのstop()には、中断対象のJobExecution Idを引数として指定します。restart()の引数には、再開対象のJobExecution Idとプロパティを指定します。このプロパティは、再開前に指定した内容と異なっていてもかまいません。

さて、ジョブの実行制御に戻ります。jBatchはコンテナ上で稼働するため、単純なmainクラスから呼び出すことはできません。そこでJAX-RSを利用して、POSTメソッドで起動することにします。

▶ SimpleBatchResource.java

```
package sb;
// import文は省略

@Path("/jbatch")
public class SimpleBatchResource {
    @POST
    @Path("start")
    @Produces("text/plain")
```

```
    public String startBatch(){
        JobOperator jo = BatchRuntime.getJobOperator();
        long id = jo.start("SimpleBatch", null);
        return "SimpleBatch has started. id = " + id;
    }
}
```

今回は単純な例であり、start()の第2引数に渡すプロパティはないため、nullとしています。

最後に、アプリケーションサーバー上でJAX-RSとして実行するために、javax.ws.rs.core.Applicationを継承したクラスを用意します。実装は空でかまいません。

▶ SimpleBatchApplication.java

```
package sb;
import javax.ws.rs.core.Application;

@ApplicationPath("/rs")
public class SimpleBatchApplication extends Application {
  // 実装は特になし
}
```

ここまでできたら、今回の例の実装は完了です。

■ パッケージング

jBatchでもWebアプリケーションと同様に、構成するファイル群をwarファイル形式[14]にまとめてコンテナにデプロイします。ここで注意が必要なのは、Job XMLファイルの配置です。Job XMLは、warファイル内部のWEB-INF/classes/META-INF/batch-jobsディレクトリ[15]の配下に「ジョブ名.xml」という名前で配置する必要があります。

【14】
jarファイル形式にまとめることも可能です。その場合も、Job XMLはMETA-INF/batch-jobsディレクトリの配下に「ジョブ名.xml」という名前で配置します。

【15】
NetBeansのMavenプロジェクトでJob XMLを作成する場合は、プロジェクトウィンドウから［その他のソース］を選択した状態で、「src/main/resources」→「META-INF」の中に「batch-jobs」という名前のフォルダを作成し、その配下にxmlを配置すると、ビルド時にここに生成されます。

10.2.7 実行結果の確認

アプリケーションサーバーを起動し、作成したwarファイルをデプロイしたら、curlなどからPOSTメソッドでジョブの実行をリクエストします。

▶ curl からの実行例

```
> curl -X POST http://localhost:8080/SimpleBatch/rs/jbatch/start
SimpleBatch has started. id = 1
>
```

問題なく実行できたら、上記のように「SimpleBatch has started.」というメッセージと、JobExecutionのidが返って来るはずです。

次にアプリケーションサーバーのログを見てみましょう。

▶ 実行時のアプリケーションサーバーのログ

```
情報:   [SimpleReader] open()                                   チャンク型ステップ 初期処理
情報:   [SimpleWriter] open()
-----------------------------------------------------------------------------
情報:   [SimpleReader] readItem() : count = 1          }
情報:   [SimpleProcessor] processItem() : data1        }
情報:   [SimpleReader] readItem() : count = 2          }        3回繰り返し
情報:   [SimpleProcessor] processItem() : data2        }
情報:   [SimpleReader] readItem() : count = 3          }
情報:   [SimpleProcessor] processItem() : data3        }
-----------------------------------------------------------------------------
情報:   [SimpleWriter] writeItems() : [data1, data2, data3]
情報:   [SimpleReader] checkpointInfo()                          checkpoint到来
情報:   [SimpleWriter] checkPointInfo()
-----------------------------------------------------------------------------
情報:   [SimpleReader] readItem() : count = 4          }
情報:   [SimpleProcessor] processItem() : data4        }
情報:   [SimpleReader] readItem() : count = 5          }        3回繰り返し
情報:   [SimpleProcessor] processItem() : data5        }
情報:   [SimpleReader] readItem() : count = 6          }
情報:   [SimpleProcessor] processItem() : data6        }
-----------------------------------------------------------------------------
情報:   [SimpleWriter] writeItems() : [data4, data5, data6]
情報:   [SimpleReader] checkpointInfo()                          checkpoint到来
情報:   [SimpleWriter] checkPointInfo()
-----------------------------------------------------------------------------
情報:   [SimpleReader] readItem() : count = 7                    7件目を処理
情報:   [SimpleProcessor] processItem() : data7
情報:   [SimpleReader] readItem() : count = 8
-----------------------------------------------------------------------------
情報:   [SimpleWriter] writeItems() : [data7]
情報:   [SimpleReader] checkpointInfo()                          checkpoint処理
情報:   [SimpleWriter] checkPointInfo()
-----------------------------------------------------------------------------
情報:   [SimpleReader] close()
情報:   [SimpleWriter] close()                                  チャンク型ステップ 終了処理
-----------------------------------------------------------------------------
情報:   [SimpleBatchlet] process()                              バッチレット型ステップ処理
```

最初に実行されるのは、チャンク型のステップです。初期処理でItemReaderとItemWriterのopen()が呼び出されます。次にItemReaderのreadItem()とItemProcessorのprocessItem()が、Job XMLのchunk要素で指定したitem-countの数（今回の例であれば3回）だけ繰り返された後、チェックポイントが到来してItemWriterのwriteItem()やcheckpointInfo()が呼び出されていることがわかります。チェックポイントが終了すると、次のチャンクの処理に移ります。次も同様に、item-countの数である3回の繰り返しの後、チェックポイントが到来しています。このジョブではreadItem()を7回繰り返した後に処理を終えますが、最後のItemを処理した後は、item-countの数に満たなくてもチェックポイント処理が実行されます。最後に終了処理として、ItemReaderとItemWriterのclose()が呼び出され、リソースを閉じます。

チャンク型のステップを終えると、次にバッチレット型のステップに制御が移ります。バッチレット型のステップではprocess()のみが実行されていることがわかります。

基本的なjBatchのジョブの実装と実行の解説は以上です。次は、ナレッジバンクのサンプルを用いて、より実践的なjBatchの活用方法を見ていきましょう。

10.3 jBatchの利用 —— 応用編

10.3.1 サンプル概要

本章では、ナレッジバンクのアプリケーションのバッチ処理として、以下2つのランキングを作成することとします。

（1）ナレッジ件数ランキング集計バッチ
（2）コメント件数ランキング集計バッチ

これらのサンプルは、毎日の夜中に実行される、いわゆる**日次夜間バッチ**を想定しています。どちらのランキングも、処理日の午前0時の時点の順位を集計することとします。集計した結果として、上位10名分の成績をファイルに書き出します。

まずは、（1）のナレッジ件数ランキング集計バッチの作成から見ていきましょう。全体像は図10.9のようになります。

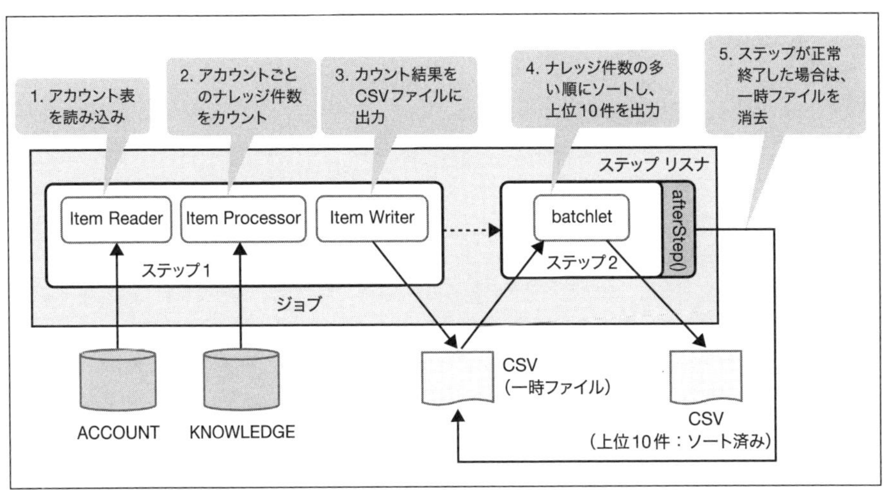

図10.9 「ナレッジ件数ランキング集計バッチ」の概要

このバッチは、1つのジョブが2つのステップで構成されています。各ステップの処理の概要は以下のとおりです。

ステップ1の概要

チャンク形式のステップです。このステップでは、アカウントごとのナレッジ件数をカウントし、CSVファイルに書き込みます。まず、ItemReaderがACCOUNT表を読み込み、読み込んだアカウント情報を1件ずつItemProcessorに渡します。次にItemProcessorは、渡されたアカウントが登録したナレッジの件数をKnowledge表をカウントして求めます。ItemWriterは、「アカウントID, アカウント名, ナレッジ件数」というレイアウトで、データをCSV形式にしてファイルに書き込みます。これを、ACCOUNT表に登録されているアカウントすべてについて繰り返します。

ステップ2の概要

ステップ2では、CSVファイルの中身をナレッジ件数の多い順にソートし、上位10件を最終形のCSVファイルに出力します。これはバッチレット形式のステップになります。

このステップにはリスナが設置されており、ステップの終了を契機としてメソッドが呼び出されます。このメソッドの中では、ステップの終了ステータスを判断し、正常終了だった場合は、入力に用いた一時的なCSVファイルを消去します。

キーブレイク処理について

今回の例は、このように処理を細分化しなくても、SQLを駆使するなどにより、実は1回のデータベースアクセスですべての処理を終わらせることができるような内容かもしれません。しかしながら、特に最初のステップにみられるような**マスタ表から1件読み込み、トランザクション表（なんらかのアクションごとにレコードが蓄積されていく表）を走査して処理する**という一連の流れは、業務におけるバッチ処理では大変多く見られるパターンの1つで、**キーブレイク処理**と呼ばれています。

たとえば、月末などに商品ごとの売上高を集計する処理を考えてみましょう（図10.10）。まず、商品の一覧が登録されている「商品マスタ」から1件の商品レコード（キー）を抽出します。次に、「売上明細表」を走査して、該当の商品が売れたレコードが見つかったら売上金額を足し込んでいきます。該当月の売上明細レコードすべてを走査し終えたら、商品マスタの次のレコードに切り換え（ブレイク）、また同じように売上明細表を走査して足し込んでいきます。これを商品マスタに登録されているレコードの分だけ繰り返す、といった具合です。

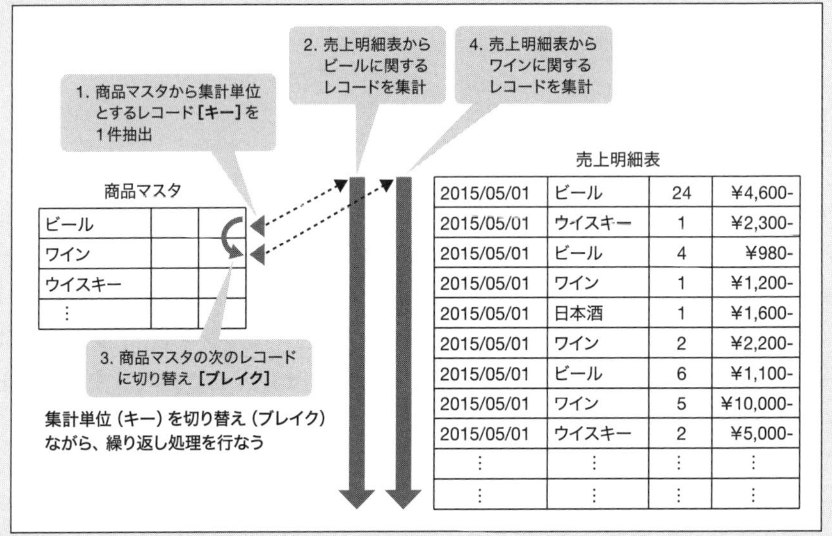

図10.10　キーブレイク処理の概要

jBatchのチャンク形式のステップは、このようなキーブレイク処理を念頭に置いたものと言えるため、本書でもあえてこのような例を取り上げています。

バッチの構成要素と、各部の名称を図10.11に示します。ジョブ名はJob XMLのファイル名に、ステップ名はJob XMLの各要素の名前に、ステップを構成するチャンクの3つのパーツやバッチレットは、基本的にはJavaのクラス名に紐付けられます。

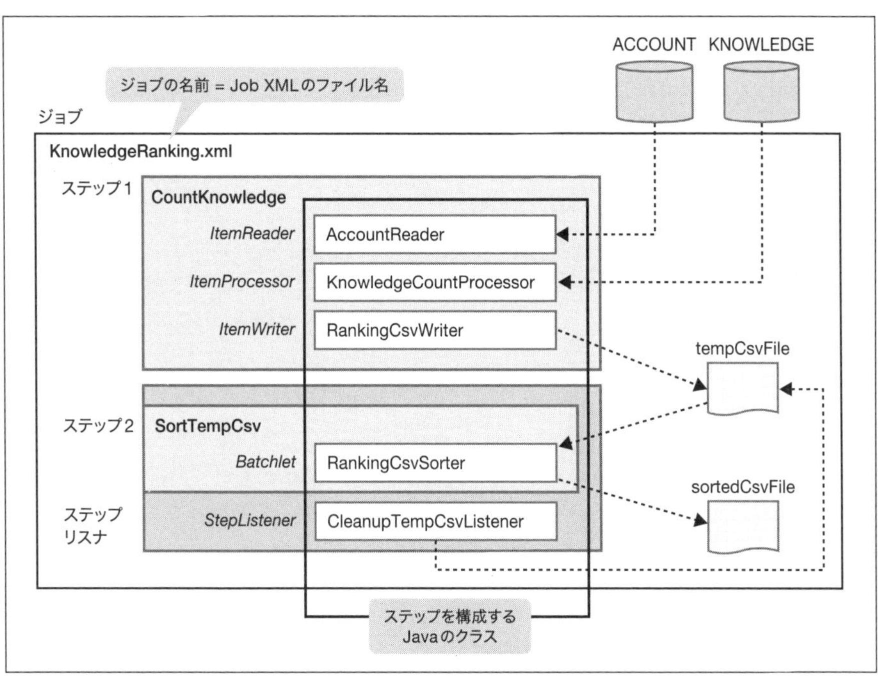

図10.11 「ナレッジ件数ランキング集計バッチ」の各部の名称

10.4 ジョブの作成

実際のジョブの作成方法について、以下の順番で見ていきます。

- Job XMLの実装
- チャンクの実装
- バッチレットの実装
- ジョブ実行部分の実装

10.4.1 Job XMLの実装

ナレッジ件数ランキング集計バッチを表わすJob XMLのファイル名は、「KnowledgeRanking.xml」とします。

Job XMLファイルの内容は、以下のようになります。

▶ KnowledgeRanking.xml

```
<?xml version="1.0" encoding="UTF-8"?>
<job xmlns="http://xmlns.jcp.org/xml/ns/javaee"
  version="1.0" id="KnowledgeRanking">

  <properties>
    <property name="asOf" value ="#{jobParameters['asofdate']}" />
    <property
         name="tempCsvFile"
         value="D:// [16] KnowledgeRankingTemp_#{jobProperties['asOf']}.csv" />
  </properties>

  <step id="CountKnowledge" next="SortTempCsv">
    <chunk item-count="5">
      <reader    ref="AccountReader" />
      <processor ref="KnowledgeCountProcessor" />
      <writer    ref="RankingCsvWriter" />
    </chunk>
  </step>

  <step id="SortTempCsv">
    <properties>
      <property
            name="sortedCsvFile"
            value="D:// [17] KnowledgeRanking_#{jobProperties['asOf']}.csv" />
    </properties>
    <listeners>
      <listener ref="CleanUpTempCsvFileListener" />
    </listeners>
    <batchlet ref="RankingCsvSorter" />
  </step>

</job>
```

【16】
本サンプルを自分の環境で実行する場合は、適宜、都合の良い場所に設定してください。

【17】
本サンプルを自分の環境で実行する場合は、適宜、都合の良い場所に設定してください。

図10.11の構造に非常に近く、直感的に記述できることがわかります。

では、このJob XML内に記述されている特徴的な部分について見ていきましょう。

■ property要素の設定と利用

properties要素には、各種の設定を指定します。ここに指定したプロパティは、ジョブを構成するステップやリスナの実装の中で参照できます。properties要素の配下に、property要素を1つもしくは複数記述します。

プロパティは、ジョブ全体に対してや、ステップ単位、後述するデシジョンやリスナ単位で指定できます。property要素に記述できる属性は表10.7の2つです。

表10.7　property要素の属性

属性	概要	任意 / 必須	指定可能な値	デフォルト値
name	プロパティの名前を指定	必須	文字列	–
value	プロパティの値を指定	必須	文字列	–

今回のナレッジバンクの例では、ジョブ全体に対する設定が2つと、ステップに対する設定が1つあります。各プロパティの設定内容は表10.8のとおりです。

表10.8　各プロパティの設定内容

プロパティ名 (name)	値 (value) の意味	設定箇所
asOf	集計日。今回のジョブは、ここで指定された日付の午前0時時点のランキングを集計する	ジョブ
tmpCsvFile	一時CSVファイルのパス	ジョブ
sortedCsvFile	ソート済みCSVファイルのパス	ステップ (SortTempCsv)

プロパティの値の設定方法は、ダブルクォートで囲った固定的な文字列を与える方法のほかに、前段で設定された内容をパラメータとして代入することが可能です。これには3つの方法があります。

(1) ジョブ起動時のパラメータとして指定されたプロパティ値を代入する方法

Job XML内のプロパティ値を指定する箇所に "#{jobParameters['プロパティ名']}" と記述すると、この部分はジョブ起動時にJobOperatorのstart()やrestart()のパラメータとして指定されたプロパティ値に置き換わります。今回は"asOf"プロパティがこれを利用している例となります。

▶ jobParametersの例

```
    Properties p = new Properties();
  p.setProperty("asofdate", "2015-05-09");
long jobId = BatchRuntime.getJobOperator().start("KnowledgeRanking", p);
```

```
  <properties>
    <property name="asOf" value ="#{jobParameters['asofdate']}" />
  </properties>
```

値は"2015-05-09"になる

(2) Job XML内の前段で指定された既存プロパティを引き継ぐ方法

Job XML内のプロパティ値を指定する箇所に #{jobProperties[18] ['プロパティ名']} と記述すると、同じファイルの前段ですでに設定済みのプロパティ値で置き換わります。

今回は"tempCsvFile"と"sortedCsvFile"プロパティがこれを利用している例となります。この例のように、代入元のプロパティ値がパラメータによって代入されていても問題ありません。

【18】
jobPropertiesとjobParametersとは、非常に字面が似ています。しかしこれはjBatchの仕様で決められているため、別の文字列を利用することはできません。混同しないように注意してください。

▶ jobProperties の例

```
<job id="KnowledgeRanking">
  <properties>
    <property name="asOf" value ="#{jobParameters['asofdate']}" />
  </properties>
  ...
  <step id=" SortTempCsv">
    <properties>
      <property name="sortedCsvFile"
           value="D://KnowledgeRanking_#{jobProperties['asOf']}.csv" />
```

"asOf"の値が"2015-05-09"の場合は……

sortedCsvFileの値は"D://KnowledgeRanking_2015-05-09.csv"となる

(3) システムプロパティを引き継ぐ方法

Job XML内のプロパティ値を指定する箇所に #{systemProperties['プロパティ名']} と記述すると、設定済みのシステムプロパティ値[19]で置き換わります。

【19】
システムプロパティは、JVM起動時の-Dオプション、もしくはSystem.setProperty()で設定可能です。

10.4.2 チャンクの実装

■ チャンクの処理の流れとトランザクション境界

前述のとおり、チャンクはItemReader、ItemProcessor、ItemWriterの3つのパートで構成されており、その実体は所定のインターフェースを実装したJavaのクラスです。トランザクション境界はクラスやメソッドの呼び出し順序に沿って図10.12のように決められており、制御はjBatchのコンテナが自動的に行ないます。

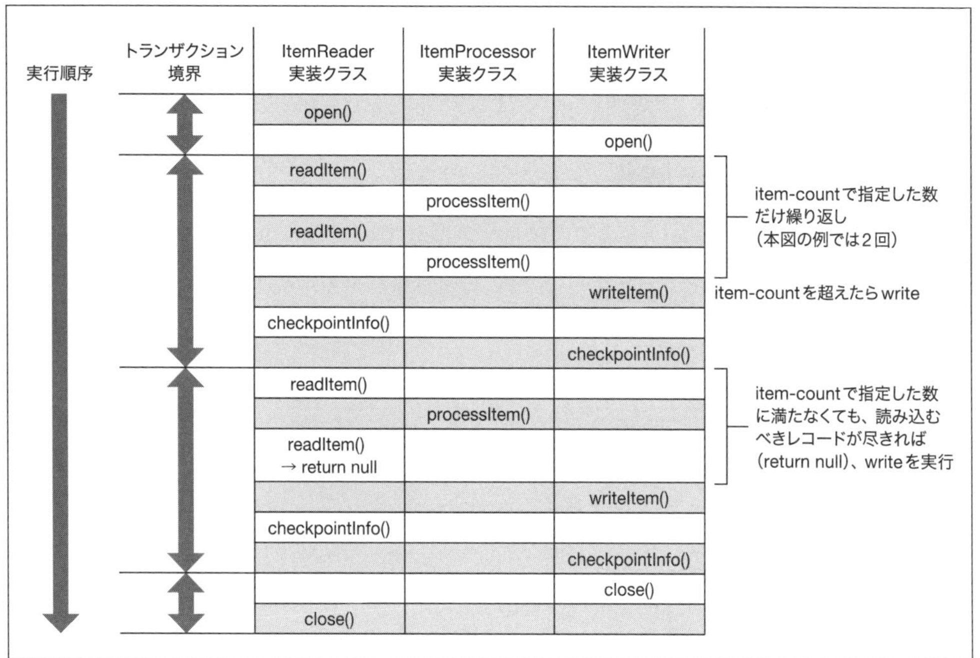

図10.12　チャンクの処理の流れとトランザクション境界

これらを念頭に置いて、各部の実装を見ていきましょう。最初のステップであるCountKnowledgeは、前掲の図10.4のとおり、図10.13のような構成になっています。

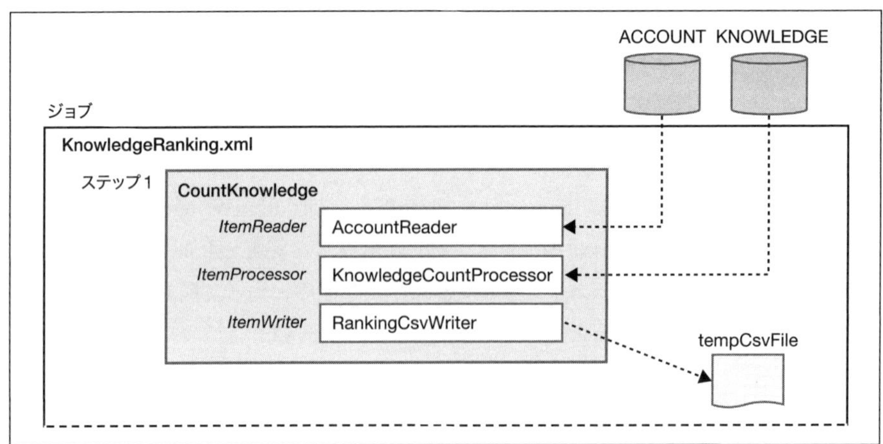

図10.13 「CountKnowledge」ステップの各部の名称

■ ItemReaderの実装

今回のバッチにおける最初のステップ（id="CountKnowledge"）のItemReaderは、AccountReaderクラスになります。以下がその実装です。なお、説明の便宜上、エラー処理などは省いています。

▶ AccountReader.java

```
package knowledgebank.batch.chunk;
// import文は省略

@Dependent
@Named("AccountReader")
@Interceptors(LogInterceptor.class)
public class AccountReader implements ItemReader {
    @Inject
    private JobContext jctx;
    @Inject
    private EntityManager em;

    private Date asOf;
    private List<Account> accounts;
    private int count = 0;

    @Override
    public void open(Serializable checkpoint) throws Exception {
```

```
        // 処理日のセット
        String s = (String) jctx.getProperties().get("asOf");
        SimpleDateFormat propFormat = new SimpleDateFormat("yyyy-MM-dd");
        asOf = propFormat.parse(s); // これで該当日付の 00:00:00 にセットされる
        jctx.setTransientUserData(asOf); // Job 全体で持ち回り

        // アカウントレコードの読み取り
        Query accountQuery = em.createNamedQuery("Account.findAll");
        // 前回までの読み込み位置へ移動
        int pos = (checkpoint == null)? 0 : (int)checkpoint;
        accountQuery.setFirstResult(pos);
        accounts = accountQuery.getResultList();
        count = 0;
    }

    @Override
    public Object readItem() throws Exception {
        if(count >= accounts.size()){
            return null;  // 処理終端時は null で応答
        }
        return accounts.get(count++);
    }

    @Override
    public Serializable checkpointInfo() throws Exception {
        return count;
    }

    @Override
    public void close() throws Exception {
        // Inject で em を取得した場合は、em.close() の必要なし
    }
}
```

冒頭のクラス宣言部分には、@Dependentと@Namedアノテーションに加え、@Interceptorsアノテーションを用いて、第5章でも説明したLogInterceptorクラスを指定しています。これにより、各メソッドにログ出力部分を記述することなく、メソッド呼び出しが完了したことと、そのメソッド内部の処理時間が出力されます。

open()

まず初期処理として、集計対象とする日付をプロパティから取得しています。取得したプロパティ値は文字列型になるため、これをDate型（java.util.Date）の変数に格納してからジョブ全体で利用できるようJobContextにセットしています。

```
// 処理日のセット
String s = (String) jctx.getProperties().get("asOf");
SimpleDateFormat propFormat = new SimpleDateFormat("yyyy-MM-dd");
asOf = propFormat.parse(s); // これで該当日付の 00:00:00 にセットされる
jctx.setTransientUserData(asOf); // Job 全体で持ち回り
```

■ JobContextの活用

JobContext（javax.batch.runtime.context.JobContext）インターフェースは、現在のジョブ全体に関する情報を提供する役割を担います。また必要に応じて任意の値（UserData）をセットすることもできます。JobContextのインスタンスは、以下のように定義することでコンテナによってインジェクションされます。

```
@Inject
private JobContext jctx;
```

今回の例ではまず、getProperties()を利用して、Job XMLのjob要素の内部で指定されているプロパティを取得しています。次にsetTransientUserData()で、このコンテキストに値を登録しています。登録した値は同じジョブの中で、getTransientUserData()を介して取得できます。setTransientUserData()でセットできる値はObject型として定義されているため、基本的になんでも登録可能ですが、数は1つだけしか登録できません[20]。また、その名が示すとおり永続化されない（Transient）ため、再実行時に以前に設定した値を取得することもできません。コンテキストにバッチの処理対象となるデータそのものをセットするのは不向きと言えるでしょう。

【20】次バージョンに向けて、jBatch開発者の間ではキーバリュー型で複数の値を登録できるよう検討しているようです。

JobContextインターフェースが持つメソッド全体は、以下のとおりです。機能としては3つに大別できます。詳細についてはJavaDocを参照してください。

1. ジョブ全体の名前やIDに関する情報の取得
   getJobName()、getExecutionId()、getInstanceId()
2. ジョブ全体のステータスに関する情報の取得と登録

getBatchStatus()、getExitStatus()、setExitStatus()

3. ジョブ全体の属性に関する情報の取得と登録

getProperties()、getTransientUserData()、setTransientUserData()

なお、JobContextとStepContext（次に説明します）は、ステップを実装するクラスのコンストラクタの中からはアクセスできない点に注意してください。各クラスのコンストラクタは、コンテナによりインスタンスが生成される時点で実行されますが、その時点ではまだコンテキストは生成されていません。今回の例で、ジョブ全体の初期処理をコンストラクタではなくopen()の中で実装しているのはそのためです。

■ StepContextの活用

StepContext（javax.batch.runtime.context.StepContext）インターフェースは、JobContextと同様に、現在のステップ全体に関する情報の提供および設定を行ないます。

StepContextインターフェースが持つメソッドは以下のとおりです。下線がついているものは、JobContextクラスに同等のメソッドがないものです。これらについては次に説明します。

1. ステップ全体の名前やIDに関する情報の取得

getStepName()、getStepExecutionId()

2. ステップ全体のステータスに関する情報の取得と登録

getBatchStatus()、getExitStatus()、setExitStatus()、<u>getException()</u>、<u>getMetrics()</u>

3. ステップ全体の属性に関する情報の取得と登録

getProperties()、getTransientUserData()、setTransientUserData()、<u>getPersistentUserData()</u>、<u>setPersistentUserData()</u>

getException()は、ステップ内で最後に発生した例外クラスが取得できるメソッドです。エラー処理などで活用します。

getMetrics()は、統計情報取得のためのメソッドです。詳細については、次のセクションで説明します。

getPersistentUserData()とsetPersistentUserData()は、ステップ内部で共通的に利用する任意の値の設定と取得ができます。機能としてはgetTransientUserData()／setTransientUserData()と同じですが、違いはメソッド名が示すとおり、この値が永続化される（Persistent）点です。このsetメソッドを通して設定された値は、コミットのタイミングで永続化されます。一度永続化されたものは、ジョブが一度停止し、再実行した際でもgetメソッドを通して取得することができます。

■ Metricsの活用

StepContextのgetMetrics()は、ステップに関する統計情報を取得するためのメソッドです。このメソッドを呼び出すとjavax.batch.runtime.Metricの配列が返されます。Metric経由で、各種情報を得ることができます。本バッチの中には出現しませんが、使い方の例を以下に示します。

ステップを構成するクラス中の任意の場所に、次のように記述したとします。

```
import javax.batch.runtime.context.StepContext;
import javax.batch.runtime.Metric;
  ...
  @Inject
  StepContext sctx;
  ...
  for(Metric m : sctx.getMetrics()){
    Logger.getGlobal().log( Level.INFO, m.getType().toString() + " = " + ➡
m.getValue() );
  }
```

上記を実行すると、以下がログに記録されます（値は例です）。

```
情報:   READ_SKIP_COUNT = 0
情報:   PROCESS_SKIP_COUNT = 0
情報:   WRITE_SKIP_COUNT = 0
情報:   FILTER_COUNT = 0
情報:   COMMIT_COUNT = 3
情報:   READ_COUNT = 20
情報:   WRITE_COUNT = 15
情報:   ROLLBACK_COUNT = 0
```

たとえばREAD_COUNTはItemReaderのreadItem()が呼び出された数、COMMIT_COUNTはコミットが実行された数です。Metricとして提供される情報の種類は、Enum型であるjavax.batch.runtime.Metric.MetricTypeで定義されています。

open()［続き］

再びopen()内の処理の説明に戻ります。日付の取得が終わった後、JPAを通してAccount表の情報を取得しています。

```
  // アカウントレコードの読み取り
  Query accountQuery = em.createNamedQuery("Account.findAll");
  int pos = (checkpoint == null)? 0 : (int)checkpoint; // 前回までの読み込み➡
位置へ移動
  accountQuery.setFirstResult(pos);
  accounts = accountQuery.getResultList();
  count = 0;
```

チェックポイントの情報がない場合（open()の引数であるcheckpointの値がnullの場合）は、全件を取得します。情報がある場合は、それに応じて読み込み開始位置を調整しています。

■ checkpointInfo()の活用

前述のとおり、open()の引数であるcheckpointの値は、直前に実行されたcheckpointInfo()の戻り値がセットされます。ここには、再実行時にopen()で再開位置を決めることができるような情報をセットする必要があります。

今回の例では、checkpointInfo()の戻り値にAccount表の先頭から何件を処理したかを示すカウンターの値を設定しています。この値を、変数posに代入して、Query#setFirstResult()の引数としてセットすることにより、Account表の読み出し開始位置が順送りされ、処理再開時に同じアカウントの集計が重複して実施されることを避けています。

```
  Query accountQuery = em.createNamedQuery("Account.findAll");
  int pos = (checkpoint == null)? 0 : (int)checkpoint; // 前回までの読み込み➡
位置へ移動
  accountQuery.setFirstResult(pos);
  accounts = accountQuery.getResultList();
```

```
    public Serializable checkpointInfo() throws Exception {
        return count;
    }
```

close()

今回の例では、このメソッドではなにも処理をしていません。このクラスではJPA経由でAccount表にアクセスしているため、本来であればEntityManagerのクローズ処理が必要ですが、EntityManagerをCDI経由（@Inject）で取得した場合は、コンテナによって自動的にクローズ（close）されるためです。

■ ItemProcessorの実装

今回の例におけるItemProcessorは、KnowledgeCountProcessorクラスになります。以下がその実装です。なお説明の便宜上、エラー処理などは省いています。

▶ KnowledgeCountProcessor.java

```
package knowledgebank.batch.chunk;
// import文は省略

@Dependent
@Named("KnowledgeCountProcessor")
@Interceptors(LogInterceptor.class)
public class KnowledgeCountProcessor implements ItemProcessor {
  @Inject
  private JobContext jctx;
  @Inject
  private EntityManager em;

  private Query knowledgeCountQuery;
  private long accountId;
  private String accountName;
  private Long kcount;

  @Override
  public Object processItem(Object item) throws Exception {
    accountName = ((Account)item).getName();

    // item で渡された Account の、前日までのナレッジ数を取得するクエリを作成
    knowledgeCountQuery = em.createQuery(
"select count(k) from Knowledge k where k.account.id = :id and k.createAt < ➲
:asOf");
    // アカウントIDの設定
    accountId = ((Account)item).getId();
    knowledgeCountQuery.setParameter("id", accountId);
```

```
        // 集計日の設定
        Date asOf = (Date)jctx.getTransientUserData();
        knowledgeCountQuery.setParameter("asOf", asOf, TemporalType.TIMESTAMP);

        // クエリを実行 (count集計関数の戻り値は Long)
        kcount = (Long) knowledgeCountQuery.getSingleResult();

        return new Ranking(accountId, accountName, kcount);
    }
}
```

processItem()

ここでは、ItemReaderから引き渡されたアカウント情報ごとに、プロパティで設定された日付の零時（0:00）時点のナレッジ件数をJPQLのcount関数を用いてKnowledge表から検索しています。

検索結果として得られた件数は、アカウントの情報（IdとName）とセットにして次のItemWriterに渡したいですが、processItem()の戻り値はObject型なので、データをひとまとめにするためのRankingクラス（knowledgebank.batch.model.Ranking）を用意して、そこに格納しています。Rankingクラスの内容は以下のとおりです。

▶ Ranking.java

```
package knowledgebank.batch.model;

public class Ranking {
    private long id;
    private String name;
    private long count;

    public Ranking(long id, String name, long count) {
        this.id = id;
        this.name = name;
        this.count = count;
    }

    public long getId() {
        return id;
    }

    public String getName() {
```

```
        return name;
    }

    public long getCount() {
        return count;
    }
}
```

■ ItemWriterの実装

今回の例におけるItemWriterは、RankingCsvWriterクラスになります。以下がその実装です。なお説明の便宜上、エラー処理などは省いています。

▶ RankingCsvWriter.java

```
package knowledgebank.batch.chunk;
// import文は省略

@Dependent
@Named("RankingCsvWriter")
@Interceptors(LogInterceptor.class)
public class RankingCsvWriter implements ItemWriter {
    @Inject
    private JobContext jctx;
    private String tempCsvFile;
    private BufferedWriter bw;

    @Override
    public void open(Serializable checkpoint) throws Exception {
        // 出力ファイル名を取得
        tempCsvFile = (String)jctx.getProperties().get("tempCsvFile");

        // 出力ファイルを open
        Path p = new File(tempCsvFile).toPath();
        bw = Files.newBufferedWriter(
            p,
            StandardOpenOption.WRITE,  // 書き込みモード
            StandardOpenOption.CREATE,  // ファイルが存在しない場合は作成
            //ファイルが存在する場合は追記（再実行時の考慮）
            StandardOpenOption.APPEND[21] );

    }
```

【21】
開発中の期間など、1日に何度もジョブを実行する場合はStandardOpenOption.TRUNCATE_EXISTING（ファイルが存在する場合はデータを削除する）としたほうが都合が良いでしょう。

```
    @Override
    public void writeItems(List<Object> items) throws Exception {
        for(Object i : items){
            bw.write( ((Ranking)i).getId()
             + ", " + ((Ranking)i).getName()
             + ", " + ((Ranking)i).getCount() );
        }
        bw.flush();
    }

    @Override
    public void close() throws Exception {
        if(bw != null) bw.close();
    }

    @Override
    public Serializable checkpointInfo() throws Exception {
        return null;
    }
}
```

open()

ここではまず、Job XMLに記述されているプロパティtempCsvFileから書き出し先のファイル名を取得しています。このプロパティはJob要素の直下に記述されているため、JobContext経由で値を取得しています。次にFileクラスのtoPath()を用いてPathクラスのインスタンスを生成し、最後にFilesクラス経由でBufferedWriterクラスのインスタンスを生成しています。PathクラスおよびFilesクラスは、Java SE 7から追加になった比較的新しいクラスです。詳細はJavaDocを参照してください。

writeItem()

今回の例では、ItemProcessorから渡されたRankingクラスのListの内容を、CSV形式にしてtempCsvFileに書き出しています。CSVファイルのレイアウトは以下のとおりです。

```
アカウントID, アカウント名, ナレッジ件数
```

BufferedWriterのwrite()で書き出した後、newLine()で改行[22]しています。また、

【22】
改行の方法として、\rや\nといった改行文字をwrite()で書き出すやり方もあります。しかし改行文字はOSによって異なります。BufferedWriter の newLine() メソッドは、適切な改行コードを自動的に判断してくれます。

【23】
本来であれば、このflush()は不要ですが、本サンプルでは、アプリの動作確認を容易にする目的で利用しています。
BufferedWriterは、そのクラス名が示すとおり書き込み内容をバッファリングしているため、実際にはバッファが一杯になるか、close()が呼び出されたタイミングまで書き込みを行ないません。flush()は、バッファの残容量にかかわらず、強制的に書き出しを指示するメソッドです。

flush()[23]で、1行ごとにファイルへの出力を実施しています。

close()

close()では、open()で生成したBufferedWriterを閉じています。BufferedWriterクラスのインスタンスが生成される前にエラーが発生した場合は、変数bwがNULLの状態でこのメソッドが呼ばれることになるので、NullPointerException防止のためNULLチェックを実装しています。

checkpointInfo()

このメソッドでは単純にNULLを応答しています。今回の例では、ステップの途中からの再開はItemReaderであるAccountReaderクラスで考慮しているため、ItemWriter側では特に意識しなくても大丈夫です。

少々長くなりましたが、最初のステップの解説は以上です。次のステップはバッチレット形式になります。

10.4.3 バッチレットの実装

今回の例では、最初のステップで出力されたCSV形式のファイルのデータを、件数の多い順にソートして、上位10件を別ファイルに出力する機能を担います（図10.14）。

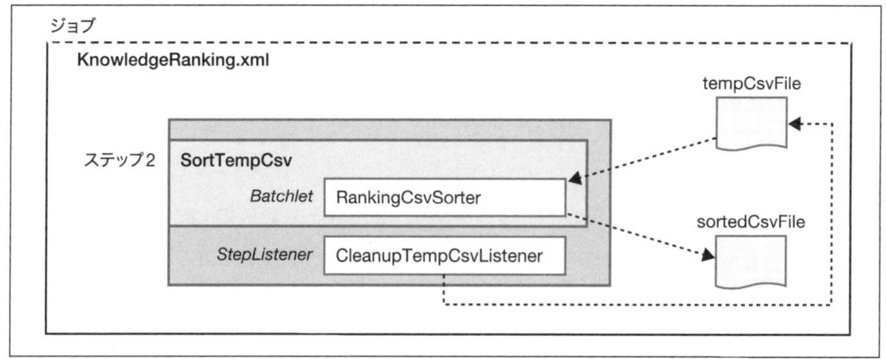

図10.14 「SortTempCsv」ステップの各部の名称

この処理も「データを読み込み、加工して、データを出力する」という流れになるため、チャンク形式で実装することもできます。しかし、すでにOSなどにソートのコマンド[24]が用意されていることが多いため、この処理を呼び出すことで、自ら実装せずに処理させることが可能になります。

CSVファイルを読み込み、3番目の要素であるナレッジ件数の多い順でソートするコマンドは以下のとおりです。

▶ Linux/Unix/Macの場合

```
sort -t, -k3 -n -r ./temp.csv | echo ./sorted.csv
```

▶ Windowsの場合（PowerShell 3.0以降）

```
PS D:\> Get-Content .\temp.csv | ConvertFrom-csv -Header "id","name", ➔
"count" | Sort @{e={$_.count -as [long]}} -Descending | ConvertTo-CSV ➔
-NoTypeInformation > sorted.csv
```

これらのコマンドは、java.lang.ProcessBuilderクラスのstart()メソッドや、java.lang.Runtimeクラスのexec()メソッドを用いることにより、Javaプログラムから呼び出すことが可能です。

ただし本書では、サンプルとしての便宜を図るため、どの環境でも同じように動作するJavaでの実装を示すことにします。

■ Batchletの実装

本ステップ（id="SortTempCsv"）の実体は、RankingCsvSorterクラスになります。以下がその実装です。

▶ RankingCsvSorter.java

```
package knowledgebank.batch.batchlet;
// import文は省略

@Dependent
@Named("RankingCsvSorter")
@Interceptors(LogInterceptor.class)
public class RankingCsvSorter implements Batchlet {
    @Inject
    private JobContext jctx;
    @Inject
    private StepContext sctx;
```

【24】
大規模システムでは、市販されている、より高効率のソート専用プログラムを利用することもあります。

10

```
    private String tempCsvFile;
    private String sortedCsvFile;

    @Override
    public String process() throws Exception {
      // 入力ファイルからの読み込み
      tempCsvFile = (String) jctx.getProperties().get("tempCsvFile");
      Path tempCsvPath = new File(tempCsvFile).toPath();
      List<String[]> sortArea = null;

      // ファイルを1行ずつ読み取る Stream を生成し、
      // 1行をカンマ区切りで分割して String[]に変換したあと
      // 全行分を String[] の List として保持
      try(Stream<String> stream = Files.lines(tempCsvPath)){
        sortArea
        = stream.map(s -> s.split(","))
        .collect(Collectors.toList());
      }
      catch(Exception e){
        sctx.setExitStatus("SORT-READ-ERROR");
        return "FAILED";
      }
      // String[] の3番目の要素を Long に変換し、この値をキーとして
      // List 全体を数値の昇順で並び替え
      sortArea.sort(Comparator.comparingLong( s -> Long.valueOf(s[2].➡
trim()) ));
      Collections.reverse(sortArea);  // List 全体を降順に並び替え

      // 出力ファイルへの書き出し
      sortedCsvFile = (String) sctx.getProperties().get("sortedCsvFile");
      try{
        Path sortedCsvPath = new File(sortedCsvFile).toPath();
        Files.write(sortedCsvPath,
                    // String[] を、カンマを区切り文字とした単一の文字列に戻し、
                    // 上位10件のデータに絞って List<String> に変換
                    sortArea.stream().map(s -> String.join(",", s))
                      .limit(10)
                      .collect(Collectors.toList()),
                        StandardOpenOption.WRITE,
                        StandardOpenOption.CREATE,
                        StandardOpenOption.TRUNCATE_EXISTING);
      }
```

```
        catch(Exception e){
          sctx.setExitStatus("SORT-WRITE-ERROR");
          return "FAILED";
        }
      sctx.setExitStatus("SORT-OK");
        return "COMPLETED";
      }

      @Override
      public void stop() throws Exception {
        // 実装は特になし
      }
  }
```

process()

まず入力となるCSVファイルの名前をジョブのプロパティから取得しています。次に、入力となるCSVファイルの内容を1行ずつ読み取るStreamを生成し、1行をカンマ区切りで分割して、分割された文字列をStringの配列に格納します。これを繰り返し、全行分のString型の配列を保持するListに変換します。

続いてString型の配列を保持するListを配列の3番目の要素（＝ナレッジ件数）で並べ替えます。数値の大小で並べ替えたいため、String型ではなくLong型に変換[25]している点に注意が必要です。さらに、成績が良いユーザーが上になるようにファイルへ書き出したいので、降順で並べ替えます。

【25】
String型のままだと、たとえば1、2、3……11は、1、11、2、3……といった順序になってしまいます。

最後に、出力ファイルへの書き出しを行ないます。出力先のCSVファイルの名前をステップのプロパティから取得し、並べ替えたString[]のListを、StringのListに変換しています。こうすることにより、1回のFilesクラスのwriteメソッド呼び出しで出力ファイルへ書き出すことができています。

メソッドを終える前に、StepContextクラスのsetExitStatus()で、ステップの終了ステータスをセットしています。終了ステータスについては、次のリスナの項目で説明します。

■ StepListenerの実装

StepListenerを用いると、このステップの開始直前と終了直後のタイミングで、任意のコードを実行させることができます。このクラスは、javax.batch.api.listener.StepListenerインターフェースを実装する形で作成します。このインターフェースで規定されているメソッドは以下の2つです。

- beforeStep()
- afterStep()

今回のサンプルでは、このリスナのafterStep()メソッドでステップの終了ステータスを判断し、ステップが正常に終了していた場合には、入力に用いた一時的なCSVファイルを消去します。

▶ CleanUpTempCsvFileListener.java

```
package knowledgebank.batch.chunk;
// import文は省略

@Dependent
@Named("CleanUpTempCsvFileListener")
@Interceptors(LogInterceptor.class)
public class CleanUpTempCsvFileListener implements StepListener {
    @Inject
    private JobContext jctx;
    @Inject
    private StepContext sctx;

    private String tempCsvFile;

    @Override
    public void beforeStep() throws Exception {
        // 実装は特になし
    }

    @Override
    public void afterStep() throws Exception {
        String stepExitStatus = sctx.getExitStatus();
        if(stepExitStatus != null && stepExitStatus.equals("SORT-OK")){
            try {
                tempCsvFile =
                  (String) jctx.getProperties().get ("tempCsvFile");
                Path p = new File(tempCsvFile).toPath();
                Files.delete(p);
                Logger.getGlobal().log(Level.INFO,
                  "File " + tempCsvFile + " has deleted.");
```

```
            }
            catch(InvalidPathException | IOException e){
                sctx.setExitStatus("FILE-DELETE-WARN");
                throw e;
            }
        }
        else {
            Logger.getGlobal().log(Level.INFO, "Retaining tempCsvFile.");
        }
    }
}
```

beforeStep()

beforeStep()は、リスナが設置されたステップが実行される直前に実行されるメソッドです。今回の例では、特に処理は記述していません。

afterStep()

afterStep()は、リスナが設置されたステップが実行された直後に実行されるメソッドです。

ここでは、まずステップの終了ステータスを検査しています。ステップの終了ステータスは、ステップコンテキストから取得しています。リスナのメソッドはステップ本体と同じスレッドで実行されるため、呼び出されるタイミングではすでにステップ自体は完了していますが、ステップコンテキストはリスナのメソッドが完了するまでは有効です。

正常に完了していれば、一時的なCSVファイルの場所をジョブコンテキストから取得し、消去しています。消去に失敗した場合は例外が送出されるため、catch節でファイルの消去に失敗した旨を示す文字列をステップの終了ステータスに設定しています。

ここでは先に、終了ステータスの検査と設定の実例が出てきましたが、終了ステータスについての説明がまだ済んでいません。この終了ステータスとは一体どのようなものなのでしょうか。

10.4.4 バッチステータスと終了ステータス

バッチ処理は、本章冒頭でも触れたように「非対話型」であるため、処理結果、つまり正常に終了したのか、それとも処理がエラーなどで止まってしまったのかの確認は、処理が終わったあとにシステム管理者が判断するか、あるいはアラーム装置を鳴らすなど、システム管理者に異常を知らせるための監視用のサブシステムと連動させるのが一般的です。

jBatchでは、処理結果を表現するものとして**バッチステータス**と**終了ステータス**の2つが用意されています。

バッチステータスは、コンテナにより自動的に設定される文字列です。設定される値は、jBatchの仕様としてあらかじめ定義されています。一方、終了ステータスは自分で設定可能な文字列です。設定しない場合はバッチステータスと同じ文字列がコンテナにより自動的に設定されます。

処理の結果としては「ジョブの処理結果」と「ステップの処理結果」とが考えられますが、jBatchでは両者を区別することなく、どちらに対してもバッチステータスと終了ステータスを用いることになっています。

■ バッチステータス

バッチステータスの値はgetBatchStatus()により取得できます。このメソッドは、JobContext、JobExecution、StepContext、StepExecutionの各クラスに存在します。バッチステータスはコンテナにより自動的に設定される値であるため、いずれのクラスにもsetterメソッドは存在しません。戻り値はEnum型で、javax.batch.runtime.BatchStatusとして定義されています。定義されている値と、その意味は表10.9のとおりです。

表10.9 バッチステータスの値と意味

値	単位	意味
STARTING	ジョブ	ジョブがJobOperatorインターフェースのstartメソッドもしくはrestartメソッドを通して、実行に向けコンテナに制御が渡された状態
	ステップ	ステップの実行が始まる前の状態
STARTED	ジョブ	ジョブがコンテナによって開始された状態
	ステップ	ステップの実行が開始された状態
STOPPING	ジョブ	ジョブがJobOperatorインターフェースのstopメソッドか、Job XMLのstop要素を通して、停止をコンテナにリクエストした状態
	ステップ	ステップが属するジョブがJobOperatorインターフェースのstopメソッドを発行された直後の状態

値	単位	意味
STOPPED	ジョブ	ジョブがJobOperatorインターフェースのstopメソッドか、もしくはJob XMLのstop要素を通して停止された状態
	ステップ	ステップが属するジョブが停止した状態
FAILED	ジョブ	ハンドルできない例外でジョブが終了したか、Job XMLのfail要素によって終了した状態
	ステップ	ハンドルできない例外でステップが終了した状態
COMPLETED	ジョブ	ハンドルできない例外が発生せずにジョブが終了したか、Job XMLのend要素によって終了した状態
	ステップ	ハンドルできない例外が発生せずにステップが終了した状態
ABANDONED	ジョブ	ジョブがJobOperatorインターフェースのabandonメソッドより放棄された状態

■ 終了ステータス

終了ステータスは、自分で設定可能な文字列です。これにより、処理結果を詳細に表現することができます。結果に応じて番号を決めておく「リターンコード」のような使い方も可能です。また、前段の処理結果に応じて複数の後続処理の中から1つを選ぶような流れを作りたい場合は、この終了ステータスと、デシジョンおよび遷移要素とを組み合わせて分岐を実装します。

バッチに対する終了ステータスの設定は、JobContextのsetExitStatus()を用います。同様に、ステップに対する終了ステータスの設定は、StepContextのsetExitStatus()を使います。値の取得は、JobContext、JobExecution、StepContext、StepExecutionのgetExitStatus()で可能です。

ここまでで、このジョブのすべてのステップの実装は終わりです。いよいよジョブを実行してみましょう。

10

10.4.5 ジョブ実行部分の実装

■ ジョブ制御画面の実装

今回の例では、図10.15の4つの画面をJSFを用いて作成することにより、ジョブの制御と動作の確認をしていきます。

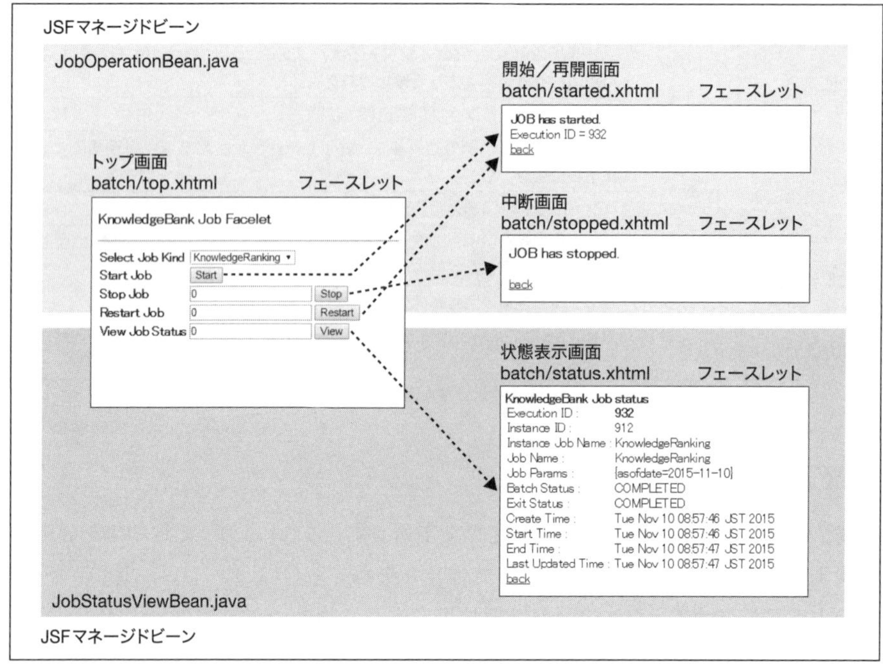

図10.15 ナレッジバンクのジョブ制御画面

全部で4つのフェースレットと2つのマネージドビーンで構成されています。トップ画面から、ジョブの開始、中断、再開およびジョブの状態の表示を指示することができます。

- ジョブを開始するには、ドロップダウンリストから実行したいジョブの種類を選択し、[Start] ボタンをクリックします。すると開始／再開画面に遷移し、画面にはJob ExecutionのIdと、トップ画面へ戻るためのリンクが表示されます。
- ジョブを中断するには、テキストボックスに中断対象のジョブのJob Execution Idを入力して [Stop] ボタンをクリックします。すると中断画面に遷移し、stopが指示されたことを示すメッセージと、トップ画面へ戻るためのリンクが表示されます（該当のジョブがない場合や、中断できない状態である場合はエラーとなります）。
- ジョブを再開するには、テキストボックスに再開対象のジョブのJob Execution Idを入力して [Restart] ボタンをクリックします。すると開始／再開画面に遷移し、新しく採番されたJob ExecutionのIdと、トップ画面へ戻るためのリンクが表示されます（該当のジョブがない場合や、再開できない状態である場合はエラーとなります)。

- ジョブの状態を確認するには、テキストボックスに確認対象のジョブのJob Execution Idを入力して［View］ボタンをクリックします。すると状態表示画面へ遷移し、各種の情報と、トップ画面へ戻るためのリンクが表示されます（該当のジョブがない場合はエラーとなります)。

トップ画面のフェースレットの実装は以下のとおりです。ボタンやテキストボックスの配置の整理にはpanelGridタグを利用しています。3列構成にしていますが、1行の中にオブジェクトが2個しかないところには、ダミーのoutputLabelを配置しています。

▶ top.xhtml

```
<?xml version='1.0' encoding='UTF-8' ?>
<!DOCTYPE html PUBLIC "-//W3C//DTD XHTML 1.0 Transitional//EN"
"http://www.w3.org/TR/xhtml1/DTD/xhtml1-transitional.dtd">
<html xmlns="http://www.w3.org/1999/xhtml"
      xmlns:h="http://xmlns.jcp.org/jsf/html"
      xmlns:f="http://xmlns.jcp.org/jsf/core">
  <h:head>
    <title>KnowledgeBank Job Facelet</title>
  </h:head>
  <h:body>
    <h3> KnowledgeBank Job Facelet </h3>
    <hr/>
    <h:form id="form">
      <h:panelGrid columns="3">
        <h:outputText value="Select Job Kind" style="font-weight: bold"/>
        <h:selectOneMenu id="JobKind" value="#{JobOperationBean.jobKind}">
          <f:selectItem itemLabel="KnowledgeRanking" ➡
itemValue="KnowledgeRanking" />   ← ジョブの種類選択部分（現時点では１種類のみ）
        </h:selectOneMenu>
        <h:outputLabel><!-- filler --></h:outputLabel>
                                       ジョブの開始指示部分
        <h:outputText value="Start Job" style="font-weight: bold"/>
        <h:commandButton value="Start" action="#{JobOperationBean.➡
Start()}" />
        <h:outputLabel><!-- filler --></h:outputLabel>
                                       ジョブの停止指示部分
        <h:outputText value="Stop Job" style="font-weight: bold"/>
        <h:inputText id="stopExId" value="#{JobOperationBean.stopExId}" />
        <h:commandButton id="StopButton"
```

```
value="Stop" action="#{JobOperationBean.Stop()}" />
                                ジョブの再開指示部分
        <h:outputText value="Restart Job" style="font-weight: bold"/>
        <h:inputText id="restartExId" value="#{JobOperationBean.➡
restartExId}" />
        <h:commandButton id="RestartButton" ➡
 value="Restart" action="#{JobOperationBean.Restart()}" />
                                ジョブの状態表示指示部分
        <h:outputText value="View Job Status" style="font-weight: bold"/>
        <h:inputText id="exId" value="#{JobStatusViewBean.exId}" />
        <h:commandButton id="ViewStatsButton" ➡
 value="View" action="#{JobStatusViewBean.ViewStatus()}" />

      </h:panelGrid>
    </h:form>
  </h:body>
</html>
```

開始／再開画面のフェースレットの実装は以下のとおりです。

▶ started.xhtml

```
<?xml version='1.0' encoding='UTF-8' ?>
<!DOCTYPE html PUBLIC "-//W3C//DTD XHTML 1.0
 Transitional//EN" "http://www.w3.org/TR/xhtml1/DTD/xhtml1-transitional.dtd">
<html xmlns="http://www.w3.org/1999/xhtml"
    xmlns:h="http://xmlns.jcp.org/jsf/html">
  <h:head>
    <title>Job Started</title>
  </h:head>
  <h:body>
    <h:panelGrid columns="1">
      <h:outputText value="JOB has started." style="font-weight: bold"/>
      Execution ID = #{JobOperationBean.exId}<br />
      <h:link outcome="top">back</h:link>
    </h:panelGrid>
  </h:body>
</html>
```

中断画面のフェースレットの実装は以下のとおりです。

▶ stopped.xhtml

```
<?xml version='1.0' encoding='UTF-8' ?>
<!DOCTYPE html PUBLIC "-//W3C//DTD XHTML 1.0 Transitional//EN"
 "http://www.w3.org/TR/xhtml1/DTD/xhtml1-transitional.dtd">
<html xmlns="http://www.w3.org/1999/xhtml"
    xmlns:h="http://xmlns.jcp.org/jsf/html">
  <h:head>
    <title>Job Stopped</title>
  </h:head>
  <h:body>
    <h:panelGrid columns="1">
      <h3>JOB has stopped.</h3>
      <h:link outcome="top">back</h:link>
    </h:panelGrid>
  </h:body>
</html>
```

■ ジョブ制御用マネージドビーンの実装

次に、ジョブの開始、中断、再開に紐付くマネージドビーンの実装について説明します。

▶ JobOperationBean.java

```
package knowledgebank.batch.web;
// import分は省略

@Named(value = "JobOperationBean")
@RequestScoped
public class JobOperationBean {
  private final JobOperator jo = BatchRuntime.getJobOperator();
  private String jobKind;
  private long exId;
  private long stopExId;
  private long restartExId;

  private Properties setProperty(){
    // 実行日付として現在日時をプロパティにセット
    Properties p = new Properties();
    LocalDateTime asOfDate = LocalDateTime.now(); // 現在の日時を取得
    DateTimeFormatter dtf = DateTimeFormatter.ISO_LOCAL_DATE; // yyyy-MM-dd形式
    p.setProperty("asofdate", asOfDate.format(dtf));
```

```
        return p;
    }
    public String Start(){  // ジョブの開始
        this.setExId(jo.start(jobKind, this.setProperty()));
        return "started.xhtml";
    }

    public String Stop(){  // ジョブの中断
        jo.stop(this.stopExId);
        return "stopped.xhtml";
    }

    public String Restart(){  // ジョブの再開
        this.setExId(jo.restart(this.restartExId, this.setProperty()));
        return "started.xhtml";
    }

// 以下getter/setter
```

setProperty()では、JobOperationクラスのstart()およびrestart()の引数に渡すプロパティをセットする部分を切り出したものです。渡しているプロパティは1つのみで、ジョブの集計対象日付です。プロパティのキーは"asofdate"で、値には現在日付の0時00分00秒をyyyy-MM-ddという形式の文字列になるようにフォーマットしたものをセットしています。

start()、stop()、restart()の各メソッドは、トップ画面のそれぞれのボタンに紐付いており、クリックされたタイミングで呼び出されます。このメソッドの中でJobOperatorのstart()、stop()、restart()を実行しています。JobOperatorのstop()およびrestart()メソッドには、停止対象および再開対象のJobExecutionのIdを指定する必要がありますが、これはトップ画面のそれぞれのボタンの左側にあるinputTextから取得しています。

■ ジョブ状態表示用画面／マネージドビーンの実装

最後に、ジョブの状態表示画面のフェースレットと、それに紐づくマネージドビーンの実装について見ていきます。

画面に表示する項目は表10.10のとおりです。

表10.10　画面に表示する項目

表示項目	取得方法
JobExecutionのID	画面入力値
JobInstanceのID	JobInstance#getInstanceId()
JobInstanceのジョブ名	JobInstance#getJobName()
JobExecutionのジョブ名	JobExecution#getJobName()
ジョブに渡されたパラメータ	JobExecution#getJobParameters()
バッチステータス	JobExecution#getBatchStatus()
終了ステータス	JobExecution#getExitStatus()
ジョブの作成日時	JobExecution#getCreateTime()
ジョブの開始日時	JobExecution#getStartTime()
ジョブの終了日時	JobExecution#getEndTime()
ジョブの最終更新日時	JobExecution#getLastUpdatedTime()

実装は以下のとおりです。少々長いですが、処理の内容自体は繰り返しに近く、シンプルです。

▶ status.xhtml

```
<?xml version='1.0' encoding='UTF-8' ?>
<!DOCTYPE html PUBLIC "-//W3C//DTD XHTML 1.0 Transitional//EN"
 "http://www.w3.org/TR/xhtml1/DTD/xhtml1-transitional.dtd">
<html xmlns="http://www.w3.org/1999/xhtml"
    xmlns:h="http://xmlns.jcp.org/jsf/html">
  <h:head>
    <title>KnowledgeBank Job STATUS</title>
  </h:head>
  <h:body>
    <h:outputLabel style="font-weight: bold"> KnowledgeBank Job status</➡
h:outputLabel>
    <h:panelGrid columns="2">
      <h:outputLabel value=" Execution ID : " />
      <h:outputText id="ExId" value="#{JobStatusViewBean.exId}" style=➡
"font-weight: bold"/>

      <h:outputLabel value=" Instance ID : " />
      <h:outputText id="InId" value="#{JobStatusViewBean.instanceId}" />
      <h:outputLabel value=" Instance Job Name : " />
      <h:outputText id="JobInName" value="#{JobStatusViewBean.jobInName}" />

      <h:outputLabel value="Job Name : " />
      <h:outputText id="JobName" value="#{JobStatusViewBean.jobName}" />
```

```
      <h:outputLabel value="Job Params : " />
      <h:outputText id="JobParams" value="#{JobStatusViewBean.jobParams}" />

      <h:outputLabel value="Batch Status : " />
      <h:outputText id="BatchStatus" value="#{JobStatusViewBean.batchStatus} ➔
" />
      <h:outputLabel value="Exit Status : " />
      <h:outputText id="ExitStatus" value="#{JobStatusViewBean.exitStatus} ➔
" />

      <h:outputLabel value="Create Time : " />
      <h:outputText id="CreateTime" value="#{JobStatusViewBean.createTime} ➔
" />
      <h:outputLabel value="Start Time : " />
      <h:outputText id="StartTime" value="#{JobStatusViewBean.startTime}" />
      <h:outputLabel value="End Time : " />
      <h:outputText id="EndTime" value="#{JobStatusViewBean.endTime}" />
      <h:outputLabel value="Last Updated Time : " />
      <h:outputText id="LastUpdatedTime" value="#{JobStatusViewBean.➔
lastUpdatedTime}" />

      <h:link outcome="top">back</h:link>
      <h:outputLabel><!-- filler --></h:outputLabel>
    </h:panelGrid>
  </h:body>
</html>
```

▶ JobStatusViewBean.java

```
package knowledgebank.batch.web;
// import文は省略

@Named(value = "JobStatusViewBean")
@RequestScoped
public class JobStatusViewBean {
  private final JobOperator jo = BatchRuntime.getJobOperator();
  private long instanceId = 0;
  private String jobInName;
  private long exId = 0;
  private String jobName;
  private Properties jobParams;
  private String batchStatus;
```

```
	private String exitStatus;
	private Date createTime;
	private Date startTime;
	private Date endTime;
	private Date lastUpdatedTime;

	public String ViewStatus(){
		JobInstance jin = jo.getJobInstance(exId);
		instanceId = jin.getInstanceId();
		jobInName = jin.getJobName();

		JobExecution jex = jo.getJobExecution(exId);
		jobName = jex.getJobName();
		jobParams = jex.getJobParameters();
		batchStatus = jex.getBatchStatus().toString();
		exitStatus = jex.getExitStatus();
		createTime = jex.getCreateTime();
		startTime = jex.getStartTime();
		endTime = jex.getEndTime();
		lastUpdatedTime = jex.getLastUpdatedTime();

		return "status.xhtml";
	}
// 以下getter/setter
```

■ ジョブの実行と実行結果の確認

それではいよいよ、ジョブを実行してみましょう。アプリケーションサーバーを起動し、作成したwarファイルをデプロイしたら、ブラウザからtop.xhtml画面にアクセスして、［Start］ボタンをクリックしてください（図10.16）。

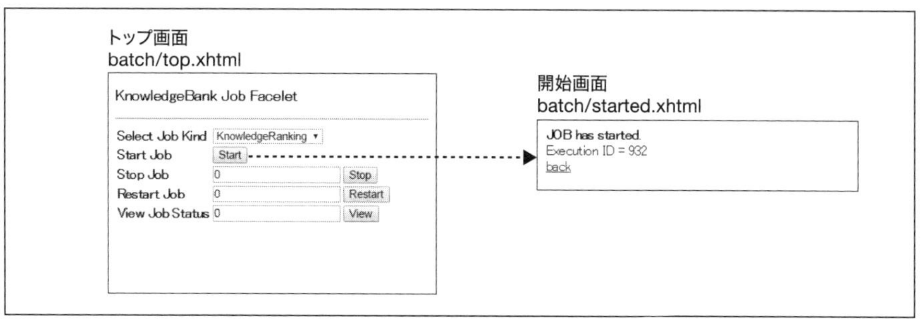

図10.16　ジョブ実行時の画面遷移

ボタンをクリックすると開始画面に遷移し、Execution IDが表示されます。この番号を使って、ジョブの状態を確認します。「back」のリンクをたどってトップ画面に戻り、［View Job Status］の右側にあるテキストボックスにExecution IDの数字を入力して［View］ボタンをクリックします（図10.17）。

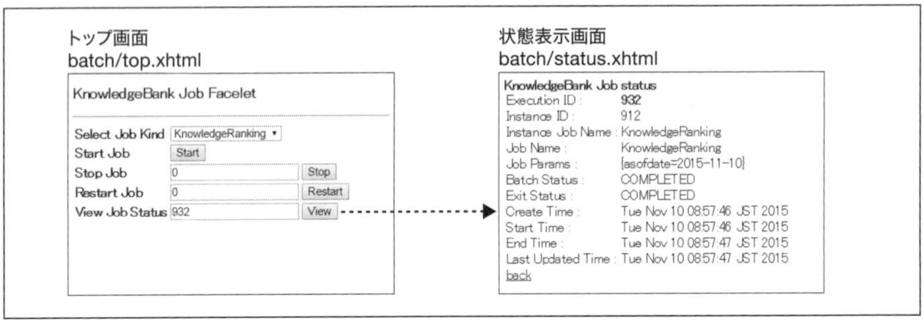

図10.17　ジョブ状態表示の画面遷移

ジョブがエラーなく完了していれば、Batch StatusやExit Statusが「COMPLETED」になっているはずです。また、処理が正常に終わっていれば、Job XMLのプロパティで指定されているパス上にCSVファイルが2つ（一時ファイル、ソート済みファイル）作成されている[26]かと思います。こちらも確認してみましょう。

【26】
これと同じ結果を得るためのデータを各テーブルに投入するSQL文については、本書サンプルプログラムに付属のREADMEをご確認ください。

▶ 出力ファイル（一時ファイルのCSV）

```
3，佐藤三郎，2
4，高橋四郎，2
5，田中五郎，2
6，小林六郎，3
7，山本七郎，4
8，中村八郎，4
9，渡辺九郎，5
10，松本十郎，7
11，吉田十一郎，0
1，山田一郎，0
2，鈴木二郎，1
```

このファイルは、左から「アカウントID, アカウント名, ナレッジ件数」というレイアウトになっています。見てのとおり、出力される行の順序には規則性がありません（読者の皆さんが試した場合の出力結果も、これとは異なる可能性があります）。

一方、ソート済みのファイルでは、一番右のナレッジ件数が多い順に並んでいることがわかります。

▶ 出力ファイル（ソートされたファイルのCSV）。実際はナレッジ0件のユーザー（山田一郎、吉田十一郎）はどちらか1名のみ出力され、10行の出力になる

```
10, 松本十郎, 7
9, 渡辺九郎, 5
8, 中村八郎, 4
7, 山本七郎, 4
6, 小林六郎, 3
5, 田中五郎, 2
4, 高橋四郎, 2
3, 佐藤三郎, 2
2, 鈴木二郎, 1
1, 山田一郎, 0
11, 吉田十一郎, 0
```

■ ジョブの中断と再開（チェックポイントの挙動の確認）

先ほどのトップ画面から、ジョブの中断や再開も試すことができます。こちらで、チェックポイントの挙動を確認してみましょう。

中断するには、実行中のジョブのExecution IDをテキストボックスに入力し、[Stop]ボタンをクリックします。ただしACCOUNT表の件数が少ない状態では、中断を指示する間もなくあっという間にジョブが終わってしまうので、挙動を確認するために少々細工をしましょう。ItemReaderクラスのreadItem()に、1件の読み込みごとに2秒の待ち時間とログ出力を追加します。

▶ 修正したItemReader#readItem()

```
@Override
public Object readItem() throws Exception {
    if(count >= accounts.size()){
        return null;  // 処理終端時は NULL で応答
    }
    Logger.getGlobal().info("count = " + count);
    Thread.sleep(2000);
    return accounts.get(count++);
}
```

挙動確認用の処理を挿入

また、チェックポイントの動きを確認するため、open()メソッドにも以下のログ出力を追加します。

▶ 修正したItemReader#open()

```
// アカウントレコードの読み取り
Query accountQuery = em.createNamedQuery("Account.findAll");
int pos = (checkpoint == null)? 0 : (int)checkpoint; // 前回までの読み込み位置へ移動
accountQuery.setFirstResult(pos);
accounts = accountQuery.getResultList();
Logger.getGlobal().info("pos = " + pos);
Logger.getGlobal().info("accounts.size() = " + accounts.size());
count = 0;
```

挙動確認用の処理を挿入

この状態でジョブを実行し、countが5〜9の間（最初のチェックポイントが終わった後、次のチェックポイントが到来するまでの間）に、［Stop］ボタンをクリックしてみてください。

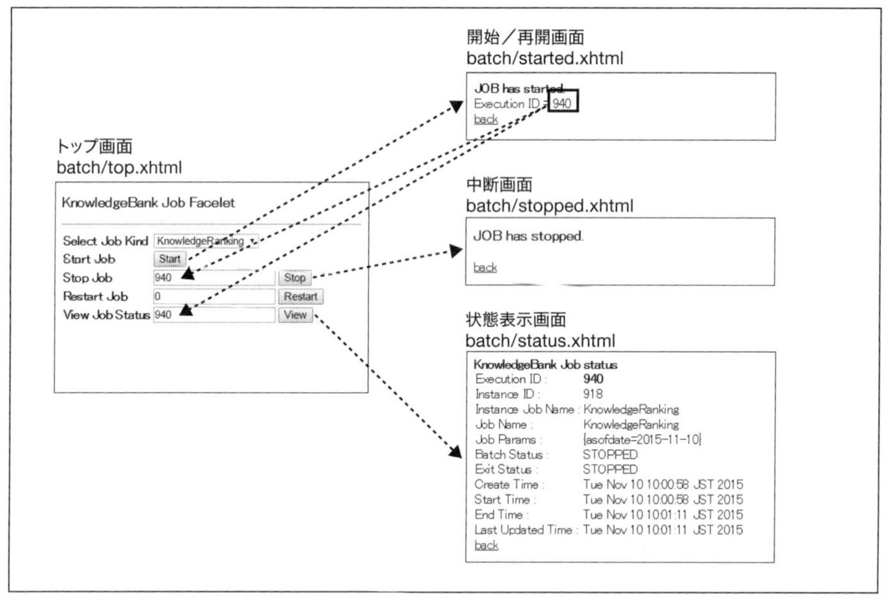

図10.18　ジョブ中断時の画面遷移

以下は、ACCOUNT表の8件目のレコードの処理中（count=7）に、［Stop］ボタンをクリックした場合の実行ログです。初回実行時のため、前回までの読み込み位置を示すposは初期値の0、ACCOUNT表から取得した処理対象のレコード数は11であることがわかります。

▶ジョブ中断時の実行ログ

```
情報:  pos = 0
情報:  accounts.size() = 11
```

前回までの読み込み位置は0（初期値）、処理対象のレコード数は11

```
情報:  knowledgebank.batch.chunk.AccountReader#open() was invoked, ➡
elapsed :42msecs.
情報:  knowledgebank.batch.chunk.RankingCsvWriter#open() was invoked, ➡
elapsed :5msecs.
```

初期処理

```
情報:  count = 0
情報:  knowledgebank.batch.chunk.AccountReader#readItem() ➡
was invoked, elapsed :2000msecs.
情報:  knowledgebank.batch.chunk.KnowledgeCountProcessor#processItem() ➡
was invoked, elapsed :70msecs.
情報:  count = 1
情報:  knowledgebank.batch.chunk.AccountReader#readItem() was invoked, ➡
elapsed :2001msecs.
【中略】
```

5回繰り返し

```
情報:  knowledgebank.batch.chunk.RankingCsvWriter#writeItems() ➡
was invoked, elapsed :0msecs.
情報:  knowledgebank.batch.chunk.AccountReader#checkpointInfo() was invoked, ➡
elapsed :0msecs.
情報:  knowledgebank.batch.chunk.RankingCsvWriter#checkpointInfo() was ➡
invoked, elapsed :0msecs.
```

checkpoint

```
情報:  count = 5
情報:  knowledgebank.batch.chunk.AccountReader#readItem() was invoked, ➡
elapsed :2001msecs.
情報:  knowledgebank.batch.chunk.KnowledgeCountProcessor#processItem() was ➡
invoked, elapsed :4msecs.
情報:  count = 6
情報:  knowledgebank.batch.chunk.AccountReader#readItem() was invoked, ➡
elapsed :2009msecs.
情報:  knowledgebank.batch.chunk.KnowledgeCountProcessor#processItem() ➡
was invoked, elapsed :10msecs.
情報:  count = 7
情報:  knowledgebank.batch.chunk.AccountReader#readItem() was invoked, ➡
elapsed :2001msecs.
情報:  knowledgebank.batch.chunk.KnowledgeCountProcessor#processItem() ➡
was invoked, elapsed :4msecs.
```

ここでstop

```
情報:  knowledgebank.batch.chunk.RankingCsvWriter#writeItems() ➡
was invoked, elapsed :1msecs.
情報:  knowledgebank.batch.chunk.AccountReader#checkpointInfo() was ➡
invoked, elapsed :0msecs.
情報:  knowledgebank.batch.chunk.RankingCsvWriter#checkpointInfo() ➡
```

checkpoint

```
was invoked, elapsed :0msecs.
-------------------------------------------------------------------------------
情報:   knowledgebank.batch.chunk.AccountReader#close() was invoked, ➡
elapsed :0msecs.                                                        終了処理
情報:   knowledgebank.batch.chunk.RankingCsvWriter#close() was invoked, ➡
elapsed :0msecs.
```

この状態で一時ファイルのCSVを開くと、8件目までのレコードが記録されていることがわかります。

▶ 出力ファイル（一時ファイルのCSV）

```
3, 佐藤三郎, 2
4, 高橋四郎, 2
5, 田中五郎, 2
6, 小林六郎, 3
7, 山本七郎, 4
8, 中村八郎, 4
9, 渡辺九郎, 5
10, 松本十郎, 7
```

ジョブを再開するには、トップ画面の［Restart Job］の右側にあるテキストボックスに、中断したジョブのExecution IDをテキストボックスに入力して［Restart］ボタンをクリックします（図10.19）。

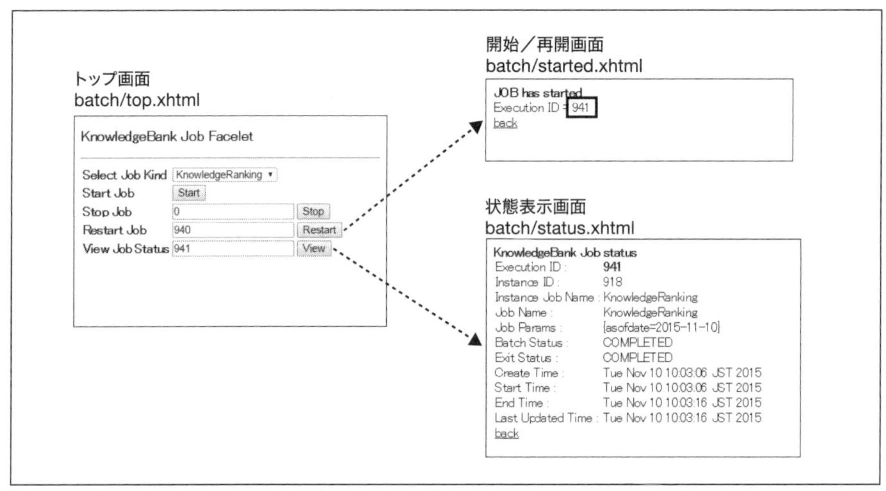

図10.19　ジョブ再開時の画面遷移

以下は、再開時の実行ログです。前回までの読み込み位置を示すposは、最後に実行されたチェックポイント時点のcountの値、つまり8になっています。ItemReaderのopen()内にて、QueryクラスのsetFirstResult()を用いてその時点までACCOUNT表の読み出し位置を移動しているため、処理対象のレコード数は（11ではなく）3になっています。

▶ ジョブ再開時の実行ログ

```
情報:   pos = 8
情報:   accounts.size() = 3
情報:   knowledgebank.batch.chunk.AccountReader#open() was invoked, ➡
elapsed :6msecs.
情報:   knowledgebank.batch.chunk.RankingCsvWriter#open() was invoked, ➡
elapsed :0msecs.
情報:   count = 0
情報:   knowledgebank.batch.chunk.AccountReader#readItem() ➡
was invoked, elapsed :2001msecs.
情報:   knowledgebank.batch.chunk.KnowledgeCountProcessor#processItem() ➡
was invoked, elapsed :6msecs.
情報:   count = 1
情報:   knowledgebank.batch.chunk.AccountReader#readItem() was invoked, ➡
elapsed :2001msecs.
情報:   knowledgebank.batch.chunk.KnowledgeCountProcessor#processItem() ➡
was invoked, elapsed :2msecs.
情報:   count = 2
情報:   knowledgebank.batch.chunk.AccountReader#readItem() was invoked, ➡
elapsed :2000msecs.
情報:   knowledgebank.batch.chunk.KnowledgeCountProcessor#processItem() ➡
was invoked, elapsed :4msecs.
情報:   knowledgebank.batch.chunk.AccountReader#readItem() ➡
was invoked, elapsed :0msecs.
情報:   knowledgebank.batch.chunk.RankingCsvWriter#writeItems() ➡
was invoked, elapsed :0msecs.
情報:   knowledgebank.batch.chunk.AccountReader#checkpointInfo() was invoked, ➡
elapsed :0msecs.
情報:   knowledgebank.batch.chunk.RankingCsvWriter#checkpointInfo() was ➡
invoked, elapsed :0msecs.
情報:   knowledgebank.batch.chunk.AccountReader#close() was invoked, ➡
elapsed :0msecs.
情報:   knowledgebank.batch.chunk.RankingCsvWriter#close() was invoked, ➡
elapsed :1msecs.
情報:   knowledgebank.batch.batchlet.RankingCsvSorter#process() ➡
```

ステップ2

```
was invoked, elapsed :15msecs.
...
```

ジョブが完了したら、2つのCSVファイルの内容を確認し、出力内容が正常であることを確かめてみてください[27]。

【27】
もしCSVファイルの件数が期待よりも少なかった場合は、RankingCsvWriterクラスのopen()メソッドの中で、bufferedWriterクラスのオープンモードを指定しているStandardOpenOptionが、TRUNCATE_EXISTINGではなくAPPENDになっているかどうかを確認してみてください。

10.5 ジョブのフロー制御

ここまでは、「ナレッジ件数ランキング集計バッチ」を例としてjBatchの具体的な実装について見てきました。次に、コメントが多いアカウントの上位10件を求める「コメント件数ランキング集計バッチ」を作成し、2つの集計処理を1つのバッチにまとめ、効率よく並列で動かすようにしてみましょう。

10.5.1 コメント件数ランキング集計バッチの作成

まずは「コメント件数ランキング集計バッチ」を作成してみましょう。全体像は図10.20のようになります。

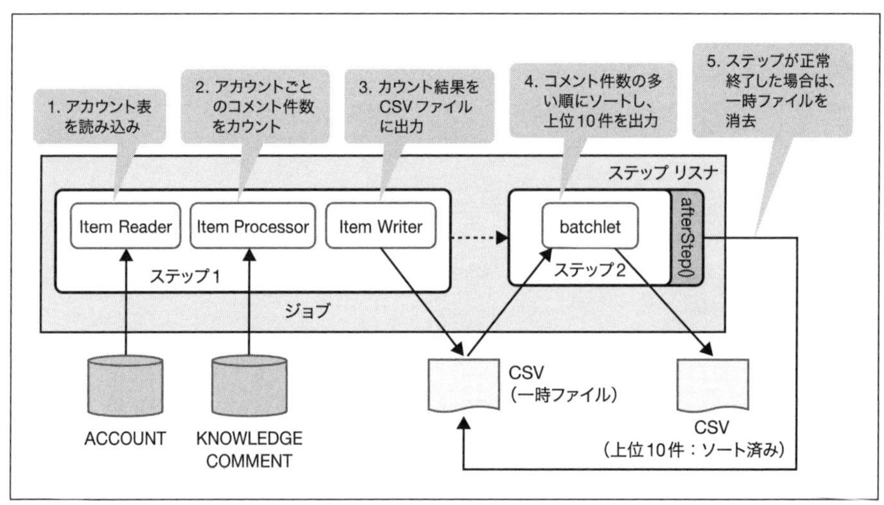

図10.20 「コメント件数ランキング集計バッチ」の概要

内容は、ナレッジ件数ランキングの集計バッチとほぼ同じです（図10.21）。ステップ1のItemProcessorを修正し、コメントが格納されているテーブルにアクセスして件数をカウントするクラスを別途作成します。その他のクラスについては、すべて同じものを流用します。次にJob XMLをコピーして、ステップ1のItemProcessorを新しく作成したクラスの名前に差し替えます。最後に、CSVファイルを示すプロパティの値を修正し、ナレッジ件数ランキングのファイルと重複しないような名前に変更すれば完成です。

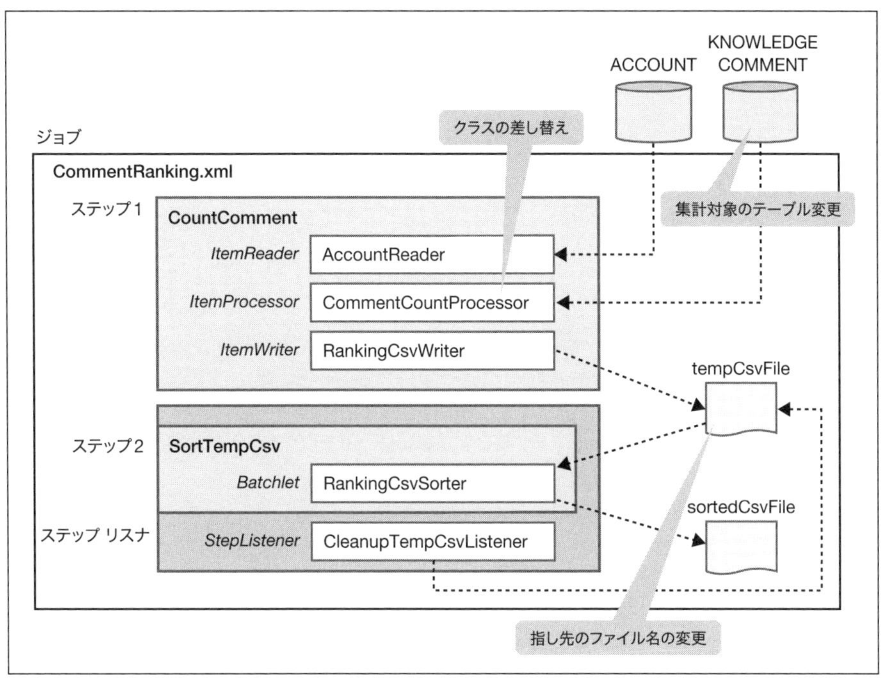

図10.21 「コメント件数ランキング集計バッチ」の各部の名称と変更点

■ CommentCountProcessorの作成

まず、ItemProcessorにあたるクラスを作成します。ナレッジ件数ランキングの集計バッチではKnowledgeCountProcessorクラスでしたが、これをコピーして数か所修正するだけです。名前はCommentCountProcessorとします。以下がその実装です。

▶ CommentCountProcessor.java

```
package knowledgebank.batch.chunk;
// import文は省略

@Dependent
@Named("CommentCountProcessor")
@Interceptors(LogInterceptor.class)
public class CommentCountProcessor implements ItemProcessor {
  @Inject
  private JobContext jctx;
  @Inject
  private EntityManager em;

  private Query commentCountQuery;
  private long accountId;
  private String accountName;
  private Long ccount;

  @Override
  public Object processItem(Object item) throws Exception {
    accountName = ((Account)item).getName();

    // item で渡された Account の、前日までのコメント数を取得するクエリを作成
    knowledgeCountQuery = em.createQuery(
        "select count(kc) from KnowledgeComment kc ➡
        where kc.account.id = :id and kc.createAt < :asOf");
    // アカウントIDの設定
    accountId = ((Account)item).getId();
    knowledgeCountQuery.setParameter("id", accountId);
    // 集計日の設定
    Date asOf = (Date)jctx.getTransientUserData();
    knowledgeCountQuery.setParameter("asOf", asOf, TemporalType.TIMESTAMP);

    // クエリを実行 (count集計関数の戻り値は Long)
    ccount = (Long)commentCountQuery.getSingleResult();

    return new Ranking(accountId, accountName, ccount);
  }
}
```

名前、クラス名の変更 (@Named("CommentCountProcessor"))
名前、クラス名の変更 (CommentCountProcessor)
名前の変更 (commentCountQuery;)
名前の変更 (ccount;)
アクセス先の変更 ("select count(kc) from KnowledgeComment kc where kc.account.id = :id and kc.createAt < :asOf")

これに合わせ、Job XMLもナレッジ件数ランキング集計バッチのものをコピーして数か所修正します。名前はCommentRanking.xmlとします。内容と修正箇所は以下のとおりです。

▶ CommentRanking.xml

```
package knowledgebank.batch.chunk;
<?xml version="1.0" encoding="UTF-8"?>
<job xmlns="http://xmlns.jcp.org/xml/ns/javaee"
     version="1.0"
     id="CommentRanking">  ← 名前の変更

  <properties>
    <property name="asOf" value ="#{jobParameters['asofdate']}" />
    <property
        name="tempCsvFile"
        value="D://CommentRankingTemp_#{jobProperties['asOf']}.csv" />  ← ファイル名の変更
  </properties>

  <step id="CountKnowledge" next="SortTempCsv">
    <chunk item-count="5">
      <reader    ref="AccountReader" />
      <processor ref="CommentCountProcessor" />  ← 呼び出し先の変更
      <writer    ref="RankingCsvWriter" />
    </chunk>
  </step>

  <step id="SortTempCsv">
    <properties>
      <property
          name="sortedCsvFile"
          value="D://CommentRanking_#{jobProperties['asOf']}.csv" />  ← ファイル名の変更
    </properties>
    <listeners>
      <listener ref="CleanUpTempCsvFileListener" />
    </listeners>
    <batchlet ref="RankingCsvSorter" />
  </step>

</job>
```

これでコメント件数ランキング集計バッチの実装は完了です。

10.5.2 コメント件数ランキング集計バッチの実行

新しく作成したバッチを実行するため、ジョブ制御画面のフェースレットにも修正が必要です。トップ画面（top.xhtml）の中にあるジョブの種類を選択するプルダウンリストに、このバッチを追加します。itemValueの値が、Job XMLの名前と一致するようにしてください。

▶ top.xhtmlの修正箇所

```
<?xml version='1.0' encoding='UTF-8' ?>
  ...
    <h:form id="form">
      <h:panelGrid columns="3">
        <h:outputText value="Select Job Kind" style="font-weight: bold"/>
        <h:selectOneMenu id="JobKind" value="#{JobOperationBean.jobKind}">
          <f:selectItem itemLabel="KnowledgeRanking" itemValue ➡
="KnowledgeRanking" />
          <f:selectItem itemLabel="CommentRanking" ➡
 itemValue="CommentRanking" />
        </h:selectOneMenu>
        <h:outputLabel><!-- filler --></h:outputLabel>
  ...
```

ジョブ選択部分に追加

ここまででですべての修正は完了しました。アプリケーションをデプロイして実行すると、トップ画面に図10.22のように選択肢が増えているはずです。

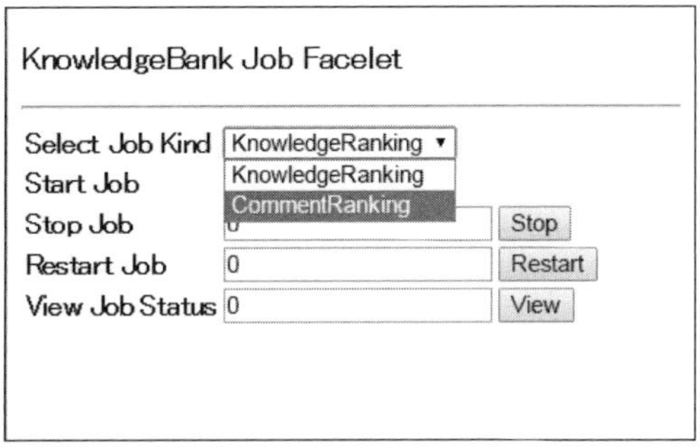

KnowledgeBank Job Facelet		
Select Job Kind	KnowledgeRanking ▼ (KnowledgeRanking / CommentRanking)	
Start Job		
Stop Job	0	Stop
Restart Job	0	Restart
View Job Status	0	View

図10.22　修正後のトップ画面

これを選択してバッチを実行してみましょう。ナレッジ件数ランキングとは内容の異なるファイルが作成されているはずです。

▶ 出力ファイル（ソートされたファイルのCSV）

```
1，山田一郎，8
2，鈴木二郎，6
3，佐藤三郎，5
6，小林六郎，4
5，田中五郎，4
4，高橋四郎，4
7，山本七郎，3
8，中村八郎，2
9，渡辺九郎，1
11，吉田十一郎，0
```

10.5.3 ナレッジバンク日次バッチの作成

先に作成された「ナレッジ件数ランキング集計バッチ」と、前節で作成した「コメント件数ランキング集計バッチ」とを１つにまとめ、「ナレッジバンク日次バッチ」を作成します。これには、スプリット、フロー、デシジョンが登場します。このバッチ処理を例に、全体のフロー制御を見てみましょう。

全体像は図10.23のとおりです。

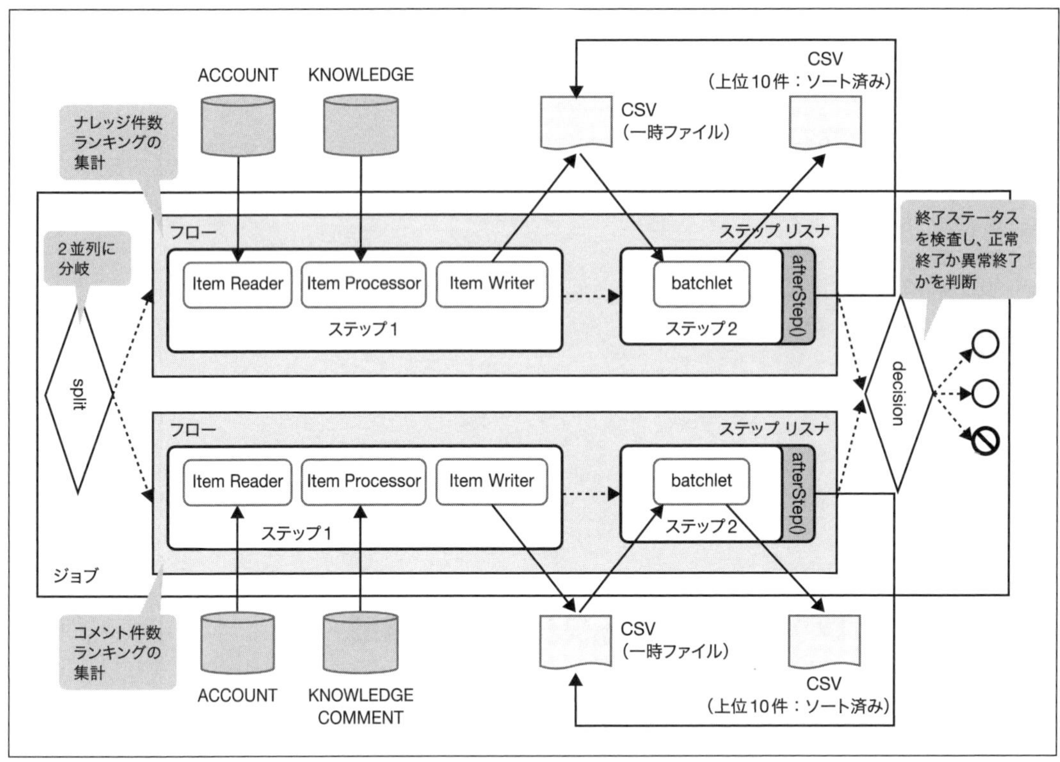

図10.23 「ナレッジバンク日次バッチ」の概要

これまでの「ナレッジ件数ランキング集計」と「コメント件数ランキング集計」は、それぞれをフローにまとめ、最初のスプリットで2並列に分岐させています。最後にデシジョンで、各フローの終了ステータスを確認し、ジョブ全体の終了ステータスを決定しています。

このバッチのJob XMLの名前はKbDailyBatch.xmlとします。内容とポイントは以下のとおりです。

▶ KbDailyBatch.xml

```
<?xml version="1.0" encoding="UTF-8"?>
<job xmlns="http://xmlns.jcp.org/xml/ns/javaee"
     version="1.0"
     id="KbDailyBatch">

  <properties>
    <property name="asOf" value ="#{jobParameters['asofdate']}" />
```

```
</properties>

<split id="Main" next="StatusCheck">

  <flow id="KnowledgeRanking">
    <step id="CountKnowledge" next="SortTempCsv_KR">
      <properties>
        <property
          name="tempCsvFile"
          value="D://KnowledgeRankingTemp_#{jobProperties['asOf']}.csv" />
      </properties>
      <chunk item-count="5">
        <reader    ref="AccountReader" />
        <processor ref="KnowledgeCountProcessor" />
        <writer    ref="RankingCsvWriter" />
      </chunk>
    </step>

    <step id="SortTempCsv_KR">
      <properties>
        <property
          name="tempCsvFile"
          value="D://KnowledgeRankingTemp_#{jobProperties['asOf']}.csv" />
        <property
          name="sortedCsvFile"
          value="D://KnowledgeRanking_#{jobProperties['asOf']}.csv" />
      </properties>
      <listeners>
        <listener ref="CleanUpTempCsvFileListener" />
      </listeners>
      <batchlet ref="RankingCsvSorter" />
    </step>
  </flow>

  <flow id="CommentRanking">
    <step id="CountComment" next="SortTempCsv_CR">
      <properties>
        <property
          name="tempCsvFile"
          value="D://CommentRankingTemp_#{jobProperties['asOf']}.csv" />
      </properties>
      <chunk item-count="5">
```

スプリットで処理を分岐し並列処理を指示

スプリットの分岐先はフローにまとめる

フロー単位のプロパティは設定できないため、フロー内の複数のステップで共通するプロパティも、そのつど指定する必要がある

id要素はジョブ内で一意である必要がある

スプリットの分岐先はフローにまとめる

```
          <reader    ref="AccountReader" />
          <processor ref="CommentCountProcessor" />
          <writer    ref="RankingCsvWriter" />
        </chunk>
      </step>                          id要素はジョブ内で一意である必要がある

      <step id="SortTempCsv_CR">
        <properties>
          <property
            name="tempCsvFile"
            value="D://CommentRankingTemp_#{jobProperties['asOf']}.csv" />
          <property
            name="sortedCsvFile"
            value="D://CommentRanking_#{jobProperties['asOf']}.csv" />
        </properties>
        <listeners>
          <listener ref="CleanUpTempCsvFileListener" />
        </listeners>
        <batchlet ref="RankingCsvSorter" />
      </step>
    </flow>
  </split>                          decision要素を追加

  <decision id="StatusCheck" ref="StatusDecider">
      <end  on="SUCCESS" exit-status="RC0" />
      <end  on="WARN"  exit-status="RC4" />
      <fail on="ERROR" exit-status="RC8" />
  </decision>

</job>
```

■ split 要素

スプリットは、ジョブの並列実行を指示する機能です。Job XMLの中にsplit要素として記述します。splitは、子要素としてflow要素のみを持ちます（他の要素を子要素とすることはできません）。子要素に記述されたフローにはそれぞれ別のスレッドが割り当てられ、複数のフローを並列に処理させることができます。

この要素に記述できる属性は表10.11のとおりです。

表10.11　split要素の属性

属性	概要	任意／必須	指定可能な値	デフォルト値
id	スプリットの名前を指定	必須	文字列	−
next	次の実行要素の名前を指定	任意	文字列	−

idは必須の属性です。名前はジョブ内で一意な文字列を指定します。

nextは、次に遷移する先を指定します。step要素のnextと同じく、別のステップ、スプリット、フロー、デシジョンを指定できます。指定する値は、遷移先のid属性と一致させます。nextの指定がない場合は、これがジョブの最後の実行要素であると解釈されます。今回の例では、"StatusCheck"というデシジョンのidを指定しています。

■ flow要素

flow要素はsplit要素の子要素で、連続する複数の実行要素をひとまとまりのフローとして定義するものです。フローの中には、ステップ、デシジョン、スプリットやさらにフローを子要素として含めることができます。

この要素に記述できる属性は表10.12のとおりです。

表10.12　flow要素の属性

属性	概要	任意／必須	指定可能な値	デフォルト値
id	フローの名前を指定	必須	文字列	−
next	次の実行要素の名前を指定	任意	文字列	−

idは必須の属性です。名前はジョブ内で一意な文字列を指定します。nextは、次に遷移する先を指定します。これらは上述のsplit要素やchunk要素などと同じです。

１つ注意すべきポイントがあります。flow要素の子要素には、properties要素を記述できません。そのため、ある設定項目がフロー内部のすべてのステップに共通するものであっても、それぞれのステップに記述しなくてはいけません。

これまで見てきた「ナレッジ件数ランキング集計バッチ」や「コメント件数ランキング集計バッチ」では、一時CSVファイルの場所を設定するtempCsvFileプロパティは、構成する2つのステップに共通する設定であったため、ジョブレベルのプロパティとして定義していました。今回の「ナレッジバンク日次バッチ」でも、tempCsvFileという設定項目自体は引き続きすべてのステップで必要ではあるものの、各フローで設定値（ファイル名）が異なるため、ジョブレベルではなくステップレベルの設定項目として定義しなおしています。

これに伴い、Job XMLだけではなく、一部のコードにも修正が必要になります。Rank

ingCsvWriter.javaとRankingCsvSorter.javaの中にあるプロパティ取得部分について、以下のように修正してください。

▶ プロパティ取得部分の変更点

```
tempCsvFile = (String) jctx.getProperties().get("tempCsvFile");
```

```
tempCsvFile = (String) sctx.getProperties().get("tempCsvFile");
```

また、「ナレッジ件数ランキング集計バッチ」や「コメント件数ランキング集計バッチ」では、2番目に実行されるステップの名前（step要素のid属性の値）はどちらも"SortTempCsv"でした。ところが、Job XML内のid属性の値は、全体で一意（自分以外に同じ値を持つものがいない状態）にする必要があるので、今回のバッチでは、名前を変更しています。

▶ ステップ名称の変更点

```
<job>
  <step id="CountKnowledge"(または "CountComment") next="SortTempCsv">
  <step id="SortTempCsv">
</job>
```

```
<job>
  <split>
    <flow id=" KnowledgeRanking">
      <step id="CountKnowledge" next="SortTempCsv_KR">…</step>
      <step id="SortTempCsv_KR">…</step>
    </flow>
    <flow id=" CommentRanking">
      <step id="CountComment" next="SortTempCsv_CR">…</step>
      <step id="SortTempCsv_CR">…</step>
    </flow>
  </split>
</job>
```

■ decision要素

デシジョンは、ステップやフロー、スプリットの次の遷移先の決定について柔軟性を持たせる機能です。決定するための判断ロジックを、開発者が自分で用意することができます。

この要素に記述できる属性は表10.13のとおりです。

表10.13 decision要素の属性

属性	概要	任意／必須	指定可能な値	デフォルト値
id	デシジョンの名前を指定	必須	文字列	−
ref	Deciderの実装クラスを指定	必須	文字列	−

ref属性には、javax.batch.api.Deciderインターフェースを実装したクラスを指定します。Deciderの実装方法については後述します。属性の値は、batchlet要素やchunkの子要素と同じように、パッケージ名までを含めた完全修飾クラス名か、あるいはCDIの@Namedアノテーションで指定した名前のどちらかが利用できます。

次の遷移先は、decision要素の子要素として、遷移要素（next、end、fail、stopの4種類）を指定します。遷移要素は、ジョブの終了ステータスに応じて、次の遷移先を指示します。Deciderインターフェースの戻り値がジョブの終了ステータスになっているため、開発者は終了ステータスの文字列と遷移要素を組み合わせることによって、遷移にバリエーションを持たせることができます。

■ 遷移要素

next要素

次の遷移先を指定します。この要素に記述できる属性は表10.14のとおりです。

表10.14 next要素の属性

属性	概要	任意／必須	指定可能な値	デフォルト値
on	ジョブの終了ステータスを指定	必須	文字列 （ワイルドカード可）	−
to	遷移先の実行要素の名前を指定	必須	文字列	−

onもtoも必須の属性です。toの設定値は、遷移先のステップ、フロー、デシジョン、スプリットのid属性と一致するようにします。

on属性には、?と*の2種類のワイルドカードが利用できます。?は任意の1文字、*は0文字以上の任意の文字列を表現します。

たとえば、ジョブの終了ステータスに番号体系を決めておき、CODE=00なら正常終了、10番台なら警告あり、90番台なら異常発生、それ以外なら想定外という意味であると想定した場合は、以下のように設定することができます[28]。

[28] 遷移要素が複数記述されていた場合は、上から順番に評価されます。

```
<decision id="SampleDecision" ref="SampleDecider">
    <next on="CODE=00" to="NOTICE-SUCCESS" />
    <next on="CODE=1?" to="NOTICE-WARN" />
    <next on="CODE=9?" to="NOTICE-ERROR" />
    <next on="*" to="NOTICE-UNKNOWN" />
</decision>
```

end要素、fail要素

どちらもジョブの終了を指示します。end要素は正常終了する場合に用いられ、バッチステータスが「COMPLETED」となります。一方fail要素は異常終了する場合に用いられ、バッチステータスは「FAILED」となります。

この要素に記述できる属性は表10.15のとおりです。

表10.15　end要素、fail要素の属性

属性	概要	任意 / 必須	指定可能な値	デフォルト値
on	ジョブの終了ステータスを指定	必須	文字列 (ワイルドカード可)	−
exit-status	上書きするジョブの終了ステータスを指定	任意	文字列	−

onは必須の属性です。next要素と同様、2つのワイルドカードが利用できます。

exit-statusは任意の属性です。最終的なジョブの終了ステータスの値を指定することができます。ステップの終了ステータスについては変更を加えません。

stop要素

ジョブの中断を指示します。この要素に記述できる属性は表10.16のとおりです。

表10.16　stop要素の属性

属性	概要	任意 / 必須	指定可能な値	デフォルト値
on	ジョブの終了ステータスを指定	必須	文字列 (ワイルドカード可)	−
exit-status	上書きするジョブの終了ステータスを指定	任意	文字列	−
restart	ジョブの再開が指示された場合に、どこから実行するかを指定	任意	文字列	−

onとexit-statusの役割や意味は、end要素やfail要素と同じです。ワイルドカードも利用できます。

restart属性は、ジョブオペレータにて再開が指示された場合に、どのステップ、フローもしくはスプリットから実行するかを指定します。指定する値は、再開先のid属性と一致させます。

■ Deciderの実装

Deciderは、javax.batch.api.Deciderインターフェースを実装する形で作成します。このインターフェースで規定されているメソッドは以下の1つのみです。

- decide()

▶ StatusDecider.java

```
package knowledgebank.batch.decider;
// import文は省略

@Dependent
@Named("StatusDecider")
@Interceptors(LogInterceptor.class)
public class StatusDecider implements Decider {
    @Inject
    private StepContext sctx;

    @Override
    public String decide(StepExecution[] executions) throws Exception {
        String ret = "SUCCESS";
        for(StepExecution se : executions){
            if(se.getExitStatus().contains("ERROR")) ret = "ERROR";
            if(se.getExitStatus().contains("WARN")){
                // すでに ERROR がセットされていたら上書きしない
                if(ret.equals("SUCCESS")) ret = "WARN";
            }
        }
        return ret;
    }
}
```

decide()

decide()は、前段のステップの実行状況を引数に取り、戻り値としてジョブの終了ステータスとなる文字列を返します。ここで言う「前段のステップの実行状況」とは、具体的にはStepExecutionクラスのインスタンスの配列です。配列から取り出したStepExecutionの各種のgetterメソッドから、ステップの終了ステータスやメトリックなどを取得できます。配列の長さは、このデシジョンの前の実行要素がステップやフローであった場合は1です。フローの場合は、最後に実行されたステップのStepExecutionインスタンスが渡されます。このデシジョンの前がスプリットだった場合、配列の長さはスプリットを構成する各フローの数と一致します。配列の中には、各フローの最後のステップのStepExecutionインスタンスが格納されます。

今回の例では、このDeciderの引数には、ナレッジ件数ランキングを集計するフローと、コメント件数ランキングを集計するフローのStepExecutionが渡されてきます。

各StepExecutionからステップの終了ステータスを取得し、正常終了以外を示す文字列が見つかれば、エラー（ERROR）なのか警告（WARN）なのか[29]を最終的な終了ステータスとして戻り値にセットしています。

【29】
今回のサンプルでは、後続の処理を続行するのが困難な場合はエラー、後続の処理は続行できるものの、異常があった場合を警告としています。

このバッチ処理では、このデシジョンにたどり着くまでに、ステップの終了ステータスとして以下の文字列がセットされている可能性があります。

- "SORT-READ-ERROR"：ソート処理のファイル読み込み部分で例外が発生
- "SORT-WRITE-ERROR"：ソート処理のファイル書き込み部分で例外が発生
- "FILE-DELETE-WARN"：ステップリスナ[30]の一時CSVファイル削除で例外が発生

【30】
ステップが終了したあと、ステップリスナのafterStep()内部にてステップの終了ステータスをセットした場合は、それが最後として取得されます。

ERRORという文字が含まれていたら終了ステータスを"ERROR"に、WARNという文字が含まれていたら、終了ステータスを"WARN"にセットしています。WARNという文字が含まれていることを検知した際、もし先に"ERROR"がセットされていれば、そちらのほうがより深刻なのでそのままとしています。正常終了の場合は"SUCCESS"です。

Job XMLではさらに、終了ステータスを以下のようなリターンコードに変換しています。

```
<decision id="StatusCheck" ref="StatusDecider">
    <end  on="SUCCESS" exit-status="RC0" />
    <end  on="WARN"  exit-status="RC4" />
    <fail on="ERROR" exit-status="RC8" />
</decision>
```

これでナレッジバンク日次バッチの実装は完了です。

■ ナレッジバンク日次バッチの実行

コメント件数ランキング集計バッチで実施したときと同様に、トップ画面（top.xhtml）に修正を加えます。

▶ top.xhtml の修正箇所

ジョブ選択部分に追加

```
<?xml version='1.0' encoding='UTF-8' ?>
  ...
    <h:form id="form">
      <h:panelGrid columns="3">
        <h:outputText value="Select Job Kind" style="font-weight: bold"/>
        <h:selectOneMenu id="JobKind" value="#{JobOperationBean.jobKind}">
          <f:selectItem itemLabel="KbDailyBatch" itemValue="KbDailyBatch" />
          <f:selectItem itemLabel="KnowledgeRanking" itemValue 
="KnowledgeRanking" />
          <f:selectItem itemLabel="CommentRanking" itemValue 
="CommentRanking" />
        </h:selectOneMenu>
        <h:outputLabel><!-- filler --></h:outputLabel>
  ...
```

ここまででですべての修正は完了しました。アプリケーションをデプロイして実行すると、トップ画面のプルダウンリストに、ナレッジバンク日次バッチの選択肢が増えているはずです（図10.24）。また、バッチ終了後に状態表示画面を表示して、［Exit Status］がリターンコードを示す文字列になっていることも確認してみてください。

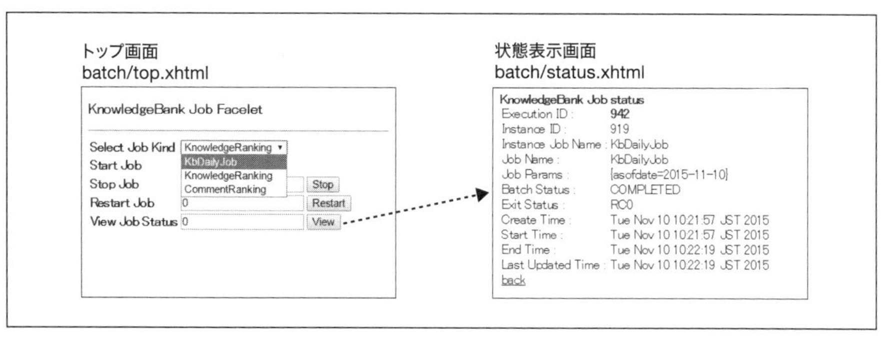

図10.24　修正後のトップ画面と状態表示画面

10.6 まとめ

本章では、jBatchについてサンプルを挙げて説明しました。実際の業務システムにおけるバッチ処理は、本章のサンプルよりも大きくて複雑なものになるかもしれません。しかしjBatchには、基本的な部品が用意されており、またそれらを組み合わせるためのルールが規定されているため、たとえ大きくて複雑なものであっても、パーツを作って組み立てていくような感覚で実装していくことができます。ぜひ実際の業務に役立ててみてください。

索引

記号・数字

@（アノテーション）

A

B

C

D

E

I

J

あ行

か行

さ行

た行

な行

は行

ま行

や行

ら行

わ行

■ 著者紹介

寺田 佳央（てらだ よしお）［第 1 章担当］
日本マイクロソフト シニアテクニカルエバンジェリスト　日本 Java ユーザグループ幹事
サン・マイクロシステムズ株式会社から、日本オラクル株式会社までJavaのエバンジェリストとしての活動を実施。日本ではまだ馴染みの薄かったGlassFishやJava EEを日本に広めた。Java生誕20周年のイベント終了を機に、日本マイクロソフトへ転職し、マイクロソフトでもJavaを中心としたエバンジェリスト活動を継続。

▶本書執筆にあたり、ご協力いただいた先輩、妻と子、そしてなによりもこの書籍の執筆を企画し、執筆してくださった元同僚、編集者に感謝します。

猪瀬 淳（いのせ じゅん）［第 10 章担当］
日本オラクル クラウド・テクノロジーコンサルティング統括本部所属　ソリューションリーダー
学生時に初めて覚えたプロトコルはMIDI。以来、新卒時より24*365なシステムに関わり続けて十数年、2008年日本BEAシステムズより現職。ミドルウェアの領域を軸に、昨今はメインフレームのオープン化を目指すお客様のお手伝いを手掛けている。趣味はラグビー観戦。特技はスラップベース。カバー曲好き。

▶執筆にあたり、さまざまなアドバイスを下さった小田さん、努力を共にした執筆メンバーの仲間たちと、心から協力してくれた妻に感謝します。ありがとうございました。

加藤田 益嗣（かとうだ ますじ）［第 2 章～第 4 章担当］
日本オラクル クラウド・テクノロジーコンサルティング統括本部所属　シニアコンサルタント
小学生の頃にBASICでプログラムを作成したときからITに興味を持ちこの業界を目指す。大学を卒業してSI企業に入社。Javaのエンタープライズ開発に十数年携わり現職へ。現在Javaのコンサルタントとして活躍中。最近は子育てにおわれ、なかなか自分の趣味と勉強の時間が取れないのが悩み。

▶本書執筆の機会をくれた上司、小田さん、協力してくれたレビュアーの方々、なによりも時間をくれた妻と子どもたちに感謝します。

羽生田 恒永（はにゅうだ つねなが）［第 5 章・第 6 章担当］
日本オラクル クラウド・テクノロジーコンサルティング統括本部所属　ソリューションリーダー
しばらくソフトウェア開発会社で修行したのち、2007年日本オラクルに入社。以来、Oracle WebLogic ServerやOracle Coherenceのなどの製品コンサルティングに従事。理想のエンタープライズアーキテクチャを探して日々修行中。

▶本書執筆にあたり協力してくれた妻と子どもたち、アドバイスをいただいた仲宗根さん、権さん、鈴木祐介さんに感謝いたします。

梶浦 美咲（かじうら みさき）［第 9 章担当］
日本オラクル クラウド・テクノロジーコンサルティング統括本部所属　アソシエイトコンサルタント
大学院にて学習支援アプリケーションの開発・評価を行ない、2014年新卒入社。Javaの面白さに触れたことで、Javaコンサルタントの道を選ぶ。現在、Java EEを中心にその周辺技術支援を行なっている。女性限定Javaユーザコミュニティである Java女子部の勉強会へ参加・登壇して日々勉強に励む。

▶担当章に対してご助言いただいた櫻庭祐一さん、大橋勝之さん、加藤田益嗣さん、同期の菊池周平くん、執筆にあたりフォローしてくださった他の執筆陣の皆様、本当にありがとうございました。

■ 監修者紹介

小田 圭二（おだ けいじ）［企画および監修担当］
日本オラクル クラウド・テクノロジーコンサルティング統括本部所属　コンサルティングマネジャー
インフラのコンサルティング（特にデータベースまわり）を長年実施。執筆の監修をすることで若手のプロデュースをすることを楽しみにしている。昔、Java 1.0～1.2の頃にプログラマをしていたJavaの進化を今回目にすることができ、良い経験ができたと感謝している。

装丁・本文デザイン　轟木亜紀子（株式会社トップスタジオ）
DTP　川月現大（有限会社風工舎）

Java EE 7 徹底入門

標準 Java フレームワークによる高信頼性 Web システムの構築

2015年12月15日　初版第1刷発行
2018年 6月20日　初版第3刷発行

著　者　寺田佳央（てらだ よしお）
猪瀬淳（いのせ じゅん）
加藤田益嗣（かとうだ ますじ）
羽生田恒永（はにゅうだ つねなが）
梶浦美咲（かじうら みさき）
監　修　小田圭二（おだ けいじ）
発行人　佐々木 幹夫
発行所　株式会社 翔泳社　(https://www.shoeisha.co.jp)
印刷・製本　凸版印刷株式会社

本書へのお問い合わせについては、ii ページに記載の内容をお読みください。

落丁・乱丁はお取り替えいたします。03-5362-3705 までご連絡ください。

ISBN 978-4-7981-4092-6　Printed in Japan